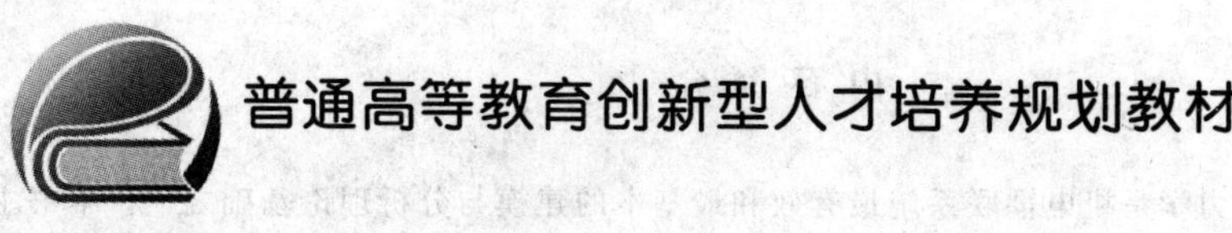

普通高等教育创新型人才培养规划教材

机电耦联系统分析动力学

聂伟荣　席占稳　编著

北京航空航天大学出版社

内容简介

机电系统分析动力学是机电耦联系统最有效和最基本的建模与分析理论基础之一。本书主要从演绎分析的角度给出机电耦联系统的分析和应用方法，归纳总结并用统一的观点和方法研究机电系统的力学、电学行为，建立力学问题与电路、电磁场问题相结合的模型方法，研究机电耦联的相互作用规律，并应用于工程问题的分析与解决。

本书内容包括五个部分。一、分析动力学原理与方法；二、电动力学原理与方法；三、机电耦联系统分析动力学；四、微机电系统动力学；五、机电系统动力学模型的应用。

本书可作为高等院校相关专业本科生、研究生的教材，也可供从事微机电系统的设计与工艺制作等方面工作的科研人员参考。

图书在版编目(CIP)数据

机电耦联系统分析动力学 / 聂伟荣，席占稳编著. -- 北京 ：北京航空航天大学出版社，2014.9

ISBN 978-7-5124-1578-2

Ⅰ. ①机… Ⅱ. ①聂… ②席… Ⅲ. ①机电系统—分析动力学—高等学校—教材 Ⅳ. ①TM7

中国版本图书馆 CIP 数据核字(2014)第 211582 号

机电耦联系统分析动力学

聂伟荣 席占稳 编著

责任编辑 刘晓明

*

北京航空航天大学出版社出版发行

北京市海淀区学院路 37 号(邮编 100191) http://www.buaapress.com.cn

发行部电话:(010)82317024 传真:(010)82328026

读者信箱: bhpress@263.net 邮购电话:(010)82316524

北京楠海印刷厂印装 各地书店经销

*

开本:710×1 000 1/16 印张:21.25 字数:453 千字

2014 年 9 月第 1 版 2014 年 9 月第 1 次印刷 印数:2 500 册

ISBN 978-7-5124-1578-2 定价:45.00 元

前　言

机械系统、电磁系统和机电耦联系统是工程领域应用最多的系统，它们所涉及的机械、电学以及交叉学科的基础理论、演绎分析方法仍然是学科发展和深入研究的基础，也是当今机电工程技术人员必须具备的基础知识。

机电耦联系统的动力学问题是较为复杂的系统工程问题，它涉及机械、电磁、力学、微电子、材料等多学科及学科交叉的基础理论。现代科技的发展，使得机械学与电子学的结合越来越紧密，微小型化和光机电趋势越来越明显，如各种电机、机电换能器、机电驱动与传动、机器人系统等都是典型的机电能量转换系统。设计和制造性能优良的机电一体化系统，掌握和深入研究机电耦联系统的动态行为，进行机电耦联系统非线性动力学分析及机电耦联系统的振动稳定性问题研究等，必然要求本科生和研究生具备一定的多学科交叉理论与分析基础。

本教材的编写结合了多年来对机械学科的本科生、研究生教学的切身体会，以及从事微机电系统的设计与工艺制作等多方面的科研工作经验，一方面注重学科知识基础，另一方面注重理论分析方法与应用，因此本教材的主要特色表现在以下几点。

1. 注重系统性

全书内容包括五个部分：一、分析动力学原理与方法；二、电动力学原理与方法；三、机电耦联系统分析动力学；四、微机电系统动力学；五、机电系统动力学模型的应用。第一、第二部分重点介绍分析动力学与电动力学的基本概念、理论和数学演绎表达方法。第三部分重点强调电磁场的力学分析并建立机电耦联系统基于能量的统一分析方法，且将理论与实践相结合，系统地给出传感器、测试仪、电机等机电耦联系统的动力学原理，给出典型机电系统的动力学建模与应用案例。第四部分扩展宏观机电动力学内容到微机电系统，介绍了微纳尺度下的微机电系统的力和特殊效应。第五部分分别针对一般机电耦联系统和微机电系统进行动力学模型分析与应用案例介绍。教材内容整体包含了现代机电系统分析设计的全部基本原理和方法，便于学习人员全面了解相关学科内容并参考应用。

2. 注重详实性和应用性

每一部分内容按基础、模型、分析、求解、应用的思路展开，尽量用通俗易懂的语言描述基本原理，并结合应用分析过程进行简化推导，重在思想、原理和应用要点的阐述，使各部分内容清晰易懂且全面系统，便于在工程研究中选择学习和应用。

3. 注重学习实用性

各部分内容之后都附有思考题与习题，便于学生在学习教材内容后拓展思考和应用。

全书由聂伟荣副教授统筹，席占稳研究员负责编写第一部分，第二、三、四、五部分由聂伟荣副教授负责编写，王新杰讲师负责校对全书。同时在本书编写过程中，博士生曹云、黄刘，研究生温京亚、余平新、徐安达都做了书稿整理工作，在此表示感谢。本书的完成还得到了机械工程学院很多教师的意见和建议，在这里表示衷心的感谢。

由于编者知识水平有限，书中若有疏漏和错误之处，恳请专家学者和读者指正。

作　者

2014 年 6 月

于南京理工大学机械工程学院

目　　录

第一部分　分析动力学原理与方法

第二部分 电动力学原理与方法

第三部分　机电耦联系统分析动力学

第四部分 微机电系统动力学

第一部分

分析动力学原理与方法

第1章　分析动力学变分原理

在分析动力学中，常常要用到导数与偏导数，以及微分、偏微分、全微分等概念。这里主要介绍机电系统中常用到的变矢量、矢量导数、线性变换、正交变换等概念和规则，并引入分析动力学的主要概念——变分及变分原理。

1.1　变矢量与矢量导数

1.1.1　变矢量及其导数

在机电系统动力学中，几乎所有的表征运动状态的物理量都有矢量性，而且这些矢量的大小和方向或者二者之一随时间而变化。这种矢量称为变矢量，简称变矢。

如图1.1所示，设变矢量 $\boldsymbol{A}$ 是时间 t 的函数，$\boldsymbol{A}(t)$ 在参考系 B 中对应时间间隔 Δt 的改变量为

$$(\Delta \boldsymbol{A})_B = \boldsymbol{A}'(t+\Delta t) - \boldsymbol{A}(t) \tag{1.1.1}$$

则参考系 B 中 $\boldsymbol{A}$ 对于时间 t 的导数为

$$\left(\frac{\mathrm{d}\boldsymbol{A}}{\mathrm{d}t}\right)_B = (\dot{\boldsymbol{A}})_B = \lim_{\Delta t \to 0} \frac{(\Delta \boldsymbol{A})_B}{\Delta t} \tag{1.1.2}$$

注意，在上述关系式中，下标 B 在一般情况下都应注明，因为同一变矢量 $\boldsymbol{A}$ 对于不同参考系的 $\Delta \boldsymbol{A}$ 不同。只有对于同一参考系分析矢量导数时才不用注明。如对图1.2所示的单摆系统进行分析时，若以固定点 O 的地面为参考系，则矢量 $\boldsymbol{r}_{OA}$ 的时间导数为一变化的量；若以杆 OA 作为参考系，则矢量 $\boldsymbol{r}_{OA}$ 的时间导数为零。由此可见，离开参考系，笼统地讲变量对时间的导数并无意义。

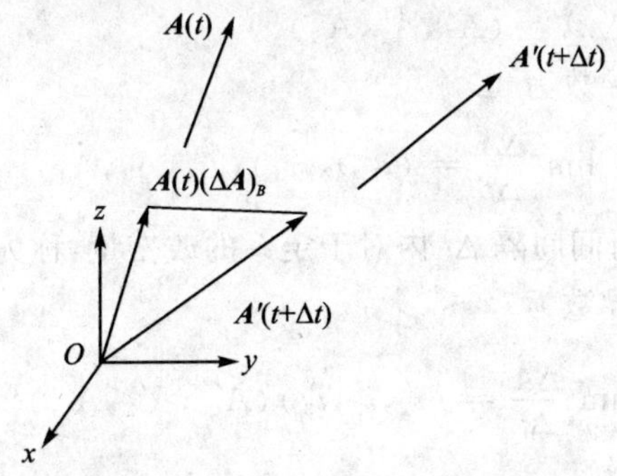

图1.1　变矢量 $\boldsymbol{A}(t)$ 在参考系 $\boldsymbol{B}$ 中的改变量 $\Delta\boldsymbol{A}$

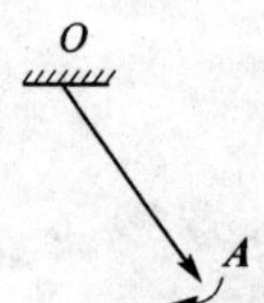

图 1.2　单摆系统

变矢量导数与参考系密切相关，而数学分析中讲的变标量导数却无此问题。本例中，地面是约定的定参考系，简称定系；与定系有相对运动的参考系称为动参考系，简称动系。定系与动系是相对的。

分析变矢量，一般要尽量画出变矢量的变化图像，通过这种图像，可以形象地认识运动物体的运动性质和数学描述。

矢量导数 $\left(\frac{\mathrm{d}\boldsymbol{A}}{\mathrm{d}t}\right)_B$ 既包含了变矢量 $\boldsymbol{A}(t)$ 的大小变化率，也包含了其方向变化。

1.1.2　矢量的绝对导数与相对导数

如图 1.3 所示，$Ox_1x_2x_3$ 是定系，$O'x'_1x'_2x'_3$ 是动系。

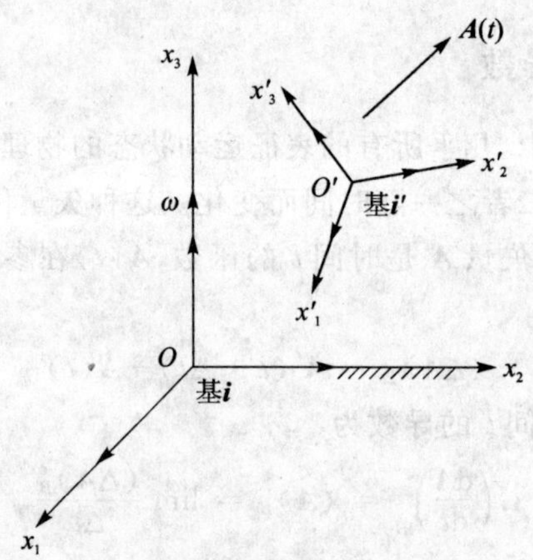

图 1.3　一般的定系与动系

变矢 $\boldsymbol{A}$ 可分别在定系与动系中表示为

$$\left.\begin{aligned}\boldsymbol{A} &= (i_1, i_2, i_3)(A_1, A_2, A_3)^{\mathrm{T}} = \boldsymbol{i}\underline{\boldsymbol{A}} \\ \boldsymbol{A} &= (i'_1, i'_2, i'_3)(A'_1, A'_2, A'_3)^{\mathrm{T}} = \boldsymbol{i}'\,\underline{\boldsymbol{A}}'\end{aligned}\right\} \tag{1.1.3}$$

式中，$\underline{\boldsymbol{A}} = (A_1, A_2, A_3)^{\mathrm{T}}$，$\underline{\boldsymbol{A}}' = (A'_1, A'_2, A'_3)^{\mathrm{T}}$。

变矢 $\boldsymbol{A}(t)$ 的绝对导数为

$$\frac{\mathrm{d}\boldsymbol{A}}{\mathrm{d}t} = \lim_{\Delta t \to 0}\frac{\Delta \boldsymbol{A}}{\Delta t} = (i_1, i_2, i_3)(\dot{A}_1, \dot{A}_2, \dot{A}_3)^{\mathrm{T}} = \boldsymbol{i}\dot{\underline{\boldsymbol{A}}} \tag{1.1.4}$$

式中，$\Delta\boldsymbol{A}$ 为变矢 $\boldsymbol{A}$ 在时间间隔 Δt 内对于定系的改变量，称为绝对改变量。

变矢 $\boldsymbol{A}(t)$ 的相对导数为

$$\frac{\mathrm{d}\tilde{\boldsymbol{A}}}{\mathrm{d}t} = \lim_{\Delta t \to 0}\frac{\Delta \tilde{\boldsymbol{A}}}{\Delta t} = (i'_1, i'_2, i'_3)(\dot{A}'_1, \dot{A}'_2, \dot{A}'_3)^{\mathrm{T}} = \boldsymbol{i}'\,\dot{\underline{\boldsymbol{A}}}' \tag{1.1.5}$$

式中，$\Delta\tilde{\boldsymbol{A}}$ 为变矢 $\boldsymbol{A}$ 对于动系的改变量，称为相对改变量。注意到，动系的基矢量 (i'_1, i'_2, i'_3) 对于动系而言为常矢量，即其对时间的相对变化率为零。

同一变矢量的绝对导数与相对导数不同，说明矢量导数与参考系密切相关。我们知道，点的绝对速度是其绝对变矢量对时间的绝对导数，绝对加速度是其绝对速度对时间的绝对导数；相对速度是其相对变矢量对时间的相对导数，相对加速度是其相对速度对时间的相对导数。在动系中的观察者观察动系的速度和加速度时，自然看不到动系的基矢的变化率，而只能看到相对变矢量在动系上的投影的变化率。那么，矢量的绝对导数与相对导数的关系如何呢？

对式(1.1.3) 的第二式求绝对导数，有

$$\frac{\mathrm{d}\boldsymbol{A}}{\mathrm{d}t}=\boldsymbol{i}'\frac{\mathrm{d}\underline{\boldsymbol{A}'}}{\mathrm{d}t}+\frac{\mathrm{d}\boldsymbol{i}'}{\mathrm{d}t}\underline{\boldsymbol{A}'}=\frac{\mathrm{d}\widetilde{\boldsymbol{A}}}{\mathrm{d}t}+(\omega\times\boldsymbol{i}')\underline{\boldsymbol{A}'}=\frac{\mathrm{d}\widetilde{\boldsymbol{A}}}{\mathrm{d}t}+\omega\times\underline{\boldsymbol{A}'} \tag{1.1.6}$$

这一结果表明，矢量的绝对导数等于它的相对导数加上动系的角速度叉乘以该矢量。显然，同一时间变矢量对于定系和动系中的变化率一般不同，这种差别是由动系的变化，即基矢 $\boldsymbol{i}'$ 方向的变化所引起的。

特殊地，如果动系相对定系作平移，则变矢在动系与定系中的变化率是相同的，即

$$\omega=0,\qquad \frac{\mathrm{d}\boldsymbol{A}}{\mathrm{d}t}=\frac{\mathrm{d}\widetilde{\boldsymbol{A}}}{\mathrm{d}t} \tag{1.1.7}$$

如果变矢在动系中为常矢量，则它在动系中的变化率为零。而在定系中的变化率取决于动系相对于定系的转动情况，即

$$\frac{\mathrm{d}\widetilde{\boldsymbol{A}}}{\mathrm{d}t}=\boldsymbol{0},\qquad \frac{\mathrm{d}\boldsymbol{A}}{\mathrm{d}t}=\omega\times\boldsymbol{A} \tag{1.1.8}$$

总之，式(1.1.6)是矢量对时间的导数与参考系密切相关的定量描述。它给出了变矢量对定系与动系的变化率间的转换关系。

1.2　线性变换与正交变换

线性空间是某一类事物从量方面的一个抽象，线性变换是线性空间中元素间最基本的线性联系。

1.2.1　线性变换

1. 维数、基与坐标

先来回顾一下线性组合和线性相关的概念。

设 $\boldsymbol{V}$ 是数域 P 上的一个线性空间，$\boldsymbol{\alpha}_1,\boldsymbol{\alpha}_2,\cdots,\boldsymbol{\alpha}_r\ (r\geqslant 1)$ 是 $\boldsymbol{V}$ 中一组向量，$k_1,k_2,\cdots,k_r$ 是数域 P 中的数，则向量 $\boldsymbol{\alpha}=k_1\boldsymbol{\alpha}_1+k_2\boldsymbol{\alpha}_2+k_3\boldsymbol{\alpha}_3+\cdots+k_r\boldsymbol{\alpha}_r$ 称为向量组 $\boldsymbol{\alpha}_1,\boldsymbol{\alpha}_2,\cdots,\boldsymbol{\alpha}_r$ 的一个线性组合，也称向量 $\boldsymbol{\alpha}$ 可以用向量组线性表示。

如果在数域 P 中有 r 个不完全为零的数 $k_1,k_2,\cdots,k_r$，使

$$k_1\boldsymbol{\alpha}_1+k_2\boldsymbol{\alpha}_2+k_3\boldsymbol{\alpha}_3+\cdots+k_r\boldsymbol{\alpha}_r=\boldsymbol{0} \tag{1.2.1}$$

则称向量为线性相关；否则，如果式(1.2.1)只有在 $k_1=k_2=\cdots=k_r=0$ 时成立，则为线性无关。

如果在线性空间 $\boldsymbol{V}$ 中最多只有 n 个线性无关的向量，那么就称 $\boldsymbol{V}$ 为 n 维的。

在 n 维线性空间 $\boldsymbol{V}$ 中，n 个线性无关的向量 $\boldsymbol{\varepsilon}_1,\boldsymbol{\varepsilon}_2,\cdots,\boldsymbol{\varepsilon}_n$ 称为一组基。空间 $\boldsymbol{V}$ 中任意一个向量 $\boldsymbol{\alpha}$ 能被基唯一地线性表示：$\boldsymbol{\alpha}=a_1\boldsymbol{\varepsilon}_1+a_2\boldsymbol{\varepsilon}_2+\cdots+a_n\boldsymbol{\varepsilon}_n$，其系数是被基和向量唯一确定的，称为在基 $\boldsymbol{\varepsilon}_1,\boldsymbol{\varepsilon}_2,\cdots,\boldsymbol{\varepsilon}_n$ 下的坐标 $(a_1,a_2,\cdots,a_n)$。

2. 基变换与坐标变换

在 n 维线性空间中，任意 n 个线性无关的向量都可以取作空间的基。对不同的基，同一向量的坐标是不同的。因此，就有按要求构造基和坐标以及相应的基变换和坐标变换的问题。

设 $\boldsymbol{\varepsilon}_1,\boldsymbol{\varepsilon}_2,\cdots,\boldsymbol{\varepsilon}_n$ 与 $\boldsymbol{\varepsilon}'_1,\boldsymbol{\varepsilon}'_2,\cdots,\boldsymbol{\varepsilon}'_n$ 是 n 维线性空间 $\boldsymbol{V}$ 中的两组基 $\boldsymbol{\varepsilon}$ 和 $\boldsymbol{\varepsilon}'$，二者关系为

$$\left.\begin{aligned}\boldsymbol{\varepsilon}'_1&=a_{11}\boldsymbol{\varepsilon}_1+a_{12}\boldsymbol{\varepsilon}_2+\cdots+a_{1n}\boldsymbol{\varepsilon}_n\\ \boldsymbol{\varepsilon}'_2&=a_{21}\boldsymbol{\varepsilon}_1+a_{22}\boldsymbol{\varepsilon}_2+\cdots+a_{2n}\boldsymbol{\varepsilon}_n\\ &\vdots\\ \boldsymbol{\varepsilon}'_n&=a_{n1}\boldsymbol{\varepsilon}_1+a_{n2}\boldsymbol{\varepsilon}_2+\cdots+a_{nn}\boldsymbol{\varepsilon}_n\end{aligned}\right\}\tag{1.2.2}$$

设向量 $\boldsymbol{\xi}$ 在两组基 $\boldsymbol{\varepsilon}$ 和 $\boldsymbol{\varepsilon}'$ 下的坐标分别为 $x_1,x_2,\cdots,x_n$ 和 $x'_1,x'_2,\cdots,x'_n$，即

$$\begin{aligned}\boldsymbol{\xi}&=x_1\boldsymbol{\varepsilon}_1+x_2\boldsymbol{\varepsilon}_2+\cdots+x_n\boldsymbol{\varepsilon}_n=\\ &x'_1\boldsymbol{\varepsilon}'_1+x'_2\boldsymbol{\varepsilon}'_2+\cdots+x'_n\boldsymbol{\varepsilon}'_n\end{aligned}\tag{1.2.3}$$

它们之间的关系为 $\boldsymbol{\varepsilon}'=\boldsymbol{\varepsilon}\boldsymbol{A}$。这就是基变换，其中

$$\boldsymbol{A}=\begin{bmatrix}a_{11}&a_{12}&\cdots&a_{1n}\\a_{21}&a_{22}&\cdots&a_{2n}\\\vdots&\vdots&&\vdots\\a_{n1}&a_{n2}&\cdots&a_{nn}\end{bmatrix}$$

称为由基 $\boldsymbol{\varepsilon}$ 到 $\boldsymbol{\varepsilon}'$ 的过渡矩阵。对应的坐标变换关系为

$$\begin{bmatrix}x_1\\x_2\\\vdots\\x_n\end{bmatrix}=\begin{bmatrix}a_{11}&a_{12}&\cdots&a_{1n}\\a_{21}&a_{22}&\cdots&a_{2n}\\\vdots&\vdots&&\vdots\\a_{n1}&a_{n2}&\cdots&a_{nn}\end{bmatrix}\begin{bmatrix}x'_1\\x'_2\\\vdots\\x'_n\end{bmatrix}=\boldsymbol{A}\begin{bmatrix}x'_1\\x'_2\\\vdots\\x'_n\end{bmatrix}\tag{1.2.4}$$

3. 线性变换

线性空间 $\boldsymbol{V}$ 的一个变换 $\boldsymbol{A}$ 称为线性变换。对于 $\boldsymbol{V}$ 中的任意元素 α、β 和数域 P 中的任意数 k，都有

$$\left.\begin{aligned}\boldsymbol{A}(\alpha+\beta)&=\boldsymbol{A}(\alpha)+\boldsymbol{A}(\beta)\\ \boldsymbol{A}(k\alpha)&=k\boldsymbol{A}(\alpha)\end{aligned}\right\}\tag{1.2.5}$$

平面上将向量绕原点转一定角度的变换就是一个线性变换。线性空间中求微分

$f'(x)$和积分$\int_a^x f(t)\mathrm{d}t$均是$f(x)$的线性变换。

线性变换保持线性组合与线性关系式不变。

如果线性变换可逆，则其逆变换也是线性变换。

在实际应用中，经常用到的是线性变换的矩阵形式。

设$\boldsymbol{\varepsilon}_1,\boldsymbol{\varepsilon}_2,\cdots,\boldsymbol{\varepsilon}_n$是数域$P$上$n$维线性空间$\boldsymbol{V}$的一组基，在这组基下，一个线性变换对应一个矩阵，这个对应具有如下性质：

线性变换的和对应于矩阵的和；线性变换的乘积对应于矩阵的乘积；线性变换的数量乘积对应于矩阵的数量乘积；可逆的线性变换与可逆矩阵对应，且逆变换对应于逆矩阵。

这样对向量空间的线性变换就可以很方便地转换为矩阵间的运算关系，这是我们在各个学科中广泛遇到和实际运用的。如我们说对一个向量$\boldsymbol{x}$进行线性变换，则可表示为$\boldsymbol{y}=\boldsymbol{Ax}$，其中$\boldsymbol{A}$为线性变换矩阵，$\boldsymbol{y}$为变换后的向量。

如果线性空间$\boldsymbol{V}$中线性变换$\boldsymbol{A}$在两组基下的矩阵分别为$\boldsymbol{B}$和$\boldsymbol{C}$，两组基的过渡矩阵为$\boldsymbol{X}$，则$\boldsymbol{C}=\boldsymbol{X}^{-1}\boldsymbol{BX}$。

1.2.2　正交变换

在欧氏空间$\boldsymbol{V}$中，一组非零向量，如果它们两两正交，则称为正交向量组。正交向量组是线性无关的。在n维欧氏空间中，由n个向量组成的正交向量组称为正交基，由单位向量组成的正交基称为标准正交基。

对于n维欧氏空间中任意一组基，都可以找到一组标准正交基，这一过程称为施密特(Schmidt)正交化过程。

两个正交基之间的变换矩阵$\boldsymbol{A}$为正交矩阵，即$\boldsymbol{AA}^{\mathrm{T}}=\boldsymbol{E}$，$\boldsymbol{E}$为单位矩阵，亦即正交矩阵的逆等于该正交矩阵的转置：$\boldsymbol{A}^{-1}=\boldsymbol{A}^{\mathrm{T}}$。

正交变换就是保持点之间距离不变的变换。欧氏空间$\boldsymbol{V}$的线性变换称为正交变换。如果它保持向量的内积不变，即对任意的$\alpha,\beta\in\boldsymbol{V}$，都有

$$(\boldsymbol{A}\alpha,\boldsymbol{A}\beta)=(\alpha,\beta) \tag{1.2.6}$$

则线性变换是正交变换的充分必要条件是：它对于标准正交基的矩阵为正交矩阵。

雅可比(Jacobi)变换就是一种典型的正交变换，它实质上是一种旋转变换，即构造一旋转方阵$\boldsymbol{R}$。设p、$q(p\neq q)$是不超过方阵$\boldsymbol{A}$的阶数n的两个正整数，令$\boldsymbol{R}=[r_{ij}]$为这样的方阵：除了在第p、q行和p、q列交叉处的四个元素

$$\left.\begin{aligned} r_{pp}&=\cos\theta, & r_{pq}&=\sin\theta \\ r_{qp}&=-\sin\theta, & r_{qq}&=\cos\theta \end{aligned}\right\} \tag{1.2.7}$$

之外，其余的元素和单位方阵一样。作为几何元素来说，雅可比变换表示在第p、q轴所构成的平面上转角为θ的一个旋转。

用$\boldsymbol{R}$对一个对称矩阵$\boldsymbol{A}$作相似变换得$\boldsymbol{R}^{-1}\boldsymbol{AR}=\boldsymbol{B}$。由矩阵乘法可知，经这一变

换，除了第 p、q 行和第 p、q 列外，其他行、列都不改变。这一变换在求解动力学的特征值和特征向量时非常有用。

1.3 变分原理与拉氏乘子法

1.3.1 函数的极值与拉氏乘子法

1. 函数的无条件极值问题

先来回顾一下函数的极值问题，然后再研究函数在某一约束条件下的极值问题。

ε 为一正的小量，如果 $f(x)$ 在 x_0 处满足

$$f(x_0+\Delta x)-f(x_0)<0,\quad 且\ 0<|\Delta x|<\varepsilon \tag{1.3.1}$$

则称 $f(x)$ 在 x_0 处有一相对极大或局部极大。

如果 $f(x)$ 在 x_0 处满足

$$f(x)-f(x_0)\leqslant 0,\quad 且\ a\leqslant x\leqslant b,\quad a\leqslant x_0\leqslant b \tag{1.3.2}$$

则 $f(x)$ 在 $[a,b]$ 中的 x_0 处有一绝对极大或全域极大。

如果上述式子中的小于改为大于，则我们称有相对极小或绝对极小。只要不引起误会，我们经常略去相对和绝对字眼，简称极大或极小，统称极值问题。

函数有相对极值的必要条件是 $f'(x_0)=0$，而其充分必要条件为

$$f'(x_0)=0,\qquad f''(x_0)>0\quad（极小）$$

或

$$f'(x_0)=0,\qquad f''(x_0)<0\quad（极大）$$

如果 $f''(x)=0$，则相对极值的充分必要条件还要根据更高阶的导数的正负来决定。

对多元函数 $f(x_1,x_2,\cdots,x_n)$，函数在 $(x_1^0,x_2^0,\cdots,x_n^0)$ 取得极值的必要条件是

$$\left.\frac{\partial f(x_1,x_2,\cdots,x_n)}{\partial x_i}\right|_{(x_1^0,x_2^0,\cdots,x_n^0)}=0\qquad(i=1,2,\cdots,n) \tag{1.3.3}$$

而充分必要条件为

$$\left.\frac{\partial f(x_1,x_2,\cdots,x_n)}{\partial x_i}\right|_{(x_1^0,x_2^0,\cdots,x_n^0)}=0\qquad(i=1,2,\cdots,n)$$

$$矩阵\left[\left.\frac{\partial f^2(x_1,x_2,\cdots,x_n)}{\partial x_i\partial x_j}\right|_{(x_1^0,x_2^0,\cdots,x_n^0)}\right]正定\quad（极小）$$

$$矩阵\left[\left.\frac{\partial f^2(x_1,x_2,\cdots,x_n)}{\partial x_i\partial x_j}\right|_{(x_1^0,x_2^0,\cdots,x_n^0)}\right]负定\quad（极大）$$

式中，矩阵的正、负定由下面的定义得来。

$n\times n$ 的矩阵 $\boldsymbol{S}=[S_{ij}]$，其中 S_{ij} 为矩阵元素，则其正定与负定的定义如下：

设 $\xi_1,\xi_2,\cdots,\xi_n$ 为一组不全同时为零的实数，则

$$当\sum_{i,j=1}^{n}S_{ij}\xi_i\xi_j>0\ 时，\boldsymbol{S}\ 为正定$$

$$\text{当}\sum_{i,j=1}^{n} S_{ij}\xi_i\xi_j < 0 \text{ 时},\boldsymbol{S} \text{ 为负定}$$

2. 函数在约束条件下的极值问题——拉氏乘子法

设 $f(x_1,x_2,\cdots,x_n)$ 为 n 个变量的函数，简记为 $f(x)$。我们研究在约束条件 $g(x_1,x_2,\cdots,x_n)$ 下的极值问题。

根据拉氏乘子法，引入一待定的拉氏乘子 λ，将其化为求 $F(x_1,x_2,\cdots x_n,\lambda)$ 的无条件驻值问题，其中

$$F(x_1,x_2,\cdots,x_n,\lambda) = f(x_1,x_2,\cdots,x_n) + \lambda g(x_1,x_2,\cdots,x_n)$$

其驻值条件为

$$\left.\begin{aligned} &\frac{\partial F}{\partial x_i} = 0 \qquad (i = 1,2,\cdots,n) \\ &\frac{\partial F}{\partial \lambda} = 0 \end{aligned}\right\} \tag{1.3.4}$$

求解上述方程组，得

$$\lambda = -\frac{\partial f}{\partial x_i}\bigg/\frac{\partial g}{\partial x_i} \tag{1.3.5}$$

不妨取 $i=1$，代入 F 函数，即得修正了的新的函数为

$$F^*(x_1,x_2,\cdots,x_n,\lambda) = f(x_1,x_2,\cdots,x_n) - \left(\frac{\partial f}{\partial x_1}\bigg/\frac{\partial g}{\partial x_1}\right) g(x_1,x_2,\cdots,x_n) \tag{1.3.6}$$

其驻值问题为

$$\frac{\partial F^*}{\partial x_i} = 0 \qquad (i = 1,2,\cdots,n) \tag{1.3.7}$$

1.3.2　变量、函数及积分的变分

在给定约束条件下，分析系统的所有可能运动，并在其中确定在已知主动力及初始条件下的真实运动，是分析动力学的基本方法。当要对运动微分方程积分时，就必须研究求得的运动对初始条件的依赖关系。建立系统运动的广义坐标下的状态变量 $\{q_s,\dot{q}_s\}$，这些状态依赖于 $\{q_{s0},\dot{q}_{s0}\}$。如果我们按一定规律改变初始值，就可以假想地给出系统的所有可能运动。

设所有初值 $\{q_{s0},\dot{q}_{s0}\}$ 仅依赖于某一个参数改变：

$$q_{s0} = \varphi_{s0}(\alpha), \qquad \dot{q}_{s0} = \psi_{s0}(\alpha), \qquad t_0 = t_0(\alpha)$$

此时，系统的状态轨迹也改变，这些轨迹开始于 $2n$ 维空间的不同点及不同初始时刻。

如果仅改变坐标的初始 q_{s0} 及初速 $\dot{q}_{s0}$，而时间 t_0 不变，则此时系统的状态轨迹将有不同的初始点，但沿每一轨迹的运动在同一时刻 t_0 开始，时间 t_0 不依赖于 α。初始时刻给定的这种改变，称为等时的，而此时系统的运动微小改变称为运动的等时变分。

如果初始时刻 t_0 按某种规律改变 $t_0=t_0(\alpha)$，那么此时系统的状态轨迹将有不同的初始点及不同的初始时刻。系统运动的这种变分称为非等时变分或全变分。

1. 变量的等时变分

我们讨论两个无限接近的变量轨迹，这两个轨迹相应于参数 α 的接近值：$\alpha,\alpha+\mathrm{d}\alpha$。令在给定时刻相应于参数值 α 和 $\alpha+\mathrm{d}\alpha$ 的坐标为 q、q'，且

$$q=q(t,\alpha)$$

$$q'=q(t,\alpha+\mathrm{d}\alpha)$$

q、q'两者的差称为变量 q 的等时变分，记作 δq，则

$$\delta q=q(t,\alpha+\mathrm{d}\alpha)-q(t,\alpha) \tag{1.3.8}$$

展开上式第一项，并只取相对为线性的项：

$$q(t,\alpha+\mathrm{d}\alpha)=q(t,\alpha)+\frac{\partial q(t,\alpha)}{\partial\alpha}\mathrm{d}\alpha \tag{1.3.9}$$

将式(1.3.9)代入式(1.3.8)，得

$$\delta q=\frac{\partial q(t,\alpha)}{\partial\alpha}\mathrm{d}\alpha \tag{1.3.10}$$

同样，对变量 $\dot{q}$ 的等时变分为

$$\delta\dot{q}=\frac{\partial\dot{q}}{\partial\alpha}\mathrm{d}\alpha,\qquad \dot{q}=\frac{\partial q(t,\alpha)}{\partial t}$$

等时变分有如下性质：对时间 t 的导数与变分运算是可交换的，即

$$\frac{\mathrm{d}}{\mathrm{d}t}(\delta q)=\delta\left(\frac{\mathrm{d}q}{\mathrm{d}t}\right) \tag{1.3.11}$$

事实上，因为

$$\delta q=\frac{\partial q(t,\alpha)}{\partial\alpha},\qquad \frac{\mathrm{d}}{\mathrm{d}t}(\delta q)=\frac{\partial^2 q(t,\alpha)}{\partial\alpha\partial t}\mathrm{d}\alpha \tag{1.3.12}$$

而

$$\delta\left(\frac{\mathrm{d}q}{\mathrm{d}t}\right)=\delta\dot{q}=\frac{\partial}{\partial\alpha}\left[\frac{\partial q(t,\alpha)}{\partial t}\right]\mathrm{d}\alpha=\frac{\partial^2 q(t,\alpha)}{\partial\alpha\partial t}\mathrm{d}\alpha \tag{1.3.13}$$

比较式(1.3.12)和式(1.3.13)，可知变分与微分可以交换的结论是正确的。

2. 变量的全微分

对于变量的全微分问题，同样考查两个无限接近的变量轨迹上的两个点，两轨迹是从不同位置与不同时刻引起的。在某一变换的时刻，它们的坐标为 $q(t,\alpha)$、$q'(t,\alpha)$，但时间 t 也是参数 α 的函数 $t=t(\alpha)$，从而 q 是 α 的复合函数 $q=q[t(\alpha),\alpha]$。

现推导 q 的全变分。它是对 α 的微分，但考虑到 q 明显依赖于 α 且 t 也依赖于 α，用 Δq 表示全微分得

$$\Delta q=\frac{\partial q[t(\alpha),\alpha]}{\partial\alpha}\mathrm{d}\alpha+\left\{\frac{\partial q[t(\alpha),\alpha]}{\partial t}\right\}\cdot\frac{\partial t}{\partial\alpha}\mathrm{d}\alpha \tag{1.3.14}$$

式中，第一项就是等时变分 δq；第二项可用 Δt 表示时间 t 对 α 的变分：$\Delta t=\frac{\partial t}{\partial\alpha}\mathrm{d}\alpha$，因

此得到

$$\Delta q = \delta q + \dot{q}\Delta t \tag{1.3.15}$$

3. 函数的变分

对依赖于自变量 q_s 及 t 的函数 f，首先建立等时变分表达式，因

$$f = f[q_s(t,\alpha),t]$$

故

$$\delta f = \frac{\partial f}{\partial \alpha}\mathrm{d}\alpha$$

由于

$$\frac{\partial f}{\partial \alpha} = \sum_{s=1}^{n}\frac{\partial f}{\partial q_s}\frac{\partial q_s}{\partial \alpha}$$

于是

$$\delta f = \sum_{s=1}^{n}\frac{\partial f}{\partial q_s}\frac{\partial q_s}{\partial \alpha}\mathrm{d}\alpha = \sum_{s=1}^{n}\frac{\partial f}{\partial q_s}\delta q_s \tag{1.3.16}$$

其次，建立 f 的全变分，有

$$\Delta f = \sum_{s=1}^{n}\frac{\partial f}{\partial q_s}\frac{\partial q_s}{\partial \alpha}\mathrm{d}\alpha + \dot{f}\frac{\partial t}{\partial \alpha}\mathrm{d}\alpha \tag{1.3.17}$$

式中，$\dot{f}$ 是按通常原则计算的 f 对 t 的偏导数，由于上式中第一项函数为函数 f 的等时变分 δf，而 $\dot{f}$ 的系数是 Δt，因此，函数 f 的全变分表示为

$$\Delta f = \delta f + \dot{f}\Delta t \tag{1.3.18}$$

4. 依赖于动力学函数的定积分的变分

对于依赖于时间 t、广义坐标 q_s 和广义速度 $\dot{q}_s$（或表征力学系统的运动冲量 P_s）的函数，我们称之为动力学函数，如动能 T、拉氏函数 L、势能 V、系统总能量 E 等。

现在我们来研究其被积函数为这类函数的变分问题，积分为

$$J = \int_{t_1}^{t_2} F\{t(\alpha), q_s[t(\alpha),\alpha], \dot{q}_s[t(\alpha),\alpha]\}\mathrm{d}t \tag{1.3.19}$$

它依赖于参数 α 的值。其变分为

$$\delta J = \frac{\partial J(\alpha)}{\partial \alpha}\mathrm{d}\alpha \tag{1.3.20}$$

设积分上、下限 t_1、t_2 不依赖于参数 α，这时 δJ 是积分 J 的等时变分。被积函数在给定的 $q_s(t,\alpha)$、$\dot{q}_s(t,\alpha)$ 下是某个函数 $f(t,\alpha)$，因此积分可写成

$$J = \int_{t_1}^{t_2} f(t,\alpha)\mathrm{d}t \tag{1.3.21}$$

定积分对参数的导数应等于被积函数的导数在同一界限内的积分，因此式(1.3.21)可变为

$$\frac{\partial J(\alpha)}{\partial \alpha} = \int_{t_1}^{t_2}\frac{\partial f(t,\alpha)}{\partial \alpha}\mathrm{d}t \tag{1.3.22}$$

如果积分上、下限依赖于参数 α，则由数学分析的参变量函数积分定理可知

$$\frac{\partial J}{\partial \alpha}=\int_{t_1}^{t_2}\frac{\partial f(t,\alpha)}{\partial \alpha}\mathrm{d}t+f[t_2(\alpha),\alpha]\frac{\partial t_2(\alpha)}{\partial \alpha}-f[t_1(\alpha),\alpha]\frac{\partial t_1(\alpha)}{\partial \alpha} \tag{1.3.23}$$

由式(1.3.21)、式(1.3.22)和式(1.3.23)，考虑到 Δt 是无限小的可微函数，得

$$\Delta J=\delta\int_{t_1}^{t_2}f\cdot \mathrm{d}t+f\Delta t\Big|_{t_1}^{t_2} \tag{1.3.24}$$

另一方面，由于

$$(f\cdot\Delta t)'=\dot{f}\Delta t+f(\Delta t)'$$

对时间积分

$$f\cdot\Delta t\Big|_{t_2}^{t_1}=\int_{t_2}^{t_1}\dot{f}\Delta t\mathrm{d}t+\int_{t_2}^{t_1}f(\Delta t)'\mathrm{d}t$$

又因为

$$\int_{t_2}^{t_1}\Delta f\mathrm{d}t=\int_{t_2}^{t_1}(\delta f+\dot{f}\Delta t)\mathrm{d}t=$$

$$\int_{t_2}^{t_1}[\delta f-f(\Delta t)']\mathrm{d}t+f\Delta t\Big|_{t_2}^{t_1} \tag{1.3.25}$$

由式(1.3.24)和式(1.3.25)中消去等式

$$\delta\int_{t_2}^{t_1}f\mathrm{d}t=\int_{t_2}^{t_1}\delta f\cdot\mathrm{d}t$$

得到全微分为

$$\Delta\int_{t_2}^{t_1}f\mathrm{d}t=\int_{t_2}^{t_1}[\Delta f+f(\Delta t)']\mathrm{d}t \tag{1.3.26}$$

1.3.3 泛函与变分法的概念与基础

为阐述清楚，首先建立一个属于泛函分析的概念。

设有一条平面曲线 $y=y(x)$ $(x_0\leqslant x\leqslant x_1)$，如图 1.4 所示，我们来考虑以下问题：

① 以它为界的曲线梯形的面积 P；

② 曲线弧长 S；

③ 该曲线绕 x 轴旋转所得面积 Q；

④ 以此曲面为界的旋转体体积 V。

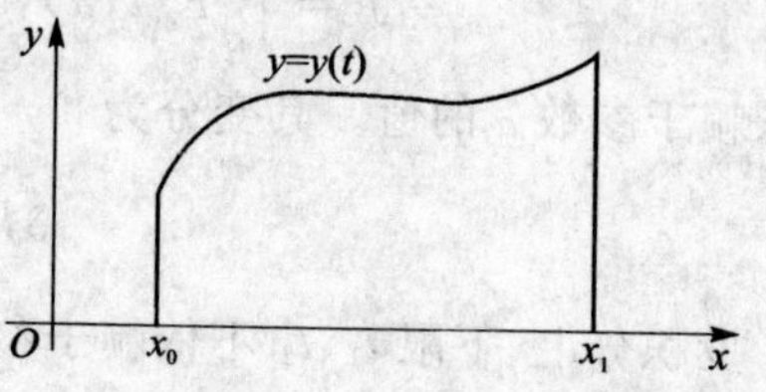

图 1.4 函数示例

这些要求解的量均取决于曲线的形状，即取决于其函数的全体数值。这些量可表示成

$$\left.\begin{aligned}&P=\int_{x_0}^{x_1}y(x)\mathrm{d}x,\qquad S=\int_{x_0}^{x_1}\sqrt{1+[y'(x)]^2}\mathrm{d}x\\&Q=2\pi\int_{x_0}^{x_1}y(x)\sqrt{1+[y'(x)]^2}\mathrm{d}x,\qquad V=\pi\int_{x_0}^{x_1}[y(x)]^2\mathrm{d}x\end{aligned}\right\} \tag{1.3.27}$$

可以看出，函数 y 在此处于“自变量”的地位。它的给定就唯一决定了每个量的值。在这种情形下，当对函数 $y=y(x)$ 按某一法则有某一变量的数值与之相应时，则称此变量为函数 y 的泛函。注意，不可将泛函与函数的函数（复合函数）相混淆。在复合函数中，对每个 x 值分别有一数值与之对应；而在泛函中则是对整个函数 $y(x)$ 有一个数与之对应。

式(1.3.27)中的泛函都是下列泛函的特例：

$$U(y)=\int_{x_0}^{x_1}F[x,y(x),y'(x)]\mathrm{d}x \tag{1.3.28}$$

这里，F 应理解为三个自变量 x、$y(x)$、$y'(x)$ 的已知函数，而 $y=y(x)$ 是 x 的任意函数。

所以，基本的变分法问题就是求泛函的极值问题。可描述为：在所有连接点 (x_0,y_0) 和 (x_1,y_1) 的光滑曲线中，试图找出一条使泛函式(1.3.28)有最大值或最小值的曲线。

变分法的起源，通常认为是自伯努利 1696 年解捷线问题开始的。

捷线问题：由连接两个不同在一铅垂线上的点 A 和 B 的一切曲线之中找出这样一条曲线，使一个质点只在重力作用下而无初速地沿该曲线由点 A 滑向点 B 的时间最短。捷线问题的求解是变分法起源的标志。

显然，捷线问题属于泛函式(1.3.28)的极值问题，即基本的变分法问题——获得使时间 T 最小的函数曲线 $y=y(x)$，而时间 T 为泛函：

$$T=T(y)=\frac{1}{\sqrt{2g}}\int_A^B\frac{\sqrt{1+y'^2}}{\sqrt{y}}\mathrm{d}x \tag{1.3.29}$$

变分法的概念与微分的概念非常类似，但所联系的不是 x 的变化，而是函数 $y(x)$ 的变化。如果函数 $y(x)$ 使泛函 $U(y)$ 达到极值，则 U 的变分 δU 变成 0。变分法中这种极值也是相对极值。

几乎所有的力学和物理问题的基本规律都可表述为规定某一泛函的变分应该是 0 的“变分法原理”。正是这个原理使许多重要的力学问题、物理问题和技术问题得以解决。

1.3.4　变分法问题分类

变分法问题可分为两类。

第一类是被积函数包含一阶导数的变分法问题。

在一切满足端点约束条件

$$y(\alpha)=\bar{y}_1,\qquad y(\beta)=\bar{y}_2 \tag{1.3.30}$$

而且又足够光滑的函数 $y(x)$ 中，求使下列泛函为极值的 $y(x)$ 的解（即上小节中论述的问题）：

$$U(y)=\int_\alpha^\beta F(x,y,y')\mathrm{d}x \tag{1.3.31}$$

第二类是被积函数包括两个待定函数 $y(x)$、$z(x)$ 及其一阶导数 y'、z'，且满足约束条件的变分法问题。

在一切既满足端点约束条件

$$y(\alpha)=\bar{y}_1,\qquad z(\alpha)=\bar{z}_1,\qquad y(\beta)=\bar{y}_2,\qquad z(\beta)=\bar{z}_2 \tag{1.3.32}$$

又满足在积分域内的函数约束条件

$$\varphi[x,y(x),z(x)]=0 \tag{1.3.33}$$

而且又在足够光滑的函数 $y(x)$、$z(x)$ 中，求使下列泛函为极值的解：

$$U(y,z)=\int_\alpha^\beta F(x,y,z,y',z')\mathrm{d}x \tag{1.3.34}$$

泛函 $U(y)$ 的宗量 $y(x)$ 是 x 的函数。设 $y(x)$ 在 $\alpha\leqslant x\leqslant\beta$ 之间和另一函数 $y(x)+\delta y(x)$ 处处无限接近，我们称 $\delta y(x)$ 为函数的变分，且 $\delta y(x)$ 是 x 的微量函数。由 $\delta y(x)$ 引起的泛函的增量称为泛函的变分 δU，即

$$\delta U=U(y+\delta y)-U(y) \tag{1.3.35}$$

计算 δU 时，可以展开泛函 $U(y+\delta y)$ 中的被积函数。只要保留 δy 的线性项，当泛函 $U(y)$ 在函数 $y(x)$ 为宗量时有极值，则有

$$\delta U=0 \tag{1.3.36}$$

这是泛函极值的必要条件，其充分必要条件还需验算 $\delta^2 U$ 才可知。

1.3.5 泛函极值问题与欧拉方程

对第一类变分法问题，函数的变分满足

$$\delta y(\alpha)=\delta y(\beta)=0 \tag{1.3.37}$$

泛函的变分为

$$\delta U=\int_\alpha^\beta[F(x,y+\delta y,y'+\delta y')-F(x,y,y')]\mathrm{d}x \tag{1.3.38}$$

根据微量计算规则，设 $y(x)$ 和 $y(x)+\delta y(x)$ 是有一阶接近度的曲线，则

$$F(x,y+\delta y,y'+\delta y')=F(x,y,y')+\left[\frac{\partial F(x,y,y')}{\partial y}\right]\delta y+\left[\frac{\partial F(x,y,y')}{\partial y'}\right]\delta y' \tag{1.3.39}$$

为方便起见，以后我们将用如下简写：

$$F=F(x,y,y'),\qquad F_y=\frac{\partial F(x,y,y')}{\partial y},\qquad F_{y'}=\frac{\partial F(x,y,y')}{\partial y'} \tag{1.3.40}$$

于是，式(1.3.39)可写成

$$F(x,y+\delta y,y'+\delta y')=F+F_y\delta y+F_{y'}\delta y' \tag{1.3.41}$$

代入式(1.3.38)，得

$$\delta U=\int_\alpha^\beta[F_y\delta y+F_{y'}\delta y']\mathrm{d}x \tag{1.3.42}$$

由微分与变分的交换关系，得

$$\delta U = \int_\alpha^\beta [F_y \delta y + F_{y'}(\delta y)'] \mathrm{d}x \tag{1.3.43}$$

分部积分，得

$$\int_\alpha^\beta F_{y'}(\delta y)' \mathrm{d}x = -\int_\alpha^\beta \frac{\mathrm{d}}{\mathrm{d}x}(F_{y'})\delta y \mathrm{d}x + F_{y'}\delta y \Big|_\alpha^\beta \tag{1.3.44}$$

由变分端点条件，得

$$\int_\alpha^\beta F_{y'}(\delta y)' \mathrm{d}x = -\int_\alpha^\beta \frac{\mathrm{d}}{\mathrm{d}x}(F_{y'})\delta y \mathrm{d}x \tag{1.3.45}$$

因而式(1.3.43)给出的变分极值条件为

$$\int_\alpha^\beta \left(F_y - \frac{\mathrm{d}}{\mathrm{d}x}F_{y'}\right)\delta y \mathrm{d}x = 0 \tag{1.3.46}$$

这里，我们先给出泛函变分的基本定理：

如果函数 $F(x)$ 在线段 (α,β) 上连续，且对于满足某些一般条件的任选函数 $\delta y(x)$，有

$$\int_\alpha^\beta F(x)\delta y(x) \mathrm{d}x = 0 \tag{1.3.47}$$

则在线段的任意点上，有

$$F(x) = 0, \qquad \alpha \leqslant x \leqslant \beta \tag{1.3.48}$$

其中 $\delta y(x)$ 的一般条件为：① 一阶或若干阶可微；② δy 或 $\delta y'$ 都很小。

因而，式(1.3.46)给出

$$F_y - \frac{\mathrm{d}}{\mathrm{d}x}F_{y'} = 0, \qquad \alpha \leqslant x \leqslant \beta \tag{1.3.49}$$

它被称做变分法问题的欧拉方程。如果展开上式中的第二项，则有

$$\frac{\partial F}{\partial y} - \frac{\partial^2 F}{\partial x \partial y'} - \frac{\partial^2 F}{\partial y \partial y'}y' - \frac{\partial^2 F}{\partial y'^2}y'' = 0 \tag{1.3.50}$$

显然，$F(x,y,y')$ 和 $y(x)$ 必须具有二阶连续导数。

这样，一个变分法问题被转化为了在端点条件下的微分方程求解问题。但必须清楚，变分法问题和欧拉方程代表同一个物理问题，人们可以从欧拉方程求解和从变分法直接求近似解(如加权残数法、有限元法、利兹法、伽辽金法等)，其效果一样。欧拉方程求解往往很困难，而从泛函变分求近似解常常并不困难，这就是变分法之所以被重视的原因。

1.3.6　其他变分法问题及广义变分问题

第三类变分法问题指被积函数包括一阶导数、右端自由的变分法问题。

在一切满足左端的约束条件 $y(\alpha) = \bar{y}_1$，右端 $x = \beta$ 处自由，且又足够光滑的函数 $y(x)$ 中，求使泛函式(1.3.31)为极值的 $y(x)$ 的解，并定出自然边界条件。

同上小节分析一样，我们能得到

$$F_y - \frac{\mathrm{d}}{\mathrm{d}x}F_{y'} = 0, \qquad \alpha \leqslant x < \beta \tag{1.3.51}$$

$$F_{y'}[\beta, y(\beta), y'(\beta)] = 0, \qquad x = \beta \tag{1.3.52}$$

同样，对于两端都自由的问题，有

$$F_y - \frac{\mathrm{d}}{\mathrm{d}x}F_{y'} = 0, \qquad \alpha < x < \beta \tag{1.3.53}$$

$$F_{y'}[\alpha, y(\alpha), y'(\alpha)] = 0, \qquad x = \alpha \tag{1.3.54}$$

$$F_{y'}[\beta, y(\beta), y'(\beta)] = 0, \qquad x = \beta \tag{1.3.55}$$

泛函的变分问题常常有各种各样的变分约束，如：① 函数的边界条件或端点条件；② 积分域内的函数约束条件；③ 积分域内的函数在某几点上所受的约束条件；④ 积分形式的约束条件；⑤ 分区问题中在区与区的边界上的函数连续条件；⑥ 其他形式的变分约束条件。所有这些变分约束都可以用拉氏乘子法把它们吸收进泛函中去，从而建立新的、不再有约束的变分泛函。我们称这种解除了约束的泛函的变分问题为广义变分问题或修正变分问题。

具体的过程为（以第一类变分问题为例）：

用待定拉氏乘子改写泛函为无条件广义变分问题的泛函：

$$U^*(y) = U(y) + \lambda_1[y(\alpha) - \bar{y}_1] + \lambda_2[y(\beta) - \bar{y}_2] \tag{1.3.56}$$

识别待定拉氏乘子 λ_1、λ_2，利用泛函变分的驻值条件，有

$$\delta U^* = \int_\alpha^\beta \left(F_y - \frac{\mathrm{d}}{\mathrm{d}x}F_{y'}\right)\delta y \mathrm{d}x + [F_{y'}(\beta) + \lambda_2]\delta y(\beta) - [F_{y'}(\alpha) - \lambda_1]\delta y(\alpha) + \delta\lambda_1[y(\alpha) - \bar{y}_1] + \delta\lambda_2[y(\beta) - \bar{y}_2] = 0 \tag{1.3.57}$$

由于 δy、$\delta y(\beta)$、$\delta y(\alpha)$、$\delta\lambda_1$、$\delta\lambda_2$ 都是独立的变分成分，因此它们的系数都等于零，即

$$F_y - \frac{\mathrm{d}}{\mathrm{d}x}F_{y'} = 0, \qquad \alpha < x < \beta \tag{1.3.58}$$

和端点上

$$\lambda_1 = F_{y'}(\alpha), \quad \lambda_2 = -F_{y'}(\beta), \quad y(\alpha) = \bar{y}_1, \quad y(\beta) = \bar{y}_2 \tag{1.3.59}$$

把拉氏乘子 λ_1、λ_2 代入式(1.3.56)，得到 $U^*(y)$ 的新的广义变分泛函

$$U^*(y) = U(y) + F_{y'}(\alpha)[y(\alpha) - \bar{y}_1] - F_{y'}(\beta)[y(\beta) - \bar{y}_2] \tag{1.3.60}$$

对于约束为一个函数

$$\phi_i(x, y_1, y_2, \cdots, y_n, y'_1, y'_2, \cdots, y'_n) = 0 \qquad (i = 1, 2, \cdots, k; \quad k < n) \tag{1.3.61}$$

和端点条件

$$\begin{aligned} y_k(x_1) &= \bar{y}_{1k} \qquad (k = 1, 2, \cdots, n) \\ y_k(x_2) &= \bar{y}_{2k} \qquad (k = 1, 2, \cdots, n) \end{aligned} \tag{1.3.62}$$

的泛函问题

$$U=\int_{x_1}^{x_2}F(x,y_1,y_2,\cdots,y_n,y'_1,y'_2,\cdots,y'_n)\mathrm{d}x \tag{1.3.63}$$

则必须满足由泛函

$$U^* = U+\sum_{i=1}^{k}\int_{x_1}^{x_2}\lambda_i(x)\phi_i\mathrm{d}x+\sum_{k=1}^{n}\mu_k[y_k(x_1)-\bar{y}_{1k}]+\sum_{k=1}^{n}\pi_k[y_k(x_2)-\bar{y}_{2k}] \tag{1.3.64}$$

的变分驻值问题确定的欧拉方程

$$\frac{\partial F^*}{\partial y_j}-\frac{\mathrm{d}}{\mathrm{d}x}\frac{\partial F^*}{\partial y'_j}=0\qquad(j=1,2,\cdots,n) \tag{1.3.65}$$

和约束条件式(1.3.61)、端点条件式(1.3.62)以及决定 μ_k、π_k 的附加端点条件

$$-\frac{\mathrm{d}F^*}{\mathrm{d}y'_j}\bigg|_{x=x_1}+\mu_j=0,\qquad \frac{\mathrm{d}F^*}{\mathrm{d}y'_j}\bigg|_{x=x_2}+\pi_j=0\qquad(j=1,2,\cdots,n) \tag{1.3.66}$$

式中

$$F^* = F+\sum_{i=1}^{k}\lambda_i(x)\phi_i \tag{1.3.67}$$

如圆柱上两点间最短线路的问题。

另外,更为复杂的是约束条件除端点条件外还有为泛函表述的约束,即

$$\int_{x_1}^{x_2}\phi_i(x,y_1,y_2,\cdots,y_n,y'_1,y'_2,\cdots,y'_n)\mathrm{d}x-\alpha_i=0\qquad(i=1,2,\cdots,k) \tag{1.3.68}$$

泛函式(1.3.63)在约束条件式(1.3.68)和端点条件

$$\begin{aligned}y_j(x_1)&=\bar{y}_{1j}\qquad(j=1,2,\cdots,n)\\ y_j(x_2)&=\bar{y}_{2j}\qquad(j=1,2,\cdots,n)\end{aligned} \tag{1.3.69}$$

下的极值所确定的函数 $y_1,y_2,\cdots,y_n$ 必须满足泛函

$$U^* = \int_{x_1}^{x_2}\left(F+\sum_{i=1}^{k}\lambda_i\phi_i\right)\mathrm{d}x-\sum_{i=1}^{k}\lambda_i\alpha_i+\sum_{j=1}^{n}\mu_j[y_j(x_1)-\bar{y}_{1j}]+\sum_{j=1}^{n}\pi_j[y_j(x_2)-\bar{y}_{2j}] \tag{1.3.70}$$

的变分驻值问题所确定的欧拉方程

$$\frac{\partial F^*}{\partial y_j}-\frac{\mathrm{d}}{\mathrm{d}x}\frac{\partial F^*}{\partial y'_j}=0\qquad(j=1,2,\cdots,n) \tag{1.3.71}$$

和端点条件式(1.3.69)、约束条件式(1.3.68)和附加端点条件

$$-\frac{\partial F^*}{\partial y_j}\bigg|_{x=x_1}+\mu_j=0,\qquad \frac{\partial F^*}{\partial y'_j}\bigg|_{x=x_2}+\pi_j=0\qquad(j=1,2,\cdots,n) \tag{1.3.72}$$

式中

$$F^* = F + \sum_{i=1}^{k} \lambda_i(x)\phi_i \tag{1.3.73}$$

如在长度一定的封闭曲线中，什么曲线所围面积最大问题。

对于高阶泛函问题：在一切满足端点条件

$$y(x) = \bar{y}_1, \quad y'(x) = \bar{y}'_1, \quad y(x_2) = \bar{y}_2, \quad y'(x_2) = \bar{y}'_2 \tag{1.3.74}$$

并在足够光滑的函数 $y(x)$ 中，求使泛函

$$U = \int_{x_1}^{x_2} F(x, y, y', y'')\mathrm{d}x \tag{1.3.75}$$

为极值的函数 $y(x)$，其欧拉方程为

$$\frac{\mathrm{d}F}{\mathrm{d}y} - \frac{\mathrm{d}}{\mathrm{d}x}\left(\frac{\partial F}{\partial y'}\right) + \frac{\mathrm{d}^2}{\mathrm{d}x^2}\left(\frac{\partial F}{\partial y''}\right) = 0 \tag{1.3.76}$$

也可由拉氏乘子法将其转换为广义变分问题来解。另外，重积分形式的变分问题也是工程中能见到的，对这类变分问题这里不再赘述。

第2章 分析力学基本概念与理论基础

力学的研究方法是：首先建立研究对象的力学模型和基本概念，然后以反映物体机械运动最基本的原理或定律为依据，运用数学演绎的方法建立有关定理与方程的解。

力学既有深刻的基础性又有广泛的应用性。现代科技飞速发展业已证明，无论是历史悠久的机械工程、土木工程、水利工程、建筑工程、船舶工程，还是新兴的航空航天工程、机电工程、核技术工程、生物医学工程等，都越来越多地依赖于动力学的支持。

分析力学包括分析静力学和分析动力学。分析力学的全部定理和方程都起源于某些基本概念，如约束、广义坐标、虚位移等。虚位移和虚功是分析力学的核心概念。动力学普遍方程的实质是动力学虚功原理，它是动力学中各个普遍定理和力学体系的基础。

分析静力学提供了静力学最基本、最普遍的原理，它为解决一般的非自由质点系（含弹性体和流体）的平衡问题开辟了新途径。分析动力学是用数学的方法分析动力学的问题。

2.1 力学概念与基础

2.1.1 静立学与动力学

动力学主要研究物体在动力作用下的运动效应。静力学是动力学的特例。

静力学研究物体在力系作用下的平衡规律。若作用力并不满足这些平衡规律，尤其物体在受到变化力作用时，即当作用力 $\boldsymbol{F}$ 或力偶 $\boldsymbol{M}$ 是时间 t、物体位矢 $\boldsymbol{r}$ 和速度 $\dot{\boldsymbol{r}}$ 的函数 $\boldsymbol{F}=\boldsymbol{F}(t,\boldsymbol{r},\dot{\boldsymbol{r}})$ 时，物体将发生运动，运动与力之间存在确切的关系，这就是动力学规律。因此，动力学主要研究物体上作用力系与其运动间的关系。物体的运动量（坐标、速度、加速度、角速度、角加速度等）是随时间变化的，必须用微分方程描述动力学规律，只要正确写出这些方程并给出运动的初始条件，就可以得到物体运动的全部信息。

因此，动力学的重要内容是对给定物体的力学模型建立描述其运动状态变化的数学模型，简称动力学建模。

动力学不仅是一般工程技术的基础，而且是很多高新技术的基础。如现代喷气式发动机的最高转速可达 3×10^4 r/min，而陀螺仪表、超精密机床可以达到

105 r/min。对于这些机械和结构的运动规律、运动强度和动力稳定性等，必须依照动力学而不是静力学规律进行分析，否则分析的结果将与实际情况相差甚远。

动力学的力学模型主要是一般质点系。一般质点系包括了刚体、弹塑体、流体和自由质点等，它是最基本、最普遍的模型。根据这一模型建立的动力学原理、定理和方程是机械运动的普遍规律。

运动受到环境预加限制的质点系称为受约束质点系或非自由质点系，如以地球为惯性参考系所研究的机器、车辆等力学问题都属于此；反之，称为自由质点系，如航天器等。

需要无限多个坐标描述的质点系称为连续质点系；反之，称为离散质点系。

既无外界质点进入也无内部质点分出的质点系称为封闭质点系；反之，称为开放质点系，如火箭发动机系统。

刚体和刚体系统是一般质点系的特例，由做大范围相对运动的多个刚体相互约束组成的系统称为多刚体系统，如自行车的多刚体模型。

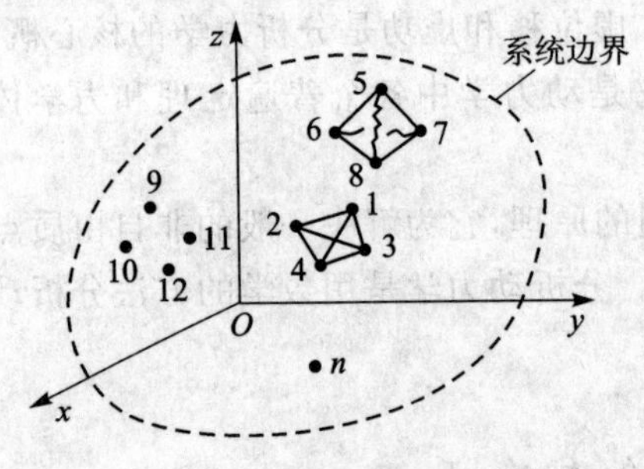

图 2.1　一般质点系模型

图 2.1 是一般质点系模型的示例。质点 1～4 之间距离保持不变，是刚体部分模型；质点 5～8 之间是绝无间隙的连续体，且用线性或非线性弹簧连接，是弹性或塑性部分模型；质点 9～12 之间或是自由的，或是绝无间隙的连续体，但具有易流动性，这是自由质点或流体部分模型。

前已提到，动力学的研究方法是首先建立研究对象的物理模型和基本概念，然后以反映物质运动最基本规律的定理、原理或定律为依据，运用数学模型演绎方法推导出有关定理或方程。

动力学分为矢量动力学和分析动力学。

矢量动力学主要以矢量形式建立一般质点系的受力和运动量的基本概念，由牛顿运动定律和由它作为演绎依据得出的动力学规律所组成的部分称为矢量动力学。

我们从物理学中已知，牛顿运动定律适用于单个自由质点在惯性参考系中的动力学问题，牛顿运动学定律和质点动力普遍定理是矢量动力学的主要内容。

分析动力学模型和研究任务与矢量动力学类似，差别在于研究方法。分析动力学一般以标量形式的功和能等作为一般质点系的基本概念，以力学的变分原理为基础，运用数学分析方法得出动力学方程。

工程中的动力学问题可用图 2.2 来描述。

图 2.2 中所考查动力学系统的动态特性参数为质量 m、阻尼 c、刚度系数 k。环境对系统的作用称为输入或激励，这里主要指环境对系统的作用力 F；运动的初始条件包括初始位移 q_0 和初始速度 $\dot{q}_0$（q 为系统的广义坐标）；系统对环境的作用称为输

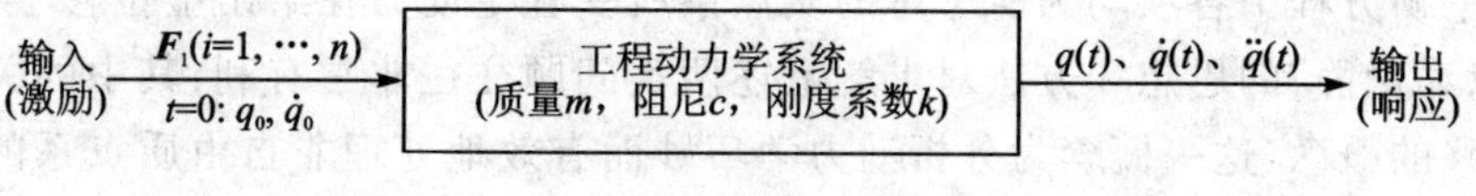

输入（激励）　$F_i(i=1,\cdots,n)$　$t=0$: q_0, $\dot{q}_0$　→　工程动力学系统（质量m，阻尼c，刚度系数k）　→　$q(t)$、$\dot{q}(t)$、$\ddot{q}(t)$　输出（响应）

图 2.2　工程中动力学问题图示

出或响应，包括运动规律 $q(t)$、速度 $\dot{q}(t)$、加速度 $\ddot{q}(t)$等。

分析动力学中，一般系统的动态特性参数是已知的，若已知运动方程，求作用力，则称为动力学第一类问题；若已知作用力求运动方程，则称为动力学第二类问题。动力学中，所考查的系统以及环境加于系统的主动力、约束和运动初始条件是系统运动的原因，而系统的运动规律（包括位移、速度、加速度等）是运动的结果。已知运动原因求运动结果为动力学正问题，已知运动结果求运动原因为动力学逆问题。由于动力学逆问题的多解性，其求解要比正问题复杂得多。如机械臂的平面运动问题，被抓物体的运动规律（包括轨迹和姿态）是已知的工作要求，为实现这些要求，需要研究与设计机械臂的动力学特性参数和各关节点上分别施加的控制力矩，这就是一种动力学反问题。另外，最典型的，如悬臂梁的固有频率、固有模态的辨识问题，也是动力学的反问题。

2.1.2　刚体静力学与分析静力学

刚体静力学研究对象的力学模型是刚体，其基本思想是：如果物体系统处于平衡状态，则寻求作用于其上的外力系（含全部约束力）应该满足的条件，即仅在物体系统的平衡位形上孤立静止地研究外力系的关系，因为所讨论的许多力学概念，如力、力矩、力偶等都是以矢量形式出现的物理量，故刚体静力学又称矢量静力学。

这一方法存在一些问题，第一，刚体静力平衡的充分必要条件对变形体是必要的而不是充分的，也就是说，它不是一般质点系平衡的普遍规律；第二，刚体平衡的充分必要条件不能深入研究物体系统平衡的类型，即平衡位形稳定性问题，如球在凹面、凸面和平面上处于静止的状态，是稳定平衡、不稳定平衡和随遇平衡三种不同的稳定态，而根据刚体静力学，只知道它们是二力平衡，却无法区分三种平衡类型；第三，应用刚体平衡的充分必要条件求解多约束或复杂约束系统的平衡问题并不直接或有利，约束越多越不利。

分析静力学以一般质点系为力学模型，以作用在系统上有功力的功或有势力的势能为基础，应用数学分析方法得出平衡的普遍规律。

通过将系统的诸多符合约束的位形相比较，用确定的判据从中挑出平衡位形，此即为分析静力学的基本思想。分析静力学的基本原理主要是虚位移原理，又称为虚功原理。

可见，刚体静力学解决刚体平衡的观点是孤立静止地“以静论静”，因而难以避免未知约束力在平衡方程中出现。这对于求解刚体所受约束力固然有利，但对求解所受主动力之间关系与系统平衡位置却会带来很大麻烦；用分析静力学（虚位移原理）

建立的平衡方程中各项均为所考虑的质点系所受各主动力在给出虚位移上的虚功。这种“以动论静”的思想和方法对求解上述两类问题往往非常有利，其中的关键是引入虚位移的概念，这一概念为分析动力学巧妙而有效地处理非自由质点系的约束问题起了核心作用。

2.1.3 分析动力学的发展与研究对象、任务及方法

1687 年，牛顿发表了《自然哲学的数学问题》，牛顿运动定律的建立标志着力学开始成为一门科学。以后，经典力学朝着两个方向发展。

1. 扩大研究范围，即由单个自由质点转向受约束质点和质点系

1743 年，法国的达朗贝尔提出了达朗贝尔原理，为受约束质点系动力学的发展奠定了基础；1755 年、1756 年，瑞士的欧拉进一步把牛顿运动定律推广应用于刚体和理想流体，因而矢量动力学又称牛顿-欧拉力学。

2. 寻求动力学规律的表述形式

1788 年，拉格朗日发表《分析力学》，标志着分析力学理论体系的建立，拉格朗日力学为该体系的组成部分之一；英国的哈密尔顿在拉格朗日分析力学的基础上，于 1834 年、1835 年发展了哈密尔顿力学，从而形成了分析力学理论体系的另一部分。

拉格朗日的研究目标主要包括以下内容。

(1) 寻求不包含理想约束力的动力学方程组

工业革命以来，产业界产生和发展出了许多受约束质点系的动力学问题。用属于矢量动力学的质点系动量和动量矩定理对其建模，在所得方程中一般总要包含未知的约束力。这些未知力对求解受约束质点系的动力学方程带来了很大麻烦。拉格朗日将虚位移和虚功概念从分析静力学推广到分析动力学，从而很好地解决了上述问题。

(2) 寻求最少量的动力学方程个数

用动力学普通定理对给定的动力学系统建模，由于所选用的描述运动的坐标往往不是独立的，即它们之间由约束方程相联系，因而所得到的动力学方程个数较多；而拉格朗日引入广义坐标的概念，可对同一动力学系统得到最少量方程。这在没有计算机的时代具有重要意义，即便是当今计算机技术如此发达，这一点仍是很有意义的。

拉格朗日为之奋斗的两个目标都与约束概念有关。因此，搞清约束概念及如何处理约束概念，对分析力学来说是至关重要的。

前面已讲到，刚体静力学仅在物体系统的平衡位形上孤立静止地研究外力系的关系，而分析静力学则是通过将系统的平衡位形与其邻近的无数个非平衡位形相比较，应用明确的判据从中挑选出平衡位形。静力学两种体系在研究思想上的差别对动力学同样适用。分析动力学通过将质点系的真实运动与邻近的无数个可能运动相比较，用所确定的判据挑选出真实运动，这称为力学的变分原理。而牛顿运动定律及

其推广的质点系普遍定理，即矢量动力学体系，属力学非变分原理。

因此，分析动力学的研究对象、任务与方法是，以力学的变分原理为基础，用数学分析的方法，建立受约束质点系的运动规律。可见，动力学两种体系的研究方法不同，而对象和任务是相同的。

2.2 约　束

2.2.1 约束定义与约束方程

工程实际中主要解决非自由质点系的力学问题，理论上，从处理自由质点系到非自由质点系，核心就是如何处理约束问题，因此，约束的概念十分重要。

约束是对物体运动预加的限制条件；换言之，在研究一质点系相对某一惯性坐标系运动时，对系统中的质点位置和速度预先加上了一些几何的或运动学特性的限制，我们把这些限制称为约束。如刚体内任意两点间的距离保持不变的条件是几何约束；而冰刀运动的速度只能沿冰刀平面与冰面的交线上，这是运动约束，或称速度约束。注意，约束是事先加上去的，当系统运动时，无论作用于其上的力和运动初始条件如何，这些限制都必须得到满足。

受到约束的系统称为非自由系统，不受约束的系统称为自由系统。自由系统可在主动力作用下在空间中任意运动；而对于非自由系统，其约束限制了系统的可能运动。

约束可用数学方程的形式描述，称为约束方程，简记为

$$f_\alpha(\boldsymbol{r}_i,\dot{\boldsymbol{r}}_i,t)=0 \quad (i=1,2,\cdots,N;\quad \alpha=1,2,\cdots,l) \tag{2.2.1a}$$

$$f_\alpha(x_i,y_i,z_i;\dot{x}_i,\dot{y}_i,\dot{z}_i;t)=0 \tag{2.2.1b}$$

式中，$\boldsymbol{r}_i$ 为第 i 个质点的位置矢量，$\boldsymbol{r}_i=(x_i,y_i,z_i)$，$\dot{\boldsymbol{r}}_i=(\dot{x}_i,\dot{y}_i,\dot{z}_i)$；$l$ 为约束数；t 为时间量。

【例 1】　如图 2.3 所示为曲柄-滑块机构，曲柄长 $OA=R$，连杆长 $AB=l$，该系统有三个约束方程。

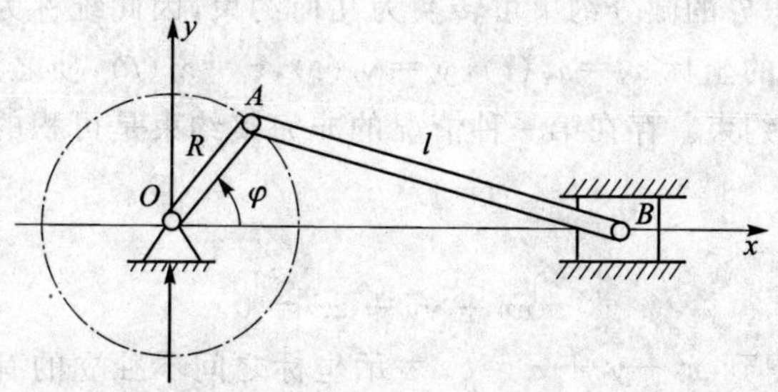

图 2.3　曲柄-滑块机构

$$\left.\begin{aligned} x_A^2 + y_A^2 &= R^2 \\ y_B &= 0 \\ (x_B - x_A)^2 + y_A^2 &= l^2 \end{aligned}\right\} \tag{2.2.2}$$

【例 2】 在平面上运动的两个质点 A、B 用不变长 l 的杆相连接，并且杆中点的速度沿杆方向，其约束为

$$(x_B - x_A)^2 + (y_B - y_A)^2 - l^2 = 0 \tag{2.2.3a}$$

$$\frac{\dot{x}_A + \dot{x}_B}{x_A - x_B} = \frac{\dot{y}_A + \dot{y}_B}{y_A - y_B} \tag{2.2.3b}$$

这种运动约束就是冰刀运动的约束形式。

约束方程(2.2.2)和方程(2.2.3a)为几何上的约束，而约束方程(2.2.3b)为动力学的运动约束，或称速度约束。

2.2.2 约束分类

在推导力学系统的运动方程时，约束本身的性质对它有极大的影响，其运动形式与研究运动所选的方法都依赖于约束性质。因此，必须搞清和区分约束的类型和性质，并按一定的特征将约束分类，如前面已谈到了几何约束和运动约束。

1. 完整约束与非完整约束

用质点的几何坐标和时间 t 的有限方程(非微分方程)表示的约束，称为几何约束。几何约束的一般形式是在方程(2.2.1)中没有微分项，即速度项。几何约束刻画了质点系在时刻 t 时在空间位置上的限制。

约束方程中，既包含位置量又包含运动速度量的约束，称为微分约束，即约束方程(2.2.1)的形式。微分约束刻画了时刻 t 时质点系的速度限制。

几何约束与可积分的微分约束统称为完整约束。

不可积分的微分约束称为非完整约束。

带有非完整约束的力学系统称为非完整系统；反之，称为完整系统。

微分约束是关于坐标的微分方程。可积性与不可积性的概念有两种不同的含义：一是能找到在其变化的定义域中质点系坐标之间的有限方程，使之等价于给定的微分方程，即可积分的微分约束可转换为几何约束，因此统称为完整约束；二是能找到作为时间函数的坐标 $x_i = x_i(t)$，$y_i = y_i(t)$，$z_i = z_i(t)$，使之满足用微分方程表示的给定的非完整约束。存在第一种情况的非完整约束是可积的，而第二种情况是不可积的。

例如，约束

$$x\dot{x} + y\dot{y} + z\dot{z} = 0 \tag{2.2.4}$$

是完整的，因为可得到 $x^2 + y^2 + z^2 = c^2$ 表示坐标之间不独立的有限关系，它说明质点的运动只能在球面上。

非完整约束的不可积性主要指不能找到坐标间有限方程使之等价于非完整约束

的微分方程，但不排除可以找到满足非完整方程的质点轨迹时间参数方程，如约束

$$\dot{y} - z\dot{x} = 0 \tag{2.2.5}$$

为非完整的，因它不能得到关系 $f(x,y,z)=c$，但可知道满足条件的质点轨迹为

$$x = t^2, \qquad y = t^4, \qquad z = 2t^2 \tag{2.2.6}$$

实际上，这些参数方程使式(2.2.5)成为恒等式，即运动式(2.2.6)满足约束式(2.2.5)。但是，却不能在位形空间里指出一个确定的曲面，使满足约束式(2.2.5)的所有轨迹在此曲面上。

在不可积的微分约束中，如果约束方程可展开为 $\dot{x}_i$、$\dot{y}_i$、$\dot{z}_i$ 的线性函数，则称为线性非完整约束；反之，为非线性非完整约束。线性非完整约束的一般形式为

$$\sum_{i=1}^{N}(a_{\beta i}\dot{x}_i + b_{\beta i}\dot{y}_i + c_{\beta i}\dot{z}_i) + d_\beta = 0 \qquad (\beta = 1,2,\cdots,g) \tag{2.2.7}$$

式中，系数 $a_{\beta i}$、$b_{\beta i}$、$c_{\beta i}$ 和 d_β 是坐标 (x_i, y_i, z_i) 和时间 t 的函数。如果 $d_\beta=0$，则称为线性齐次非完整约束。

具有完整约束与非完整约束的系统在运动性质上和研究方法上都有着本质的区别，研究非完整系统要比研究完整系统复杂得多、困难得多。

非完整约束方程也可按对坐标求导的次数分为一阶和高阶非完整约束，工程中见到的大多数为一阶的。

2. 定常约束与非定常约束

约束可分为依赖于时间的约束和不依赖于时间的约束。

如果时间 t 不显含在约束方程(2.2.4)中，则称为定常约束，否则称为非定常约束。定常完整约束表征质点处在不随时间变化的固定曲面上。非定常的完整约束表明质点保持在随时间变化的曲面上，变化可能包括曲面的形状与位置。

定常约束与非定常约束的系统在运动性质上和研究方法上都有着本质的区别，研究非定常系统要比研究定常系统复杂得多、困难得多。

3. 单面约束与双面约束

约束可分为用等号表示的约束和用不等号表示的约束。

用严格的等号表示的约束方程，称为双面约束，也称为固执约束。用不等号表示的约束形式称为单面约束。前面看到的例子均是双面约束，而约束 $x^2+y^2+z^2 \leqslant R^2$ 则为单面约束，表示质点只能在半径为 R 的球面内运动，即只在一个方面受到了限制。

4. 被动约束与主动约束

按约束的实现可分为被动约束与主动约束。被动约束是靠接触或摩擦被动地实现，而主动约束则靠辅助能源主动地实现，如铰接、伺服约束等。

2.2.3　广义约束的概念

随着现代科学技术的发展，约束的概念也有了推广和扩充。

1. 将运动微分方程的第一积分当做非完整约束

力学系统运动微分方程的第一积分本不是事先加上的限制，而是作用力与运动初始条件的结果，但不少人把第一积分当做非完整约束条件。

2. 将可控系统当做完整系统或非完整系统

系统中通常有伺服或通过辅助能源、电磁或气动的力，用某种方法来实现某些约束，这类约束与通常的约束有本质的差别，称为第二类约束。有时在约束方程里出现控制参数，这类约束称为参数约束。

3. 高阶微分约束

由于力学本身以及自动调节、自动控制理论的发展，人们会遇到或设计不仅包含位形、速度，而且包含加速度或坐标对时间的高阶导数的制约关系，称之为高阶微分约束。如果高阶微分的约束是不可积的，则称为高阶非完整约束。

4. 将加在动力学特性改变上的限制条件当做约束

将加在力学系统的动力学特性改变（如质量、动量、能量等）上的条件，当做约束来处理，这是运动与过程控制理论科学的研究方法之一。

2.3 广义坐标与自由度

分析力学的最大特色之一就是在研究力学系统的运动时采用广义坐标的概念和技巧。

2.3.1 广义坐标(系)

凡是能够确定系统位置的、适当选取的变量都称为广义坐标，它是能唯一地确定质点系在空间的位形或构型的独立坐标。广义坐标比笛卡儿直角坐标意义更广泛，可以是线坐标、角坐标，也可以是距离、角度、面积或别的量，其选择不是唯一的。

对完整约束系统而言，广义坐标的个数称为该系统的自由度。

当在所研究的系统上加上约束时，从直角坐标过渡到广义坐标是特别方便的，而且也十分必要。如在2.2.1小节例2中，可取杆中点的直角坐标 x,y 以及杆与 x 轴间的夹角 θ 为广义坐标，此时直角坐标 x_1,y_1 和 x_2,y_2 可用广义坐标 (x,y,θ) 表示为

$$x_1 = x - \frac{l}{2}\cos\theta, \qquad y_1 = y - \frac{l}{2}\sin\theta$$

$$x_2 = x + \frac{l}{2}\cos\theta, \qquad y_2 = y + \frac{l}{2}\sin\theta$$

于是，完整约束式(2.2.3a)自动满足，而非完整约束式(2.2.3b)变为

$$\dot{y} = \dot{x}\tan\theta \tag{2.3.1}$$

显然，选 (x,y,θ) 为广义坐标比选 x_1,y_1 和 x_2,y_2 要方便简捷。

如果力学系统由 N 个质点组成，受 l 个完整约束，则可以选取 $n=3N-l$ 个广义

坐标 $q_s(s=1,2,\cdots,n)$，系统质点系的直角坐标可用广义坐标和时间 t 表示为

$$\left.\begin{aligned}&x_i = x_i(q_s,t),\quad y_i = y_i(q_s,t),\quad z_i = z_i(q_s,t)\\&(i = 1,2,\cdots,N;\quad s = 1,2,\cdots,n)\end{aligned}\right\}\tag{2.3.2}$$

写成矢量形式为

$$\left.\begin{aligned}&\boldsymbol{r}_i = \boldsymbol{r}_i(q_s,t)\\&(i = 1,2,\cdots,N;\quad s = 1,2,\cdots,n)\end{aligned}\right\}\tag{2.3.3}$$

式中，$\boldsymbol{r}_i$ 为质点系中第 i 个质点的矢径。

对定常约束，时间 t 不显含在式(2.3.2)和式(2.3.3)中。

为了求得给定的力学系统的运动，只要先求出广义坐标 $q_s(s=1,2,\cdots,n)$ 作为时间 t 的函数，然后通过关系式(2.3.2)的变换，即可获得 $x_i,y_i,z_i(i=1,2,\cdots,N)$ 作为时间函数 t 的描述。但为了求得广义坐标 q_s，就必须建立 q_s 的微分方程。分析力学给出了建立这种方程的法则和方法。

2.3.2　广义速度

广义坐标 q_s 对时间 t 的导数 $\dot{q}_s(s=1,2,\cdots,n)$ 称为广义速度。

力学系统中，速度矢量 $\boldsymbol{v}_i(i=1,2,\cdots,N)$ 用广义速度表示为

$$\boldsymbol{v}_i = \dot{\boldsymbol{r}}_i = \sum_{s=1}^{N}\frac{\partial \boldsymbol{r}_i}{\partial q_s}\dot{q}_s + \frac{\boldsymbol{r}_i}{\partial t}\qquad (i = 1,2,\cdots,N)\tag{2.3.4}$$

用直角坐标表示为

$$\left.\begin{aligned}\dot{x}_i &= \sum_{s=1}^{N}\frac{\partial x_i}{\partial q_s}\dot{q}_s + \frac{\partial x_i}{\partial t}\\ \dot{y}_i &= \sum_{s=1}^{N}\frac{\partial y_i}{\partial q_s}\dot{q}_s + \frac{\partial y_i}{\partial t}\qquad (i = 1,2,\cdots,N)\\ \dot{z}_i &= \sum_{s=1}^{N}\frac{\partial z_i}{\partial q_s}\dot{q}_s + \frac{\partial z_i}{\partial t}\end{aligned}\right\}\tag{2.3.5}$$

当约束为定常约束时，上两个方程中不显含时间导数项，速度 $\boldsymbol{v}_i$ 是广义坐标 $\dot{q}_s$ 的线性齐次式。

当不考虑广义速度 $\dot{q}_s$ 间的依赖关系时，有如下两个经典拉格朗日关系式成立

$$\frac{\partial \dot{\boldsymbol{r}}_i}{\partial \dot{q}_s} = \frac{\partial \boldsymbol{r}_i}{\partial q_s},\qquad \frac{\mathrm{d}}{\mathrm{d}t}\frac{\partial \boldsymbol{r}_i}{\partial q_s} = \frac{\partial \dot{\boldsymbol{r}}_i}{\partial q_s}\qquad (i = 1,2,\cdots,N;\quad s = 1,2,\cdots,n)\tag{2.3.6}$$

2.3.3　广义加速度

广义坐标对时间的二阶导数 $\ddot{q}_s(s=1,2,\cdots,n)$ 称为广义加速度。

力学系统中，加速度矢量可用广义坐标、广义速度和广义加速度来表述：

$$\left.\begin{aligned}&\boldsymbol{a}_i=\dot{\boldsymbol{v}}_i=\ddot{\boldsymbol{r}}_i=\sum_{s=1}^{n}\frac{\partial \boldsymbol{r}_i}{\partial q_s}\ddot{q}_s+\sum_{s=1}^{n}\sum_{k=1}^{n}\frac{\partial^2 \boldsymbol{r}_i}{\partial q_s\partial q_k}\dot{q}_s\dot{q}_k+2\sum_{s=1}^{n}\frac{\partial^2 \boldsymbol{r}_i}{\partial q_s\partial t}\dot{q}_s+\frac{\partial^2 \boldsymbol{r}_i}{\partial t^2}\\&(i=1,2,\cdots,N)\end{aligned}\right\}\tag{2.3.7}$$

用直角坐标表示为

$$\left.\begin{aligned}\ddot{x}_i&=\sum_{s=1}^{n}\frac{\partial x_i}{\partial q_s}\ddot{q}_s+\sum_{s=1}^{n}\sum_{k=1}^{n}\frac{\partial^2 x_i}{\partial q_s\partial q_k}\dot{q}_s\dot{q}_k+2\sum_{s=1}^{n}\frac{\partial^2 x_i}{\partial q_s\partial t}\dot{q}_s+\frac{\partial^2 x_i}{\partial t^2}\\\ddot{y}_i&=\sum_{s=1}^{n}\frac{\partial y_i}{\partial q_s}\ddot{q}_s+\sum_{s=1}^{n}\sum_{k=1}^{n}\frac{\partial^2 y_i}{\partial q_s\partial q_k}\dot{q}_s\dot{q}_k+2\sum_{s=1}^{n}\frac{\partial^2 y_i}{\partial q_s\partial t}\dot{q}_s+\frac{\partial^2 y_i}{\partial t^2}\\\ddot{z}_i&=\sum_{s=1}^{n}\frac{\partial z_i}{\partial q_s}\ddot{q}_s+\sum_{s=1}^{n}\sum_{k=1}^{n}\frac{\partial^2 z_i}{\partial q_s\partial q_k}\dot{q}_s\dot{q}_k+2\sum_{s=1}^{n}\frac{\partial^2 z_i}{\partial q_s\partial t}\dot{q}_s+\frac{\partial^2 z_i}{\partial t^2}\end{aligned}\right\}\tag{2.3.8}$$

可见，质点的加速度矢量是广义加速度的线性形式。同样如果不考虑 $\dot{q}_s$ 之间的依赖关系，我们可得到两个经典关系式成立，即

$$\left.\begin{aligned}&\frac{\partial \ddot{\boldsymbol{r}}_i}{\partial q_s}=\frac{\partial \boldsymbol{r}_i}{\partial q_s},\qquad \frac{\partial \ddot{\boldsymbol{r}}_i}{\partial \dot{q}_s}=2\frac{\partial \dot{\boldsymbol{r}}_i}{\partial q_s}\\&(i=1,2,\cdots,N;\quad s=1,2,\cdots,n)\end{aligned}\right\}\tag{2.3.9}$$

2.3.4 广义坐标、广义速度、广义加速度的约束方程

由 N 个质点组成的系统，受到 l 个完整约束，则总能找到 $n=3N-l$ 个独立的广义坐标 $q_s(s=1,2,\cdots,n)$ 来确定系统的位置。此时，完整约束方程将成为恒等式。若受到 g 个非完整约束，则约束方程将成为

$$f_\beta(q_s,\dot{q}_s,t)=0\qquad(\beta=1,2,\cdots,g;\quad s=1,2,\cdots,n)\tag{2.3.10}$$

而线性非完整约束将变成

$$\sum_{s=1}^{N}A_{\beta s}\dot{q}_s+D\beta=0\qquad(\beta=1,2,\cdots,g)\tag{2.3.11}$$

将式(2.3.11)代入线性非完整约束的一般形式式(2.2.7)，可得其系数为

$$\left.\begin{aligned}&A_{\beta s}=\sum_{i=1}^{N}\left(a_{\beta i}\frac{\partial x_i}{\partial q_i}+b_{\beta i}\frac{\partial y_i}{\partial q_s}+c_{\beta i}\frac{\partial z_i}{\partial q_s}\right)\\&D_\beta=d_\beta+\sum_{i=1}^{N}\left(a_{\beta i}\frac{\partial x_i}{\partial q_i}+b_{\beta i}\frac{\partial y_i}{\partial q_s}+c_{\beta i}\frac{\partial z_i}{\partial q_s}\right)\qquad(\beta=1,2,\cdots,g;\quad s=1,2,\cdots,n)\end{aligned}\right\}\tag{2.3.12}$$

如果满足条件

$$\frac{\partial A_{\beta s}}{\partial q_k}=\frac{\partial A_{\beta k}}{\partial q_s},\qquad \frac{\partial A_{\beta s}}{\partial t}=\frac{\partial D_\beta}{\partial q_s}\qquad(\beta=1,2,\cdots,g;\quad s,k=1,2,\cdots,n)\tag{2.3.13}$$

则约束方程(2.3.11)是可积的。注意，条件式(2.3.13)是可积分的充分必要条件，并

不是必要条件。

2.4　实位移、虚位移与自由度

2.4.1　实位移、可能位移与虚位移

在运动过程中，系统中各个质点 m_i 的位移 $\mathrm{d}\boldsymbol{r}_i=\mathrm{d}x_i\boldsymbol{i}+\mathrm{d}y_i\boldsymbol{j}+\mathrm{d}z_i\boldsymbol{k}$ 一方面满足动力方程

$$m_i\ddot{\boldsymbol{r}}_i=\boldsymbol{P}_i+\boldsymbol{F}_i \tag{2.4.1}$$

和初始条件

$$\boldsymbol{r}_i(0)=\boldsymbol{r}_i^0,\qquad \dot{\boldsymbol{r}}_i(0)=\dot{\boldsymbol{r}}_i^0 \tag{2.4.2}$$

另一方面，还必须满足约束方程，其中 $\boldsymbol{P}$ 和 $\boldsymbol{F}$ 表示质点所受主动力的合力和约束反力的合力。

凡是满足上述要求的运动，就是系统实际发生的运动，称为真实运动。而把在时间间隔 $\mathrm{d}t$ 中由真实运动所引起的位移 $\mathrm{d}\boldsymbol{r}_i$ 称为实位移。如果时间没有变化，此时 $\mathrm{d}t=0$，则必然 $\mathrm{d}\boldsymbol{r}_i=\boldsymbol{0}$，也就是说，实位移必须经历时间历程。

在理论力学中，把满足约束方程的无穷小位移称为约束允许的位移，或简称为可能位移。显然实位移是满足约束条件的，所以也是可能位移。但反之不然，任意一个可能位移并不一定是某种真实运动中产生的实位移。这是因为我们在定义可能位移时，只要求它满足约束条件，而不要求它一定要满足动力学方程和初始条件。总之，可以这样说，所有满足约束条件的位移都是可能位移，而其中只有一个是实位移。

现在引出虚位移的概念。设想在某一瞬时 t 所考查的力学系统在约束允许的情况下，由原来的位置移动到另一个无限邻近的位置，也就是说，系统中各质点发生了无限小的位移。这一位移并不是质点在实际运动中所真实发生的，而只是想像中可能发生的瞬间移动，它只取决于质点在此瞬时的位置和加在它上面的约束，而不是由于时间的变化引起的，我们把这种位移叫做虚位移，并以 $\delta\boldsymbol{r}_i$ 表示。由于时间无变化（$\delta t=0$），因此人们又把虚位移叫做等时变分。

虚位移的严格定义为：在给定的固定时刻，加在质点上的约束所容许的所有假想的无限小位移，称其为质点的虚位移。

显然，可能位移有无限多个，实位移和虚位移都是可能位移，且这里虚位移也有无限多个。在定常约束下，实位移是虚位移中的一种，但在非定常约束下，实位移不一定是虚位移中的一种。这就是可能位移、虚位移和实位移的关系。

2.4.2　约束加在虚位移上的条件

首先研究完整约束加在虚位移上的条件。

力学系统由 N 个质点组成，并受 l 个完整约束：

$$f_\alpha(x_i, y_i, z_i, t) = 0 \qquad (i = 1,2,\cdots,N; \quad \alpha = 1,2,\cdots,l) \tag{2.4.3}$$

在瞬时 t，系统的质点由 (x_i, y_i, z_i) 发生虚位移 δx_i、δy_i、δz_i 到达点 $(x_i+\delta x_i, y_i+\delta y_i, z_i+\delta z_i)$，按虚位移的定义，质点的新位置必须为约束所容许，即满足

$$f_\alpha(x_i+\delta x_i, y_i+\delta y_i, z_i+\delta z_i, t) = 0 \qquad (i = 1,2,\cdots,N; \quad \alpha = 1,2,\cdots,l) \tag{2.4.4}$$

将式(2.4.4)按 Taylor 级数展开，有

$$f_\alpha(x_i+\delta x_i, y_i+\delta y_i, z_i+\delta z_i, t) =$$

$$f_\alpha(x_i, y_i, z_i, t) + \sum_{i=1}^{N}\left(\frac{\partial f_\alpha}{\partial x_i}\delta x_i + \frac{\partial f_\alpha}{\partial y_i}\delta y_i + \frac{\partial f_\alpha}{\partial z_i}\delta z_i\right) + \text{高阶小量} = 0 \tag{2.4.5}$$

因虚位移为无穷小位移，故略去高阶小量，同时考虑到式(2.4.3)，则式(2.4.5)变为

$$\sum_{i=1}^{N}\left(\frac{\partial f_\alpha}{\partial x_i}\delta x_i + \frac{\partial f_\alpha}{\partial y_i}\delta y_i + \frac{\partial f_\alpha}{\partial z_i}\delta z_i\right) = 0 \qquad (i = 1,2,\cdots,N; \quad \alpha = 1,2,\cdots,l) \tag{2.4.6}$$

这就是完整约束加在虚位移上的条件。

对完整约束系统，如选 $n=3N-l$ 个相互独立的广义坐标 q_s $(s=1,2,\cdots,n)$，则

$$\delta \boldsymbol{r}_i = \sum_{i=1}^{n}\frac{\partial \boldsymbol{r}_i}{\partial q_s}\delta q_s$$

$$\delta x_i = \sum_{i=1}^{n}\frac{\partial x_i}{\partial q_s}\delta q_s, \qquad \delta y_i = \sum_{i=1}^{n}\frac{\partial y_i}{\partial q_s}\delta q_s, \qquad \delta z_i = \sum_{i=1}^{n}\frac{\partial z_i}{\partial q_s}\delta q_s \tag{2.4.7}$$

式中，δq_s 也是任意的、相互独立的。

将式(2.4.7)代入式(2.4.6)，得

$$\sum_{i=1}^{n}\frac{\partial f_\alpha}{\partial q_s}\delta q_s = 0 \qquad (i = 1,2,\cdots,n; \quad \alpha = 1,2,\cdots,l) \tag{2.4.8}$$

由约束关系式(2.4.6)和式(2.4.8)可知，对完整系统来说，约束加在虚位移上的条件与约束方程的等时变分为零是一致的。

对实位移来说，设坐标增量为 $\mathrm{d}x_i$、$\mathrm{d}y_i$、$\mathrm{d}z_i$，时间增量为 $\mathrm{d}t$，类似于得到约束关系所用方法，有

$$\sum_{i=1}^{N}\left(\frac{\partial f_\alpha}{\partial x_i}\mathrm{d}x_i + \frac{\partial f_\alpha}{\partial y_i}\mathrm{d}y_i + \frac{\partial f_\alpha}{\partial z_i}\mathrm{d}z_i\right) + \frac{\partial f_\alpha}{\partial t}\mathrm{d}t = 0 \qquad (i = 1,2,\cdots,N; \quad \alpha = 1,2,\cdots,l) \tag{2.4.9}$$

当约束为定常时，上式变为

$$\sum_{i=1}^{N}\left(\frac{\partial f_\alpha}{\partial x_i}\mathrm{d}x_i + \frac{\partial f_\alpha}{\partial y_i}\mathrm{d}y_i + \frac{\partial f_\alpha}{\partial z_i}\mathrm{d}z_i\right) = 0 \qquad (i = 1,2,\cdots,N; \quad \alpha = 1,2,\cdots,l) \tag{2.4.10}$$

比较式(2.4.6)和式(2.4.10)，我们能清楚地看到，在定常约束时，实位移是虚位移的一种。

其次，我们来研究线性非完整约束加在虚位移上的条件。

如系统受到形如式(2.2.7)的线性非完整约束，可将其写成微分形式

$$\sum_{i=1}^{N}(a_{\beta i}\mathrm{d}x_i+b_{\beta i}\mathrm{d}y_i+c_{\beta i}\mathrm{d}z_i)+d_\beta\mathrm{d}t=0\qquad(\beta=1,2,\cdots,g)\tag{2.4.11}$$

因虚位移是时间不变的位移，故在式(2.4.11)中以变分符号 δ 代替微分算子 d，且 $\delta t=0$，于是有

$$\sum_{i=1}^{N}(a_{\beta i}\delta x_i+b_{\beta i}\delta y_i+c_{\beta i}\delta z_i)=0\qquad(\beta=1,2,\cdots,g)\tag{2.4.12}$$

这就是线性非完整约束加在虚位移上的条件，将式(2.4.7)代入式(2.4.12)，得

$$\sum_{s=1}^{n}A_{\beta s}\delta q_s=0\qquad(\beta=1,2,\cdots,g)\tag{2.4.13}$$

式中，系数 $A_{\beta s}$ 由式(2.3.12)确定。

对线性非完整约束来说，约束加在虚位移上的条件与约束方程的等时变分为零并不是一致的。

对于具有 l 个完整约束、g 个非完整约束的系统，独立坐标的数目仍旧是 $n=3N-l$，但因有条件式(2.4.13)，故广义坐标的独立变分数目成为 $n-g$。因此，对于非完整约束系统来说，独立坐标的数目是 n，而独立变分的数目为独立坐标的数目减去非完整约束方程的数目，即 $\varepsilon=n-g$。

在前面的推演中，由约束方程(2.2.7)变到关系式(2.4.13)可以看出，为了得到约束加在虚位移上的条件，可将约束方程写成微分形式，用变分算子 δ 代替微分算子 d，并令 $\delta t=0$。这一方法称为 Holder 方法。它被广泛应用于分析力学系统。

最后，我们研究非线性非完整约束加在虚位移上的条件。

如果系统受到非线性非完整约束，为得到这样的约束加在虚位移上的条件，用上述方法已行不通。对线性非完整系统，我们采用的是 Holder 方法；对非线性非完整约束，应用 Holder 方法，将会得到广义坐标间的非线性关系。因此，为了应用与虚位移概念密切相关的变分原理来推导非完整系统的运动方程，就必须将约束加在虚位移上的条件线性化，阿贝尔-切塔耶夫针对一般的约束关系给出了一种公理性定义，即坐标变分应满足如下关系：

$$\sum_{s=1}^{n}\frac{\partial f_\beta}{\partial q_s}\delta q_s=0\qquad(\beta=1,2,\cdots,g)\tag{2.4.14}$$

该定义将线性非完整约束作为特殊情况，阿贝尔-切塔耶夫定义在变分法和分析力学中被广泛采用。

2.4.3　实位移处于虚位移中的充分必要条件

对一般的非完整约束，实位移处于虚位移中的充分必要条件是约束方程对广义速度的齐次性。

必要性证明：对一般的非完整约束，如果实位移处于虚位移中，则满足如下关系：

$$\sum_{s=1}^{n} \frac{\partial f_\beta}{\partial \dot{q}_s} \mathrm{d}q_s = 0 \tag{2.4.15}$$

因此有

$$\sum_{s=1}^{n} \frac{\partial f_\beta}{\partial \dot{q}_s} \dot{q}_s = 0 \tag{2.4.16}$$

这意味着 f_β 对 $\dot{q}_s$ 是齐次的。

充分性证明：设 f_β 对 $\dot{q}_s$ 是 k 阶齐次的，即

$$\sum_{s=1}^{n} \frac{\partial f_\beta}{\partial \dot{q}_s} \dot{q}_s = k_\beta f_\beta \tag{2.4.17}$$

注意到式(2.2.1)，则

$$\sum_{s=1}^{n} \frac{\partial f_\beta}{\partial \dot{q}_s} \dot{q}_s = 0$$

由此得到式(2.4.15)，比较式(2.4.15)和式(2.4.14)，可知实位移处于无数虚位移中。对完整约束，实位移处于虚位移中的充分必要条件是约束方程中不显含时间 t。

2.4.4 自由度

前已论述，对完整约束系统来说，独立坐标的数目等于广义坐标的独立变分数目。对非完整约束系统来说，因坐标变分间有 g 个关系式(2.4.13)或关系式(2.4.14)，所以 $\delta q_s(s=1,2,\cdots,n)$ 已不是完全独立的，只有 $\varepsilon=n-g$ 个是独立的。由此对于非完整约束系统来说，独立坐标的数目是 n，而独立变分的数目为独立坐标的数目减去非完整约束方程的数目，即 $\varepsilon=n-g=3N-l-g$。这种独立坐标数目与独立变分数目不同的事实，在拉格朗日时代还不为人知，直到 1894 年德国学者赫兹才首次发现它，并由此将约束和力学系统分成完整系统和非完整系统两大类。

有了虚位移的概念就能建立对于研究运动十分有用的自由度数目的概念。它在某种程度上表征所加约束对系统运动的限制。广义坐标的虚位移也是坐标的变分。我们把系统广义坐标的独立变分数目叫做系统的自由度。

2.4.5 虚功与理想约束

作用在质点系上的有功力在相应虚位移上所作的功称为虚功。虚功与实功的计算方法类似。力 $\boldsymbol{F}_i(i=1,2,\cdots,N)$ 在各自作用点的虚位移所作的虚功以及由这些力所组成的力系所作的虚功分别为

$$\delta W_i = \boldsymbol{F}_i \cdot \delta \boldsymbol{r}_i, \qquad \sum_{i=1}^{N} \delta W_i = \sum_{i=1}^{N} \boldsymbol{F}_i \cdot \delta \boldsymbol{r}_i \tag{2.4.18}$$

虚功与虚位移一样，也是假想的，实际并未发生。

如果系统没有约束，则系统的坐标值从作用力方面来说由主动力确定。当存在约束时，便出现了某些附加力。这些附加力使系统按约束方程的规定而运动。这些力与主动力一起实现系统运动的力与约束相适应，因此称为约束反力。

如果系统中各点的约束反力在虚位上所作虚功之和为零，则这种约束称为理想约束。设 $\boldsymbol{R}_i$ 为系统中第 i 个质点所受约束反力的合力，则理想约束条件为

$$\sum_{i=1}^{N}\boldsymbol{R}_i\cdot\delta\boldsymbol{r}_i=0 \tag{2.4.19a}$$

写成直角坐标的形式为

$$\sum_{i=1}^{N}(\boldsymbol{R}_{ix}\cdot\delta x_i+\boldsymbol{R}_{iy}\cdot\delta y_i+\boldsymbol{R}_{iz}\cdot\delta z_i)=\boldsymbol{0} \tag{2.4.19b}$$

将式(2.4.7b)代入式(2.4.19b)，得

$$\sum_{s=1}^{n}\delta q_s\sum_{i=1}^{N}\boldsymbol{R}_i\cdot\frac{\partial\boldsymbol{r}_i}{\partial q_s}=0 \tag{2.4.20}$$

并令 $Q_i's=\sum\limits_{i=1}^{N}\boldsymbol{R}_i\cdot\dfrac{\partial\boldsymbol{r}_i}{\partial q_s}$，称为广义约束力。于是式(2.4.20)变为

$$\sum_{s=1}^{n}Q_i's\,\delta q_s=0 \tag{2.4.21}$$

力学研究中，理想约束具有重要的意义，实例也非常多，如质点强制地沿固定光滑面的运动，质点强制地沿运动的或变形的光滑面的运动，圆球或圆盘沿完全粗糙的水平面作纯滚动，两刚体间理想光滑接触，两刚体间光滑铰接，等等。经典力学和现代力学的大多数理论研究都是基于该假设的，因此具有非常重要的意义。

同时该假设的工程实际应用也是完全可能的，且实际效果也非常成功。这是因为，第一，为描述自然现象和大多数技术过程，必然要做各种各样的假设，而理想约束这样的假设有足够的精确度，如复杂的机构系统可看成是刚体系统，其中刚体两两之间或刚性连接后铰链联结或以其表面相接触。第二，即便系统所受约束不是理想约束，我们也可以将其作为主动力来考虑，如摩擦力作虚功，可将其归为主动力范畴来考虑，由于未知量摩擦力的出现而缺少的方程由摩擦定律来补充。

分析力学在处理约束问题上这一创造性的特点，具有重要的理论及实际意义。

2.5　微分与变分运算的交换关系问题

分析力学的交换关系，即微分算子 d 和变分算子 δ 的交换关系问题，是分析力学的基础问题之一。

前面我们从数学的角度做了一定的论述。研究这个问题的重要性，不仅在于利用交换关系可以导出系统的运动微分方程，而且更在于交换关系与哈密尔顿原理能否应用和怎样应用于非完整系统以及哈密尔顿-雅可比积分方法能否推广到非完整

系统等问题密切相关。事实上，前面已用到了这一交换关系来推导我们的一些结论。

历史上，对交换关系的形式有两种观点。一种认为不论完整与否，d、δ 总可以交换；另一种观点则认为 d、δ 的交换性仅对完整系统成立。两种观点争论甚烈，但对后一种观点支持者较多。

2.6 达朗贝尔原理——动静法

达朗贝尔原理引进惯性力概念，将动力学系统的二阶运动量表示为惯性力，从而应用静力学中研究平衡问题的方法研究动力学问题，因此又称动静法。由于静力学的方法简单直观，易于掌握，因而在工程技术上得到普遍应用。

达朗贝尔原理提供了求解非自由质点系动力学问题(主要是已知运动求力)的另一种普遍方法。它不仅应用于刚体动力学中求解约束力，而且普遍应用于求解弹性杆件中的动应力问题。

达朗贝尔原理从有别于质点系动量和动量矩的思想出发，得到了与该两定理在形式上等价的动力学方程。因此，实质上它归属于矢量动力学。

2.6.1 达朗贝尔原理与惯性力

应用于一个质点上的达朗贝尔原理是：在运动的每一瞬间，作用在质点上的外力(主动力 $\boldsymbol{F}$+约束反力 $\boldsymbol{R}$)与惯性力 $\boldsymbol{F}_\mathrm{I}$ 相平衡，即

$$\boldsymbol{F}+\boldsymbol{R}+\boldsymbol{F}_\mathrm{I}=\boldsymbol{0} \tag{2.6.1}$$

惯性力定义为

$$\boldsymbol{F}_\mathrm{I}=-m\boldsymbol{a}=-m\ddot{\boldsymbol{r}} \tag{2.6.2}$$

达朗贝尔把主动力与惯性力的和叫做耗损力 $\boldsymbol{F}_\mathrm{L}$，即 $\boldsymbol{F}_\mathrm{L}=\boldsymbol{F}-m\boldsymbol{a}$。因此，达朗贝尔原理还可以表述为质点的耗损力与约束反力平衡：

$$\boldsymbol{F}_\mathrm{L}+\boldsymbol{R}=\boldsymbol{0} \tag{2.6.3}$$

事实上，当初达朗贝尔提出该原理时，就是运用的后者。直到 19 世纪前半叶人们引进了惯性力概念之后，才把原理发展到方程(2.6.1)的形式。这显示了理论认识上的一次飞跃。

2.6.2 达朗贝尔原理的质点系形式

考查由 N 个质点组成的非自由质点系，即其质量 $m_i\,(i=1,2,\cdots,N)$、主动力 $\boldsymbol{F}_i\,(i=1,2,\cdots,N)$、约束反力 $\boldsymbol{R}_i\,(i=1,2,\cdots,N)$、加速度 $\boldsymbol{a}_i\,(i=1,2,\cdots,N)$ 和矢径 $\boldsymbol{r}_i\,(i=1,2,\cdots,N)$。由单个质点的达朗贝尔原理，质点系中第 i 个质点有

$$\left.\begin{array}{l}\boldsymbol{F}_i+\boldsymbol{R}_i+\boldsymbol{F}_{\mathrm{I}i}=\boldsymbol{0}\quad \text{或}\quad \boldsymbol{F}_{\mathrm{L}i}+\boldsymbol{R}_i=\boldsymbol{0}\\ \boldsymbol{F}_\mathrm{I}=-m_i\boldsymbol{a}_i=-m_i\ddot{\boldsymbol{r}}_i\end{array}\quad (i=1,2,\cdots,N)\right\} \tag{2.6.4}$$

即每个质点的主动力、约束力与惯性力平衡。因此，质点系的达朗贝尔原理可表述

为：在运动的瞬间，在系统的每一质点上，外力与惯性力相平衡；或换种说法，在运动的任一瞬间，在质点系的每一质点上，耗损力与约束反力相平衡。

将方程(2.6.4)求和，得

$$\sum_{i=1}^{N}\boldsymbol{F}_i+\sum_{i=1}^{N}\boldsymbol{R}_i+\sum_{i=1}^{N}\boldsymbol{F}_{\mathrm{I}i}=\mathbf{0}\quad \text{或}\quad \sum_{i=1}^{N}\boldsymbol{F}_{\mathrm{L}i}+\sum_{i=1}^{N}\boldsymbol{R}_i=\mathbf{0} \tag{2.6.5}$$

进一步对式(2.6.4)矢乘以 $\boldsymbol{r}_i$，再求和，得

$$\left.\begin{aligned}&\sum_{i=1}^{N}\boldsymbol{r}_i\times\boldsymbol{F}_i+\sum_{i=1}^{N}\boldsymbol{r}_i\times\boldsymbol{R}_i+\sum_{i=1}^{N}\boldsymbol{r}_i\times\boldsymbol{F}_{\mathrm{I}i}=\mathbf{0}\\ \text{或}\quad&\sum_{i=1}^{N}\boldsymbol{r}_i\times\boldsymbol{R}_i+\sum_{i=1}^{N}\boldsymbol{r}_i\times\boldsymbol{F}_{\mathrm{L}i}=\mathbf{0}\end{aligned}\right\} \tag{2.6.6}$$

方程(2.6.5)和方程(2.6.6)表明，在运动的任一瞬间，作用在质点系上的主动力、约束力与惯性力(或者说耗损力与约束反力)满足静力学的基本方程，即所有这些力之和及所有这些力对任一点的力矩之和为零。

因此，达朗贝尔原理表明，只要引入假想的惯性力就可以把质点系运动的动力学问题转化为静力学平衡问题。

应当说明的是：① 达朗贝尔惯性力并不是作用在质点上的真实力，而且质点也不处于惯性运动状态，因此，在该原理中所谓的“平衡”没有真实的力学意义，而仅仅是一种假想的平衡而已，称为“动态平衡”，但仪器或人往往能测到或感觉到。② 在非惯性系的动力学中，为了使牛顿定律在形式上还可以应用，也引入了两个虚拟的惯性力——牵连惯性力和科氏惯性力；它们的生成与计算方法与非惯性参考系的选择及其运动密切相关，它们和上述的达朗贝尔惯性力不完全一样，因为达朗贝尔惯性力的形式无须引入任何非惯性的参考系。

2.7　虚位移原理

虚位移原理又称虚功原理，是分析力学的一个重要原理。它和达朗贝尔原理联合使用可推导出牛顿定律。

2.7.1　虚位移原理概述

具有理想双面约束的质点系，其某一符合约束的位形是平衡位形的充分必要条件是：在此位形上，主动力系在系统的任一虚位移上的虚功之和等于零。其可数学描述为

$$\delta W=\sum_{i=1}^{N}\boldsymbol{F}_i\cdot\delta\boldsymbol{r}_i=0\qquad(i=1,2,\cdots,N) \tag{2.7.1}$$

式中，N 表示质点数，$\boldsymbol{F}_i$ 表示作用在第 i 个质点上的主动力，$\delta\boldsymbol{r}_i$ 表示第 i 个质点的虚位移。

所谓平衡位形是指系统在初始时刻处于这一位形且各点速度为零，而在以后的各时刻里仍恒处于这一位形。

前已提及，对于 N 个质点所形成的力学系统，如果受到 l 个完整约束，则独立坐标就减少到 $n=3N-l$ 个。它就是系统的自由度数。因此，我们可以通过约束方程，将不独立的 $3N$ 个坐标用 n 个独立参数（独立广义坐标）$q_s(s=1,2,\cdots,n)$ 来表征，用广义坐标来表述虚位移原理，其形式将非常简单。根据式(2.4.7)，虚功为

$$\delta W=\sum_{i=1}^{N}\boldsymbol{F}_i\cdot\delta\boldsymbol{r}_i=\sum_{i=1}^{N}\boldsymbol{F}_i\cdot\left(\sum_{s=1}^{n}\frac{\partial\boldsymbol{r}_i}{\partial q_s}\delta q_s\right)=\sum_{s=1}^{n}\sum_{i=1}^{N}\left(\boldsymbol{F}_i\cdot\frac{\partial\boldsymbol{r}_i}{\partial q_s}\right)\delta q_s \tag{2.7.2}$$

令

$$Q_s=\sum_{i=1}^{N}\boldsymbol{F}_i\cdot\frac{\partial\boldsymbol{r}_i}{\partial q_s}\quad(s=1,2,\cdots,N) \tag{2.7.3}$$

它是力系 F_i 对应于广义坐标 $q_s(s=1,2,\cdots,n)$ 的广义力。将上式代入式(2.7.2)，虚位移原理表述成

$$\delta W=\sum_{s=1}^{n}Q_s\delta q_s=0 \tag{2.7.4}$$

由于虚位移的独立性和任意性，可以等价于上式的虚位移原理的表述为

$$Q_s=0\quad(s=1,2,\cdots,n) \tag{2.7.5}$$

因此，虚位移原理可以叙述为：具有定常理想约束的力学系统，其“平衡”的充分必要条件是所有广义力等于零。

2.7.2 虚位移原理的应用

虚位移主要求解静力学问题，其过程大致如下：

① 判断约束性质和自由度，选择广义坐标；

② 写出主动力系在虚位移 $\delta\boldsymbol{r}_i(i=1,2,\cdots,N)$ 上的虚功关系式；

③ 将不独立的虚位移 $\delta\boldsymbol{r}_i$ 表述为广义坐标的变分 $\delta q_s(s=1,2,\cdots,n)$，这里有两种方法。

方法一：解析法。将 $\boldsymbol{F}_i$ 和 $\delta\boldsymbol{r}_i$ 均表示为分量形式，则式(2.7.1)变为

$$\sum_{i=1}^{N}(F_{xi}\delta x_i+F_{yi}\delta y_i+F_{zi}\delta z_i)=0 \tag{2.7.6}$$

再对写出的直角坐标与广义坐标变换式求变分，并在上式中用 $\delta q_s(s=1,2,\cdots,n)$分别改换 δx_i、δy_i、δz_i。

方法二：几何法。将式(2.7.1)中的矢量点积用数量表示，即

$$\sum_{i=1}^{N}\boldsymbol{F}_i\delta s_i\cos(\boldsymbol{F}_i,\delta\boldsymbol{r}_i)=\boldsymbol{0} \tag{2.7.7}$$

式中，δs_i 为第 i 个质点运动轨迹弧长的变分。

再用几何法建立 δs_i 与广义坐标 $\delta q_s(s=1,2,\cdots,n)$之间的关系，即 $\delta s_i=f(\delta q_1,\delta q_2,\cdots,\delta q_n)$。

④ 根据 δq_s 的独立性，在方程中消去虚位移，得到平衡方程及最后结果。

2.7.3　势能驻值定理

若质点系上作用的主动力均有势，则由虚位移原理及有势力的其他等价定义，有

$$\delta W=\sum_{i=1}^{N}\boldsymbol{F}_i\cdot\delta\boldsymbol{r}_i=\sum_{i=1}^{N}(F_{xi}\delta x_i+F_{yi}\delta y_i+F_{zi}\delta z_i)=$$

$$-\sum_{i=1}^{N}\left(\frac{\partial V}{\partial x_i}\delta x_i+\frac{\partial V}{\partial y_i}\delta y_i+\frac{\partial V}{\partial z_i}\delta z_i\right)=-\delta V \tag{2.7.8}$$

由 $\delta W=0$ 得

$$\delta V=0 \tag{2.7.9}$$

这表明，具有理想、双面约束，且所作用的主动力均有势的质点系，其符合约束的位形为平衡位形的充分必要条件是，系统在此位形的总势能取驻值。这就是势能驻值定理。

2.7.4　最小势能原理

这里主要分析一般情况下质点系的平衡稳定性问题。

设质点系于某一位形处于平衡状态，又在外界扰动下偏离平衡位形，而扰动去除后，其运动总不超出该位形邻近的某一给定的微小区域，则这一平衡位形是稳定的，否则是不稳定的。那么，如何用力学的语言描述这种状况呢？

系统处于某一平衡位形时，若其总势能为极小值，则在外界微小扰动下偏离这一平衡位形，系统的总势能要增加，最后总要恢复到原来的平衡位移，故初始平衡位形是稳定的；反之，若系统处于某一平衡位形时，其总势能为极大值，则系统的初始平衡位形是不稳定的。势能恒定者，平衡位形是中性的或随机的。若质点系具有一个自由度，有 $V=V(q)$，其中 q 为广义坐标，V 为总势能，则上述三种势能变化状态如图 2.4所示。

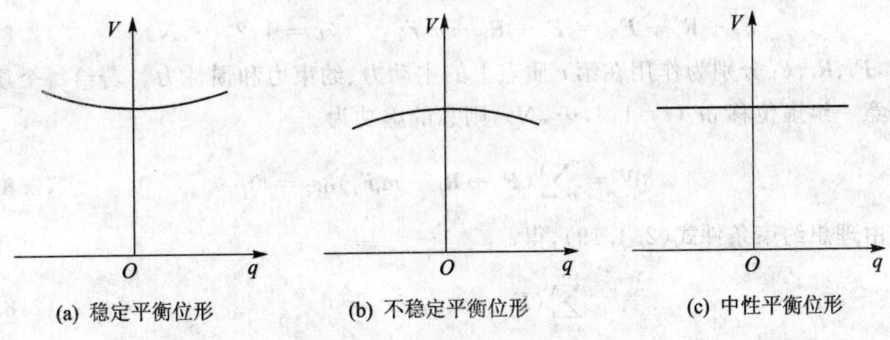

图 2.4　不同的势能变化状态

具有双面理想约束并承受主动力为有势力的质点系统，其所满足约束的平衡位形中，只有使系统的总势能取极小值者是稳定的。此即为最小势能原理。

根据最小势能原理，判别平衡位形稳定性的准则为：

$\Delta V > 0$　　平衡位形是稳定的

$\Delta V < 0$　　平衡位形是不稳定的

$\Delta V = 0$　　平衡位形是中性的

式中，ΔV 为所考查的平衡位形到任意相邻位形时，系统总势能的改变量。

对具有一个自由度的质点系，即系统势能如上有 $V(q)$，则有

$$\Delta V = V(q_0 + \delta q) - V(q_0) = \left(\frac{\mathrm{d}V}{\mathrm{d}q}\right)_{q=q_0}\delta q + \frac{1}{2!}\left(\frac{\mathrm{d}^2 V}{\mathrm{d}q^2}\right)(\delta q)^2 + \frac{1}{3!}\left(\frac{\mathrm{d}^3 V}{\mathrm{d}q^3}\right)(\delta q)^3 + \cdots \tag{2.7.10}$$

式中，q_0 为系统平衡位形的广义坐标。因为是平衡位形，故由势能驻值定理，$\delta V \equiv 0$，即 $\frac{\mathrm{d}V}{\mathrm{d}q} \equiv 0$。于是，$\Delta V$ 的正负由高阶项的正负判断：

$\left(\frac{\mathrm{d}^2 V}{\mathrm{d}q^2}\right)_{q=q_0} > 0$　　平衡位形稳定

$\left(\frac{\mathrm{d}^2 V}{\mathrm{d}q^2}\right)_{q=q_0} < 0$　　平衡位形不稳定

$\left(\frac{\mathrm{d}^2 V}{\mathrm{d}q^2}\right)_{q=q_0} = 0$　　需根据高阶项的正负，判断系统稳定性，以此类推。若所有高阶项均为 0，则平衡位形是中性的

2.8　动力学普遍方程

2.8.1　达朗贝尔-拉格朗日原理

对于由 N 个质点组成的理想约束系统，根据达朗贝尔原理有

$$\boldsymbol{F}_i + \boldsymbol{R}_i + \boldsymbol{F}_{\mathrm{I}i} = \boldsymbol{F}_i + \boldsymbol{R}_i - m_i \ddot{\boldsymbol{r}}_i \qquad (i = 1, 2, \cdots, N) \tag{2.8.1}$$

式中，$\boldsymbol{F}_i$、$\boldsymbol{R}_i$、$\boldsymbol{F}_{\mathrm{I}i}$ 分别为作用在第 i 质点上的主动力、约束力和惯性力。若给每个质点以任意一组虚位移 $\delta \boldsymbol{r}_i (i=1,2,\cdots,N)$，则总的虚功为

$$\delta W = \sum_{i=1}^{N} (\boldsymbol{F}_i + \boldsymbol{R}_i - m_i \ddot{\boldsymbol{r}}_i)\delta \boldsymbol{r}_i = 0 \tag{2.8.2}$$

由理想约束条件式(2.4.19)，得

$$\sum_{i=1}^{N} (\boldsymbol{F}_i - m_i \ddot{\boldsymbol{r}}_i)\delta \boldsymbol{r}_i = 0 \tag{2.8.3}$$

写成直角坐标的形式为

$$\sum_{i=1}^{N} [(F_{xi} - m_i \ddot{x}_i)\delta x_i + (F_{yi} - m_i \ddot{y}_i)\delta y_i + (F_{zi} - m_i \ddot{z}_i)\delta z_i] = 0 \tag{2.8.4}$$

这就是著名的达朗贝尔-拉格朗日原理，也称动力学普遍方程。它表明，对于理

想约束的质点系，在运动的任一瞬间，作用在其上的主动力与惯性力在系统的任意虚位移上所作的虚功之和为零。

动力学普遍方程适合于任何理想双面约束系统，无论约束是否定常、是否完整，也不论是否有势。

动力学普遍方程实质就是动力学的虚功原理。

从动力学普遍方程出发，可以推导出动力学中各个普遍定理和力学体系的各种运动方程。

虚位移和虚功是使分析力学区别于矢量力学的核心概念，没有这两个概念就没有拉格朗日力学体系。

2.8.2　达朗贝尔-拉格朗日原理的应用

动力学普遍方程主要用于求解动力学第二类问题，即已知主动力求运动规律。

用动力学普遍方程求解质点系运动规律时，只要正确分析运动，对系统施加惯性力，其他步骤则和 2.7.2 小节所述的虚位移原理求解力学问题相同。

应用动力学普遍方程，关键是计算所考查质点系的虚功，进行功和能计算一般只需考虑整体，而不必拆开系统。

【例 1】　离心调速器以等加速度 ω 绕轴 Oy 转动(见图 2.5)。两球质量均为 m_1，重锤质量为 m_2，各铰链杆的长度为 l，与 Ox 部分重合的 T 形杆宽度为 $2d$，均不计质量。假设各铰链与轴承是光滑的，试求加速度 ω 与张角 θ 的关系。

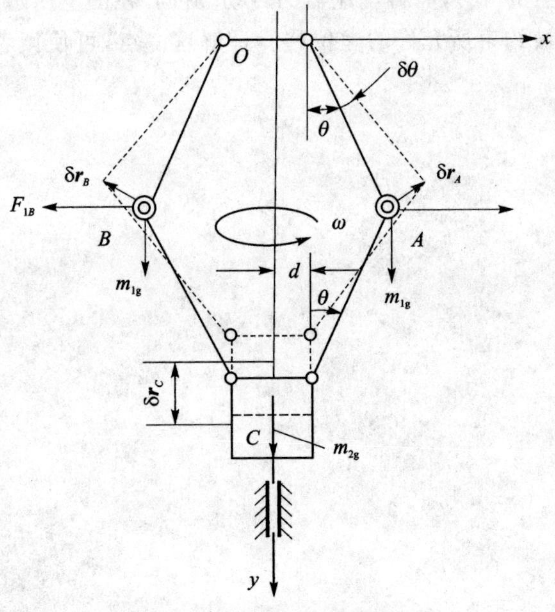

图 2.5　调速器简图

解：这是单自由度的理想、双面约束系统，可选 θ 为广义坐标，画出包括主动力系、惯性力系在内的受力图，其中球的惯性力为

$$F_{1A}=F_{1B}=m_1(d+l\sin\theta)\omega^2$$

由动力学普遍方程得

$$F_{1A}\delta x_A-F_{1B}\delta x_B+m_1g\delta y_A+m_1g\delta y_B+m_2g\delta y_C=0 \quad \text{(a)}$$

各个质点的虚位移可用广义坐标的变分表示：

$$\begin{aligned}
&x_A=d+l\sin\theta, && \delta x_A=l\cos\theta\cdot\delta\theta\\
&y_A=l\cos\theta, && \delta y_A=-l\sin\theta\cdot\delta\theta\\
&x_B=-(d+l\sin\theta), && \delta x_B=-l\cos\theta\cdot\delta\theta\\
&y_B=l\cos\theta, && \delta y_B=-l\sin\theta\cdot\delta\theta\\
&y_C=2l\cos\theta, && \delta y_C=-2l\sin\theta\cdot\delta\theta
\end{aligned}$$

代入式(a)得

$$2m_1(d+l\sin\theta)\omega^2 l\cos\theta\cdot\delta\theta-2m_1gl\sin\theta\cdot\delta\theta-2m_2gl\sin\theta\cdot\delta\theta=0$$

则

$$\omega^2=\frac{(m_1+m_2)g\tan\theta}{m_1(d+l\sin\theta)} \quad \text{(b)}$$

本例中的约束实际上是非定常约束，因为约束方程为 $\varphi=\varphi_0+\omega t$，其中 φ 为调速器轴 Oy 的转角，φ 与时间 t 有关。由于动力学普遍方程讨论的是系统在某一确定的瞬时的动力学关系，因此，在非定常约束下对质点系的虚位移只需考虑它的瞬时性质，即认为时间固定($\delta t=0$)，而将调速器的转动“凝固”在图上所示的形态上，这样 $\delta\theta$ 就是在这一形态下被约束所允许的虚位移。理解这一点，可使读者对虚位移概念的认识深化一步。

第3章 分析动力学的拉格朗日方程建模

动力学建模方法有基于质点系动量和动量矩定理、动力学普通方程、拉格朗日方程等方法。拉格朗日方程提供了非自由质点系动力学建模的普遍、统一和简单的方法,在现代动力学分析中广泛应用。

3.1 独立坐标下的第二类拉格朗日方程

如前所述,达朗贝尔-拉格朗日原理已是不包含理想约束力的动力学方程组,但所建方程为直角坐标系下的形式,而受约束系中各质点的直角坐标由约束方程相互联系,并不独立。因此达朗贝尔-拉格朗日原理对于确定的动力学系统而言,一般不是最小量方程。因此,提出从理论上将该原理改变成为广义坐标形式的问题,也就是下面要讨论的拉格朗日方程。

3.1.1 广义主动力概念

在分析力学中引入广义坐标 q_s 后,可将质点系的虚位移 $\delta\boldsymbol{r}_i(i=1,2,\cdots,N)$变为广义虚位移(广义坐标的变分)$\delta q_s(s=1,2,\cdots,n)$,从而也将作用在质点系上主动力系的虚功变换成为广义主动力与广义虚位移的乘积。由此引入的广义主动力概念对拉格朗日方程的表述也将极为有益。

由 N 个质点组成的质点系中,主动力 $\boldsymbol{F}=(F_1,F_2,\cdots,F_N)$,虚位移为 $\delta\boldsymbol{r}(\delta r_1,\delta r_2,\cdots,\delta r_N)$,广义坐标 $q=(q_1,q_2,\cdots,q_n)$。第 i 个质点的位矢 $\boldsymbol{r}_i=\boldsymbol{r}_i(t,q_1,q_2,\cdots,q_n)$,其虚位移

$$\partial\boldsymbol{r}_i=\sum_{s=1}^{n}\frac{\partial\boldsymbol{r}_i}{\partial q_s}\delta q_s \tag{3.1.1}$$

将该式代入质点系的虚功表达式,再交换求和运算顺序,即

$$\delta W=\sum_{i=1}^{N}\boldsymbol{F}_i\cdot\delta\boldsymbol{r}_i=\sum_{i=1}^{N}\boldsymbol{F}_i\cdot\left(\sum_{s=1}^{n}\frac{\partial\boldsymbol{r}_i}{\partial q_s}\delta q_s\right)=\sum_{s=1}^{n}\left(\sum_{i=1}^{N}\boldsymbol{F}_i\cdot\frac{\partial\boldsymbol{r}_i}{\partial q_s}\right)\delta q_s \tag{3.1.2}$$

令

$$Q_s=\sum_{i=1}^{N}\boldsymbol{F}_i\cdot\frac{\partial\boldsymbol{r}_i}{\partial q_s} \tag{3.1.3}$$

则式(3.1.2)变为

$$\delta W=\sum_{s=1}^{n}Q_s\delta q_s \tag{3.1.4}$$

Q_s 称为对应于第 s 个广义坐标 q_s 的广义主动力。其物理意义是,令 $\delta q_j=1$,

$\delta q_1=\delta q_2=\cdots=\delta q_{j-1}=\delta q_{j+1}=\delta q_n=0$。$\delta W$ 是作用在质点系上所有的主动力的虚功之和。

计算广义力有两种方法：第一种是根据式(3.1.3)的定义；第二种是根据其物理意义，即式(3.1.4)。一般采用后一种方法计算较为方便。

由于广义坐标的独立性，故只取一组特殊的虚位移，只令 $\delta q_j\neq 0$，而其余均为零，这时虚功为

$$\delta W=\delta W_j=Q_j\cdot\delta q_j \tag{3.1.5}$$

广义力 Q_j 为

$$Q_j=\frac{\delta W_j}{\delta q_j} \tag{3.1.6}$$

若质点系上作用的主动力均有势，则其势能表示为广义坐标的函数

$$V=V(q_1,q_2,\cdots,q_n) \tag{3.1.7}$$

将式(3.1.3)展开成分量式，并应用有势力的一个等价定义，得到

$$\begin{aligned}Q_s=\sum_i^N\boldsymbol{F}_i\cdot\frac{\partial\boldsymbol{r}_i}{\partial q_s}=&\sum_i^N\left(F_{ix}\frac{\partial x_i}{\partial q_s}+F_{iy}\frac{\partial y_i}{\partial q_s}+F_{iz}\frac{\partial z_i}{\partial q_s}\right)=\\&-\sum_i^N\left(\frac{\partial V}{\partial x_i}\frac{\partial x_i}{\partial q_s}+\frac{\partial V}{\partial y_i}\frac{\partial y_i}{\partial q_s}+\frac{\partial V}{\partial z_i}\frac{\partial z_i}{\partial q_s}\right)=\\&-\frac{\partial V}{\partial q_s}\qquad(s=1,2,\cdots,n)\end{aligned} \tag{3.1.8}$$

这表明，在势力场中对应于第 s 个广义坐标的广义主动力为负的系统势能对应于该广义坐标的偏导数。

3.1.2 拉格朗日方程的形式

现分别对达朗贝尔-拉格朗日原理表达式[式(2.8.3)]，即

$$\sum_{i=1}^N(\boldsymbol{F}_i-m_i\ddot{\boldsymbol{r}}_i)\cdot\delta\boldsymbol{r}_i=0$$

括号内项与括号外项作广义坐标变换。将式(3.1.1)代入上式后，有

$$\sum_{i=1}^N\left(\boldsymbol{F}_i\cdot\sum_{s=1}^n\frac{\partial\boldsymbol{r}_i}{\partial q_s}-m_i\ddot{\boldsymbol{r}}_i\cdot\sum_{s=1}^n\frac{\partial\boldsymbol{r}_i}{\partial q_s}\right)\delta q_s=0\qquad(s=1,2,\cdots,n) \tag{3.1.9}$$

交换上式求和顺序有

$$\sum_{i=1}^N\left[\sum_{s=1}^n\boldsymbol{F}_i\cdot\frac{\partial\boldsymbol{r}_i}{\partial q_s}+\sum_{s=1}^n(-m_i\ddot{\boldsymbol{r}}_i)\cdot\frac{\partial\boldsymbol{r}_i}{\partial q_s}\right]\delta q_s=0\qquad(s=1,2,\cdots,n) \tag{3.1.10}$$

由式(3.1.3)可知，上式中第一项即为对应于广义坐标的广义主动力。第二项称为广义惯性力 $Q_{\mathrm{I}s}$，在考虑经典拉格朗日关系式(2.3.6)后，有

$$Q_{\mathrm{I}s}'=-\sum_{i=1}^N m_i\ddot{\boldsymbol{r}}_i\cdot\frac{\partial\boldsymbol{r}_i}{\partial q_s}=-\frac{\mathrm{d}}{\mathrm{d}t}\left(\sum_{i=1}^N m_i\dot{\boldsymbol{r}}_i\cdot\frac{\partial\boldsymbol{r}_i}{\partial q_s}\right)+\sum_{i=1}^N m_i\dot{\boldsymbol{r}}_i\cdot\frac{\mathrm{d}}{\mathrm{d}t}\left(\frac{\partial\boldsymbol{r}_i}{\partial q_s}\right)=$$

$$
-\frac{\mathrm{d}}{\mathrm{d}t}\left(\sum_{i=1}^{N} m_i \dot{\boldsymbol{r}}_i \cdot \frac{\partial \dot{\boldsymbol{r}}_i}{\partial \dot{q}_s}\right) + \sum_{i=1}^{N} m_i \dot{\boldsymbol{r}}_i \cdot \frac{\partial \dot{\boldsymbol{r}}_i}{\partial q_s} =
$$

$$
-\frac{\mathrm{d}}{\mathrm{d}t}\frac{\partial}{\partial \dot{q}_s}\left(\sum_{i=1}^{N}\frac{m_i v_i^2}{2}\right) + \frac{\partial}{\partial q_s}\left(\sum_{i=1}^{N}\frac{m_i v_i^2}{2}\right) \tag{3.1.11}
$$

引入动能函数

$$
T = \frac{1}{2}\sum_{i=1}^{N} m_i v_i^2
$$

则式(3.1.11)可写成

$$
Q_{\mathrm{I}s} = -\frac{\mathrm{d}}{\mathrm{d}t}\left(\frac{\partial T}{\partial \dot{q}_s}\right) + \frac{\partial T}{\partial q_s} \tag{3.1.12}
$$

将式(3.1.3)和式(3.1.12)代入式(3.1.10),即得广义坐标形式的动力学普遍方程(达朗贝尔-拉格朗日原理)的表达式

$$
\sum_{s=1}^{n}\left[Q_s - \frac{\mathrm{d}}{\mathrm{d}t}\left(\frac{\partial T}{\partial \dot{q}_s}\right) + \frac{\partial T}{\partial q_s}\right]\delta q_s = 0 \tag{3.1.13}
$$

如果系统只受到完整约束,则由 $\delta q_s(s=1,2,\cdots,n)$ 的独立性,可得

$$
\frac{\mathrm{d}}{\mathrm{d}t}\left(\frac{\partial T}{\partial \dot{q}_s}\right) - \frac{\partial T}{\partial q_s} = Q_s \qquad (s = 1,2,\cdots,n) \tag{3.1.14}
$$

这就是第二类拉格朗日方程。它适合于具有双面、理想、完整约束的力学系统,它是完整系统全部分析力学的基础之一。用广义坐标表示的完整约束系统的拉格朗日方程共有 n 个,这正好是系统的自由度数。因此,该方程组是最少量方程的方程组,从而实现了拉格朗日的第二个研究目标。

若作用在系统上的主动力皆有势,则根据式(3.1.8),将其代入式(3.1.14),可得

$$
\frac{\mathrm{d}}{\mathrm{d}t}\left(\frac{\partial T}{\partial \dot{q}_s}\right) - \frac{\partial T}{\partial q_s} = -\frac{\partial V}{\partial q_s} \tag{3.1.15}
$$

由于势能不是广义速度的函数,即 $\frac{\partial V}{\partial \dot{q}_s}=0(s=1,2,\cdots,n)$,因此,式(3.1.15)可以写成

$$
\frac{\mathrm{d}}{\mathrm{d}t}\left(\frac{\partial T}{\partial \dot{q}_s} - \frac{\partial V}{\partial \dot{q}_s}\right) - \left(\frac{\partial T}{\partial q_s} - \frac{\partial V}{\partial q_s}\right) = 0 \tag{3.1.16}
$$

引入拉格朗日函数

$$
L = T - V \tag{3.1.17}
$$

它表示质点系的动能与势能之差,称做动势,便可得到主动力有势时的拉格朗日方程形式

$$
\frac{\mathrm{d}}{\mathrm{d}t}\left(\frac{\partial T}{\partial \dot{q}_s}\right) - \frac{\partial L}{\partial q_s} = 0 \qquad (s = 1,2,\cdots,n) \tag{3.1.18}
$$

可以看出,拉格朗日方程(3.1.14)和方程(3.1.18)是广义坐标的二阶微分方程组。一般情况下,这些方程是非线性的,很难进行解析积分,但可以进行数值积分求解。

3.2 非自由系的第一类拉格朗日方程

考虑由 N 个质点所组成的完整系统。为了表达一般情况，我们使用 $3N$ 个曲线坐标 $\chi_1,\chi_2,\cdots,\chi_{3N}$（如柱坐标、球坐标）来等价地替代原来的 $3N$ 个笛卡儿坐标，此即

$$\left.\begin{aligned} x_i &= x_i(\chi_1,\chi_2,\cdots,\chi_{3N},t) \\ y_i &= y_i(\chi_1,\chi_2,\cdots,\chi_{3N},t) \qquad (i=1,2,\cdots,N) \\ z_i &= z_i(\chi_1,\chi_2,\cdots,\chi_{3N},t) \end{aligned}\right\} \tag{3.2.1a}$$

或

$$\boldsymbol{r}_i = \boldsymbol{r}_i(\chi_1,\chi_2,\cdots,\chi_{3N},t) \qquad (i=1,2,\cdots,N) \tag{3.2.1b}$$

把上式代入 l 个约束方程(2.2.1)，可得曲线坐标 $\chi=\mathrm{col}\{\chi_j\}$ 应满足的几何约束条件

$$f_\alpha(\chi,t)=0 \qquad (\alpha=1,2,\cdots,l) \tag{3.2.2}$$

因此，曲线坐标的虚位移 $\delta\chi_j$ $(j=1,2,\cdots,3N)$ 需满足等价于式(2.4.6)的如下条件：

$$\sum_{j=1}^{3N}\frac{f_\alpha(\chi,t)}{\partial\chi_j}\delta\chi_j = 0 \qquad (\alpha=1,2,\cdots,l) \tag{3.2.3}$$

同 δx_i、δy_i 和 δz_i 一样，由于满足条件式(3.2.3)，故 $\delta\chi_j$ 中只有 $n=3N-l$ 个是独立的，而其余 l 个是不独立的。现在我们可以按照与推导式(3.1.14)和式(3.1.18)完全一样的方法，导出以曲线坐标 χ 表示的动力学普遍方程为

$$\sum_{j=1}^{3N}\left[Q_j-\frac{\mathrm{d}}{\mathrm{d}t}\left(\frac{\partial T}{\partial\dot{\chi}_j}\right)+\frac{\partial T}{\partial\chi_j}\right]\delta\chi_j = 0 \tag{3.2.4}$$

式中，Q_j 是对应于坐标 χ_j 的广义力。

由于虚位移 $\delta\chi_j$ 并不相互独立，故不能得出上式中 $\delta\chi_j$ 前的系数都等于零。为此，将式(3.2.3)的 l 个方程分别乘以 λ_α $(\alpha=1,2,\cdots,l)$，并依次与式(3.2.4)相加，得到一个方程

$$\sum_{j=1}^{3N}\left[Q_j-\frac{\mathrm{d}}{\mathrm{d}t}\left(\frac{\partial T}{\partial\dot{\chi}_j}\right)+\frac{\partial T}{\partial\chi_j}+\sum_{\alpha=1}^{l}\lambda_\alpha\frac{\partial f_\alpha}{\partial\chi_j}\right]\delta\chi_j = 0 \tag{3.2.5}$$

利用式(3.2.3)，总可选出 n 个独立的虚位移，而让其余 l 个虚位移用这 n 个虚位移表示。利用 l 个拉格朗日不定乘子 λ_α $(\alpha=1,2,\cdots,l)$，选择这些乘子使得在 l 个不独立的虚位移之前的系数等于零，那么在剩下的 n 个独立虚位移之前的系数就自然应该等于零了，因此就得到 $3N$ 个方程

$$\frac{\mathrm{d}}{\mathrm{d}t}\left(\frac{\partial T}{\partial\dot{\chi}_j}\right)-\frac{\partial T}{\partial\chi_j}=Q_j+\sum_{\alpha=1}^{l}\lambda_\alpha\frac{\partial f_\alpha}{\partial\chi_j} \qquad (j=1,2,\cdots,3N) \tag{3.2.6}$$

把这些方程和 l 个约束方程(3.2.3)相联立，就得到 $3N+l$ 个完备方程组，据此可确定力学体系中 $3N$ 个坐标 $\chi=\mathrm{col}\{\chi_j\}$ 和 l 个拉格朗日乘子 $\lambda=\mathrm{col}\{\lambda_\alpha\}$。

因此，从动力学普遍方程出发，我们得到方程(3.2.6)，这些方程和约束方程一起就是构成完整系统的运动方程组。在曲线坐标下的上述方程组，通常称为拉格朗日第一类方程。

式(3.2.6)中 $\sum_{\alpha=1}^{l}\lambda_\alpha \frac{\partial f_\alpha}{\partial \chi_j}$ 的物理意义是作用在第 i 个质点 m_i(它的一个曲线坐标是 χ_j)上的约束力 $\boldsymbol{f}_i$ 与 $\frac{\partial \boldsymbol{r}_i}{\partial \chi_j}$ 的标积，由此就可以求出约束反力。

3.3　拉格朗日方程的进一步讨论

3.3.1　动能与质量讨论

1. 系统动能与质量的结构与形式

拉格朗日方程中的动能 T 一般是时间 t、广义坐标 q_s、广义速度 $\dot{q}_s$ 的函数。质点系质点速度为

$$\boldsymbol{v}_i = \dot{\boldsymbol{r}}_i = \sum_{s=1}^{n}\frac{\partial \boldsymbol{r}_i}{\partial q_s}\dot{q}_s + \frac{\partial \boldsymbol{r}_i}{\partial t}$$

质点系动能则为

$$T = \frac{1}{2}\sum_{i=1}^{N} m_i \boldsymbol{v}_i^2$$

代入速度表达式，质点系动能可以写成如下一般形式：

$$T = \frac{1}{2}\sum_{i=1}^{N} m_i \dot{\boldsymbol{r}}_i^2 = \frac{1}{2}\sum_{i=1}^{N} m_i \left(\sum_{s=1}^{n}\frac{\partial \dot{\boldsymbol{r}}_i}{\partial q_s}\dot{q}_s + \frac{\partial \dot{\boldsymbol{r}}_i}{\partial t}\right)^2 =$$

$$T_0 + \sum_{s=1}^{n} B_s \dot{q}_s + \frac{1}{2}\sum_{s,k=1}^{n} m_{sk}\dot{q}_s\dot{q}_k \tag{3.3.1}$$

式中，系数 m_{sk}、B_s、T_0 都是 t 和 $q_s(s=1,2,\cdots,n)$的函数，由下列等式确定：

$$m_{sk} = m_{ks} = \sum_{i=1}^{N} m_i \frac{\partial \boldsymbol{r}_i}{\partial q_s}\cdot\frac{\partial \boldsymbol{r}_i}{\partial q_k} \tag{3.3.2}$$

$$B_s = \sum_{i=1}^{N} m_i \frac{\partial \boldsymbol{r}_i}{\partial q_s}\cdot\frac{\partial \boldsymbol{r}_i}{\partial t} \tag{3.3.3}$$

$$T_0 = \frac{1}{2}\sum_{i=1}^{N} m_i \left(\frac{\partial \boldsymbol{r}_i}{\partial t}\right)^2 \tag{3.3.4}$$

式(3.3.1)表明，系统动能分为三部分，即广义速度的二次式 T_2、广义速度的线性式 T_1 和不依赖于广义速度的项 T_0，可表示为

$$T = T_0 + T_1 + T_2 \tag{3.3.5}$$

式中，T_2 可进一步表述为

$$T_2 = \frac{1}{2}\sum_{s,k=1}^{n} m_{sk}\dot{q}_s\dot{q}_k = \frac{1}{2}\dot{\boldsymbol{q}}^{\mathrm{T}}\boldsymbol{M}\dot{\boldsymbol{q}},\qquad \boldsymbol{M} = \{m_{sk}\} = \boldsymbol{M}^{\mathrm{T}} \tag{3.3.6}$$

矩阵 $\boldsymbol{M}$ 称为惯性矩阵，$\boldsymbol{q}=\mathrm{col}\{q_s\}$。

在定常系统情形，可以选取这样的坐标，使 $\boldsymbol{r}_i\ (i=1,2,\cdots,N)$ 与 $q_s\ (s=1,2,\cdots,n)$ 的关系式中不显含时间 t，即

$$\boldsymbol{r}_i = \boldsymbol{r}_i(q_1, q_2, \cdots, q_n)$$

丁是，由式(3.3.3)和式(3.3.4)可知

$$T_0 = 0, \qquad B_s = 0 \qquad (s = 1,2,\cdots,n)$$

因此

$$T = T_2 = \frac{1}{2}\dot{\boldsymbol{q}}^{\mathrm{T}}\boldsymbol{M}\dot{\boldsymbol{q}} \tag{3.3.7}$$

故定常系统的动能是广义速度的二次齐次函数。

就实际的完整系统来说，二次式 T_2 应该是非奇异的，即式(3.3.6)中的惯性矩阵 $\boldsymbol{M}$ 不仅对称，而且是正定的。事实上，如果 $\boldsymbol{M}$ 不正定，则

$$\det \boldsymbol{M} \equiv 0$$

于是线性齐次方程组

$$\boldsymbol{M}\bar{\boldsymbol{x}} = \boldsymbol{0}$$

有实的非零解：$\bar{\boldsymbol{x}} \neq \boldsymbol{0}$。

以 $\bar{\boldsymbol{x}}^{\mathrm{T}}$ 左乘以上式两边，由式(3.3.2)，得

$$\bar{\boldsymbol{x}}^{\mathrm{T}}\boldsymbol{M}\bar{\boldsymbol{x}} = \sum_{i=1}^{N} m_i \left(\sum_{s=1}^{n} \bar{x}_s \frac{\partial \boldsymbol{r}_i}{\partial q_s}\right)^2 = 0 \tag{3.3.8}$$

由此便有

$$\sum_{s=1}^{n} \bar{x}_s \frac{\partial \boldsymbol{r}_i}{\partial q_s} = \boldsymbol{0} \qquad (i = 1,2,\cdots,N) \tag{3.3.9a}$$

这 N 个矢量等式相当于 $3N$ 个标量等式

$$\sum_{s=1}^{n} \frac{\partial x_i}{\partial q_s}\bar{x}_s = 0, \qquad \sum_{s=1}^{n} \frac{\partial y_i}{\partial q_s}\bar{x}_s = 0, \qquad \sum_{s=1}^{n} \frac{\partial z_i}{\partial q_s}\bar{x}_s = 0 \tag{3.3.9b}$$

等式(3.3.9b)表明，雅可比函数矩阵

$$\boldsymbol{J} = \begin{bmatrix} \dfrac{\partial x_1}{\partial q_1} & \dfrac{\partial x_1}{\partial q_2} & \cdots & \dfrac{\partial x_1}{\partial q_n} \\ \dfrac{\partial y_1}{\partial q_1} & \dfrac{\partial y_1}{\partial q_2} & \cdots & \dfrac{\partial y_1}{\partial q_n} \\ \dfrac{\partial z_1}{\partial q_1} & \dfrac{\partial z_1}{\partial q_2} & \cdots & \dfrac{\partial z_1}{\partial q_n} \\ \vdots & \vdots & & \vdots \\ \dfrac{\partial x_N}{\partial q_1} & \dfrac{\partial x_N}{\partial q_2} & \cdots & \dfrac{\partial x_N}{\partial q_n} \\ \dfrac{\partial y_N}{\partial q_1} & \dfrac{\partial y_N}{\partial q_2} & \cdots & \dfrac{\partial y_N}{\partial q_n} \\ \dfrac{\partial z_N}{\partial q_1} & \dfrac{\partial z_N}{\partial q_2} & \cdots & \dfrac{\partial z_N}{\partial q_n} \end{bmatrix} \tag{3.3.10}$$

的各列是线性相关的，即这个函数矩阵的秩 $r<n$。由此，在依赖于 n 个变量 q_s（将 t 看作参数）的 $3N$ 个函数 x_i, y_i, z_i $(i=1,2,\cdots,N)$ 中只有 r 个是独立的，且可以通过它们表示出系统各点其余的直角坐标。但是这和系统的自由度数等于 n 相矛盾，因为 $r<n$。因此有

$$\det \boldsymbol{M} \neq 0 \tag{3.3.11}$$

由于恒有 $T_2 \geqslant 0$，所以由式(3.3.6)可以断定二次型 $T_2 = \frac{1}{2}\dot{\boldsymbol{q}}^{\mathrm{T}}\dot{\boldsymbol{M}}\boldsymbol{q}$（或说 $\boldsymbol{M}$）是正定的，且只有当全体 $\dot{q}_s$ 等于零时才有 $T_2=0$。

把动能的表达式(3.3.1)代入拉格朗日方程，得

$$\sum_{k=1}^{n} s_{mk}\ddot{q}_k + (\ast\ast) = Qs(\boldsymbol{q}, \dot{\boldsymbol{q}}, t) \qquad (s=1,2,\cdots,n) \tag{3.3.12}$$

这里符号$(\ast\ast)$表示那些不包含坐标对时间的二次导数的各项之和。右端同样也不包含二次导数，因为在一般情况下它们总是 $\boldsymbol{q}$、$\dot{\boldsymbol{q}}$、t 的函数。

由于 $\boldsymbol{M}=\{m_{sk}\}$ 正定，则 $\boldsymbol{M}^{-1}$ 存在，于是从式(3.3.12)可解得

$$\ddot{q}_s = G_s(\boldsymbol{q}, \dot{\boldsymbol{q}}, t) \qquad (s=1,2,\cdots,n) \tag{3.3.13}$$

按照常微分方程理论可知，当右端的 G_s 满足某些条件时（这些条件在力学问题中总是假设都满足），拉格朗日方程对于预先给定的初值 $\boldsymbol{q}^0$、$\dot{\boldsymbol{q}}^0$ 有解，且是唯一解。因此，完整系统的运动取决于系统的初始位置和初始速度。

如果系统的约束是不稳定的，则直角坐标用广义坐标表示的公式明显包含时间 t，此时，如果式(3.3.1)中的系数 m_{sk}、B_s、T_0 明显依赖于时间 t，则动能也明显包含时间 t，这种力学系统称为完全不稳定系统，它的动能包含 T_0、T_1、T_2 三部分；如果直角坐标中显含时间 t，而广义坐标不明显依赖于时间 t，则这样的系统称为半稳定系统，此时，动能表达式中也同样包含 T_0、T_1、T_2 三部分，但不显含时间 t。

如果在直角坐标和广义坐标中均不显含时间 t，则系统称为稳定系统。此时，$B_s=T_0=0$，动能仅为广义速度的二次式 T_2。

2. 动能表达式

质点动能

$$T = \frac{1}{2}m\boldsymbol{v}^2 \tag{3.3.14}$$

质点系动能

$$T = \frac{1}{2}\sum_{i=1}^{N} m_i \boldsymbol{v}_i^2 \tag{3.3.15}$$

质点系的复合运动动能

$$T = \frac{1}{2}\sum_{i=1}^{N} m_i \boldsymbol{v}_{\mathrm{c}}^2 + \frac{1}{2}\sum_{i=1}^{N} m_i \boldsymbol{v}_{i\mathrm{r}}^2 \qquad (\text{c 表示质心}) \tag{3.3.16}$$

刚体平动动能

$$T = \frac{1}{2}M\boldsymbol{v}^2 \tag{3.3.17}$$

刚体定轴转动动能

$$T = \frac{1}{2}J_z\omega^2 \tag{3.3.18}$$

刚体定点转动动能

$$T = \frac{1}{2}(Ap^2 + Bq^2 + Cr^2 - 2Dqr - 2Erp - 2Fpq) \tag{3.3.19}$$

式中，A、B、C 分别为刚体对与其固联的轴的惯性矩，D、E、F 为惯性积，p、q、r 为刚体角速度在这些轴上的投影。

刚体的一般运动分解为随质心的平动和相对质心的转动：

$$T = \frac{1}{2}Mv_c^2 + \frac{1}{2}(Ap^2 + Bq^2 + Cr^2 - 2Dqr - 2Erp - 2Fpq) \tag{3.3.20}$$

多刚体系统的动能等于各个刚体动能之和。

对于分析动力学来说，上述动能公式最终还需转化为广义坐标和广义速度的形式。

3.3.2 有势力与非有势力讨论

我们已获得了外力均为有势力时的拉格朗日方程的形式，工程中往往是部分力为有势力，而部分力为非有势力。下面来讨论这种情形。

设非有势力为

$$\tilde{Q}_s = \tilde{Q}_s(\boldsymbol{q}, \dot{\boldsymbol{q}}, t) \tag{3.3.21}$$

时的一般情形。此时

$$Q_s = -\frac{\partial V}{\partial q_s} + \tilde{Q}_s \tag{3.3.22}$$

拉格朗日方程具有下述形式：

$$\frac{\mathrm{d}}{\mathrm{d}t}\left(\frac{\partial T}{\partial \dot{q}_s}\right) - \frac{\partial T}{\partial q_s} = -\frac{\partial V}{\partial q_s} + \tilde{Q}_s \tag{3.3.23}$$

令 E 表示系统的总机械能：

$$E = T + V \tag{3.3.24}$$

则

$$\frac{\mathrm{d}E}{\mathrm{d}t} = \frac{\mathrm{d}T}{\mathrm{d}t} + \frac{\mathrm{d}V}{\mathrm{d}t} \tag{3.3.25}$$

先求 $\frac{\mathrm{d}T}{\mathrm{d}t}$ 的表达式：

$$\frac{\mathrm{d}T}{\mathrm{d}t} = \sum_{s=1}^{n}\left(\frac{\partial T}{\partial q_s}\dot{q}_s + \frac{\partial T}{\partial \dot{q}_s}\ddot{q}_s\right) + \frac{\partial T}{\partial t} =$$

$$\frac{\mathrm{d}}{\mathrm{d}t}\sum_{s=1}^{n}\frac{\partial T}{\partial \dot{q}_s}\dot{q}_s+\sum_{s=1}^{n}\left(\frac{\partial T}{\partial q_s}-\frac{\mathrm{d}}{\mathrm{d}t}\frac{\partial T}{\partial \dot{q}_s}\right)\dot{q}_s+\frac{\partial T}{\partial t} \tag{3.3.26}$$

注意到 $T=T_2+T_1+T_0$，并利用拉格朗日方程(3.3.23)，得

$$\frac{\mathrm{d}T}{\mathrm{d}t}=\frac{\mathrm{d}}{\mathrm{d}t}(2T_2+T_1)+\frac{\partial T}{\partial t}+\sum_{s=1}^{n}\left(\frac{\partial V}{\partial q_s}-\tilde{Q}_s\right)\dot{q}_s=$$

$$2\frac{\mathrm{d}T}{\mathrm{d}t}-\frac{\mathrm{d}}{\mathrm{d}t}(T_1+2T_0)+\frac{\partial T}{\partial t}+\frac{\mathrm{d}V}{\mathrm{d}t}-\frac{\partial V}{\partial t}-\sum_{s=1}^{n}\tilde{Q}_s\dot{q}_s \tag{3.3.27}$$

化简，并把上式右端最后一项移到左边，利用式(3.3.25)，得

$$\frac{\mathrm{d}E}{\mathrm{d}t}=\sum_{s=1}^{n}\tilde{Q}_s\dot{q}_s+\frac{\mathrm{d}}{\mathrm{d}t}(T_1+2T_0)-\frac{\partial T}{\partial t}+\frac{\partial V}{\partial t} \tag{3.3.28}$$

右端第一项是非有势力的功率，而第二、三项仅在非定常系统时才不等于零。势能只有显含时间 t 时，最后一项才为非零。

式(3.3.28)确定了任意非定常系统在运动时总能量的变化。现来看看几种特殊情形：

① 定常系统。这时

$$\frac{\mathrm{d}E}{\mathrm{d}t}=\sum_{s=1}^{n}\tilde{Q}_s\dot{q}_s+\frac{\partial V}{\partial t} \tag{3.3.29}$$

② 定常系统，且势能不显含时间 t。这时

$$\frac{\mathrm{d}E}{\mathrm{d}t}=\sum_{s=1}^{n}\tilde{Q}_s\dot{q}_s \tag{3.3.30}$$

对这种系统，总能量对时间的导数等于非有势力的功率。

③ 保守系统(定常系统，所有力均有势，势能不显含时间 t)。

根据式(3.3.29)，对于保守系统有

$$\frac{\mathrm{d}E}{\mathrm{d}t}=0 \tag{3.3.31}$$

即对系统的任何运动都有总能量不变，或者说，保守系统的总能量守恒：

$$E=T+V=\text{常数} \tag{3.3.32}$$

上式又称为能量积分。

④ 耗散系统。

如果非有势力的功率为零，则称它为陀螺力。显然，如果势能不显含时间 t，则在陀螺力作用下的定常系统仍维持总能量不变，即存在能量积分。

如果非有势力的功率小于零，则称之为耗散力。如果系统上作用有耗散力，则系统运动时 $\frac{\mathrm{d}E}{\mathrm{d}t}<0$，即总能量在运动过程中减少。这种系统，我们称为耗散系统。

3.3.3　耗散系统与耗散函数

我们来考查耗散系统。

1. 瑞利耗散系统——粘滞阻尼力作用

设

$$\tilde{Q}_s = -\sum_{k=1}^{n} c_{sk}\dot{q}_k \qquad (s = 1,2,\cdots,n) \tag{3.3.33}$$

其系数矩阵 $\boldsymbol{C}=\{c_{sk}\}$ 为对称的，$\boldsymbol{C}=\boldsymbol{C}^{\mathrm{T}}$，且二次型是非负的，即

$$\dot{\boldsymbol{q}}^{\mathrm{T}}\boldsymbol{C}\dot{\boldsymbol{q}} = \sum_{s,k=1}^{n} c_{sk}\dot{q}_s\dot{q}_k \geqslant 0 \tag{3.3.34}$$

于是，对于定常系统，力 $\tilde{Q}_s$ 的功率为

$$\sum_{s=1}^{n}\tilde{Q}_s\dot{q}_s = -\dot{\boldsymbol{q}}^{\mathrm{T}}\boldsymbol{C}\dot{\boldsymbol{q}} \leqslant 0 \tag{3.3.35}$$

即 $\tilde{Q}_s$ 为耗散力，称为瑞利耗散力。

此时，二次型

$$R_{\mathrm{L}} = \frac{1}{2}\dot{\boldsymbol{q}}^{\mathrm{T}}\boldsymbol{C}\dot{\boldsymbol{q}} \tag{3.3.36}$$

称为瑞利耗散函数。不难看出，广义力式(3.3.33)可由瑞利函数求导得到

$$\tilde{Q}_s = -\frac{\partial R_{\mathrm{L}}}{\partial \dot{q}_s} \tag{3.3.37}$$

若系统是定常的，且势能不显含时间 t，则由式(3.3.30)、式(3.3.35)和式(3.3.37)，便有

$$\frac{\mathrm{d}E}{\mathrm{d}t} = \sum_{s=1}^{n}\tilde{Q}_s\dot{q}_s = -2R_{\mathrm{L}} \tag{3.3.38}$$

上式表明了瑞利函数的物理意义：总能量的减少速度等于瑞利函数的2倍。

如果瑞利函数是广义速度的正定二次型，即阻尼短阵正定，则我们说能量是完全耗散的。这种系统的总能量是严格递减的。

式(3.3.33)类型的耗散力源于质点上的粘滞阻尼力，即当力学系统在流质中运动时，阻力的大小和速度成正比，方向和速度方向相反，属线性阻尼性质。

对于具有瑞利耗散函数型的粘滞阻尼力，其双面理想完整约束的系统的拉格朗日方程为

$$\frac{\mathrm{d}}{\mathrm{d}t}\left(\frac{\partial T}{\partial \dot{q}_s}\right) - \frac{\partial T}{\partial q_s} = Q_s - \frac{\partial V}{\partial q_s} - \frac{\partial R_{\mathrm{L}}}{\partial \dot{q}_s} \tag{3.3.39}$$

式中，Q_s 为有势力和瑞利耗散力以外的广义力，$-\dfrac{\partial V}{\partial q_s}$ 为有势力，$-\dfrac{\partial R_{\mathrm{L}}}{\partial \dot{q}_s}$ 为瑞利耗散力。

2. 路里叶耗散系统

如果质点上受到的和速度相关的阻力为更一般的非线性阻尼力，则

$$\boldsymbol{F}_i = -c_i f_i(v_i)\frac{\boldsymbol{v}_i}{v_i} \tag{3.3.40}$$

式中，$\boldsymbol{v}_i$ 是质点速度，c_i 是质点系所有坐标的正函数。

$$c_i = c_i(x_1, x_2, \cdots, x_N; y_1, y_2, \cdots, y_N; z_1, z_2, \cdots, z_N) > 0 \tag{3.3.41}$$

f_i 满足 $f_i(v_i) > 0$。转换 $\boldsymbol{F}_i$ 为广义力的形式，得

$$\tilde{Q}_s = -\sum_{i=1}^{N} c_i f_i(v_i) \frac{\boldsymbol{v}_i}{v_i} \cdot \frac{\partial \boldsymbol{r}_i}{\partial q_s} = -\frac{\partial}{\partial \dot{q}_s} \sum_{i=1}^{N} c_i \int_0^{v_i} f_i(u) \mathrm{d}u \tag{3.3.42}$$

现定义函数

$$\Phi = \sum_{i=1}^{N} c_i \int_0^{v_i} f_i(u) \mathrm{d}u \tag{3.3.43}$$

称为路里叶耗散函数，于是得

$$\tilde{Q}_s = -\frac{\partial \Phi}{\partial \dot{q}_s} \quad (s = 1, 2, \cdots, n) \tag{3.3.44}$$

此时，拉格朗日方程为

$$\frac{\mathrm{d}}{\mathrm{d}t}\left(\frac{\partial T}{\partial \dot{q}_s}\right) - \frac{\partial T}{\partial \dot{q}_s} = Q_s - \frac{\partial \Phi}{\partial \dot{q}_s} - \frac{\partial V}{\partial q_s} \tag{3.3.45}$$

式中，Q_s 为有势力和路里叶耗散力以外的广义力，$-\dfrac{\partial V}{\partial q_s}$ 为有势力，$-\dfrac{\partial \Phi}{\partial \dot{q}_s}$ 为路里叶耗散力。

如果取 $f_i(v_i) = v_i$，就成为瑞利耗散函数。

比线性阻力更为一般的是速度的 m 次方，即

$$f_i(v_i) = v_i^m \tag{3.3.46}$$

此时

$$\Phi = \frac{1}{m+1} \sum_{i=1}^{N} c_i v_i^{m+1} = \frac{1}{m+1} \sum_{i=1}^{N} c_i \left| \sum_{s=1}^{n} \frac{\partial \boldsymbol{r}_i}{\partial q_s} \dot{q}_s \right|^{m+1} \tag{3.3.47}$$

类似于式(3.3.38)，可得

$$\frac{\mathrm{d}T}{\mathrm{d}t} = -\sum_{s=1}^{n} \frac{\partial \Phi}{\partial \dot{q}_s} \dot{q}_s - \frac{\mathrm{d}V}{\mathrm{d}t} \tag{3.3.48}$$

由齐次函数定理和式(3.3.46)可知

$$\sum_{s=1}^{n} \frac{\partial \Phi}{\partial \dot{q}_s} \dot{q}_s = (m+1)\Phi \tag{3.3.49}$$

最终推得

$$\frac{\mathrm{d}E}{\mathrm{d}t} = -(m+1)\Phi \tag{3.3.50}$$

上式表明了路里叶耗散函数的物理意义：总能量的减少速度等于路里叶函数的 $m+1$ 倍。当 $m=0$ 时为库仑阻尼，当 $m=1$ 时为线性阻尼，当 $m=2$ 时为平方阻尼，等等。

3. 结构阻尼

结构阻尼来自材料的内耗。物体运动变形时，应变的相位落后于应力相位一个

弧度 γ，因此，产生迟滞作用，从而带来阻尼效应。当一个系统被简化为质点系时，我们要么采用粘滞阻尼形式来简化系统结构间的阻尼力，要么采用结构阻尼的形式来简化之。

当采用结构阻尼形式时，我们要用复数形式才能表征其拉格朗日方程

$$\frac{\mathrm{d}}{\mathrm{d}t}\left(\frac{\partial T}{\partial \dot{q}_s}\right)-\frac{\partial T}{\partial q_s}+\mathrm{e}^{\mathrm{i}\gamma}\frac{\partial V}{\partial q_s}=0 \tag{3.3.51}$$

式中，γ 又称为结构阻尼系数，一般 $\gamma\leqslant 1$。因此，采用如下近似：

$$\mathrm{e}^{\mathrm{i}\gamma}=1+\mathrm{i}\gamma \tag{3.3.52}$$

代入式(3.3.51)，得

$$\frac{\mathrm{d}}{\mathrm{d}t}\left(\frac{\partial T}{\partial \dot{q}_s}\right)-\frac{\partial T}{\partial t}+\frac{\partial T}{\partial q_s}=-\mathrm{i}\gamma\frac{\partial V}{\partial q_s} \tag{3.3.53}$$

因此，结构阻尼的广义力为

$$\tilde{Q}_s=-\mathrm{i}\gamma\frac{\partial V}{\partial q_s}=-\frac{\partial V^*}{\partial q_s} \tag{3.3.54}$$

式中，$V^*=\mathrm{i}\gamma V$ 是结构阻尼的瑞利耗散函数。

可以看出，结构阻尼的耗散函数具有与势能相似的形式，而粘滞阻尼具有与动能相似的形式。粘滞阻尼和结构阻尼理论是目前大多数文献采用的理论，它们各有优缺点。

3.4 拉格朗日方程的应用

应用拉格朗日方程，一般有如下步骤：

① 判断约束性质是否完整，主动力是否有势，确定能否采用一般适于完整系统的拉格朗日方程，或者采用主动力有势形式的拉格朗日方程。

② 确定系统的自由度数，选择合适的广义坐标。

③ 按所选的广义坐标，写出系统的动能、势能；正确计算系统的动能往往是解题的关键，它要求综合运用运动学中各种分析速度与角速度的方法以及动力学中计算各种刚体运动形式的动能方法。

④ 按所选的广义坐标，求出广义力。

⑤ 将动能或拉格朗日函数、广义力代入拉格朗日方程。

⑥ 整理、化简。

⑦ 由初始条件解出运动形式。

现举几个例子来说明该方法的应用。

【例 1】 质量为 m、长度为 l 的匀质杆 AB 可绕点 A 在平面内摆动，如图 3.1 所示。A 端用弹簧悬挂在铅垂的导槽内，弹簧刚度系数为 k。试写出系统的运动微分方程。

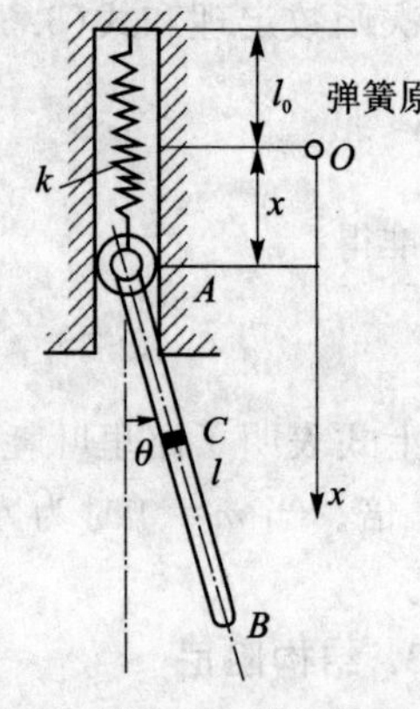

图 3.1 例 1 图示

解：系统有两个自由度，选广义坐标 $q=(x,\theta)$，其中坐标 x 的原点在弹簧原长处。杆 AB 做平面运动。系统动能为

$$T=\frac{1}{2}mv_C^2+\frac{1}{2}J_C\dot{\theta}^2 \tag{a}$$

式中，v_C 为杆的质心 C 的速度，J_C 为杆对其质心的转动惯量。

$$x_C=x+\frac{1}{2}l\cos\theta,\qquad y_C=\frac{1}{2}l\sin\theta \tag{b}$$

$$\dot{x}_C=\dot{x}-\frac{1}{2}l\dot{\theta}\sin\theta,\qquad \dot{y}_C=\frac{1}{2}l\dot{\theta}\cos\theta \tag{c}$$

将式(b)和式(c)代入式(a)，得

$$\begin{aligned}T=&\frac{1}{2}m\left[\left(\dot{x}-\frac{l}{2}\dot{\theta}\sin\theta\right)^2+\left(\frac{l}{2}\dot{\theta}\cos\theta\right)^2\right]+\frac{1}{2}J_C\dot{\theta}^2=\\&\frac{1}{2}m\left(\dot{x}^2-\dot{x}\dot{\theta}l\sin\theta+\frac{1}{3}l^2\dot{\theta}^2\right)\end{aligned} \tag{d}$$

计算弹簧势能与重力势能时，选点 O 为共同的势能零点。

$$V=\frac{1}{2}kx^2-mg\left(x+\frac{1}{2}l\cos\theta\right) \tag{e}$$

拉格朗日函数

$$L=T-V=\frac{1}{2}m\left(\dot{x}^2-\dot{x}\dot{\theta}l\sin\theta+\frac{1}{3}l^2\theta^2\right)-\frac{1}{2}kx^2+mg\left(x+\frac{1}{2}l\cos\theta\right) \tag{f}$$

所给系统是主动力有势系统，利用有势力形式的拉格朗日方程，其中

$$\frac{\partial L}{\partial\dot{x}}=m\dot{x}-\frac{1}{2}lm\dot{\theta}\sin\theta$$

$$\frac{\mathrm{d}}{\mathrm{d}t}\left(\frac{\partial L}{\partial\dot{x}}\right)=m\ddot{x}-\frac{1}{2}ml\ddot{\theta}\sin\theta-\frac{1}{2}ml\dot{\theta}^2\cos\theta$$

$$\frac{\partial L}{\partial x}=-kx+mg$$

$$\frac{\partial L}{\partial\dot{\theta}}=\frac{1}{3}ml^2\dot{\theta}-\frac{1}{2}ml\dot{x}\sin\theta$$

$$\frac{\mathrm{d}}{\mathrm{d}t}\left(\frac{\partial L}{\partial\dot{\theta}}\right)=\frac{1}{3}ml^2\ddot{\theta}-\frac{1}{2}ml\ddot{x}\sin\theta-\frac{1}{2}m\dot{x}\dot{\theta}l\cos\theta$$

$$\frac{\partial L}{\partial\theta}=-\frac{1}{2}ml\dot{x}\dot{\theta}\cos\theta-\frac{1}{2}mgl\sin\theta$$

最终得

$$\begin{aligned}&m\ddot{x}-\frac{1}{2}ml\ddot{\theta}\sin\theta-\frac{1}{2}ml\dot{\theta}^2\cos\theta+kx-mg=0\\&\frac{l}{3}\ddot{\theta}-\frac{1}{2}\ddot{x}\sin\theta+\frac{1}{2}g\sin\theta=0\end{aligned} \tag{g}$$

【例 2】　质量为 m 的质点无摩擦地在一平面 π 上运动，平面 π 通过一固定直线

Oz。Oz 与铅垂线夹角为常数 α，且以等角速度 ω 绕 Oz 转动。求：① 质点的动能及广义力；② 建立其运动微分方程；③ 求运动轨迹。

解：取固定直角坐标系 $Oxyz$，平面 yOz 为铅垂面，轴 Ox 为水平，如图 3.2 所示。在平面 π 与平面 xOy 交线上取正方向指向 OR，且 OR 与 Ox 夹角为 θ，令 $t=0$ 时，$\theta=0$，于是 $\theta=\omega t$。平面 π 的方程为

$$\frac{y}{x} = \tan\theta = \tan(\omega t) \tag{a}$$

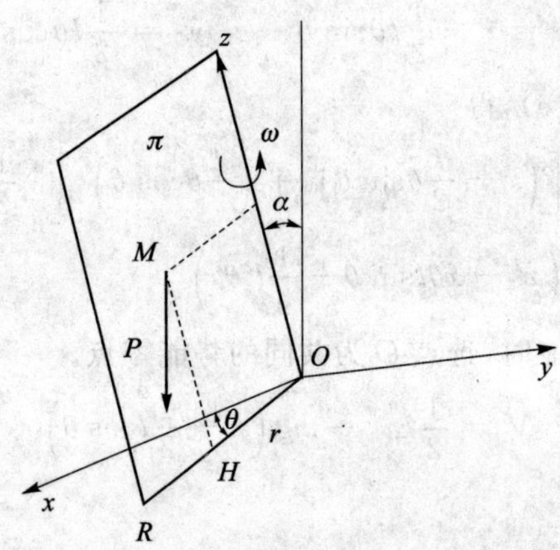

图 3.2　例 2 图示

质点 M 的坐标必须满足约束方程(a)，可见约束是不稳定的。由于有约束式(a)，而质点有两个自由度，由点 M 平行于轴 Oz 投影于平面 xOy 上得点 H，记作 $OH=r$，因此知道了 r 即可确定点 M 的位置。

将质点的直角坐标 x,y,z 用 r,z 表示，即取 r,z 为广义坐标。

$$\left.\begin{aligned} x &= r\cos\theta = r\cos\omega t \\ \dot{x} &= \dot{r}\cos\omega t - r\omega\sin\omega t \\ y &= r\sin\theta = r\sin\omega t \\ \dot{y} &= \dot{r}\sin\omega t + r\omega\cos\omega t \\ z &= z, \qquad \dot{z} = \dot{z} \end{aligned}\right\} \tag{b}$$

因此

$$\dot{x}^2 + \dot{y}^2 + \dot{z}^2 = \dot{r}^2 + r^2\omega^2 + \dot{z}^2 \tag{c}$$

于是动能为

$$T = \frac{1}{2}m(\dot{r}^2 + r^2\omega^2 + \dot{z}^2) \tag{d}$$

约束为不稳定的，表达式(d)不是广义速度的齐二次式。但动能并不显含时间 t。

我们按两种方式来求广义力。

先用广义力公式来求。将主动力 $P=mg$ 投影到固定轴 Ox、Oy 上，有

$$F_x = 0, \quad F_y = -mg\sin\alpha, \quad F_z = -mg\cos\alpha \tag{e}$$

由式(b),得

$$\left.\begin{aligned} &\frac{\partial x}{\partial r} = \cos\omega t, \quad \frac{\partial y}{\partial r} = \sin\omega t, \quad \frac{\partial z}{\partial r} = 0 \\ &\frac{\partial x}{\partial z} = 0, \quad \frac{\partial y}{\partial z} = 0, \quad \frac{\partial z}{\partial z} = 1 \end{aligned}\right\} \tag{f}$$

根据广义力公式(3.1.3),得

$$\left.\begin{aligned} Q_r &= F_x\frac{\partial x}{\partial r} + F_y\frac{\partial y}{\partial r} + F_z\frac{\partial z}{\partial r} = -mg\sin\alpha\sin\omega t \\ Q_z &= F_x\frac{\partial x}{\partial z} + F_y\frac{\partial y}{\partial z} + F_z\frac{\partial z}{\partial z} = -mg\cos\alpha \end{aligned}\right\} \tag{g}$$

再用虚功的方法来获取广义力。设给质点一虚位移 δz,则力 $P=mg$ 的虚功为

$$\delta W_z = -mg\cos\alpha\cdot\delta z$$

故有

$$Q_z = \frac{\delta W_z}{\delta z} = -mg\cos\alpha \tag{h}$$

设给质点一虚位移 δr,则力 $P=mg$ 的虚功为

$$\delta W_r = -mg\sin\alpha\sin\theta\delta r$$

故得

$$Q_r = \frac{\delta W_r}{\delta r} = -mg\sin\alpha\sin\omega t \tag{i}$$

两种方法各有优缺点,要针对不同的问题合理取舍。

将求得的动能按拉格朗日方程要求求导数,得

$$\left.\begin{aligned} &\frac{\partial T}{\partial \dot r} = m\dot r, \quad \frac{\partial T}{\partial \dot z} = m\dot z \\ &\frac{\partial T}{\partial r} = mr\omega^2, \quad \frac{\partial T}{\partial z} = 0 \end{aligned}\right\} \tag{j}$$

代入拉格朗日方程

$$\frac{\mathrm{d}}{\mathrm{d}t}\left(\frac{\partial T}{\partial \dot r}\right) - \frac{\partial T}{\partial r} = Q_r, \quad \frac{\mathrm{d}}{\mathrm{d}t}\left(\frac{\partial T}{\partial \dot z}\right) - \frac{\partial T}{\partial z} = Q_z$$

得

$$\left.\begin{aligned} &m\ddot r - m\omega^2 r = -mg\sin\alpha\sin\omega t \\ &m\ddot z = -mg\cos\alpha \end{aligned}\right\} \tag{k}$$

整理、化简,得

$$\left.\begin{aligned} &\ddot r - r\omega^2 = -g\sin\alpha\sin\omega t \\ &\ddot z = -g\cos\alpha \end{aligned}\right\} \tag{l}$$

设初始条件为

$$t = 0, \quad z = z_0, \quad \dot z = \dot z_0, \quad r = r_0, \quad \dot r = \dot r_0$$

对式(l)的第二式进行积分，得

$$z=-\frac{1}{2}gt^2\cos\alpha+Bt+A$$

式中，A、B 为积分常数，将初始条件代入，得

$$A=z_0,\qquad B=\dot{z}_0$$

因此，有

$$z=z_0+\dot{z}_0t-\frac{1}{2}gt^2\cos\alpha \tag{m}$$

再对式(l)的第一式进行积分，设其特解为 $r=k\sin\omega t$，代入后求得

$$k=\frac{g}{2\omega^2}\sin\alpha \tag{n}$$

齐次方程 $\ddot{r}-\omega^2r=0$ 的通解为

$$r=A_1\mathrm{e}^{\omega t}+B_1\mathrm{e}^{-\omega t}$$

故式(l)的第一式的通解为

$$r=A_1\mathrm{e}^{\omega t}+B_1\mathrm{e}^{-\omega t}+\frac{g}{2\omega^2}\sin\alpha\sin\omega t$$

$$\dot{r}=A_1\omega\mathrm{e}^{\omega t}-B_1\omega\mathrm{e}^{-\omega t}+\frac{g}{2\omega}\sin\alpha\cos\omega t$$

将初始条件代入上式，并解出待定系数 A_1、B_1，得

$$\left.\begin{aligned}A_1&=\frac{r_0}{2}+\frac{\dot{r}_0}{2\omega}-\frac{g}{4\omega^2}\sin\alpha\\B_1&=\frac{r_0}{2}-\frac{\dot{r}_0}{2\omega}+\frac{g}{4\omega^2}\sin\alpha\end{aligned}\right\} \tag{o}$$

于是，质点的运动轨迹为

$$r=\left(\frac{r_0}{2}+\frac{\dot{r}_0}{2\omega}-\frac{g}{4\omega^2}\sin\alpha\right)\mathrm{e}^{\omega t}-\left(\frac{r_0}{2}-\frac{\dot{r}_0}{2\omega}+\frac{g}{4\omega^2}\sin\alpha\right)\mathrm{e}^{-\omega t}+\frac{g}{2\omega^2}\sin\alpha\sin\omega t$$

$$z=z_0+\dot{z}_0t-\frac{1}{2}gt^2\cos\alpha$$

【例 3】 用拉格朗日方程推导刚体绕定点转动的欧拉方程。

解：选一固联于刚体上的直角坐标系 $O\xi\eta\zeta$(见图 3.3)，取坐标轴为沿刚体在定点 C 的惯性主轴，那么刚体绕定点转动的动能为

$$T=\frac{1}{2}(Ap^2+Bp^2+Cr^2) \tag{a}$$

刚体角速度在 $O\xi\eta\zeta$ 上的投影 p、q、r 与欧拉角 ψ、θ、φ 及其对时间的导数 $\dot{\psi}$、$\dot{\theta}$、$\dot{\varphi}$ 之间的关系为

$$\left.\begin{aligned}p&=\dot{\psi}\sin\theta\sin\varphi+\dot{\theta}\cos\varphi\\q&=\dot{\psi}\sin\theta\cos\varphi-\dot{\theta}\sin\varphi\\r&=\dot{\psi}\cos\theta+\dot{\varphi}\end{aligned}\right\} \tag{b}$$

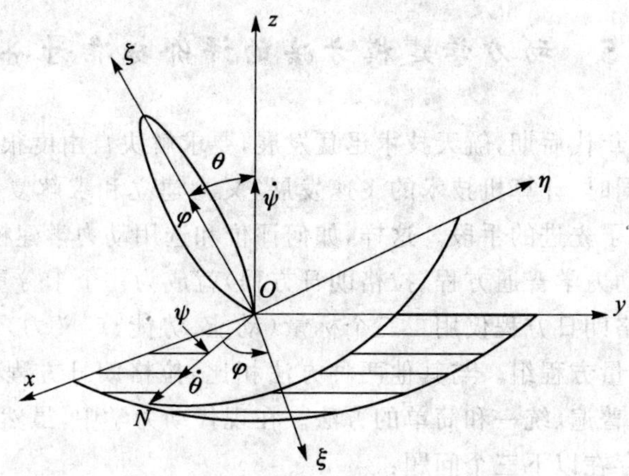

图 3.3　例 3 图示

选 ψ、θ、φ 为广义坐标，则对 φ 的拉格朗日方程为

$$\frac{\mathrm{d}}{\mathrm{d}t}\left(\frac{\partial T}{\partial \dot{\varphi}}\right)-\frac{\partial T}{\partial \varphi}=Q_{\varphi}$$

式中

$$\frac{\partial T}{\partial \dot{\varphi}}=\frac{\partial T}{\partial r}\frac{\partial r}{\partial \dot{\varphi}}=Cr$$

$$\frac{\mathrm{d}}{\mathrm{d}t}\left(\frac{\partial T}{\partial \dot{\varphi}}\right)=C\dot{r}$$

$$\frac{\partial T}{\partial \varphi}=\frac{\partial T}{\partial p}\frac{\partial p}{\partial \varphi}+\frac{\partial T}{\partial q}\frac{\partial q}{\partial \varphi}+\frac{\partial T}{\partial r}\frac{\partial r}{\partial \varphi}=$$

$$Ap(\dot{\psi}\sin\theta\cos\varphi-\dot{\theta}\sin\varphi)+Bq(-\dot{\psi}\sin\theta\sin\varphi-\dot{\theta}\cos\varphi)=$$

$$Apq-Bpq=(A-B)pq$$

代入拉格朗日方程，得

$$C\dot{r}^{2}+(B-A)pq=L_{\zeta} \tag{c}$$

式中，$Q_{\varphi}=L_{\zeta}$ 是对应于角位移 φ 的广义力，所以知道是绕 ζ 轴的力矩。

同理，可得

$$\left.\begin{aligned}A\dot{p}+(C-B)qr=L_{\xi}\\B\dot{q}+(A-C)rp=L_{\eta}\end{aligned}\right\} \tag{d}$$

式(c)和式(d)就是陀螺理论中的欧拉动力学方程。

3.5 动力学建模方法的评价标准讨论

自20世纪50年代后期，航天技术迅猛发展，要求解决自由度很大的复杂系统动力学与控制问题；同时，计算机技术的飞速发展，又为建立和求解复杂动力学系统的运动微分方程提供了先进的手段。这样，如何评价和选用动力学建模方法(质点系动量和动量矩定理、动力学普通方程、拉格朗日方程)就成为一个十分重要的问题。

过去认为，拉格朗日方程仅用二三个标量(动能、势能、广义力)就可得到不包含理想约束力的最少量方程组。与其他两种方法相比，拉格朗日方程提供了非自由质点系动力学建模的普遍、统一和简单的方法。在现代动力学中，虽然拉格朗日方程仍在应用，但也发现存在以下三个问题：

① 当系统只有二三个自由度时，拉格朗日方程一般是其动力学建模的简单方法。但当系统的自由度数再增加时，列写系统的动能，再进行微分、偏导等计算也相当麻烦。

② 虽然由拉格朗日方程得到最少量方程，但一般是二阶的强非线性、强变量耦合的方程。方程的复杂程度又取决于广义坐标的选择，若用它建模，再进行数值求解，则必然需要较多的人为干预；而用质点系动量和动量矩定理建立的方程数量虽多，其中还包含一定数量的约束方程，但只要对程序给出有关信息，计算机就可自动生成约束方程，且模型中的广义坐标已经选定。这样，以人工参与工作量少和数值处理方便作为现代建模方法评价标准，拉格朗日方程为最少量方程的优点就再也不像过去那样突出了，而质点系动量和动量矩定理的优势便不言而喻。特别是如果还需要求解理想约束力，后者的优点就更为明显。

③ 拉格朗日方程不适合于用计算机语言写出文字形式的动力学方程，因为它在计算机进行符号推导前，要作偏微分、偏导数、全导数等计算。这对于只会作“加、减、乘、除”的计算机来说比较麻烦。但是，经过一些变换的达朗贝尔-拉格朗日原理可令计算机实现上述过程。

我们可以从推证拉格朗日方程时的式(3.1.10)来说明，从该式开始尝试沿着矩阵表述语言计算的思路进行推演。

由于完整约束系统中 $\delta q_s\,(s=1,2,\cdots,n)$ 的独立性，便有

$$\sum_{i=1}^{N}\boldsymbol{F}_i\cdot\frac{\partial\boldsymbol{r}_i}{\partial q_s}+\sum_{i=1}^{N}(-m_i\ddot{\boldsymbol{r}}_i)\cdot\frac{\partial\boldsymbol{r}_i}{\partial q_s}=0\qquad(s=1,2,\cdots,n)\tag{3.5.1}$$

或简写为对每一个广义坐标的广义主动力与广义惯性力之和为零：

$$Q_s+Q_{Is}=0\qquad(s=1,2,\cdots,n)\tag{3.5.2}$$

上述两式的矩阵形式为

$$\begin{bmatrix} \dfrac{\partial \boldsymbol{r}_1}{\partial q_1} & \cdots & \dfrac{\partial \boldsymbol{r}_N}{\partial q_1} \\ \vdots & & \vdots \\ \dfrac{\partial \boldsymbol{r}_1}{\partial q_n} & \cdots & \dfrac{\partial \boldsymbol{r}_N}{\partial q_n} \end{bmatrix} \begin{bmatrix} \boldsymbol{F}_1 \\ \vdots \\ \boldsymbol{F}_N \end{bmatrix} + \begin{bmatrix} \dfrac{\partial \boldsymbol{r}_1}{\partial q_1} & \cdots & \dfrac{\partial \boldsymbol{r}_N}{\partial q_1} \\ \vdots & & \vdots \\ \dfrac{\partial \boldsymbol{r}_1}{\partial q_n} & \cdots & \dfrac{\partial \boldsymbol{r}_N}{\partial q_n} \end{bmatrix} \begin{bmatrix} -m_1 \ddot{\boldsymbol{r}}_1 \\ \vdots \\ -m_N \ddot{\boldsymbol{r}}_N \end{bmatrix} = \boldsymbol{0} \tag{3.5.3}$$

式中的矩阵为由直角坐标转换到广义坐标的系数矩阵。

对于该矩阵，虽然为计算点的加速度 $\ddot{\boldsymbol{r}}_i$，也要将速度 $\dot{\boldsymbol{r}}_i$ 对时间求一次导数，但只要能得到这个坐标变换的系数矩阵即可。那么剩下的问题就是进行矩阵的乘法运算了，而这正是计算机容易做到的。这一分析思路是现代动力学发展的一个有价值的方面。

第4章 分析动力学的变分原理

4.1 微分变分原理

力学的变分原理以及与其相关的物理思想和数学方法的综合，在理论与应用力学、物理学以及其他如机械、电子等学科中起着重要的作用。它把抽象的数学研究与生动具体的物理内容紧密地结合起来。

力学的变分原理分为两大类：一类是微分变分原理，另一类是积分变分原理。微分变分原理是研究力学系统在某些状态邻近无限小时间间隔中真实运动和其他可能运动之间所做的局部比较。比较结果表明，对真实运动来说，某函数取极值。积分变分原理是研究力学系统在一段时限内真实运动与可能运动之间的比较。比较结果表明，对真实运动来说，某泛函取极值。

力学的变分原理是整个分析力学的基础和出发点，同时又有相当的概括性、对坐标变换的不变性，以及比微分方程更广泛的适应性。

力学的变分原理不仅以简单的不变形式表达运动方程和场方程，而且是运动的离散和连续观点的综合，是物理中广义因果原理的表达。

4.1.1 达朗贝尔-拉格朗日原理

该原理在第2章中作为分析力学的基础已论述过，这里主要作为微分变分原理的有机组成部分，给出其概括性描述，并重点介绍其广义坐标下的各种表述。

1. 达朗贝尔原理

设力学系统由 N 个质量为 $m_i\,(i=1,2,\cdots,N)$ 的质点组成，质点的加速度为 $\boldsymbol{a}_i=\ddot{\boldsymbol{r}}_i$，我们把 $\boldsymbol{F}_{\mathrm{I}i}=-m_i\ddot{\boldsymbol{r}}_i$ 称为惯性力。达朗贝尔原理为：在每一瞬时，作用在质点上的主动力 $\boldsymbol{F}_i$、约束反力 $\boldsymbol{R}_i$ 以及假想的惯性力 $\boldsymbol{F}_{\mathrm{I}i}$，满足平衡条件

$$\boldsymbol{F}_i+\boldsymbol{R}_i+\boldsymbol{F}_{\mathrm{I}i}=\boldsymbol{0}\qquad(i=1,2,\cdots,N)\tag{4.1.1}$$

达朗贝尔原理有重要的理论意义和应用价值。首先，它把动力学问题用静力学平衡方法求解，形成“动静法”，其思想简单，求解问题方便；其次，达朗贝尔原理与虚位移联合构成动力学普遍方程，即达朗贝尔-拉格朗日原理。

2. 虚位移原理

虚位移原理为：在理想双面约束下，力学系统平衡的充分必要条件是作用在系统上的主动力在任何被约束所允许的虚位移中所作虚功之和等于零。

$$\sum_{i=1}^{N} \boldsymbol{F}_i \cdot \delta \boldsymbol{r}_i = 0 \tag{4.1.2}$$

虚位移原理亦称虚功原理，它是分析静力学的基础，用它求解静力学问题方便快捷。

3. 达朗贝尔-拉格朗日原理

达朗贝尔-拉格朗日原理为：在理想双面约束下，在所有时刻真实运动不同于运动学上的可能运动仅仅在于，对真实运动来说，主动力和假想的惯性力在系统任何虚位移上所作虚功之和为零。

$$\sum_{i=1}^{N} (\boldsymbol{F}_i - m_i \ddot{\boldsymbol{r}}_i) \cdot \delta \boldsymbol{r}_i = 0 \tag{4.1.3}$$

4. 达朗贝尔-拉格朗日原理的广义坐标表述

通过惯性力在虚位移上所作虚功之和 $\sum_{i=1}^{N} m_i \ddot{\boldsymbol{r}}_i \delta \boldsymbol{r}_i$ 的不同表达式，可以得到不同的达朗贝尔-拉格朗日原理表达式。

(1) 欧拉表述

对于惯性力的虚功，引入系统的动能 $T = \frac{1}{2}\sum_{i=1}^{N} m_i \dot{\boldsymbol{r}}_i \cdot \dot{\boldsymbol{r}}_i$，有

$$\sum_{i=1}^{N} m_i \ddot{\boldsymbol{r}}_i \cdot \delta \boldsymbol{r}_i = \sum_{s=1}^{n} \left[\frac{\mathrm{d}}{\mathrm{d}t}\left(\frac{\partial T}{\partial \dot{q}_s}\right) - \frac{\partial T}{\partial q_s} \right] \delta q_s \tag{4.1.4}$$

因为

$$\sum_{s=1}^{n} \left[\frac{\mathrm{d}}{\mathrm{d}t}\left(\frac{\partial T}{\partial \dot{q}_s}\right) - \frac{\partial T}{\partial q_s} \right] \delta q_s = \sum_{i=1}^{N}\sum_{s=1}^{n} \left[\frac{\mathrm{d}}{\mathrm{d}t}\left(m_i \dot{\boldsymbol{r}}_i \cdot \frac{\partial \dot{\boldsymbol{r}}_i}{\partial \dot{q}_s}\right) - m_i \dot{\boldsymbol{r}}_i \cdot \frac{\partial \dot{\boldsymbol{r}}_i}{\partial q_s} \right] \delta q_s$$

而利用经典拉格朗日关系式(2.3.6)和位矢的广义坐标式(2.4.7)，得

$$\sum_{i=1}^{N} \left(m_i \ddot{\boldsymbol{r}}_i \cdot \sum_{s=1}^{n} \frac{\partial \boldsymbol{r}_i}{\partial q_s} \delta q_s \right) = \sum_{i=1}^{N} m_i \ddot{\boldsymbol{r}}_i \cdot \delta \boldsymbol{r}_i$$

根据式(4.1.4)，达朗贝尔-拉格朗日原理可表述为欧拉形式：

$$\sum_{s=1}^{n} \left[Q_s - \frac{\mathrm{d}}{\mathrm{d}t}\left(\frac{\partial T}{\partial \dot{q}_s}\right) + \frac{\partial T}{\partial q_s} \right] \delta q_s = 0 \tag{4.1.5}$$

式中

$$Q_s = \sum_{i=1}^{N} \boldsymbol{F}_i \cdot \frac{\partial \boldsymbol{r}_i}{\partial q_s}$$

为广义力。

引进欧拉算子

$$E_s = \frac{\mathrm{d}}{\mathrm{d}t}\frac{\partial}{\partial \dot{q}_s} - \frac{\partial}{\partial q_s} \quad (s = 1, 2, \cdots, n)$$

则式(4.1.5)写成

$$\sum_{s=1}^{n} [Q_s - E_s(T)] \delta q_s = 0 \tag{4.1.6}$$

(2) 尼尔逊(Nielson)表述

对于惯性力的虚功,有

$$\sum_{i=1}^{N} m_i \ddot{\boldsymbol{r}}_i \cdot \delta \boldsymbol{r}_i = \sum_{s=1}^{n} \left(\frac{\partial \dot{T}}{\partial \dot{q}_s} - 2 \frac{\partial T}{\partial q_s} \right) \delta q_s \tag{4.1.7}$$

因为

$$\sum_{s=1}^{n} \left(\frac{\partial \dot{T}}{\partial \dot{q}_s} - 2 \frac{\partial T}{\partial q_s} \right) \delta q_s = \sum_{i=1}^{N} \sum_{s=1}^{n} \left(m_i \ddot{\boldsymbol{r}}_i \cdot \frac{\partial \dot{\boldsymbol{r}}_i}{\partial q_s} + m_i \boldsymbol{r}_i \cdot \frac{\partial \ddot{\boldsymbol{r}}_i}{\partial q_s} - 2 m_i \dot{\boldsymbol{r}}_i \cdot \frac{\partial \dot{\boldsymbol{r}}_i}{\partial q_s} \right) \delta q_s \tag{4.1.8}$$

根据式(2.3.9)和式(2.3.6),上式右端与式(4.1.7)一致。

因此,达朗贝尔-拉格朗日原理可表述为尼尔逊形式

$$\sum_{s=1}^{n} \left(Q_s - 2 \frac{\partial T}{\partial q_s} + \frac{\partial \dot{T}}{\partial \dot{q}_s} \right) \delta q_s = 0 \tag{4.1.9}$$

引进尼尔逊算子

$$N_s = \frac{\partial}{\partial \dot{q}_s} \frac{\mathrm{d}}{\mathrm{d}t} - 2 \frac{\partial}{\partial q_s} \qquad (s = 1, 2, \cdots, n) \tag{4.1.10}$$

则式(4.1.7)写成

$$\sum_{s=1}^{n} [Q_s - N_s(T)] \delta q_s = 0 \tag{4.1.11}$$

(3) 阿贝尔(Appell)表述

如果我们引进系统加速度的能量

$$S = \frac{1}{2} \sum_{i=1}^{N} m_i \ddot{\boldsymbol{r}}_i \cdot \ddot{\boldsymbol{r}}_i \tag{4.1.12}$$

则对惯性力的虚功,有

$$\sum_{i=1}^{N} m_i \ddot{\boldsymbol{r}}_i \cdot \delta \boldsymbol{r}_i = \sum_{s=1}^{n} \frac{\partial S}{\partial \ddot{q}_s} \delta q_s \tag{4.1.13}$$

因为

$$\sum_{s=1}^{n} \frac{\partial S}{\partial \ddot{q}_s} \delta q_s = \sum_{s=1}^{n} \sum_{i=1}^{N} m_i \ddot{\boldsymbol{r}}_i \cdot \frac{\partial \ddot{\boldsymbol{r}}_i}{\partial \ddot{q}_s} \delta q_s = \sum_{i=1}^{N} m_i \ddot{\boldsymbol{r}}_i \cdot \delta \boldsymbol{r}_i$$

因此,达朗贝尔-拉格朗日原理可表述为阿贝尔形式:

$$\sum_{s=1}^{n} \left(Q_s - \frac{\partial S}{\partial \ddot{q}_s} \right) \delta q_s = 0 \tag{4.1.14}$$

在上述表述中,并未考虑到非完整约束的限制。实际上,在许多情况下仅在得到这些形式后才考虑到非完整约束,从而推导非完整系统的运动微分方程。

用达朗贝尔-拉格朗日原理可推导完整系统和一阶非完整系统的运动微分方程。对于线性非完整系统,约束对于虚位移的限制仍是关于 δq_s 的线性式,因此可直接应用上述三种表达式;对于非线性非完整约束,则需采用阿贝尔-切塔耶夫定义

式(2.4.14)来推导其运动微分方程。

4.1.2　茹尔当原理

1. 茹尔当(Jourdain)原理表述

在达朗贝尔-拉格朗日原理中,变分是坐标的变分,即所说的虚位移。在茹尔当原理中,变分是速度的变分,即速度空间的虚位移。茹尔当原理可表述为

$$\sum_{i=1}^{N}(\boldsymbol{F}_i - m_i\ddot{\boldsymbol{r}}_i)\cdot\delta\dot{\boldsymbol{r}}_i = 0 \tag{4.1.15}$$

此原理对应约束反力的虚功功率之和为零,即约束所加限制是茹尔当意义下的理想型:

$$\sum_{i=1}^{N}\boldsymbol{R}_i\cdot\delta\dot{\boldsymbol{r}}_i = 0 \tag{4.1.16}$$

2. 茹尔当原理的广义坐标表述

在达朗贝尔-拉格朗日原理中的三种表述关系在这里同样适用,只是虚位移变成速度空间的虚位移,即

$$\sum_{i=1}^{N}m_i\ddot{\boldsymbol{r}}_i\cdot\delta\dot{\boldsymbol{r}}_i = \sum_{s=1}^{n}E_s(T)\delta\dot{q}_s = \sum_{s=1}^{n}N_s(T)\delta\dot{q}_s = \sum_{s=1}^{n}\frac{\partial S}{\partial\ddot{q}_s}\delta\dot{q}_s \tag{4.1.17}$$

利用这一结果,容易将茹尔当原理表述成欧拉-拉格朗日形式:

$$\sum_{s=1}^{n}\left[Q_s - \frac{\mathrm{d}}{\mathrm{d}t}\left(\frac{\partial T}{\partial\dot{q}_s}\right) + \frac{\partial T}{\partial q_s}\right]\delta\dot{q}_s = 0 \tag{4.1.18}$$

尼尔逊形式

$$\sum_{s=1}^{n}\left[Q_s - 2\frac{\partial T}{\partial q_s} + \frac{\partial\dot{T}}{\partial\dot{q}_s}\right]\delta\dot{q}_s = 0 \tag{4.1.19}$$

阿贝尔形式

$$\sum_{s=1}^{n}\left[Q_s - \frac{\partial S}{\partial\ddot{q}_s}\right]\delta\dot{q}_s = 0 \tag{4.1.20}$$

利用茄尔当原理的三种表述,可以推导完整系统的运动微分方程。考虑到非完整约束对速度空间虚位移的限制,它们还可以用于推导一阶非完整系统的运动微分方程。利用二阶阿贝尔-切塔耶夫定义,还可以推导二阶非完整系统的运动微分方程。

4.1.3　高斯原理

1. 高斯(Gauss)原理表述

高斯原理的物理基础是最小拘束的概念。力学系统的拘束可表示为

$$Z_{\mathrm{W}} = \frac{1}{2}\sum_{i=1}^{N}m_i\left(\ddot{\boldsymbol{r}}_i - \frac{\boldsymbol{F}_i}{m_i}\right)^2 \tag{4.1.21}$$

式中，$\frac{\boldsymbol{F}_i}{m_i}$表示第 i 个质点在主动力 $\boldsymbol{F}_i$ 作用下而不加约束时所具有的加速度，因此 $\ddot{\boldsymbol{r}}_i-\frac{\boldsymbol{F}_i}{m_i}$表示真实运动与自由运动的加速度之差。

高斯原理可表述为：在每一时刻处于主动力及理想双面约束下的系统，其真实运动不同于所有同样初始位置、同样初始速度的可能运动在于，真实运动对自由运动的偏离量度——拘束取极小，即

$$\delta Z_{\mathrm{W}}=0 \tag{4.1.22}$$

或

$$\sum_{i=1}^{N}(\boldsymbol{F}_i-m_i\ddot{\boldsymbol{r}}_i)\cdot\delta\ddot{\boldsymbol{r}}_i=0 \tag{4.1.23}$$

而高斯意义下的理想约束条件为

$$\sum_{i=1}^{N}\boldsymbol{R}_i\cdot\delta\ddot{\boldsymbol{r}}_i=0 \tag{4.1.24}$$

2. 高斯原理的广义坐标表述

在达朗贝尔-拉格朗日原理中满足的三个表述形式，在加速度空间的虚位移上仍然成立，即

$$\sum_{i=1}^{N}m_i\ddot{\boldsymbol{r}}_i\cdot\delta\ddot{\boldsymbol{r}}_i=\sum_{s=1}^{n}E_s(T)\delta\ddot{q}_s=\sum_{s=1}^{n}N_s(T)\delta\ddot{q}_s=\sum_{s=1}^{n}\frac{\partial S}{\partial\ddot{q}_s}\delta\ddot{q}_s \tag{4.1.25}$$

利用这一关系，可写出其欧拉-拉格朗日形式为

$$\sum_{s=1}^{n}\left[Q_s-\frac{\mathrm{d}}{\mathrm{d}t}\left(\frac{\partial T}{\partial\dot{q}_s}\right)+\frac{\partial T}{\partial q_s}\right]\delta\ddot{q}_s=0 \tag{4.1.26}$$

尼尔逊形式为

$$\sum_{s=1}^{n}\left(Q_s-2\frac{\partial T}{\partial q_s}+\frac{\partial\dot{T}}{\partial\dot{q}_s}\right)\delta\ddot{q}_s=0 \tag{4.1.27}$$

阿贝尔形式为

$$\sum_{s=1}^{n}\left(Q_s-\frac{\partial S}{\partial\ddot{q}_s}\right)\delta\ddot{q}_s=0 \tag{4.1.28}$$

利用高斯原理可以推导完整系统和一阶非完整系统的运动微分方程。通过高斯原理的三种表述形式连同加速度空间的虚位移定义，还可以推导二阶非完整系统的运动微分方程；连同三阶阿贝尔-切塔耶夫定义，还可推导三阶非完整系统的运动微分方程。

4.1.4 万有达朗贝尔原理

1. 万有达朗贝尔原理表述

万有达朗贝尔原理为最一般的微分变分原理，其形式可描述为

$$\sum_{i=1}^{N}(\boldsymbol{F}_i - m_i\ddot{\boldsymbol{r}}_i)\cdot\delta\overset{(m)}{\boldsymbol{r}}_i = 0 \tag{4.1.29}$$

$$\delta t = 0, \delta\boldsymbol{r}_i = \delta\dot{\boldsymbol{r}}_i = \cdots = \delta\overset{(m-1)}{\boldsymbol{r}_i} = \boldsymbol{0}, \quad \delta\overset{(m)}{\boldsymbol{r}_i} \neq \boldsymbol{0} \quad (m = 0,1,2,\cdots)$$

它表明，系统的主动力和惯性力在 m 次速度空间的虚位移上所作虚功之和为零。万有达朗贝尔原理是最一般的微分变分原理，当 $m=0$ 时，它简化为达朗贝尔-拉格朗日原理；当 $m=1$ 时，它简化为茹尔当原理；当 $m=2$ 时，它简化为高斯原理。而 m 次速度意义下的理想约束条件为

$$\sum_{i=1}^{N}\boldsymbol{R}_i\cdot\delta\overset{(m)}{\boldsymbol{r}_i} = 0 \tag{4.1.30}$$

2. 万有达朗贝尔原理在广义坐标中的表述

同样，在达朗贝尔-拉格朗日原理、茹尔当原理和高斯原理中的三个关系表达式，在 m 次速度空间中同样适用，即

$$\sum_{i=1}^{N}m_i\ddot{\boldsymbol{r}}_i\cdot\delta\overset{(m)}{\boldsymbol{r}_i} = \sum_{s=1}^{n}E_s(T)\delta\overset{(m)}{q_s} = \sum_{s=1}^{n}N_s(T)\delta\overset{(m)}{q_s} = \sum_{s=1}^{n}\frac{\partial S}{\partial\ddot{q}_s}\delta\overset{(m)}{q_s} \tag{4.1.31}$$

其欧拉-拉格朗日形式为

$$\sum_{s=1}^{n}\left[Q_s - \frac{\mathrm{d}}{\mathrm{d}t}\left(\frac{\partial T}{\partial\dot{q}_s}\right) + \frac{\partial T}{\partial q_s}\right]\delta\overset{(m)}{q_s} = 0 \tag{4.1.32}$$

尼尔逊形式为

$$\sum_{s=1}^{n}\left(Q_s - 2\frac{\partial T}{\partial q_s} + \frac{\partial\dot{T}}{\partial\dot{q}_s}\right)\delta\overset{(m)}{q_s} = 0 \tag{4.1.33}$$

阿贝尔形式为

$$\sum_{s=1}^{n}\left(Q_s - \frac{\partial S}{\partial\ddot{q}_s}\right)\delta\overset{(m)}{q_s} = 0 \tag{4.1.34}$$

下面给出其更一般的 Mangeron - Deleanu 表述形式。

我们有

$$\sum_{i=1}^{N}m_i\ddot{\boldsymbol{r}}_i\cdot\delta\overset{(m)}{\boldsymbol{r}_i} = \sum_{s=1}^{n}\frac{1}{m}\left[\frac{\partial\overset{(m)}{T}}{\partial\overset{(m)}{q}_s} - (m+1)\frac{\partial T}{\partial q_s}\right]\delta\overset{(m)}{q_s} \tag{4.1.35}$$

式中，$\overset{(m)}{T}$ 为动能 T 对时间 t 的 m 次导数。

因此，有

$$\sum_{s=1}^{n}\left\{\frac{1}{m}\left[(m+1)\frac{\partial T}{\partial q_s} - \frac{\partial\overset{(m)}{T}}{\partial\overset{(m)}{q_s}}\right] + Q_s\right\}\delta\overset{(m)}{q_s} = 0 \tag{4.1.36}$$

此式称为 Mangeron - Deleanu 形式。

4.2 完整系统的积分变分原理

积分变分原理最著名的是哈密尔顿(Hamilton)原理和拉格朗日原理。对完整保守系统来说,它们都是泛函的极值问题。本节讨论两原理在完整系统下的情况。

4.2.1 哈密尔顿原理

1. 哈密尔顿最小作用量原理

研究具有双面、理想、完整约束的系统,且广义主动力为有势的。

拉格朗日函数即系统动势在时间 t_1 至 t_2 的积分

$$S = \int_{t_1}^{t_2} L(q_s, \dot{q}_s, t)\mathrm{d}t \tag{4.2.1}$$

称为哈密尔顿意义下的作用量。

显然,哈密尔顿作用量是一个泛函,在系统的真实路径上,作用量 S 取完全确定的值,此时出现于被积函数 L 的表达式中的 $q_s(t)$、$\dot{q}_s(t)$就是真实运动中的广义坐标和广义速度。哈密顿原理能够指出系统真实运动与可能运动相比较时,真实运动所具有的性质。

在哈密尔顿原理中,所有可比较的运动有三个共同点:

① 约束是双面、理想、完整的广义力有势。② 所有可比较的运动在同一时刻 t_1 开始,同一时刻 t_2 结束;在所有的运动中,时间 t 的变化规律是一致的,因此,变量的变分是等时的。③ 所有比较运动由同一点在同一时刻 t_1 开始、同一时刻 t_2 结束,亦即所有广义坐标在这些时刻彼此相等,因此广义坐标的等时变分在这些边值上恒等于零,即

$$(\delta q_s)_{t=t_1} = 0, \qquad (\delta q_s)_{t=t_2} = 0 \qquad (s = 1, 2, \cdots, n) \tag{4.2.2}$$

我们把完整系统的运动与一个以 $q_1, q_2, \cdots, q_n$ 为坐标的 n 维空间中的质点运动相对应。因此,两个相比较的运动用具有共同的起点和共同的终点的两条空间曲线来描述。因为在相比较的运动中,系统在同样的时间内经过不同的路径,那么在相应时刻的广义速度和空间位置是不同的,因此相应时刻的动能、势能也不相同。

在所列举的加在可比运动的上述三个条件下,哈密尔顿原理为:在相同时间、相同起始和终了位置和相同的约束条件下,双面、理想、完整、有势系统在所有可能的各种运动中,真实运动是使哈密尔顿作用量具有稳定值,即

$$\delta S = \delta \int_{t_1}^{t_2} L(q_s, \dot{q}_s, t)\mathrm{d}t = 0 \tag{4.2.3}$$

哈密尔顿原理是力学的基本原理,并且它把力学原理归结为更一般的形式。同时,它和坐标选择无关,因此更具普遍性,使多方面的应用更为方便。这反映了这个原理更深刻地揭示了客观事物之间紧密的联系。

2. 哈密尔顿原理的完整保守系统拉格朗日方程推导

我们有

$$0 = \delta S = \int_{t_1}^{t_2}\left[\sum_{s=1}^{n}\left(\frac{\partial L}{\partial q_s}\delta q_s + \frac{\partial L}{\partial \dot{q}_s}\delta \dot{q}_s\right)\right]\mathrm{d}t =$$

$$\int_{t_1}^{t_2}\left[\sum_{s=1}^{n}\left(\frac{\partial L}{\partial q_s} - \frac{\mathrm{d}}{\mathrm{d}t}\frac{\partial L}{\partial \dot{q}_s}\right)\delta \dot{q}_s\right]\mathrm{d}t + \left(\sum_{s=1}^{n}\frac{\partial L}{\partial \dot{q}_s}\delta q_s\right)\Bigg|_{t_1}^{t_2} \tag{4.2.4}$$

运用分步积分和微分与变分的交换关系$\frac{\mathrm{d}}{\mathrm{d}t}(\delta q_s) = \delta \dot{q}_s$，考虑到端点条件式(4.2.2)，有

$$\int_{t_1}^{t_2}\left[\sum_{s=1}^{n}\left(\frac{\partial L}{\partial q_s} - \frac{\mathrm{d}}{\mathrm{d}t}\frac{\partial L}{\partial \dot{q}_s}\right)\delta q_s\right]\mathrm{d}t = 0 \tag{4.2.5}$$

该等式对于任何积分区间都成立，由 1.3.5 小节的泛函变分基本定理知被积函数为零，即

$$\sum_{s=1}^{n}\left(\frac{\partial L}{\partial q_s} - \frac{\mathrm{d}}{\mathrm{d}t}\frac{\partial L}{\partial \dot{q}_s}\right)\delta q_s = 0 \tag{4.2.6}$$

因所研究的系统是完整系统，q_s 彼此独立，于是，得到拉格朗日方程

$$\frac{\partial L}{\partial q_s} - \frac{\mathrm{d}}{\mathrm{d}t}\frac{\partial L}{\partial \dot{q}_s} = 0 \qquad (s = 1,2,\cdots,n) \tag{4.2.7}$$

3. 哈密尔顿原理的极值特性

哈密尔顿原理表示其作用量在真实路径上具有稳定值，那么到底是极大值还是极小值呢？如果积分区间充分小，那么在定常约束下，哈密尔顿原理的泛函在真实路径上具有极小值。下面我们来证明之。写出哈密尔顿作用量的变分，注意到$\delta^2(*) = \frac{1}{2}\delta(\delta(*))$，有

$$\delta^2\int_{t_2}^{t_1} L\mathrm{d}t = \frac{1}{2}\int_{t_1}^{t_2}\left[\sum_{s,k=1}^{n}\frac{\partial^2(T-V)}{\partial q_s \partial q_k}\delta q_s\delta q_k + 2\sum_{s,k=1}^{n}\frac{\partial^2 T}{\partial \dot{q}_s \partial q_k}\delta \dot{q}_s\delta q_k + \right.$$

$$\left.\sum_{s,k=1}^{n}\frac{\partial^2 T}{\partial \dot{q}_s \partial \dot{q}_k}\delta \dot{q}_s\delta \dot{q}_k\right]\mathrm{d}t \tag{4.2.8}$$

因约束是定常的，动能为广义速度的齐二次式，因此有

$$\frac{1}{2}\sum_{s,k=1}^{n}\frac{\partial^2 T}{\partial \dot{q}_s \partial \dot{q}_k}\delta \dot{q}_s\delta \dot{q}_k = T(\delta \dot{q})$$

式中，$T(\delta \dot{q})$是动能 T 中以 $\delta \dot{q}$ 代替 $\dot{q}_s$ 时的表达式。考虑到 $\delta q_s(t_1) = 0$，有

$$|\delta q_s(t)| = \left|\int_{t_1}^{t}\frac{\mathrm{d}}{\mathrm{d}t}(\delta q_s)\mathrm{d}t\right| = \left|\int_{t_1}^{t}\delta \dot{q}_s\mathrm{d}t\right| < \beta_s(t - t_1)$$

式中，β_s 为 $\delta \dot{q}_s$ 在 (t_1, t_2) 中的最大模。因此，在充分小的时间间隔 $t_2 - t_1$ 内，式(4.2.8)的符号由 $T(\delta \dot{q})$来确定，即式(4.2.8)可写成

$$\delta^2\int_{t_1}^{t_2} L\mathrm{d}t = \int_{t_1}^{t_2} T(\delta \dot{q}_s)\mathrm{d}t + O(t_2 - t_1)^2 \tag{4.2.9}$$

因 $T(\delta\dot{q})$是正定的，因此得

$$\delta^2\int_{t_1}^{t_2} L\mathrm{d}t \approx \int_{t_1}^{t_2} T(\delta\dot{q}_s)\mathrm{d}t > 0 \tag{4.2.10}$$

下面举例来进一步说明。

研究单位质量的质点在有势力函数 $U(x)$的势力场中的一维运动。运动微分方程为

$$\ddot{x} = \frac{\mathrm{d}U}{\mathrm{d}x}$$

设 $x(t)$为真实运动，且有 $x(t_1)=x_0, x(t_2)=x_1, t_2-t_1>0$。设 $x'(t)$是满足同样条件的与真实运动相比较的运动。因此，有

$$x'(t) = x(t) + \alpha(t)$$

式中，$\alpha(t)$为任意函数，但 $\alpha(t_1)=\alpha(t_2)=0$。用 S 和 S'表示对真实运动和比较运动的哈密尔顿作用量，相应的动能为 T 和 T'，势函数为 $-U$ 和 $-U'$，有

$$\begin{aligned} S'-S &= \int_{t_1}^{t_2} [(T'+U')-(T+U)]\mathrm{d}t = \\ &\int_{t_1}^{t_2}\left[\frac{1}{2}(\dot{x}+\dot{\alpha})^2 - \frac{1}{2}\dot{x}^2 + U(x+\alpha) - U(x)\right]\mathrm{d}t = \\ &\int_{t_1}^{t_2}\frac{1}{2}\left[\dot{\alpha}^2 + U(x+\alpha) - U(x) - \alpha\frac{\mathrm{d}U(x)}{\mathrm{d}x}\right]\mathrm{d}t \end{aligned} \tag{a}$$

将势函数展开

$$U(x+\alpha) = U(x) + \alpha\frac{\mathrm{d}U(x)}{\mathrm{d}x} + \frac{1}{2}\alpha^2\frac{\mathrm{d}^2U(x+\theta\alpha)}{\mathrm{d}x^2}, \qquad 0<\alpha<1$$

利用边界条件，则式(a)成为

$$S'-S = \frac{1}{2}\int_{t_1}^{t_2}\left[\dot{\alpha}^2 + \alpha^2\frac{\mathrm{d}^2U(x+\theta\alpha)}{\mathrm{d}x^2}\right]\mathrm{d}t \tag{b}$$

如果在整个势力场中有$\frac{\mathrm{d}^2U}{\mathrm{d}x^2}\geqslant 0$，那么式(b)的被积函数是正的，有 $S'-S>0$，因此哈密尔顿作用量对真实运动来说取极小值。

4. 一般完整系统的哈密尔顿原理

完整系统的哈密顿原理式(4.2.3)要求广义力是有势的，即存在一个势能 V，使得

$$Q_s = -\frac{\partial V}{\partial q_s} \qquad (s=1,2,\cdots,n) \tag{4.2.11}$$

一般完整系统的哈密尔顿原理为

$$\int_{t_1}^{t_2}(\delta T + \sum_{s=1}^{n} Q_s\delta q_s)\mathrm{d}t = 0 \tag{4.2.12}$$

式中，第二项为广义力的虚功之和。

一般完整系统哈密尔顿原理式(4.2.12)本质上不同于广义力有势情形的哈密尔

顿原理式(4.2.3)。因为一般来说不存在某个量使其变分等于式(4.2.12)的左端。当然,原理式(4.2.12)比原理式(4.2.3)更普遍。如果式(4.2.12)中的广义力满足条件式(4.2.11),即当广义力有势时,原理式(4.2.12)锐变为原理式(4.2.3)。进而,如果广义力具有广义势,即存在某函数 V 使得

$$Q_s = -\frac{\partial V}{\partial q_s} + \frac{\mathrm{d}}{\mathrm{d}t}\frac{\partial V}{\partial \dot{q}_s} \qquad (s = 1,2,\cdots,n) \tag{4.2.13}$$

则原理变为

$$\int_{t_1}^{t_2} \delta L \mathrm{d}t = 0$$

由于积分与变分的可交换性,因此,原理式(4.2.12)成为原理式(4.2.3)。

虽然原理式(4.2.12)一般不是稳定作用量原理,但仍可由它推导出完整系统的运动微分方程。实际上,原理式(4.2.12)可写成

$$\begin{aligned} 0 = &\int_{t_1}^{t_2}\left[\sum_{s=1}^{n}\left(\frac{\partial T}{\partial q_s}\delta q_s + \frac{\partial T}{\partial \dot{q}_s}\delta \dot{q}_s\right) + \sum_{s=1}^{n} Q_s \delta q_s\right]\mathrm{d}t = \\ &\int_{t_1}^{t_2}\left[\sum_{s=1}^{n}\left(\frac{\partial T}{\partial q_s} - \frac{\mathrm{d}}{\mathrm{d}t}\frac{\partial T}{\partial \dot{q}_s} + Q_s\right)\delta q_s\right]\mathrm{d}t + \left(\sum_{s=1}^{n}\frac{\partial T}{\partial \dot{q}_s}\delta q_s\right)\Bigg|_{t_1}^{t_2} = \\ &\int_{t_1}^{t_2}\left[\sum_{s=1}^{n}\left(\frac{\partial T}{\partial q_s} - \frac{\mathrm{d}}{\mathrm{d}t}\frac{\partial T}{\partial \dot{q}_s} + Q_s\right)\delta q_s\right]\mathrm{d}t \end{aligned} \tag{4.2.14}$$

这里用到微分与变分的交换关系、端点条件和分步积分法。由泛函变分基本定理,可得

$$\frac{\mathrm{d}}{\mathrm{d}t}\frac{\partial T}{\partial \dot{q}_s} - \frac{\partial T}{\partial q_s} = Q_s \qquad (s = 1,2,\cdots,n) \tag{4.2.15}$$

这就是一般完整系统的第二类拉格朗日方程。

如果系统的作用力既有保守力又有非保守力,则可将保守力化为有势力的形式,而严格地将非保守广义力的虚功单列。根据上述分析,哈密尔顿原理可以写成

$$\int_{t_1}^{t_2}\left(\delta L + \sum_{s=1}^{n} Q_s \delta q_s\right)\mathrm{d}t = 0 \tag{4.2.16}$$

式中,$\sum_{s=1}^{n} Q_s \delta q_s$ 为纯的非保守力的虚功之和。

哈密尔顿原理并没有规定系统的几何特征和位形特性,就是说,没有限制系统的位形用什么类型来描述,没有限制用有限个参数还是用无限个参数来描述,原理中只涉及到两个整体性的动力学量——动能和虚功或拉格朗日函数和系统虚功。至于用什么类型的坐标来表达这些量都没有限制。因此,可以说,哈密尔顿原理不仅适用于有限多自由度的离散系统,也适用于无限多自由度的连续系统,是一广泛适用于各种对象的一般原理。

4.2.2 拉格朗日原理

1. 拉格朗日最小作用量原理

动能的两倍在时间 t_1 至 t_2 的积分

$$W = \int_{t_1}^{t_2} 2T\mathrm{d}t \tag{4.2.17}$$

称为拉格朗日意义下的作用量。

同哈密尔顿原理一样，我们研究定常完整约束系统，且广义力有势。因此，在运动过程中系统的总机械能保持不变，为常数 E。

$$E = T + V \tag{4.2.18}$$

该关系在连接真实路径上两个固定位置 $q_s^{(1)}$ 和 $q_s^{(2)}$ 的所有邻近路径上成立。既然条件式(4.2.18)是对系统在邻近运动中加在点的速度上的限制，那么，把与真实路径上位形 q_s 相应的邻近路径上的位形 q_s^* 认为属于同一时刻就不对了。具体说，不可要求系统沿邻近路径由初始位置到终了位置的过渡与沿真实路径在同一时间间隔 $t_2 - t_1$ 内完成。于是，条件式(4.2.18)必须应用非等时变分，即全变分。考虑到函数的全变分式(1.3.15)，有

$$\begin{aligned}\Delta(T+V) = \delta(T+V) + (T+V)\cdot\Delta t = \delta(T+V) = \\ \Delta E = \delta E = 0\end{aligned} \tag{4.2.19}$$

完整系统的拉格朗日原理为：在系统的两个固定位置之间，拉格朗日作用量在真实路径上与具有同一总机械能常数的邻近路径上相比较而有稳定值

$$\Delta W = \Delta\int_{t_1}^{t_2} 2T\mathrm{d}t = 0 \tag{4.2.20}$$

拉格朗日原理式(4.2.20)的条件是：① 系统所受约束是双面、理想、定常、完整的，且广义力有势；② 可比较的运动具有同样的能量常数量 E，$\Delta E = 0$；③ 在端点坐标的全变分等于零：

$$(\Delta q_s)\big|_{t=t_1} = 0, \qquad (\Delta q_s)\big|_{t=t_2} = 0 \tag{4.2.21}$$

2. 拉格朗日原理的其他形式

拉格朗日原理可有多种形式，其中有的形式在数学上极其简单，在物理上极有概括力。因动能

$$T = \frac{1}{2}\sum_{i=1}^{N} m_i \boldsymbol{v}_i^2$$

故拉格朗日作用量可写成

$$W = \int_{t_1}^{t_2}\left(\sum_{i=1}^{N} m_i \boldsymbol{v}_i^2\right)\mathrm{d}t$$

由于

$$\boldsymbol{v}_i = \frac{\mathrm{d}\boldsymbol{s}_i}{\mathrm{d}t} \qquad (i = 1,2,\cdots,N)$$

式中，$\mathrm{d}\boldsymbol{s}_i$ 为第 i 个质点在直角坐标系中运动的路径弧元矢量。

因此

$$W = \sum_{i=1}^{N}\int_{s_i^1}^{s_i^2} m_i \boldsymbol{v}_i \cdot \mathrm{d}\boldsymbol{s}_i \tag{4.2.22}$$

这就是拉格朗日作用量的曼普图斯(Mauperuis)形式。它表明，拉格朗日作用量乃是系统各质点的动量沿其路径所作“功”之和。

根据假设，动能为广义速度的齐二次式

$$T = T_2 = \frac{1}{2}\sum_{s,k=1}^{n} m_{sk}\dot{q}_s\dot{q}_k \tag{4.2.23}$$

又

$$2T = 2(E-V)$$

因此

$$\mathrm{d}t = \frac{\left(\sum\limits_{s,k=1}^{n} m_{sk}\,\mathrm{d}q_s\mathrm{d}q_k\right)^{\frac{1}{2}}}{\sqrt{2(E-V)}} \tag{4.2.24}$$

将其代入式(4.2.17)，得

$$W = \int_A^B \sqrt{2(E-V)}\left(\sum_{s,k=1}^{n} m_{sk}\,\mathrm{d}q_s\mathrm{d}q_k\right)^{\frac{1}{2}} \tag{4.2.25}$$

这就是拉格朗日作用量的雅可比(Jacobi)形式。利用该形式可直接寻求系统运动轨迹而不涉及时间变元。

3. 由拉格朗日原理推导拉格朗日方程

利用函数的变分公式(1.3.26)，拉格朗日原理式(4.2.20)可写成

$$\int_{t_1}^{t_2}[\Delta(2T)+2T(\Delta t)']\mathrm{d}t = 0 \tag{4.2.26}$$

利用式(4.2.19)及式(1.3.18)，有

$$\begin{aligned}\Delta(2T)=\Delta(2T-E)=\Delta(L)=&\sum_{s=1}^{n}\frac{\partial L}{\partial q_s}\Delta q_s+\sum_{s=1}^{n}\frac{\partial L}{\partial \dot{q}_s}\Delta\dot{q}_s=\\&\sum_{s=1}^{n}\frac{\partial L}{\partial q_s}\Delta q_s+\sum_{s=1}^{n}\frac{\partial L}{\partial \dot{q}_s}[(\Delta q_s)'-\dot{q}_s(\Delta t)']=\\&\sum_{s=1}^{n}\left(\frac{\partial L}{\partial q_s}-\frac{\mathrm{d}}{\mathrm{d}t}\frac{\partial L}{\partial \dot{q}_s}\right)\Delta q_s+\frac{\mathrm{d}}{\mathrm{d}t}\left(\sum_{s=1}^{n}\frac{\partial L}{\partial \dot{q}_s}\Delta q_s\right)-\sum_{s=1}^{n}\frac{\partial L}{\partial \dot{q}_s}\dot{q}_s(\Delta t)'\end{aligned}$$

考虑到式(4.2.23)，有

$$2T(\Delta t)' = \sum_{s=1}^{n}\frac{\partial T}{\partial \dot{q}_s}\dot{q}_s(\Delta t)' = \sum_{s=1}^{n}\frac{\partial L}{\partial \dot{q}_s}\dot{q}_s(\Delta t)'$$

于是式(4.2.26)可转换为

$$\int_{t_1}^{t_2}\sum_{s=1}^{n}\left(\frac{\partial L}{\partial q_s}-\frac{\mathrm{d}}{\mathrm{d}t}\frac{\partial L}{\partial \dot{q}_s}\right)\Delta q_s\mathrm{d}t+\left(\sum_{s=1}^{n}\frac{\partial L}{\partial \dot{q}_s}\Delta q_s\right)\Bigg|_{t_1}^{t_2}=0 \tag{4.2.27}$$

考虑端点条件式(4.2.21),则式(4.2.27)为

$$\int_{t_1}^{t_2}\left[\sum_{s=1}^{n}\left(\frac{\partial L}{\partial q_s}-\frac{\mathrm{d}}{\mathrm{d}t}\frac{\partial L}{\partial \dot{q}_s}\right)\Delta q_s\right]\mathrm{d}t=0 \tag{4.2.28}$$

根据泛函变分基本原理,得到拉格朗日方程

$$\frac{\partial L}{\partial q_s}-\frac{\mathrm{d}}{\mathrm{d}t}\frac{\partial L}{\partial \dot{q}_s}=0 \qquad (s=1,2,\cdots,n) \tag{4.2.29}$$

4. 一般完整系统的拉格朗日原理

现在求作用量 W 的全变分。由式(1.3.18)和式(1.3.26),得

$$\Delta W=\int_{t_1}^{t_2}\delta(2T)\mathrm{d}t+(2T\Delta t)\Big|_{t_1}^{t_2} \tag{4.2.30}$$

将完整系统的拉格朗日方程(4.2.15)写成式(3.3.23)的形式

$$\frac{\mathrm{d}}{\mathrm{d}t}\left(\frac{\partial T}{\partial \dot{q}_s}\right)-\frac{\partial T}{\partial q_s}=-\frac{\partial V}{\partial q_s}+\tilde{Q}_s \tag{4.2.31}$$

式中,$\tilde{Q}_s$ 为非有势力。

考虑式(4.2.31),有

$$\int_{t_1}^{t_2}\delta T\mathrm{d}t=\int_{t_1}^{t_2}\sum_{s=1}^{n}\left(\frac{\partial T}{\partial q_s}-\frac{\mathrm{d}}{\mathrm{d}t}\frac{\partial T}{\partial \dot{q}_s}\right)\delta q_s\mathrm{d}t+\left(\sum_{s=1}^{n}\frac{\partial T}{\partial \dot{q}_s}\delta q_s\right)\Bigg|_{t_1}^{t_2}=$$
$$\int_{t_1}^{t_2}\left(\delta V-\sum_{s=1}^{n}\tilde{Q}_s\delta q_s\right)\mathrm{d}t+\left(\sum_{s=1}^{n}\frac{\partial T}{\partial \dot{q}_s}\delta q_s\right)\Bigg|_{t_1}^{t_2}$$

将其代入式(4.2.30),得

$$\Delta W=\int_{t_1}^{t_2}\left(\delta E-\sum_{s=1}^{n}\tilde{Q}_s\delta q_s\right)\mathrm{d}t+\left(\sum_{s=1}^{n}\frac{\partial T}{\partial \dot{q}_s}\delta q_s+2T\Delta t\right)\Bigg|_{t_1}^{t_2} \tag{4.2.32}$$

或写成

$$\Delta W=\int_{t_1}^{t_2}\left(\delta E-\sum_{s=1}^{n}\tilde{Q}_s\delta q_s\right)\mathrm{d}t+\left[\sum_{s=1}^{n}\frac{\partial T}{\partial \dot{q}_s}\Delta q_s+\left(2T-\sum_{s=1}^{n}\frac{\partial T}{\partial \dot{q}_s}\dot{q}_s\right)\Delta t\right]\Bigg|_{t_1}^{t_2} \tag{4.2.33}$$

原理式(4.2.32)或原理式(4.2.33)可称为拉格朗日原理对非保守系统的推广形式,其中端点条件未加限制。

如果系统是保守的,即非势力 $\tilde{Q}_s$ 不存在,$\delta E=0$,$\sum_{s=1}^{n}\frac{\partial T}{\partial \dot{q}_s}\dot{q}_s=2T$,再加上端点条件 $(\Delta q_s)\big|_{t=t_1}=0$,$(\Delta q_s)\big|_{t=t_2}=0$,则原理式(4.2.33)给出拉格朗日原理式(4.2.20)。

4.3　非完整系统的积分变分原理

对双面、理想、完整、有势系统，哈密尔顿作用量和拉格朗日作用量沿系统的真实运动具有稳定值性质。但是，对非完整系统来说，一般没有这个结论，仅在极特殊情况下作用量才有稳定值性质。

4.3.1　变分 $\delta\dot{q}_s$ 的定义讨论

对非完整系统来说，需对广义速度的变分定义进行研究，才能较好地理解其变分原理。设系统的位形由 n 个广义坐标 $q_s(s=1,2,\cdots,n)$ 来确定，并受 g 个理想非完整约束

$$f_\beta(q_s,\dot{q}_s,t)=0 \qquad (\beta=1,2,\cdots,g;\quad s=1,2,\cdots,n) \tag{4.3.1}$$

根据阿贝尔-切塔耶夫定义，约束式(4.3.1)加在虚位移 q_s 上的条件为式(2.4.14)，即有

$$\sum_{s=1}^{n}\frac{\partial f_\beta}{\partial \dot{q}_s}\delta q_s=0 \qquad (\beta=1,2,\cdots,g) \tag{4.3.2}$$

对完整系统来说，因约束方程中不出现广义速度，因此

$$\delta f_\beta=\sum_{s=1}^{n}\frac{\partial f_\beta}{\partial q_s}\delta q_s$$

所以坐标的变分满足条件 $\sum\limits_{s=1}^{n}\frac{\partial f_\beta}{\partial q_s}\delta q_s=0$ 和关系式 $\delta f_\beta=0$ 是一回事。但对非完整系统来说，有

$$\delta f_\beta=\sum_{s=1}^{n}\left(\frac{\partial f_\beta}{\partial q_s}\delta q_s+\frac{\partial f_\beta}{\partial \dot{q}_s}\delta\dot{q}_s\right) \tag{4.3.3}$$

从式(4.3.2)和式(4.3.3)发现，关系 $\delta f_\beta=0$ 与式(4.3.2)并不相同。在非完整系统中仅在变分 $\delta\dot{q}_s$ 的确定定义下，关系 $\delta f_\beta=0$ 才能满足。

变分 $\delta\dot{q}_s$ 的定义有两种：苏斯洛夫定义和 Holder 定义。

1. 苏斯洛夫定义

设由式(4.3.1)可解出后面 g 个广义速度

$$\dot{q}_{\varepsilon+\beta}=\varphi_\beta(q_s,\dot{q}_\sigma,t)$$

$$(s=1,2,\cdots,n;\quad \sigma=1,2,\cdots,\varepsilon;\quad \varepsilon=n-g;\quad \beta=1,2,\cdots,g) \tag{4.3.4}$$

对独立的变分采用交换关系

$$\delta\dot{q}_\sigma=\frac{\mathrm{d}}{\mathrm{d}t}\delta q_\sigma \qquad (\sigma=1,2,\cdots,\varepsilon) \tag{4.3.5}$$

以及条件

$$\delta f_\beta=0 \qquad (\beta=1,2,\cdots,g) \tag{4.3.6}$$

来确定 $\delta\dot{q}_{\varepsilon+\beta}$。这种定义称为苏斯洛夫定义。

苏斯洛夫定义下的 $\delta\dot{q}_{\varepsilon+\beta}$ 为

$$\delta\dot{q}_{\varepsilon+\beta} = \frac{\mathrm{d}}{\mathrm{d}t}\delta q_{\varepsilon+\beta} - \sum_{\sigma=1}^{\varepsilon} T_{\sigma}^{\varepsilon+\beta}\delta q_{\sigma} \tag{4.3.7}$$

式中

$$T_{\sigma}^{\varepsilon+\beta} = \frac{\mathrm{d}}{\mathrm{d}t}\frac{\partial\varphi_{\beta}}{\partial\dot{q}_{\sigma}} - \frac{\partial\varphi_{\beta}}{\partial q_{\sigma}} - \sum_{\gamma=1}^{g}\frac{\partial\varphi_{\beta}}{\partial q_{\varepsilon+\gamma}}\frac{\partial\varphi_{\gamma}}{\partial\dot{q}_{\sigma}} \tag{4.3.8}$$

因此,在苏斯洛夫定义下,可能运动轨迹满足约束方程,但微分与变分运算的可交换性仅对独立的广义坐标才是正确的。

2. Holder 定义

对所有变分采用交换关系

$$\delta\dot{q}_{s} = \frac{\mathrm{d}}{\mathrm{d}t}\delta q_{s} \qquad (s = 1,2,\cdots,n) \tag{4.3.9}$$

由此来确定 δf_{β}。这种定义称为 Holder 定义。

Holder 定义下的 δf_{β} 为

$$\delta f_{\beta} = \sum_{s=1}^{n}\left(\frac{\partial f_{\beta}}{\partial q_{s}} - \frac{\mathrm{d}}{\mathrm{d}t}\frac{\partial f_{\beta}}{\partial\dot{q}_{s}}\right)\delta q_{s} \tag{4.3.10}$$

对于非完整系统来说,一般没有 $\delta f_{\beta}=0$。

由此可见,在 Holder 定义下,微分与变分运算的可交换性对所有坐标都对,但一般来说,可能运动轨迹不满足约束方程。

4.3.2 哈密尔顿原理

1. 广义坐标下的哈密尔顿原理

将达朗贝尔-拉格朗日原理在 t_1 至 t_2 内对时间积分,来考查非完整系统的哈密尔顿原理应该有怎样的形式。因广义力是有势的,则达朗贝尔-拉格朗日原理式(4.1.5)可写成有势力的情况

$$\sum_{s=1}^{n}\left[\frac{\mathrm{d}}{\mathrm{d}t}\left(\frac{\partial L}{\partial\dot{q}_{s}}\right) - \frac{\partial L}{\partial q_{s}}\right]\delta q_{s} = 0 \tag{4.3.11}$$

将其变换为

$$\delta L - \frac{\mathrm{d}}{\mathrm{d}t}\left(\sum_{s=1}^{n}\frac{\partial L}{\partial\dot{q}_{s}}\delta q_{s}\right) + \sum_{s=1}^{n}\frac{\partial L}{\partial\dot{q}_{s}}\left[\frac{\mathrm{d}}{\mathrm{d}t}(\delta q_{s}) - \delta\dot{q}_{s}\right] = 0 \tag{4.3.12}$$

将上式对时间 t 由 t_1 到 t_2 积分,代入端点条件(4.2.2),得到

$$\int_{t_1}^{t_2}\left\{\delta L + \sum_{s=1}^{n}\frac{\partial L}{\partial\dot{q}_{s}}\left[\frac{\mathrm{d}}{\mathrm{d}t}(\delta q_{s}) - \delta\dot{q}_{s}\right]\right\}\mathrm{d}t = 0 \tag{4.3.13}$$

由此出发,根据对 $\delta\dot{q}_{s}$ 的两种不同定义,可得两种形式的哈密尔顿原理。

按苏斯洛夫定义,非完整系统的哈密尔顿原理为

$$\int_{t_1}^{t_2}\left[(\delta L)_{\mathrm{C}}+\sum_{\beta=1}^{g}\frac{\partial L}{\partial \dot{q}_{\varepsilon+\beta}}\sum_{\sigma=1}^{\varepsilon}T_{\sigma}^{\varepsilon+\beta}\delta q_{\sigma}\right]\mathrm{d}t=0 \tag{4.3.14}$$

式中，下标C表示苏斯洛夫意义下的。

显然，该形式与完整系统的哈密尔顿原理差异明显，被积函数多出一项

$$\sum_{\beta=1}^{g}\frac{\partial L}{\partial \dot{q}_{\varepsilon+\beta}}\sum_{\sigma=1}^{\varepsilon}T_{\sigma}^{\varepsilon+\beta}\delta q_{\sigma}$$

按Holder定义，非完整系统的哈密尔顿原理为

$$\int_{t_1}^{t_2}(\delta L)_{\mathrm{H}}\mathrm{d}t=0 \tag{4.3.15}$$

式中，下标H表示Holder意义下的。

该形式与完整系统的哈密尔顿原理有类似的形式。

对于苏斯洛夫定义和Holder定义下的δL，有关系

$$(\delta L)_{\mathrm{C}}+\sum_{\beta=1}^{g}\frac{\partial L}{\partial \dot{q}_{\varepsilon+\beta}}\sum_{\sigma=1}^{\varepsilon}T_{\sigma}^{\varepsilon+\beta}\delta q_{\sigma}=(\delta L)_{\mathrm{H}} \tag{4.3.16}$$

这说明非完整系统的哈密尔顿原理的两种形式式(4.3.14)和式(4.3.15)是等价的。

2. 由哈密尔顿原理导出非完整系统运动微分方程

非完整系统的哈密尔顿原理尽管一般说不是稳定作用量原理，但仍可由它们推导出非完整系统的运动微分方程。

我们来看由Holder定义下的哈密尔顿原理导出运动方程的过程。原理式(4.3.15)可以写成

$$\int_{t_1}^{t_2}\left\{\sum_{s=1}^{n}\left[\frac{\partial L}{\partial q_s}-\frac{\mathrm{d}}{\mathrm{d}t}\left(\frac{\partial L}{\partial \dot{q}_s}\right)\right]\delta q_s\right\}\mathrm{d}t+\left(\sum_{s=1}^{n}\frac{\partial L}{\partial \dot{q}_s}\delta q_s\right)\Bigg|_{t_1}^{t_2}=0 \tag{4.3.17}$$

考虑到端点条件，上式第二项为零。利用阿贝尔-切塔耶夫定义引入待定乘子λ_β，得到

$$\frac{\mathrm{d}}{\mathrm{d}t}\frac{\partial L}{\partial \dot{q}_s}-\frac{\partial L}{\partial q_s}=\sum_{\beta=1}^{g}\lambda_\beta\frac{\partial f_\beta}{\partial \dot{q}_s}\quad(s=1,2,\cdots,n) \tag{4.3.18}$$

这是非完整系统的带拉格朗日待定乘子的拉格朗日方程。

3. 非完整系统哈密尔顿原理为稳定作用量原理的充分必要条件

一般说来，两种形式的非完整系统的哈密尔顿原理都不是稳定作用量原理，即不能成为某泛函的极值。那么，什么条件下可成为稳定作用量原理呢？

(1) Holder形式

把它和作用积分$\int_{t_1}^{t_2}L\mathrm{d}t$在条件式(4.3.1)下取稳定值的拉格朗日问题作一比较，引入待定乘子$K_\beta(t)$，则问题变成下述变分问题：

$$\delta\int_{t_1}^{t_2}\left(L+\sum_{\beta=1}^{g}K_\beta f_\beta\right)\mathrm{d}t=0 \tag{4.3.19}$$

而其变分问题的欧拉方程为

$$\frac{\mathrm{d}}{\mathrm{d}t}\frac{\partial L}{\partial \dot{q}_s}-\frac{\partial L}{\partial q_s}=\sum_{\beta=1}^{g}K_\beta\left(\frac{\partial f_\beta}{\partial q_s}-\frac{\mathrm{d}}{\mathrm{d}t}\frac{\partial f_\beta}{\partial \dot{q}_s}\right)-\sum_{\beta=1}^{g}\dot{K}_\beta\frac{\partial f_\beta}{\partial \dot{q}_s} \tag{4.3.20}$$

由 Holder 意义下的哈密尔顿原理式(4.3.15)，引入待定乘子 λ_β，我们知道可导出非完整系统待定乘子的方程(4.3.18)，即

$$\frac{\mathrm{d}}{\mathrm{d}t}\frac{\partial L}{\partial \dot{q}_s}-\frac{\partial L}{\partial q_s}=\sum_{\beta=1}^{g}\lambda_\beta\frac{\partial f_\beta}{\partial \dot{q}_s}\qquad (s=1,2,\cdots,n)$$

非完整系统的运动微分方程(4.3.18)和方程(4.3.1)不等价于变分问题式(4.3.19)的方程(4.3.20)和方程(4.3.1)。但这并不意味着两者没有共同解。其有共同解的充分必要条件为

$$\sum_{s=1}^{n}\sum_{\beta=1}^{g}K_\beta\left(\frac{\partial f_\beta}{\partial q_s}-\frac{\mathrm{d}}{\mathrm{d}t}\frac{\partial f_\beta}{\partial \dot{q}_s}\right)\delta q_s=0 \tag{4.3.21}$$

这只要让式(4.3.18)和式(4.3.20)的右边相等，并进行必要的虚功处理和求和，考虑阿贝尔-切塔耶夫定义，就可获得。

因此，非完整系统的哈密尔顿原理的 Holder 形式为稳定作用量的充分必要条件为式(4.3.21)。

(2) 苏斯洛夫形式

要使哈密尔顿原理式(4.3.14)成为稳定作用量的充分必要条件为

$$\int_{t_1}^{t_2}\left(\sum_{\beta=1}^{g}\frac{\partial L}{\partial \dot{q}_{\varepsilon+\beta}}\sum_{\sigma=1}^{\varepsilon}T_{\sigma}^{\varepsilon+\beta}\delta q_\sigma\right)\mathrm{d}t=0 \tag{4.3.22}$$

由泛函变分基本定理，可进一步表示为

$$\sum_{\beta=1}^{g}\frac{\partial L}{\partial \dot{q}_{\varepsilon+\beta}}\sum_{\sigma=1}^{\varepsilon}T_{\sigma}^{\varepsilon+\beta}=0\qquad (\sigma=1,2,\cdots,\varepsilon) \tag{4.3.23}$$

必须清楚，使哈密尔顿原理成为稳定作用量原理的充分必要条件式(4.3.21)和式(4.3.23)仅对极个别的非完整系统才成立。

4. 一般非完整系统的哈密尔顿原理

如果广义力不是有势的，则非完整系统的哈密尔顿原理的苏斯洛夫形式为

$$\int_{t_1}^{t_2}\left((\delta T)_{\mathrm{C}}+\sum_{s=1}^{n}Q_s\delta q_s+\sum_{\beta=1}^{g}\frac{\partial L}{\partial \dot{q}_{\varepsilon+\beta}}\sum_{\sigma=1}^{\varepsilon}T_{\sigma}^{\varepsilon+\beta}\delta q_\sigma\right)\mathrm{d}t=0 \tag{4.3.24}$$

而 Holder 形式为

$$\int_{t_1}^{t_2}\left[(\delta T)_{\mathrm{H}}+\sum_{s=1}^{n}Q_s\delta q_s\right]\mathrm{d}t=0 \tag{4.3.25}$$

类似于式(4.3.15)，可以证明式(4.3.24)和式(4.3.25)是等价的。

由原理式(4.3.25)，很容易导出非完整系统一般形式的带拉格朗日待定乘子的方程

$$\frac{\mathrm{d}}{\mathrm{d}t}\frac{\partial T}{\partial \dot{q}_s}-\frac{\partial T}{\partial q_s}=Q_s+\sum_{\beta=1}^{g}\lambda_\beta\frac{\partial f_\beta}{\partial \dot{q}_s}\qquad (s=1,2,\cdots,n) \tag{4.3.26}$$

如果广义力可分为两部分，一部分是有势力 Q_{sV}，另一部分是非有势的 $\tilde{Q}_s$：

$$Q_s = Q_{sV} + \tilde{Q}_s$$

$$Q_{sV} = -\frac{\partial V}{\partial q_s} + \frac{\mathrm{d}}{\mathrm{d}t}\frac{\partial V}{\partial \dot{q}_s}$$

则式(4.3.26)可写成

$$\frac{\mathrm{d}}{\mathrm{d}t}\frac{\partial L}{\partial \dot{q}_s} - \frac{\partial L}{\partial q_s} = \tilde{Q}_s + \sum_{\beta=1}^{g}\lambda_\beta \frac{\partial f_\beta}{\partial \dot{q}_s} \quad (s = 1,2,\cdots,n) \tag{4.3.27}$$

4.3.3　拉格朗日原理

和完整系统一样，要求可比较运动的总机械能为常数。为此，我们先研究非完整系统在什么条件下有能量积分。

1. 广义能量积分

如果非完整系统满足条件：

① 约束方程中 f_β 对 $\dot{q}_s$ 是齐次的，即

$$\sum_{s=1}^{n}\frac{\partial f_\beta}{\partial \dot{q}_s}\dot{q}_s = k_\beta f_\beta \tag{4.3.28}$$

式中，k_β 为齐次性阶指数。

② 非有势力 $\tilde{Q}_s$ 是陀螺力或不存在，即

$$\sum_{s=1}^{n}\tilde{Q}_s\dot{q}_s = 0 \tag{4.3.29}$$

③ 拉格朗日函数不显含时间 t，即

$$\frac{\partial L}{\partial t} = 0 \tag{4.3.30}$$

则存在广义能量积分

$$\sum_{s=1}^{n}\frac{\partial L}{\partial \dot{q}_s}\dot{q}_s - L = E \tag{4.3.31}$$

非完整系统若满足上述三个条件，且所受非完整约束是定常的，则存在能量积分

$$T + V = E \tag{4.3.32}$$

2. 非完整系统的拉格朗日原理

非完整系统的拉格朗日原理仍具有形式式(4.2.20)，即

$$\Delta\int_{t_1}^{t_2} 2T\mathrm{d}t = 0 \tag{4.3.33}$$

或写成

$$\int_{t_1}^{t_2}[\Delta L + 2T(\Delta t)']\mathrm{d}t = 0 \tag{4.3.34}$$

对非完整系统来说，由于可能运动一般不满足约束方程，因而，拉格朗日原理一

般不是稳定作用量原理。非完整系统的拉格朗日原理是稳定作用量原理的充分必要条件仍然是条件式(4.3.21)。

非完整系统的拉格朗日原理式(4.3.33)可用于推导非完整系统的运动微分方程。因为原理等价于下述方程:

$$\int_{t_1}^{t_2}\sum_{\sigma=1}^{\varepsilon}\left[\frac{\partial L}{\partial q_\sigma}-\frac{\mathrm{d}}{\mathrm{d}t}\frac{\partial L}{\partial \dot{q}_\sigma}+\sum_{\beta=1}^{g}\left(\frac{\partial L}{\partial q_{\varepsilon+\beta}}-\frac{\mathrm{d}}{\mathrm{d}t}\frac{\partial L}{\partial \dot{q}_{\varepsilon+\beta}}\right)\frac{\partial \varphi_\beta}{\partial \dot{q}_\sigma}\right]\Delta q_\sigma \mathrm{d}t=0 \quad (4.3.35)$$

由此,可推导非完整系统的运动微分方程。这里不再赘述。

4.4 积分变分原理在近似解中的应用

积分变分原理在力学、机械和电学中有广泛的应用范围,如微分或积分方程的近似解法、弹性或结构力学的动力学求解、各种有限元法等。

4.4.1 哈密尔顿原理在近似法中应用的方法

1. 利兹法

由哈密尔顿原理可知,在完整保守系统中,对于所有满足端点条件

$$q_s(t_1)=q_{s1},\qquad q_s(t_2)=q_{s2}\qquad (s=1,2,\cdots,n) \quad (4.4.1)$$

的可能运动来说,真实运动应使泛函

$$S=\int_{t_1}^{t_2}L\mathrm{d}t \quad (4.4.2)$$

取驻值,或真实运动应满足

$$\delta S=\int_{t_1}^{t_2}\delta L\mathrm{d}t=0 \quad (4.4.3)$$

取以下形式的近似解:

$$q_s=a_{s1}\Phi_{s1}+a_{s2}\Phi_{s2}+\cdots+a_{sm}\Phi_{sm}=\sum_{k=1}^{m}a_{sk}\Phi_{sk}(t)\qquad (s=1,2,\cdots,n) \quad (4.4.4)$$

式中,Φ_{sk}是事先选定的函数,使端点条件能自动满足。系数a_{sk}是可变的待定常数,给系数a_{sk}以不同的值,就得到不同的可能运动。当把假设的近似解代入泛函S的表达式(4.4.2)中时,S就成为含有$m\times n$个变量a_{sk}的函数。S的驻值条件就归结为

$$\frac{\partial S}{\partial a_{sk}}=0\quad (s=1,2,\cdots,n;\ \ k=1,2,\cdots,m) \quad (4.4.5)$$

这是一个$m\times n$阶的线性方程组,由这个方程组求出a_{sk}的解,再代入式(4.4.4)中就得到满足端点条件式(4.4.1)的近似解。

上述方法是变分法中的利兹直接法在动力学系统中的具体应用,实质上是把泛函驻值问题近似地化为多元函数的极值问题。近似解式(4.4.4)中取的项数越多,其解就越逼近于真实解。这相当于我们在更广的范围内取可能运动,因而其解也越

准确。

2. 伽辽金法

上述利兹法只适用于保守系统，不能应用于非保守系统。要想得到非保守系统的近似解，可以从哈密尔顿原理的一般形式

$$\int_{t_1}^{t_2}\left(\delta T+\sum_{s=1}^{n}Q_s\mathrm{d}q_s\right)\mathrm{d}t=0 \tag{4.4.6}$$

出发，取满足端点条件式(4.4.1)的近似解式(4.4.4)，即

$$q_s=a_{s1}\Phi_{s1}+a_{s2}\Phi_{s2}+\cdots+a_{sm}\Phi_{sm}=\sum_{k=1}^{m}a_{sk}\Phi_{sk}(t) \qquad (s=1,2,\cdots,n)$$

由于这个近似解满足端点条件，利用微分-变分交换关系，可将式(4.4.6)化为以下形式：

$$\int_{t_1}^{t_2}\left[\sum_{s=1}^{n}\left(\frac{\partial T}{\partial q_s}-\frac{\mathrm{d}}{\mathrm{d}t}\frac{\partial T}{\partial \dot{q}_s}+Q_s\right)\delta q_s\right]\mathrm{d}t=0 \tag{4.4.7}$$

式中，Q_s 为第 s 个广义力，由于

$$\delta q_s=\sum_{k=1}^{m}\delta a_{sk}\Phi_{sk}(t) \qquad (s=1,2,\cdots,n) \tag{4.4.8}$$

所以式(4.4.7)可表示为

$$\sum_{k=1}^{m}\int_{t_1}^{t_2}\left[\sum_{s=1}^{n}\left(\frac{\partial T}{\partial q_s}-\frac{\mathrm{d}}{\mathrm{d}t}\frac{\partial T}{\partial \dot{q}_s}+Q_s\right)\Phi_{sk}(t)\right]\delta a_{sk}\,\mathrm{d}t=0 \tag{4.4.9}$$

根据泛函变分基本定理，上式可分解为方程组

$$\int_{t_1}^{t_2}\left[\frac{\partial T}{\partial q_s}-\frac{\mathrm{d}}{\mathrm{d}t}\left(\frac{\partial T}{\partial \dot{q}_s}\right)+Q_s\right]\Phi_{sk}(t)\,\mathrm{d}t=0 \qquad (k=1,2,\cdots,m;\quad s=1,2,\cdots,n) \tag{4.4.10}$$

和利兹法类似，我们仍然可以得到 $m\times n$ 个方程式，可解 $m\times n$ 个未知量 a_{sk}。这种变分近似解法称为伽辽金法。

伽辽金法的力学意义在于，对于精确解，表达式

$$\varepsilon(q_s)=\frac{\mathrm{d}}{\mathrm{d}t}\left(\frac{\partial T}{\partial \dot{q}_s}\right)-\frac{\partial T}{\partial q_s}-Q_s \qquad (s=1,2,\cdots,n) \tag{4.4.11}$$

应恒等于零。但对于近似解，表达式 $\varepsilon(q_s)$ 一般不会为零，它的值可以看成近似解带来的误差，或称残差、余量。残差的力学意义可以看成是近似解引起的不平衡广义力。变分解法的式(4.4.9)实质就是这个残差，或是近似解引起的不平衡广义力在 n 组独立的虚位移中的总虚功，在时间间隔 t_2-t_1 中累积量为零。

所以，在用伽辽金法求近似解时，只要把所设的近似解代入我们熟悉的拉格朗日方程的左端，当然它不可能为零，然后乘上近似函数，再从 t_1 至 t_2 区间内积分，最后令这些积分为零即可。对保守系统，用同样的近似函数 Φ_{sk} 应该得到和利兹法完全相同的结果。

3. 用伽辽金法求非线性系统周期解的方法

对非线性振动方程

$$\frac{\mathrm{d}x}{\mathrm{d}t} = \boldsymbol{X}(\boldsymbol{x},t) \tag{4.4.12}$$

式中，$\boldsymbol{x}$、$\boldsymbol{X}$ 为 n 维向量，$\boldsymbol{X}(\boldsymbol{x},t)$ 是 t 的以 2π 为周期的向量函数。以 2π 为周期的 m 次近似解可表示为下列三角多项式：

$$\boldsymbol{x}_m = \frac{\boldsymbol{a}_0}{2} + \sum_{\gamma=1}^{n} (\boldsymbol{a}_\gamma \cos \gamma t + \boldsymbol{b}_\gamma \sin \gamma t) \tag{4.4.13}$$

其系数

$$\boldsymbol{a}_0, \boldsymbol{a}_1, \boldsymbol{b}_1, \boldsymbol{a}_2, \boldsymbol{b}_2, \cdots, \boldsymbol{a}_n, \boldsymbol{b}_n = \boldsymbol{a} \tag{4.4.14}$$

由下列方程确定：

$$\boldsymbol{F}_0^{(m)}(\boldsymbol{a}) = \frac{1}{\pi}\int_0^{2\pi} \boldsymbol{X}[s, \boldsymbol{x}(s)]\mathrm{d}s = 0 \tag{4.4.15}$$

$$\boldsymbol{F}_\gamma^{(m)}(\boldsymbol{a}) = \gamma \boldsymbol{b}_\gamma - \frac{1}{\pi}\int_0^{2\pi} \boldsymbol{X}[s, \boldsymbol{x}(s)]\cos \gamma s\,\mathrm{d}s = 0 \tag{4.4.16}$$

$$\boldsymbol{G}_\gamma^{(m)}(\boldsymbol{a}) = \gamma \boldsymbol{a}_\gamma + \frac{1}{\pi}\int_0^{2\pi} \boldsymbol{X}[s, \boldsymbol{x}(s)]\sin \gamma s\,\mathrm{d}s = 0 \tag{4.4.17}$$

若系统有孤立的以 2π 为周期的周期解 $\boldsymbol{x}(t)$，并且该解位于 $\boldsymbol{X}(\boldsymbol{x},t)$ 有连续导数的区间内，则存在任意次 $m \geqslant m_0$ 的伽辽金近似解，误差 $\boldsymbol{x}_m(t) - \boldsymbol{x}(t)$ 为

$$\max\|\boldsymbol{x}_m(t) - \boldsymbol{x}(t)\| \leqslant c_1 \frac{\sqrt{2m+1}}{m+1} + c_2\sigma(m) \tag{4.4.18}$$

式中，$c_1 > 0$，$c_2 > 0$，它们是和 $m \geqslant m_0$ 无关的常数。

$$\sigma(m) = \left[\frac{1}{(m+1)^2} + \frac{1}{(m+2)^2} + \cdots\right]^{\frac{1}{2}} \leqslant \frac{1}{\sqrt{m}} \tag{4.4.19}$$

任意阶 $m \geqslant m_0$ 的伽辽金近似解应收敛于式(4.4.12)的以 2π 为周期的周期解 $\boldsymbol{x}$，收敛速度取决于不等式 $\|\boldsymbol{x}_m - \boldsymbol{x}\| \leqslant c\sigma(m)$，其中 $c > 0$ 是常数。

4.4.2 应用实例

【例 1】 单位质量的质点在 xy 平面上运动，外力的势能由 $V = xy$ 给出。当 $t = 0$ 时，它在原点；当 $t = 1$ 时，它在(2,0)。求质点的运动规律。

解：系统的哈密尔顿作用量为

$$S = \int_0^1 \left[\frac{1}{2}(\dot{x}^2 + \dot{y}^2) - xy\right]\mathrm{d}t \tag{a}$$

在 $x-t$ 和 $y-t$ 图上连接两给定端点的直线方程为

$$x = 2t, \qquad y = 0$$

质点运动轨迹可理解为在此直线附近运动的轨迹，即运动方程可描述为直线方程加上一个两端点为 0 的变化函数，这种在 $t = 0$ 和 $t = 1$ 都为零的最简单函数是

$t(1-t)$。因此,取

$$x = 2t + \alpha t(1-t), \qquad y = 2\beta t(1-t) \tag{b}$$

作为可能运动的集合。这里 α、β 是参数,它们是 $x(t)$ 和 $y(t)$ 偏离直线的一种度量。将式(b)代入式(a),求得哈密尔顿作用量

$$S = S(\alpha,\beta) = \int_0^1 \left[\frac{1}{2}(2+\alpha-2\alpha t)^2 + \frac{1}{2}\beta^2(1-2t)^2 - (2t+\alpha t-2\alpha t^2)\beta t(1-t)\right]\mathrm{d}t$$

令

$$\frac{\partial S}{\partial \alpha} = 0, \qquad \frac{\partial S}{\partial \beta} = 0$$

得

$$\int_0^1 [(2+\alpha-2\alpha t)(1-2t) - (t-t^2)\beta t(1-t)]\mathrm{d}t = 0$$

$$\int_0^1 [\beta(1-2t)^2 - (2t+\alpha t-\alpha t^2)t(1-t)]\mathrm{d}t = 0$$

积分后,得

$$\frac{1}{3}\alpha - \frac{1}{30}\beta = 0, \qquad -\frac{1}{30}\alpha + \frac{1}{3}\beta = \frac{1}{6}$$

解得

$$\alpha = \frac{5}{99}, \qquad \beta = \frac{50}{99}$$

将其代回式(b),求得近似解

$$x = 2t + \frac{5}{99}t(1-t), \qquad y = \frac{50}{99}t(1-t)$$

我们再来看看本问题的精确解。

拉格朗日函数为

$$L = \frac{1}{2}(\dot{x}^2 + \dot{y}^2) - xy$$

由拉格朗日方程给出的运动微分方程为

$$\ddot{x} + y = 0, \qquad \ddot{y} + x = 0$$

其通解为

$$x = c_1 \sin t + c_2 \cos t + c_3 \sinh t + c_4 \cosh t$$

$$y = c_1 \sin t + c_2 \cos t - c_3 \sinh t - c_4 \cosh t$$

满足端点条件的特解为

$$x = \frac{\sin t}{\sin 1} + \frac{\sinh t}{\sinh 1}, \qquad y = \frac{\sin t}{\sin 1} - \frac{\sinh t}{\sinh 1}$$

该解使哈密尔顿作用量取极小值 $S_{\min} = \cot 1 + \coth 1 = 1.955\ 128$。

真实解和近似解在时间的大范围内性质极不一致,但就所关心的时间段(0,1)来

说，两者差别不大。相应于近似解的 S 值为 12 793/6 534＝1. 957 912，近似解与精确解的误差为 0. 14 ％。

【例 2】 有非线性弹性项的 van der Pol 方程的近似解问题。

这里应用非完整系统的拉格朗日原理来求解振动问题的近似解。

解：无量纲的运动方程为

$$\ddot{q}+\varepsilon(q^2-1)\dot{q}+q+\varepsilon k q^3=0 \tag{a}$$

式中，ε 为小参数，k 为给定常数，因此

$$T=\frac{1}{2}\dot{q}^2,\qquad V=\frac{1}{2}q^2+\frac{1}{4}\varepsilon k q^4,\qquad \tilde{Q}=\varepsilon(1-q^2)\dot{q} \tag{b}$$

假设解和频率分别为

$$q=2\sin\psi+\varepsilon(\alpha\cos 3\psi+k\beta\sin 3\psi),\qquad \omega=1+\varepsilon k\gamma,\qquad \psi=\omega t \tag{c}$$

式中 α、β、γ 为待定校正系数。有

$$\dot{q}=\frac{\partial T}{\partial\dot{q}}=2\omega\cos\psi+\varepsilon(-3\alpha\omega\sin 3\psi+3k\beta\omega\cos 3\psi)$$

$$\delta q=(\varepsilon\cos 3\psi)\delta\alpha+(\varepsilon k\sin 3\psi)\delta\beta+(2\cos\psi-3\varepsilon\alpha\sin 3\psi+3\varepsilon k\beta\cos 3\psi)t\,\delta\omega$$

$$\left(\frac{\partial T}{\partial\dot{q}}\delta q\right)\Big|_0^{\pi/\omega}=(2+3\varepsilon k\beta)^2\pi\delta\omega$$

令

$$T|_{t_0=0}=T|_{t_1=\frac{\pi}{\omega}}\equiv\bar{T}$$

则

$$(2T\Delta t)\,|_0^{\pi/\omega}=-(2+3\varepsilon k\beta)^2\pi\delta\omega$$

于是，代入式(4. 2. 32)，得

$$\Delta W-\int_0^{\pi/\omega}\delta E\mathrm{d}t+\int_0^{\pi/\omega}\tilde{Q}\delta q\mathrm{d}t=0 \tag{d}$$

计算得

$$W=\frac{\pi}{2}\omega(4+9\varepsilon^2\alpha^2+9\varepsilon^2k^2\beta^2)$$

$$\Delta W=\pi\left[(9\varepsilon^2\omega\alpha)\delta\alpha+(9\varepsilon^2k^2\beta\omega)\delta\beta+\left(2+\frac{9}{2}\varepsilon^2\alpha^2+\frac{9}{2}\varepsilon^2k^2\beta^2\right)\delta\omega\right]$$

当忽略 α^2、β^2、$\alpha\beta$ 等二阶小量时，有

$$\int_0^{\pi/\omega}\delta T\mathrm{d}t=\left(\frac{9}{2}\pi\varepsilon^2\alpha\omega\right)\delta\alpha+\left(\frac{9}{2}\pi\varepsilon^2k^2\beta\omega\right)\delta\beta+(3\pi+6\pi\varepsilon k\beta)\delta\omega$$

$$\int_0^{\pi/\omega}\delta V\mathrm{d}t=\pi\left(\frac{1}{2}\varepsilon^2+3\varepsilon^2k\right)\alpha\omega^{-1}\delta\alpha+\pi\left(\frac{1}{2}\beta-1+3\varepsilon k\beta\right)\varepsilon^2k^2\omega^{-1}\delta\beta+$$
$$\pi\left(-1-\frac{3}{2}\varepsilon k+\varepsilon^2k^2\beta\right)\omega^{-2}\delta W\omega$$

$$\int_0^{\pi/\omega}\tilde{Q}\delta q\mathrm{d}t=\pi\left(1-\frac{3}{2}\varepsilon k\beta\right)\varepsilon^2\delta\alpha+\pi\left(\frac{3}{2}\varepsilon^2k\alpha\right)\delta\beta+\pi\left(\frac{5}{6}\alpha+2\pi k\beta\right)\omega^{-1}\varepsilon^2\delta\omega$$

将这些表达式代入式(d)，考虑 $\delta\alpha$、$\delta\beta$、$\delta\gamma$ 的独立性，它们的系数为零。

由 $\delta\alpha$ 的系数为零，去掉高阶小量，得

$$\frac{9}{2}\omega\alpha-\left(\frac{1}{2}+3\varepsilon k\right)\alpha\omega^{-1}+1-\frac{3}{2}\varepsilon k\beta=0$$

将 $\omega=1+\varepsilon k\gamma$ 代入，忽略高阶小量，得

$$\alpha=-1/4 \tag{e}$$

类似地，由 $\delta\beta$ 和 $\delta\gamma$ 的系数为零，得

$$\beta=-1/4$$
$$\gamma=3/2 \tag{f}$$

最后，将式(e)、式(f)代入式(c)，得到近似解为

$$q=2\sin\psi-\frac{\varepsilon}{4}(\cos 3\psi+k\sin 3\psi)$$

$$\omega=1+\frac{3}{2}\varepsilon k$$

$$\psi=\omega t$$

【例 3】　单自由度非线性保守系统的运动微分方程为

$$m\ddot{x}+Cx+C'x^3=0 \tag{a}$$

式中，C' 为小参数，用伽辽金法求近似周期解。

解：令 $\frac{C}{m}=\omega_0^2$，$\frac{C'}{m}=\alpha$，则方程(a)化为

$$\ddot{x}+\omega_0^2x+\alpha x^3=0$$

取近似解

$$x=a_1\Phi_1(t)=a_1\cos\omega_1 t \tag{b}$$

式中，a_1 为振幅，由初始条件决定；ω_1 为考虑了非线性项后修正的自然频率。

设运动周期为 τ，则方程(4.4.9)变为

$$\int_0^\tau(\ddot{x}+\omega_0^2x+\alpha x^3)\delta x\mathrm{d}t=0 \tag{c}$$

式(c)中代入近似解表达式(b)，得

$$\int_0^\tau[-\omega_1^2a_1\cos\omega_1 t+\omega_0^2a_1\cos\omega_1 t+\alpha a_1^3\cos^3\omega_1 t]\cos\omega_1 t\delta a_1\mathrm{d}t=0$$

化简，得

$$\omega_1^2=\omega_0^2+\frac{3\alpha}{4}a_1^2 \tag{d}$$

若想得到更精确的解，可多取几项作为近似解：

$$x=a_1\cos\omega_1 t+a_3\cos 3\omega_1 t+\cdots$$

【例 4】　研究具有线性阻尼和非线性弹性力的强迫振动系统

$$\ddot{x}+2\lambda\dot{x}+p^2(x+\beta x^3)=q\cos\omega t \tag{a}$$

强迫振动第一阶近似定常解可取为

$$x = c\cos(\omega t + \alpha) = a\cos\omega t + b\sin\omega t \tag{b}$$

式中，$c^2 = a^2 + b^2$，$\tan\alpha = -\dfrac{b}{a}$。

解：为获得参数 a、b，从式(a)中有

$$\int_0^\tau [\ddot{x} + 2\lambda\dot{x} + p^2(x + \beta x^3) - q\cos\omega t]\cos\omega t\,\mathrm{d}t = 0$$

$$\int_0^\tau [\ddot{x} + 2\lambda\dot{x} + p^2(x + \beta x^3) - q\cos\omega t]\sin\omega t\,\mathrm{d}t = 0$$

代入近似解，积分，得确定振幅和相位的方程为

$$-\omega^2\cos\alpha - 2\lambda\omega\sin\alpha + p^2\left(1 + \frac{3}{4}\beta c^2\right)\cos\alpha - \frac{q}{c} = 0$$

$$\omega^2\sin\alpha - 2\lambda\omega\cos\alpha - p^2\left(1 + \frac{3}{4}\beta c^2\right)\sin\alpha = 0$$

从上述方程组可得

$$\left[-\omega^2 + p^2\left(1 + \frac{3}{4}\beta c^2\right)\right]^2 + 4\lambda^2\omega^2 = \left(\frac{q}{c}\right)^2 \tag{c}$$

$$\tan\alpha = \frac{-2\lambda\omega}{p^2\left(1 + \frac{3}{4}\beta c^2\right) - \omega^2} \tag{d}$$

这就是近似解的振幅-相位方程式。当系统无阻尼($\lambda=0$)时，由式(c)、式(d)有 $\alpha=0$ 或 $\alpha=\pi$，即强迫振动与干扰力同相位，或与干扰力反相位。此时振动满足

$$p^2 c + \frac{3}{4}\beta p^2 c^2 = \pm q + c\omega^2 \tag{e}$$

思考题与习题

1. 试举例说明变分与微分概念的区别。

2. 试说明第一类和第二类变分法问题和泛函有极值的必要条件。

3. 试说明绝对运动、相对运动与牵连运动的质点运动量之间的关系。

4. 试说明科氏惯性力的本质。

5. 一质点在空中运动，所受约束为 $\dot{z}e^x - \dot{y} = 0$。证明这是一非完整约束，但可以找到满足约束的一些轨迹 $x=x(t)$，$y=y(t)$，$z=z(t)$。

6. 证明如果约束 $f_\beta(q_s, \dot{q}_s, t) = 0$ $(\beta=1,2,\cdots,g; s=1,2,\cdots,n)$ 是可积的，则有

$$\frac{\mathrm{d}}{\mathrm{d}t}\frac{\partial f_\beta}{\partial \dot{q}_s} - \frac{\partial f_\beta}{\partial \dot{q}_s} = 0$$

7. 一质量为 m 的小球自由地在一光滑螺线上运动，螺线方程在柱坐标下写成 $r=a$，$z=b\phi$。重力作用在 z 的正向。质点在点 $r=a$，$\phi=0$，$z=0$ 处由静止开始运动。试确定螺线加给小球的反作用力 z 分量和 ϕ 分量。

8. 一单自由度完整系统的拉格朗日函数为 $L=\frac{1}{2}e^{\gamma t}\dot{q}^2$，试由哈密尔顿原理导出其运动方程 $e^{\gamma t}\ddot{q}+\gamma\dot{q}=0$，其中 γ 为一常数。

9. 试导出完整系统关于广义速度的拉格朗日方程 $\frac{\mathrm{d}}{\mathrm{d}t}\left(\frac{\partial S}{\partial \ddot{q}_s}\right)-\frac{1}{2}\frac{\partial S}{\partial \dot{q}_s}=Q_s^*$，其中，$S=\frac{1}{2}\sum_{i=1}^{N}m_i\ddot{\boldsymbol{r}}_i\cdot\ddot{\boldsymbol{r}}_i$，$Q_s^*=\sum_{i=1}^{N}\dot{\boldsymbol{F}}_i\cdot\frac{\partial \boldsymbol{r}_i}{\partial q_s}$，$\dot{\boldsymbol{F}}_i$ 是第 i 个质点上主动力对时间的导数。

10. 一质量为 m 的质点在旋转抛物面 $x^2+y^2=az$ 的内表面上做无摩擦的运动，试用拉格朗日方程列写运动微分方程。

11. 如图 4.1 所示，凸轮导板机构中，偏心轮的偏心距 $OA=e$。偏心轮绕 O 轴以均匀角速度 ω 转动。当导板 CD 在最低位置时弹簧的压缩为 b。导板质量为 m，为使导板在运动过程中始终不离偏心轮，试求弹簧刚度的最小值。

12. 调速器由两个质量各为 m_1 的滑块及质量为 m_2 的平衡重块组成，如图 4.2 所示。杆长为 l，质量不计，弹簧刚度为 k；当 $\theta=0$ 时，弹簧为原长。若调速器绕铅垂轴以等角速度 ω 旋转，试求 ω 与 θ 的关系。

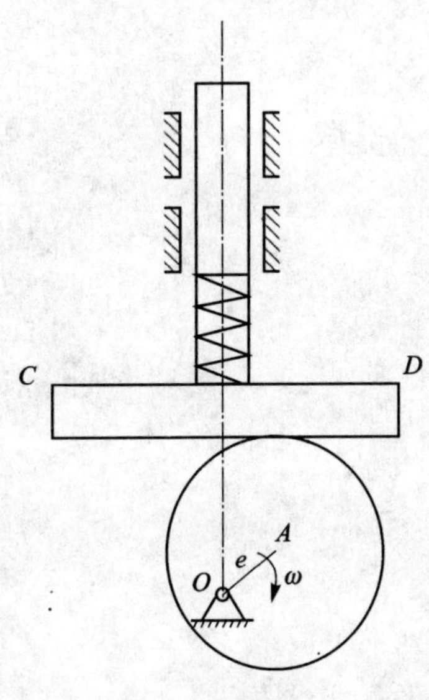

图 4.1　11 题图

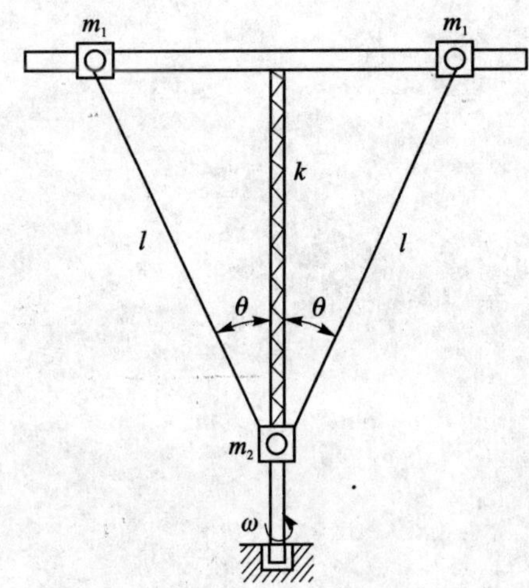

图 4.2　12 题图

第二部分

电动力学原理与方法

第 5 章　电动力学的数学基础

5.1　场论与矢量场

5.1.1　场、梯度、散度与旋度

1. 场

如果在一个空间区域中，某个物理量在其中每一个点都取确定值，就称这个空间区域存在该物理量的场。根据物理量是标量还是矢量，分为标量场（也称数量场）和矢量场。如温度场、电势场是标量场，电场、磁场是矢量场。

2. 数量场的方向导数和梯度

由数量场的定义，分布在数量场中各点的物理量 u 是场中各点坐标的单值函数

$$u = u(x) \tag{5.1.1}$$

给定了函数 u 的具体形式，数量场 u 在场中的分布就完全确定了。在研究数量场时，常常需要知道 u 在场中各点沿各个方向的变化情况，因为 u 在场中的变化情况往往有更主要的物理意义。例如，若 u 是电势 φ，φ 在场中各点的变化就决定了各点的电场强度。若 u 是温度场，u 在场中各点的变化就决定了这些点上热传导进行的方向和速度。为能合理描述场空间中各点的变化，首先引入方向导数的概念。

方向导数：在场中取一点 M_0，由 M_0 点引射线 l，其方向由方向余弦（$\cos\alpha$，$\cos\beta$，$\cos\gamma$）确定。在 l 上另取一点 M，记：

$$\Delta u = u(M) - u(M_0), \qquad \rho = \overline{MM_0}$$

定义 u 在 M_0 点沿 l 的方向导数为

$$\left.\frac{\partial u}{\partial l}\right|_{M_0} = \lim_{M\to M_0}\frac{u(M)-u(M_0)}{\overline{MM_0}} = \lim_{\rho\to 0}\frac{\Delta u}{\rho} \tag{5.1.2}$$

方向导数刻画了 u 在 M_0 点沿 l 方向的变化率，如图 5.1 所示。

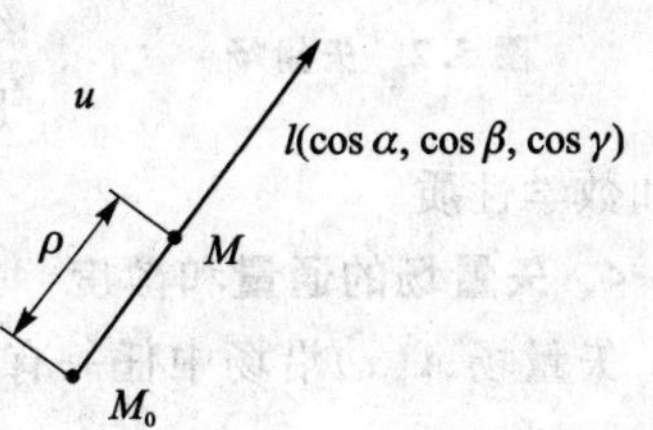

图 5.1　方向导数

设函数 u 在 M_0 点可微，在直角坐标系下

$$\Delta u = \frac{\partial u}{\partial x}\Delta x + \frac{\partial u}{\partial y}\Delta y + \frac{\partial u}{\partial z}\Delta z + \omega\rho$$

式中，ω 是在 $\rho\to 0$ 时趋于零的小数。将上式代入式（5.1.2）中，注意到 $\frac{\Delta x}{\rho}$、$\frac{\Delta y}{\rho}$、$\frac{\Delta z}{\rho}$ 就是直线 l

的方向余弦，得方向导数的计算公式

$$\frac{\partial u}{\partial l}=\frac{\partial u}{\partial x}\cos\alpha+\frac{\partial u}{\partial y}\cos\beta+\frac{\partial u}{\partial z}\cos\gamma \tag{5.1.3}$$

此式对 l 上任意点均成立。

一般说来，在场中一点沿着不同的方向 l，场量 u 有不同的方向导数。若在数量场 u 中定义一个矢量 $\boldsymbol{G}$：

$$\boldsymbol{G}=\frac{\partial u}{\partial x}\boldsymbol{i}+\frac{\partial u}{\partial y}\boldsymbol{j}+\frac{\partial u}{\partial z}\boldsymbol{k} \tag{5.1.4}$$

$\boldsymbol{i}$、$\boldsymbol{j}$、$\boldsymbol{k}$ 是沿坐标轴 x、y、z 方向的单位矢量，在场中任意点，矢量 $\boldsymbol{G}$ 是唯一的。记沿 l 方向的单位矢量为 $\boldsymbol{l}_0$，由上式得

$$\frac{\partial u}{\partial l}=\boldsymbol{G}\cdot\boldsymbol{l}_0=|\boldsymbol{G}|\cos(\boldsymbol{G},\boldsymbol{l}_0) \tag{5.1.5}$$

这表明式(5.1.4)定义的 $\boldsymbol{G}$ 具有这样的意义：它在任意方向的投影就给出沿这个方向 u 的方向导数。因此，矢量 $\boldsymbol{G}$ 的方向就是 u 变化率最大的方向，其模就是变化率的最大值。式(5.1.4)的 $\boldsymbol{G}$ 称为数量场 u 的梯度，记为 $\text{grad}\ u=\boldsymbol{G}$。引进矢量微分算子

$$\nabla=\boldsymbol{i}\frac{\partial}{\partial x}+\boldsymbol{j}\frac{\partial}{\partial y}+\boldsymbol{k}\frac{\partial}{\partial z} \tag{5.1.6}$$

就可把梯度记为

$$\nabla u=\boldsymbol{i}\frac{\partial u}{\partial x}+\boldsymbol{j}\frac{\partial u}{\partial y}+\boldsymbol{k}\frac{\partial u}{\partial z} \tag{5.1.7}$$

3. 矢量场

为形象起见，引进矢量线描述矢量场。矢量线上每一个点的切线方向即为该点矢量场的方向。每一点矢量场的大小，由过该点且与该点矢量场垂直的单位面积上矢量线的条数表示。矢量线的疏密分布形象地反映了矢量场强度的分布。

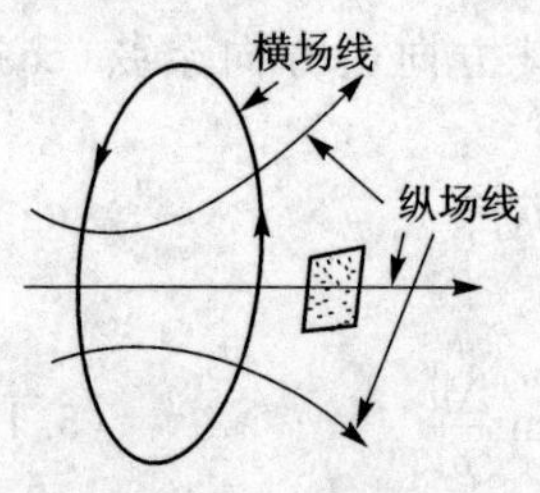

图 5.2 矢量场

矢量场(见图 5.2)可以分为两类，一类矢量场的矢量线从场中一些点出发，终止于另外一些点或无穷远处，这类矢量场称为纵场；另外一类矢量场，其矢量线没有起点和终点，是无头无尾的闭合回线，这类矢量场称为横场。纵场和横场具有完全不同的物理意义和数学性质。

4. 矢量场的通量和散度

矢量场 $\boldsymbol{A}(x)$ 沿场中任一有向曲面 S 的积分

$$\Phi=\int_S\boldsymbol{A}\cdot\mathrm{d}\boldsymbol{S} \tag{5.1.8}$$

称为矢量场 $\boldsymbol{A}$ 穿过曲面 S 的通量。

当式(5.1.8)中的 S 为一小闭合曲面时，取曲面法向由内向外，记 S 包围的空间区域为 Ω，其体积为 ΔV。由于横场矢量线是闭合曲线，横场对任何闭合曲线的通量为零，仅纵场对式(5.1.8)的积分贡献才可以是非零的。当式(5.1.8)中 Φ 为正值时，表明有纵场矢量线从 Ω 中发出，Ω 中有纵场源；若 Φ 为负值，则表明有纵场线终止在 Ω 中，Ω 中有吸收矢量线的汇。如果把汇看作是负源，穿过闭合曲面 S 的通量不为零，就表明 Ω 中存在纵场源。

定义矢量场的散度为：在矢量场 $\boldsymbol{A}$ 中取一点 x_0，作一包围点 x_0 的闭合有向曲面 S，设 S 包围的空间区域为 Ω，体积为 ΔV。以 $\Delta\Phi$ 记为穿过 S 的通量，当 Ω 以任何方式缩向 $x_0(\Delta V\to 0)$ 时，下列极值称为矢量场 $\boldsymbol{A}$ 在 x_0 的散度。

$$\operatorname{div}\boldsymbol{A}=\lim_{\Omega\to x_0}\frac{\oint \boldsymbol{A}\cdot \mathrm{d}\boldsymbol{S}}{\Delta V}=\lim_{\Delta V\to 0}\frac{\Delta\Phi}{\Delta V} \tag{5.1.9}$$

由此可见，矢量场中任一点的散度(见图 5.3)，就表示该点作为纵场源的强度。

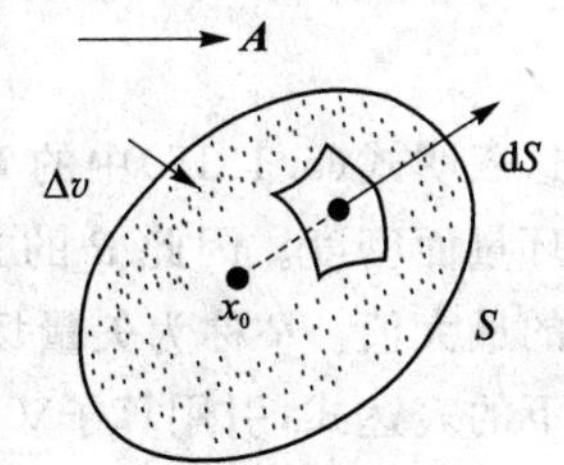

图 5.3　矢量场中任一点的散度

在直角坐标系中，矢量 $\boldsymbol{A}$ 可表示为

$$\boldsymbol{A}=A_x\boldsymbol{i}+A_y\boldsymbol{j}+A_z\boldsymbol{k}$$

A_x、A_y、A_z 是矢量场 $\boldsymbol{A}$ 沿坐标轴的三个分量。经变换可得散度在直角坐标系下的表达式为

$$\operatorname{div}\boldsymbol{A}=\frac{\partial A_x}{\partial x}+\frac{\partial A_y}{\partial y}+\frac{\partial A_z}{\partial z} \tag{5.1.10}$$

引用算子∇，上式可简化为

$$\operatorname{div}\boldsymbol{A}=\nabla\cdot\boldsymbol{A} \tag{5.1.11}$$

矢量场的散度是一个标量。

5. 矢量场的环量、环量面密度和旋度

设有矢量场 $\boldsymbol{A}$，称 $\boldsymbol{A}$ 沿场中任意有向闭合曲线 L 的积分

$$\Gamma=\oint_L \boldsymbol{A}\cdot\mathrm{d}\boldsymbol{l} \tag{5.1.12}$$

为矢量 $\boldsymbol{A}$ 沿 L 的环量。可以证明，只有横场才有不为零的环量，纵场对任意闭合回路的环量恒取零值。

环量的物理意义：取 $\boldsymbol{A}$ 为磁场 $\boldsymbol{H}$，根据安培回路定理，上式的积分就表示沿与 L 成右手螺旋方向、通过 L 所围任一曲面的电流强度。电流是激发磁场的源，所以若 Γ 不为零，则表明所围磁场 $\boldsymbol{A}$ 的源不为零。为了刻画场中一点作为横场源的强度，引进环量面密度的概念。

环量面密度：取矢量场中一点 x_0，在点 x_0 取定方向 $\boldsymbol{n}$，过点 x_0 作一微小曲面 ΔS，以 $\boldsymbol{n}$ 为其在点 x_0 的法矢。取 ΔL 为 ΔS 的周界，ΔL 绕行方向为与 $\boldsymbol{n}$ 成右手螺旋关系。定义矢量场沿 ΔL 的环量与面积 ΔS 之比，在 ΔL 缩向点 x_0 情况下的极值

$$\lim_{\Delta L\to x_0}\frac{\oint_L \boldsymbol{A}\cdot \mathrm{d}\boldsymbol{l}}{\Delta S}=\lim_{\Delta S\to 0}\frac{\Delta\Gamma}{\Delta S} \tag{5.1.13}$$

为 $\boldsymbol{A}$ 在点 x_0 沿方向 $\boldsymbol{n}$ 的环量面密度。显然环量面密度依赖于方向 $\boldsymbol{n}$。

由此可见,环量面密度刻画场中各点横场源强度沿指定方向的投影,即有

$$\lim_{\Delta S\to 0}\frac{\Delta\Gamma}{\Delta S}=\left(\frac{\partial A_z}{\partial y}-\frac{\partial A_y}{\partial z}\right)\cos\alpha+\left(\frac{\partial A_x}{\partial z}-\frac{\partial A_z}{\partial x}\right)\cos\beta+\left(\frac{\partial A_y}{\partial x}-\frac{\partial A_x}{\partial y}\right)\cos\gamma \tag{5.1.14}$$

在直角坐标系中,定义矢量 $\boldsymbol{R}$

$$\boldsymbol{R}=\left(\frac{\partial A_z}{\partial y}-\frac{\partial A_y}{\partial z}\right)\boldsymbol{i}+\left(\frac{\partial A_x}{\partial z}-\frac{\partial A_z}{\partial x}\right)\boldsymbol{j}+\left(\frac{\partial A_y}{\partial x}-\frac{\partial A_x}{\partial y}\right)\boldsymbol{k} \tag{5.1.15}$$

$\boldsymbol{R}$ 在场中任意一给定点是个确定的矢量,由式(5.1.13),环量面密度可表示为

$$\lim_{\Delta S\to 0}\frac{\Delta\Gamma}{\Delta S}=\boldsymbol{R}\cdot\boldsymbol{n} \tag{5.1.16}$$

这表明式(5.1.15)中的 $\boldsymbol{R}$ 具有这样的性质:它在任意方向上投影就给出沿该方向的环量面密度。因此 $\boldsymbol{R}$ 的方向就是环量面密度取最大值的方向,$|\boldsymbol{R}|$ 就是环量面密度的最大值。$\boldsymbol{R}$ 称为矢量场 $\boldsymbol{A}$ 的旋度,记为 rot $\boldsymbol{A}$。式(5.1.15)就是旋度在直角坐标系下的表达式,引用算子∇,旋度可表示为

$$\mathrm{rot}\,\boldsymbol{A}=\nabla\times\boldsymbol{A}=\begin{vmatrix}\boldsymbol{i} & \boldsymbol{j} & \boldsymbol{k}\\ \dfrac{\partial}{\partial x} & \dfrac{\partial}{\partial y} & \dfrac{\partial}{\partial z}\\ A_x & A_y & A_z\end{vmatrix}$$

旋度刻画场中各点作为横场源的强度。与纵场源强度不同,横场源强度是一个矢量。

6. 关于纵场和横场的两个定理

定理 1 任意标量场的梯度场必为纵场,即对任意标量场恒有

$$\nabla\times(\nabla u)=\boldsymbol{0} \tag{5.1.17}$$

旋度处处为零的场称为无旋场,无旋场的矢量线一定不构成闭合回路,所以无旋场即纵场。

定理 2 任意矢量场的旋度场必为横场,即对任意矢量场 $\boldsymbol{A}$ 恒有

$$\nabla\cdot(\nabla\times\boldsymbol{A})=0 \tag{5.1.18}$$

散度处处为零的场称为无散场,无散场的矢量线必构成闭合回路,所以无散场即横场。

5.1.2 矢量微分算子

∇ 算子是一个微分算子,同时又是一个矢量算子,具有微分运算和矢量运算的双重性质。一方面,它作为微分算子对被作用的函数求导;另一方面,这种运算又必须

适合矢量运算法则。这里给出∇算子的运算性质，并给出其常用公式。

引用∇算子表示的标量场梯度，矢量场的散度和旋度分别如下：

$$\nabla u = \boldsymbol{i}\frac{\partial u}{\partial x} + \boldsymbol{j}\frac{\partial u}{\partial y} + \boldsymbol{k}\frac{\partial u}{\partial z} \tag{5.1.19}$$

$$\nabla \cdot \boldsymbol{A} = \mathrm{div}\,\boldsymbol{A} = \frac{\partial A_x}{\partial x} + \frac{\partial A_y}{\partial y} + \frac{\partial A_z}{\partial z} \tag{5.1.20}$$

$$\nabla \times \boldsymbol{A} = \mathrm{rot}\,\boldsymbol{A} = \begin{vmatrix} \boldsymbol{i} & \boldsymbol{j} & \boldsymbol{k} \\ \dfrac{\partial}{\partial x} & \dfrac{\partial}{\partial y} & \dfrac{\partial}{\partial z} \\ A_x & A_y & A_z \end{vmatrix} = \left(\frac{\partial A_z}{\partial y} - \frac{\partial A_y}{\partial z}\right)\boldsymbol{i} + \left(\frac{\partial A_x}{\partial z} - \frac{\partial A_z}{\partial x}\right)\boldsymbol{j} + \left(\frac{\partial A_y}{\partial x} - \frac{\partial A_x}{\partial y}\right)\boldsymbol{k} \tag{5.1.21}$$

∇算子还可以按下述方式构成一个纯标量算子

$$\nabla \cdot \nabla = \frac{\partial^2}{\partial x^2} + \frac{\partial^2}{\partial y^2} + \frac{\partial^2}{\partial z^2} \tag{5.1.22}$$

称为拉普拉斯算子，可以作用在标量或矢量函数上。

5.1.3　矢量场定理

如果在一个空间区域中，任意一条闭合曲线都可以连续地收缩为一点，而不和区域的边界相交，则这个区域称为线单连通区域，如由空心管子首尾相接构成的空心环，管内、管外都是线单连通区域。

1. 标量势存在定理

线单连通区域中，任意纵场（无旋场）恒可表示为一个标量场的梯度场，即若$\nabla \times \boldsymbol{A} = \boldsymbol{0}$处处成立，必存在标量函数$\varphi$，满足$\boldsymbol{A} = \nabla\varphi$。$\varphi$称为矢量场$\boldsymbol{A}$的标量势。

2. 矢量势存在定理

任意横场（无散场）必可表示为另一个矢量场的旋度，即若$\nabla \cdot \boldsymbol{B} = 0$处处成立，则必存在矢量$\boldsymbol{A}$，满足$\nabla \times \boldsymbol{A} = \boldsymbol{B}$。$\boldsymbol{A}$称为矢量场$\boldsymbol{B}$的矢量势。

注意，满足条件的矢量并不是唯一的。如果$\boldsymbol{A}$满足$\nabla \times \boldsymbol{A} = \boldsymbol{B}$，对于任意标量函数$\varphi$，$\boldsymbol{A}' = \boldsymbol{A} + \nabla\varphi$也必满足$\nabla \times \boldsymbol{A}' = \boldsymbol{B}$。

3. 矢量场分量定理

任意一个矢量场都可以分解为纵场和横场的矢量和，即对任意矢量$\boldsymbol{A}$，有$\boldsymbol{A} = \boldsymbol{A}_\mathrm{T} + \boldsymbol{A}_\mathrm{L}$，其中$\nabla \times \boldsymbol{A}_\mathrm{L} = \boldsymbol{0}$，$\nabla \cdot \boldsymbol{A}_\mathrm{T} = 0$。

4. 矢量场唯一性定理

有限区域V内的矢量场$\boldsymbol{A}$被唯一确定的条件是给出V内纵场部分的源（$\boldsymbol{A}$的散度），横场部分的源（$\boldsymbol{A}$的旋度），并且给定边界面S上$\boldsymbol{A}$的法向分量或切向分量。

5.2 场量的正交曲线坐标系表示

前面已经得到了梯度、散度和旋度在直角坐标系下的表达式。但在解决具体问题时,使用其他坐标系有时更方便。本节我们介绍梯度、散度、旋度以及拉普拉斯算子在几种正交曲线坐标系下的表达式。本书后面内容研究的正交曲线坐标系都假定 $\boldsymbol{e}_1$、$\boldsymbol{e}_2$、$\boldsymbol{e}_3$ 的取向构成右手螺旋系统。

正交曲线坐标系中,$\boldsymbol{e}_1$、$\boldsymbol{e}_2$、$\boldsymbol{e}_3$ 是单位矢量,但其方向却随空间点变化,这与直角坐标系不同。直角坐标系中基矢量 $\boldsymbol{i}$、$\boldsymbol{j}$、$\boldsymbol{k}$ 是与空间点无关的常矢量。

在直角坐标系中,坐标变量都具有长度的量纲,但在正交曲线坐标系中,坐标变量可以是角度等,不一定有长度量纲。为了导出梯度、散度、旋度在正交曲线坐标系中的表达式,这里首先给出正交曲线坐标系中微分线元的表达式。

直角坐标系下,微分线元有

$$\mathrm{d}\boldsymbol{l} = \boldsymbol{e}_x \mathrm{d}x + \boldsymbol{e}_y \mathrm{d}y + \boldsymbol{e}_z \mathrm{d}z \tag{5.2.1}$$

$$|\mathrm{d}\boldsymbol{l}| = \sqrt{(\mathrm{d}x)^2 + (\mathrm{d}y)^2 + (\mathrm{d}z)^2}$$

在正交曲线坐标系下,沿坐标曲线 q_1,$\mathrm{d}\boldsymbol{l}$ 沿 $\boldsymbol{e}_1$ 方向,q_2、q_3 为常数,所以

$$\mathrm{d}x = \frac{\partial x}{\partial q_1}\mathrm{d}q_1, \qquad \mathrm{d}y = \frac{\partial y}{\partial q_1}\mathrm{d}q_1, \qquad \mathrm{d}z = \frac{\partial z}{\partial q_1}\mathrm{d}q_1$$

可得,沿坐标曲线 q_1 的微分线元 $\mathrm{d}\boldsymbol{l}_1$:

$$|\mathrm{d}\boldsymbol{l}_1| = \left[\left(\frac{\partial x}{\partial q_1}\right)^2 + \left(\frac{\partial y}{\partial q_1}\right)^2 + \left(\frac{\partial z}{\partial q_1}\right)^2\right]^{1/2} \mathrm{d}q_1 \tag{5.2.2}$$

同理

$$|\mathrm{d}\boldsymbol{l}_2| = \left[\left(\frac{\partial x}{\partial q_2}\right)^2 + \left(\frac{\partial y}{\partial q_2}\right)^2 + \left(\frac{\partial z}{\partial q_2}\right)^2\right]^{1/2} \mathrm{d}q_2 \tag{5.2.3}$$

$$|\mathrm{d}\boldsymbol{l}_3| = \left[\left(\frac{\partial x}{\partial q_3}\right)^2 + \left(\frac{\partial y}{\partial q_3}\right)^2 + \left(\frac{\partial z}{\partial q_3}\right)^2\right]^{1/2} \mathrm{d}q_3 \tag{5.2.4}$$

定义

$$h_i = \left[\left(\frac{\partial x}{\partial q_i}\right)^2 + \left(\frac{\partial y}{\partial q_i}\right)^2 + \left(\frac{\partial z}{\partial q_i}\right)^2\right]^{1/2} \tag{5.2.5}$$

为度量因子,则式(5.2.2)~式(5.2.4)可统一写成:

$$|\mathrm{d}\boldsymbol{l}_i| = h_i \mathrm{d}q_i \quad (i = 1,2,3) \tag{5.2.6}$$

即在正交曲线坐标系中,坐标的微分 $\mathrm{d}q_1$、$\mathrm{d}q_2$、$\mathrm{d}q_3$ 必须乘以相应的度量因子才能得到沿坐标曲线的微分线元。

有了微分线元,就可求得微分面积元和微分体积元。例如在 q_i 标识的曲面上,微分线元 $\mathrm{d}\boldsymbol{l}_j$、$\mathrm{d}\boldsymbol{l}_k$ 组成的微分面积元为

$$\mathrm{d}\boldsymbol{S}_i = \mathrm{d}\boldsymbol{l}_j \times \mathrm{d}\boldsymbol{l}_k = h_j h_k \mathrm{d}q_j \mathrm{d}q_k \boldsymbol{e}_i \tag{5.2.7}$$

微分体积元为

$$\mathrm{d}V = \mathrm{d}\boldsymbol{l}_i \cdot (\mathrm{d}\boldsymbol{l}_j \times \mathrm{d}\boldsymbol{l}_k) = h_i h_j h_k \mathrm{d}q_i \mathrm{d}q_j \mathrm{d}q_k \tag{5.2.8}$$

5.2.1　梯度、散度、旋度和拉普拉斯算子在正交曲线坐标系下的表述

1. 梯　度

标量场的梯度在空间任一方向上的投影给出沿该方向的方向导数。正交曲线坐标系下标量函数 $u(q_1,q_2,q_3)$ 的梯度可由沿三条坐标系切线方向的方向导数的矢量和表示出来。由于在坐标曲线 q_1 上，$\mathrm{d}q_2=\mathrm{d}q_3=0$，所以

$$\mathrm{d}u = \frac{\partial u}{\partial q_1}\mathrm{d}q_1$$

从而沿坐标曲线 q_1 的方向导数可写作

$$\frac{\partial u}{\partial l_1} = \frac{1}{h_1}\frac{\partial u}{\partial q_1}$$

同理

$$\frac{\partial u}{\partial l_2} = \frac{1}{h_2}\frac{\partial u}{\partial q_2}, \qquad \frac{\partial u}{\partial l_3} = \frac{1}{h_3}\frac{\partial u}{\partial q_3}$$

由此，在正交曲线坐标系下，标量函数 u 的梯度可表示为

$$\nabla u = \frac{1}{h_1}\frac{\partial u}{\partial q_1}\boldsymbol{e}_1 + \frac{1}{h_2}\frac{\partial u}{\partial q_2}\boldsymbol{e}_2 + \frac{1}{h_3}\frac{\partial u}{\partial q_3}\boldsymbol{e}_3 \tag{5.2.9}$$

算子∇ 在正交曲线坐标系下可写作

$$\nabla = \boldsymbol{e}_1 \frac{1}{h_1}\frac{\partial}{\partial q_1} + \boldsymbol{e}_2 \frac{1}{h_2}\frac{\partial}{\partial q_2} + \boldsymbol{e}_3 \frac{1}{h_3}\frac{\partial}{\partial q_3} \tag{5.2.10}$$

2. 散　度

在正交曲线坐标系下，

$$\nabla \cdot \boldsymbol{A} = \nabla \cdot (A_1 \boldsymbol{e}_1) + \nabla \cdot (A_2 \boldsymbol{e}_2) + \nabla \cdot (A_3 \boldsymbol{e}_3) \tag{5.2.11}$$

由式(5.2.10)，注意到$\nabla q_2 = \boldsymbol{e}_2/h_2$，$\nabla q_3 = \boldsymbol{e}_3/h_3$，则式(5.2.11)中第一项可写成

$$\begin{aligned}\nabla \cdot (A_1 \boldsymbol{e}_1) = {} & \nabla \cdot \left[A_1 h_2 h_3 \left(\frac{\boldsymbol{e}_2}{h_2} \times \frac{\boldsymbol{e}_3}{h_3}\right)\right] = \\ & \nabla \cdot [A_1 h_2 h_3 (\nabla q_2 \times \nabla q_3)] = \\ & \nabla (A_1 h_2 h_3) \cdot (\nabla q_2 \times \nabla q_3) + A_1 h_2 h_3 \nabla \cdot (\nabla q_2 \times \nabla q_3) = \\ & \nabla (A_1 h_2 h_3) \cdot \frac{\boldsymbol{e}_1}{h_2 h_3} = \frac{1}{h_1 h_2 h_3}\frac{\partial}{\partial q_1}(A_1 h_2 h_3)\end{aligned} \tag{5.2.12}$$

同理变换式(5.2.11)后两项，可得到

$$\nabla \cdot \boldsymbol{A} = \frac{1}{h_1 h_2 h_3}\left[\frac{\partial}{\partial q_1}(A_1 h_2 h_3) + \frac{\partial}{\partial q_2}(A_2 h_3 h_1) + \frac{\partial}{\partial q_3}(A_3 h_1 h_2)\right] \tag{5.2.13}$$

3. 旋　度

在正交曲线坐标系下，

$$\nabla \times \boldsymbol{A} = \nabla \times (A_1 \boldsymbol{e}_1) + \nabla \times (A_2 \boldsymbol{e}_2) + \nabla \times (A_3 \boldsymbol{e}_3) \tag{5.2.14}$$

式中，第一项

$$\nabla \times (A_1 \boldsymbol{e}_1) = \nabla \times (A_1 h_1 \nabla q_1) = \nabla (A_1 h_1) \times \frac{\boldsymbol{e}_1}{h_1} \tag{5.2.15}$$

这里利用了 $\boldsymbol{e}_1 = h_1 \nabla q_1$ 及 $\nabla \times \nabla q_1 = \boldsymbol{0}$ 的事实。由式(5.2.15)及式(5.2.10),得

$$\nabla \times (A_1 \boldsymbol{e}_1) = \left[\boldsymbol{e}_1 \frac{1}{h_1} \frac{\partial (A_1 h_1)}{\partial q_1} + \boldsymbol{e}_2 \frac{1}{h_2} \frac{\partial (A_1 h_1)}{\partial q_2} + \boldsymbol{e}_3 \frac{1}{h_3} \frac{\partial (A_1 h_1)}{\partial q_3}\right] \times \frac{\boldsymbol{e}_1}{h_1} = \frac{\boldsymbol{e}_2}{h_1 h_3} \frac{\partial (A_1 h_1)}{\partial q_3} - \frac{\boldsymbol{e}_3}{h_1 h_2} \frac{\partial (A_1 h_1)}{\partial q_2} \tag{5.2.16}$$

可变换整理得到

$$\nabla \times \boldsymbol{A} = \frac{1}{h_1 h_2 h_3} \begin{vmatrix} h_1 \boldsymbol{e}_1 & h_2 \boldsymbol{e}_2 & h_3 \boldsymbol{e}_3 \\ \dfrac{\partial}{\partial q_1} & \dfrac{\partial}{\partial q_2} & \dfrac{\partial}{\partial q_3} \\ A_1 h_1 & A_2 h_2 & A_3 h_3 \end{vmatrix} \tag{5.2.17}$$

4. 正交曲线坐标系下拉普拉斯算子 ∇ 对函数的作用

用式(5.2.9)中的 ∇u 代替式(5.2.13)中的 $\boldsymbol{A}$,得

$$\nabla^2 u = \frac{1}{h_1 h_2 h_3} \left[\frac{\partial}{\partial q_1}\left(\frac{1}{h_1} \frac{\partial u}{\partial q_1} h_2 h_3\right) + \frac{\partial}{\partial q_2}\left(\frac{1}{h_2} \frac{\partial u}{\partial q_2} h_1 h_3\right) + \frac{\partial}{\partial q_3}\left(\frac{1}{h_3} \frac{\partial u}{\partial q_3} h_1 h_2\right)\right] \tag{5.2.18}$$

5.2.2 梯度、散度、旋度和拉普拉斯算子在柱坐标和球坐标系下的表述

柱坐标系和球坐标系是两个常用的重要正交曲线坐标系。我们根据一般正交坐标系下的普遍结论,给出这两个具体坐标系中梯度、散度、旋度和拉普拉斯算子的表达式。直角坐标、柱坐标与球坐标的关系如图 5.4 所示。

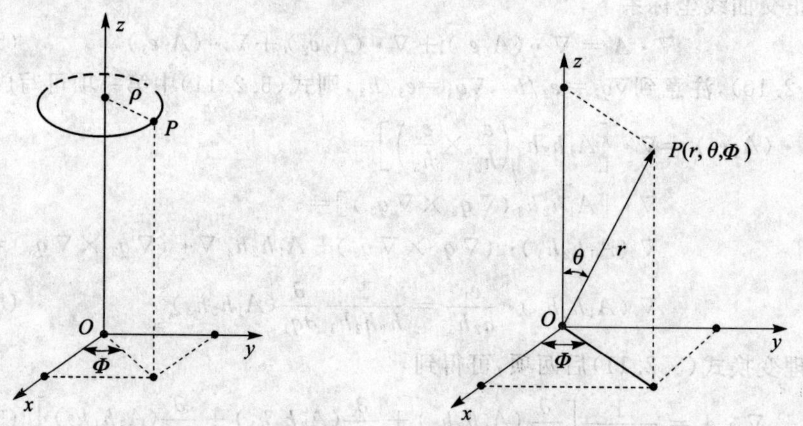

图 5.4 直角坐标、柱坐标与球坐标的关系

空间点的柱坐标和直角坐标的关系为

$$\begin{cases} x = \rho\cos\Phi \\ y = \rho\sin\Phi \\ z = z \end{cases}$$

由式(5.2.5)可求得柱坐标中的度量因子为$\begin{cases} h_\rho = 1 \\ h_\Phi = \rho \\ h_z = 1 \end{cases}$,代入式(5.2.9)、式(5.2.13)、式(5.2.17)和式(5.2.18)中,可分别得梯度、散度、旋度和拉普拉斯算子在柱坐标系下的表达式:

$$\nabla u = \frac{\partial u}{\partial \rho}\boldsymbol{e}_\rho + \frac{1}{\rho}\frac{\partial u}{\partial \Phi}\boldsymbol{e}_\Phi + \frac{\partial u}{\partial z}\boldsymbol{e}_z \tag{5.2.19}$$

$$\nabla \cdot \boldsymbol{A} = \frac{1}{\rho}\left[\frac{\partial(\rho A_\rho)}{\partial \rho} + \frac{\partial A_\Phi}{\partial \Phi} + \frac{\partial(\rho A_z)}{\partial z}\right] \tag{5.2.20}$$

$$\nabla \times \boldsymbol{A} = \left(\frac{1}{\rho}\frac{\partial A_z}{\partial \Phi} - \frac{\partial A_\Phi}{\partial z}\right)\boldsymbol{e}_\rho + \left(\frac{\partial A_\rho}{\partial z} - \frac{\partial A_z}{\partial \rho}\right)\boldsymbol{e}_\Phi + \frac{1}{\rho}\left[\frac{\partial(\rho A_\Phi)}{\partial \rho} - \frac{\partial A_\rho}{\partial \Phi}\right]\boldsymbol{e}_z \tag{5.2.21}$$

$$\nabla^2 u = \frac{1}{\rho}\left[\frac{\partial}{\partial \rho}\left(\rho\frac{\partial u}{\partial \rho}\right) + \frac{\partial}{\partial \Phi}\left(\frac{1}{\rho}\frac{\partial u}{\partial \Phi}\right) + \frac{\partial}{\partial z}\left(\rho\frac{\partial u}{\partial z}\right)\right] \tag{5.2.22}$$

空间点的球坐标和直角坐标的关系为

$$\begin{cases} x = r\sin\theta\cos\Phi \\ y = \sin\theta\sin\Phi \\ z = r\cos\theta \end{cases}$$

由式(5.2.5)可求得球坐标中的度量因子为$\begin{cases} h_r = 1 \\ h_\theta = r \\ h_\Phi = r\sin\theta \end{cases}$,与柱坐标系下的计算类似,可得

$$\nabla u = \frac{\partial u}{\partial r}\boldsymbol{e}_r + \frac{1}{r}\frac{\partial u}{\partial \theta}\boldsymbol{e}_\theta + \frac{1}{r\sin\theta}\frac{\partial u}{\partial \Phi}\boldsymbol{e}_\Phi \tag{5.2.23}$$

$$\nabla \cdot \boldsymbol{A} = \frac{1}{r^2\sin\theta}\left[\sin\theta\frac{\partial(r^2A_r)}{\partial r} + r\frac{\partial(\sin\theta A_\theta)}{\partial \theta} + r\frac{\partial(A_\Phi)}{\partial \Phi}\right] \tag{5.2.24}$$

$$\nabla \times \boldsymbol{A} = \frac{1}{r\sin\theta}\left[\frac{\partial(\sin\theta A_\Phi)}{\partial \theta} - \frac{\partial A_\theta}{\partial \Phi}\right]\boldsymbol{e}_r + \frac{1}{r}\left[\frac{1}{\sin\theta}\frac{\partial A_r}{\partial \Phi} - \frac{\partial(rA_\Phi)}{\partial r}\right]\boldsymbol{e}_\theta + \frac{1}{r}\left[\frac{\partial(rA_\theta)}{\partial r} - \frac{\partial A_r}{\partial \theta}\right]\boldsymbol{e}_\Phi \tag{5.2.25}$$

$$\nabla^2 u = \frac{1}{r^2\sin\theta}\left[\sin\theta\frac{\partial}{\partial r}\left(r^2\frac{\partial u}{\partial r}\right) + \frac{\partial}{\partial \theta}\left(\sin\theta\frac{\partial u}{\partial \theta}\right) + \frac{1}{\sin\theta}\frac{\partial^2 u}{\partial \Phi^2}\right] \tag{5.2.26}$$

5.3 坐标系转动变换及标量、矢量、张量的定义

5.3.1 坐标系转动变换

设三维空间中有一直角坐标系 S,记 S 系沿坐标轴的三个单位基矢量为 $\boldsymbol{e}_1$、$\boldsymbol{e}_2$、$\boldsymbol{e}_3$。$\{\boldsymbol{e}_i\}$满足正交归一化关系

$$\boldsymbol{e}_i \cdot \boldsymbol{e}_j = \delta_{ij} \tag{5.3.1}$$

式中

$$\delta_{ij} = \begin{cases} 0, & i \neq j \\ 1, & i = j \end{cases} \tag{5.3.2}$$

称为 Kronecker 符号。空间一点 M 的矢径 $\boldsymbol{r}$ 在 S 系中可以表示为

$$\boldsymbol{r} = \sum_{i=1}^{3} x_i \boldsymbol{e}_i = x_i \boldsymbol{e}_i \tag{5.3.3}$$

式中,x_i 是 $\boldsymbol{r}$ 沿基矢 $\boldsymbol{e}_i$ 上的分量。本章以后若无特殊需要,一律采用凡下标重复就是表示对该下标所有可能值求和的惯例。

固定坐标原点 O,让坐标系 S 绕某一方向转过一个角度,记新坐标系为 S',取 S' 系的单位基矢为 $\boldsymbol{e}'_1$、$\boldsymbol{e}'_2$、$\boldsymbol{e}'_3$,如图 5.5 所示。$\{\boldsymbol{e}'_i\}$也满足式(5.3.1)中归一化关系。空间点 M 的矢径 $\boldsymbol{r}$ 在新坐标系中表示为

$$\boldsymbol{r} = x'_i \boldsymbol{e}'_i \tag{5.3.4}$$

x'_i是在 S'系中的坐标分量。由于转动中 O 点和 M 点不动,$\boldsymbol{r}$ 本身不变,由式(5.3.3)和式(5.3.4),有

$$x_k \boldsymbol{e}_k = x'_j \boldsymbol{e}'_j \tag{5.3.5}$$

以 $\boldsymbol{e}'_i$点乘以上式两边,并利用$\{\boldsymbol{e}'_i\}$的正交归一性得

$$x'_i k \delta_{ki} = x_j \boldsymbol{e}'_i \cdot \boldsymbol{e}_j$$

注意,$x'_i k \delta_{ki} = x'_i$,$\boldsymbol{e}'_i \cdot \boldsymbol{e}_j$ 是标量,记为 α_{ij},上式就可写成

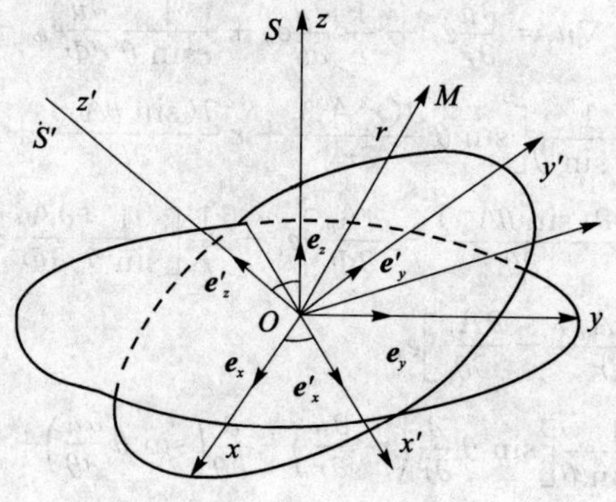

图 5.5 坐标系转动

$$x'_i = \alpha_{ij} x_j \tag{5.3.6}$$

式(5.3.6)就是矢量 $\boldsymbol{r}$ 在新坐标系 S' 下的分量与旧坐标系 S 下分量之间的关系。系数 α_{ij} 与坐标无关,仅依赖于新旧坐标系的相对转动(转轴和转角)。所以矢径分量的坐标系转动变换是一个线性变换。

式(5.3.6)可以写成矩阵形式:

$$\begin{bmatrix} x'_1 \\ x'_2 \\ x'_3 \end{bmatrix} = \begin{bmatrix} \alpha_{11} & \alpha_{12} & \alpha_{13} \\ \alpha_{21} & \alpha_{22} & \alpha_{23} \\ \alpha_{31} & \alpha_{32} & \alpha_{33} \end{bmatrix} \begin{bmatrix} x_1 \\ x_2 \\ x_3 \end{bmatrix} \tag{5.3.7}$$

即

$$\boldsymbol{X}' = \boldsymbol{\alpha} \boldsymbol{X} \tag{5.3.8}$$

$$\boldsymbol{\alpha} = \begin{bmatrix} \alpha_{11} & \alpha_{12} & \alpha_{13} \\ \alpha_{21} & \alpha_{22} & \alpha_{23} \\ \alpha_{31} & \alpha_{32} & \alpha_{33} \end{bmatrix} \tag{5.3.9}$$

称为转动矩阵。

在坐标系转动变换下,矢量 $\boldsymbol{r}$ 的长度不变,必有

$$x'_i x'_i = x_j x_j \tag{5.3.10}$$

我们称保持矢量模不变的线性变换为正交变换。以上讨论表明,坐标系转动变换是正交变换。

根据在正交变换下 $x_i x_i$ 为不变量的特点,可以导出对变换矩阵的限制条件为

$$\alpha_{ij} \alpha_{ik} = \delta_{jk} \tag{5.3.11}$$

事实上,由于求和结果与求和坐标无关,有

$$x'_i = \alpha_{ij} x_j$$

$$x'_i = \alpha_{ik} x_k$$

所以

$$x'_i x'_i = \alpha_{ij} \alpha_{ik} x_j x_k$$

另一方面

$$x_j x_j = \sum_{j=1}^{3} x_j x_j = \sum_{j=1}^{3} x_j \sum_{k=1}^{3} \delta_{jk} x_k = \delta_{jk} x_j x_k$$

由式(5.3.10)得

$$\alpha_{ij} \alpha_{ik} = \delta_{jk}$$

则式(5.3.11)可以写成矩阵形式

$$\boldsymbol{\alpha}^{\mathrm{T}} \boldsymbol{\alpha} = \boldsymbol{I} \tag{5.3.12}$$

式中,$\boldsymbol{I}$ 为 3×3 单位矩阵。式(5.3.12)表明,若把矩阵 $\boldsymbol{\alpha}$ 的每行每列都看成是行矢量或列矢量,则对于正交变换,这些行矢量和列矢量是正交归一化的。

由 S' 系到 S 系的变换称为逆变换。逆变换矩阵可由式(5.3.12)求出

$$\boldsymbol{\alpha}^{-1} = \boldsymbol{\alpha}^{\mathrm{T}} \tag{5.3.13}$$

逆变换矩阵是原来变换矩阵的转置。若记逆变换矩阵元素为 β_{ij},则上式表明

$$\beta_{ij} = \alpha_{ji} \tag{5.3.14}$$

以逆变换矩阵 $\boldsymbol{\alpha}^{-1}$ 作用于式(5.3.8)两边，得

$$\boldsymbol{X} = \boldsymbol{\alpha}^{\mathrm{T}} \boldsymbol{X}' \tag{5.3.15}$$

5.3.2 标量、矢量、张量的表述

在三维空间中，标量、矢量、张量从严格的数学物理意义上表述如下：

标量：如果一个物理量在坐标系转动变换下为不变量，则称此物理量是标量。如质量、电荷、电势都是标量。

矢量：如果一个物理量有三个分量，其中每个分量在坐标系转动变换下，如同坐标分量一样变换，即 $A_i' = a_{ij} A_j$，则称此物理量是矢量。如速度、算子∇是矢量。

并矢：两个矢量 $\boldsymbol{AB}$ 称为 $\boldsymbol{A}$ 和 $\boldsymbol{B}$ 的并矢，记为 $\overset{\leftrightarrow}{T} = \boldsymbol{AB}$，它有 9 个分量。

$$T_{ij} = A_i B_j \qquad (i,j = 1,2,3)$$

在坐标系转动变换下，由于 $A_i' = a_{ik} A_k$，$B_j' = a_{jm} B_m$，从而 $\overset{\leftrightarrow}{T}$ 的每个分量 T_{ij} 都满足变换关系

$$T_{ij}' = \alpha_{ik} \alpha_{jm} T_{km}$$

张量：如果一个物理量由 9 个分量构成，每一个分量在坐标系变换下像并矢一样变换，就称这个物理量是张量。并矢是特殊的张量。

有时称所有物理量都是张量，标量称为零阶张量，矢量称为一阶张量。上面定义的张量为二阶张量。可以此类推高阶张量。

必须指出，上面定义的各阶张量严格来说应冠以“三维空间”，这是因为是根据它们在三维空间中坐标系转动变换下的性质区分的。而在相对论中，在包括时间在内的四维空间，将看到一个三维空间中的标量、矢量在四维空间中可能不再具有标量、矢量的性质。

5.4 张　量

5.4.1 二阶张量的表述与应力张量

1. 二阶张量

在三维空间中，建立直角坐标系，设沿三个坐标轴的单位基矢量为 $\boldsymbol{e}_1$、$\boldsymbol{e}_2$、$\boldsymbol{e}_3$，一个二阶张量在这个坐标系下可表示为

$$\begin{aligned}\overset{\leftrightarrow}{T} = {} & T_{11}\boldsymbol{e}_1\boldsymbol{e}_1 + T_{12}\boldsymbol{e}_1\boldsymbol{e}_2 + T_{13}\boldsymbol{e}_1\boldsymbol{e}_3 + \\ & T_{21}\boldsymbol{e}_2\boldsymbol{e}_1 + T_{22}\boldsymbol{e}_2\boldsymbol{e}_2 + T_{23}\boldsymbol{e}_2\boldsymbol{e}_3 + \\ & T_{31}\boldsymbol{e}_3\boldsymbol{e}_1 + T_{32}\boldsymbol{e}_3\boldsymbol{e}_2 + T_{33}\boldsymbol{e}_3\boldsymbol{e}_3\end{aligned}$$

$\boldsymbol{e}_i\boldsymbol{e}_j$ 可看作是二阶张量基，T_{ij} 是张量 $\overleftrightarrow{T}$ 在这个基下的分量。上式可简记为

$$\overleftrightarrow{T} = \sum_{ij} T_{ij}\boldsymbol{e}_i\boldsymbol{e}_j \tag{5.4.1}$$

一个张量的所有分量可以写成一个矩阵

$$\overleftrightarrow{T} \sim \begin{bmatrix} T_{11} & T_{12} & T_{13} \\ T_{21} & T_{22} & T_{23} \\ T_{31} & T_{32} & T_{33} \end{bmatrix}$$

显然张量 $\overleftrightarrow{T}$ 和这样的矩阵一一对应。这个矩阵称为张量 $\overleftrightarrow{T}$ 的矩阵表示。

一个张量若满足 $T_{ij}=T_{ji}$，则称这个张量为对称张量。如果 $T_{ij}=-T_{ji}$，则称为反对称张量。任何一个张量都可分解为一个对称张量和一个反对称张量的和，即

$$\overleftrightarrow{T} = \sum_{ij}\frac{1}{2}(T_{ij}+T_{ji})\boldsymbol{e}_i\boldsymbol{e}_j + \sum_{ij}\frac{1}{2}(T_{ij}-T_{ji})\boldsymbol{e}_i\boldsymbol{e}_j \tag{5.4.2}$$

张量的对角元素之和 $\sum_i T_{ii} = T_{11}+T_{22}+T_{33}$ 称为张量的迹。如果一个张量的迹为零，则称它为零迹张量，显然反对称张量必为零迹张量。

2. 应力张量

张量最初是分析弹性体的受力状态而引用的，因此最好通过弹性体内一点的应力状态来说明张量的意义和应用。

作用于一个弹性体的力一般分为两类：体积力与表面力。

体积力作用在物体内部的各质点上。若将物体分成许多体积元 $\mathrm{d}v$，则作用于 $\mathrm{d}v$ 的体积力与 $\mathrm{d}v$ 成正比，若体积力的分布函数为 $\boldsymbol{f}$，则作用于一个体积元 $\mathrm{d}v$ 的力为 $\boldsymbol{f}\mathrm{d}v$，而作用于整个物体的体积力可通过积分 $\int_v \boldsymbol{f}\mathrm{d}v$ 求得。体积力的一个典型例子是重力，这时体积力 $\boldsymbol{f}$ 与物体的密度成正比。

表面力只能由表面作用于物体。在表面元 $\mathrm{d}S$ 上沿法线方向作一单位矢量 $\boldsymbol{n}$，其正方向由物体内部指向外部，作用在 $\mathrm{d}S$ 上的力可表示为 $\boldsymbol{T}_n\mathrm{d}S$，$\boldsymbol{T}_n$ 为单位面积上的受力，称为应力矢量。下标 n 表示受力表面的法线方向。令 $\boldsymbol{T}_n$ 的 x、y、z 分量分别为 T_{xn}、T_{yn}、T_{zn}（第一下标表示分量，第二下标表示面积元的法线），则

$$\boldsymbol{T}_n = T_{xn}\cdot\boldsymbol{e}_x + T_{yn}\cdot\boldsymbol{e}_y + T_{zn}\cdot\boldsymbol{e}_z \tag{5.4.3}$$

由式(5.4.3)，$\boldsymbol{T}_n$ 沿另外一单位矢量 $\boldsymbol{m}$ 方向的分量为

$$T_{mn} = \boldsymbol{T}_n\cdot\boldsymbol{m} = T_{xn}\cdot m_x + T_{yn}\cdot m_y + T_{zn}\cdot m_z \tag{5.4.4}$$

若 $\boldsymbol{m}=\boldsymbol{n}$，则所得分量 T_{nn} 垂直于表面元，称为法向应力；若 $\boldsymbol{m}\perp\boldsymbol{n}$，则 T_{mn} 平行于表面元，称为切向应力。

显然，对于位于 yz 平面内、法线沿着 x 方向的一个面积元，其表面力分量应写成 T_{xx}、T_{yx}、T_{zx}；同样作用于一个位于平面 xz 内的面积元的表面力分量为 T_{xy}、T_{yy}、T_{zy}；作用于一个位于平面 xy 内的表面力分量为 T_{xz}、T_{yz}、T_{zz}，这 9 个分量称为应力，

其中 T_{xx}、T_{yy}、T_{zz} 为法向应力，其他分量均为切向应力。

我们在受力的弹性体内取一点 P，以 P 为原点作一直线坐标系，并把物体在第一象限中分割出一个无限小的四面体，如图 5.6 所示。设这个四面体的基面 ABC 的面积为 $\mathrm{d}S$，其外法线单位矢量为 $\boldsymbol{n}$。若 $\boldsymbol{n}$ 与 x、y、z 轴的夹角分别为 α、β、γ，则 $\boldsymbol{n}$ 的分量为 $n_x=\cos\alpha$，$n_y=\cos\beta$，$n_z=\cos\gamma$。作用于 $\mathrm{d}S$ 上的表面力为 $\boldsymbol{T}_x\mathrm{d}S$，四面体其他三个面为 $\mathrm{d}S_x$、$\mathrm{d}S_y$、$\mathrm{d}S_z$，作用在它们上面的表面力分别为 $\boldsymbol{T}_x\mathrm{d}S_x$、$\boldsymbol{T}_y\mathrm{d}S_y$、$\boldsymbol{T}_z\mathrm{d}S_z$，它们是二阶微量。作用于四面体内部的体积力 $\boldsymbol{f}\mathrm{d}v$ 为三阶微量，可忽略不计，于是满足以下平衡条件：

$$\boldsymbol{T}_n\mathrm{d}S=\boldsymbol{T}_x\mathrm{d}S_x+\boldsymbol{T}_y\mathrm{d}S_y+\boldsymbol{T}_z\mathrm{d}S_z$$

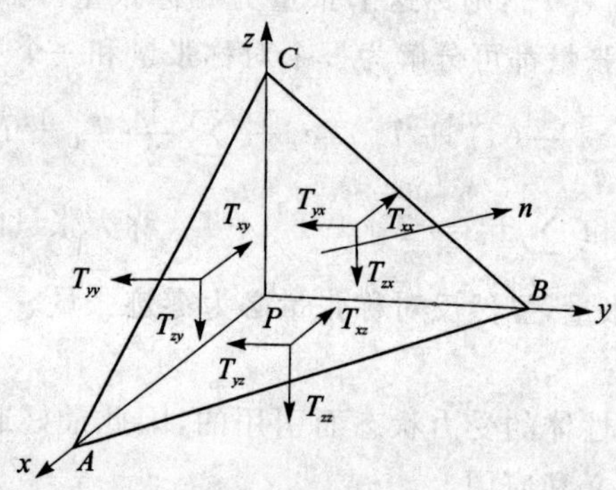

图 5.6　应力状态图

不难看出

$$\mathrm{d}S_x=\mathrm{d}S\cos\alpha=n_x\mathrm{d}S$$
$$\mathrm{d}S_y=\mathrm{d}S\cos\beta=n_y\mathrm{d}S$$
$$\mathrm{d}S_z=\mathrm{d}S\cos\gamma=n_z\mathrm{d}S$$

因此

$$\boldsymbol{T}_n=\boldsymbol{T}_x n_x+\boldsymbol{T}_y n_y+\boldsymbol{T}_z n_z \tag{5.4.5}$$

并可写成分量的形式

$$\left.\begin{aligned}T_{xn}&=T_{xx}n_x+T_{xy}n_y+T_{xz}n_z\\T_{yn}&=T_{yx}n_x+T_{yy}n_y+T_{yz}n_z\\T_{zn}&=T_{zx}n_x+T_{zy}n_y+T_{zz}n_z\end{aligned}\right\} \tag{5.4.6}$$

对于作用在一个法线方向 $\boldsymbol{n}$ 沿任意方向的面元上的应力矢量 $\boldsymbol{T}_n$，将式(5.4.6)代入式(5.4.4)，就得到它在任意方向 $\boldsymbol{m}$ 上的分量 T_{mn} 的变换公式

$$\begin{aligned}T_{mn}=&T_{xx}m_xn_x+T_{xy}m_xn_y+T_{xz}m_xn_z+\\&T_{yx}m_yn_x+T_{yy}m_yn_y+T_{yz}m_yn_z+\\&T_{zx}m_zn_x+T_{zy}m_zn_y+T_{zz}m_zn_z\end{aligned} \tag{5.4.7}$$

依物理概念，和与坐标方向相联系的分量 T_{xx}，T_{xy}，…，T_{zz} 相反，T_{mn} 是应力场中一个

与坐标取向无关的量。

因此，我们也可以这样定义张量，它通过 9 个分量来描述，且在与两矢量 $\boldsymbol{n}$ 和 $\boldsymbol{m}$ 相结合的情况下，以式(5.4.7)的形式构成一个标量的物理量，称为张量。更确切地说，它是一个二阶张量，因为它是用二重下标来描述的。在物理学中，还会遇到三阶、四阶或更高阶的张量，它们具有相应的多重下标，且可与 3 个或更多的矢量通过与式(5.4.7)相似的乘法导出标量。

5.4.2　张量的代数计算

两个张量相加，即对应分量相加

$$\overleftrightarrow{T} + \overleftrightarrow{\Phi} = \sum_{i,j}(T_{ij} + \Phi_{ij})\boldsymbol{e}_i\boldsymbol{e}_j \tag{5.4.8}$$

标量 φ 乘以张量 $\overleftrightarrow{T}$，即以 φ 乘 $\overleftrightarrow{T}$ 的每个分量

$$\varphi\overleftrightarrow{T} = \sum_{i,j}(\varphi T_{ij})\boldsymbol{e}_i\boldsymbol{e}_j \tag{5.4.9}$$

张量与矢量点乘，其结果是一个矢量

$$\boldsymbol{f}\cdot\overleftrightarrow{T} = \boldsymbol{f}\cdot\sum_{i,j}T_{ij}\boldsymbol{e}_i\boldsymbol{e}_j = \sum_{i,j}T_{ij}(\boldsymbol{f}\cdot\boldsymbol{e}_i)\boldsymbol{e}_j = \sum_j\Big(\sum_i f_iT_{ij}\Big)\boldsymbol{e}_j \tag{5.4.10}$$

这个矢量的第 j 个分量是 $\sum_i f_iT_{ij}$。式(5.4.10)表明，若把 $\boldsymbol{f}$ 的三个分量写成行矩阵，利用 $\overleftrightarrow{T}$ 的矩阵表示，矢量与张量点乘乘积矢量的行矩阵可由矩阵乘

$$\boldsymbol{f}\cdot\overleftrightarrow{T} \sim \begin{bmatrix} f_1 & f_2 & f_3 \end{bmatrix}\begin{bmatrix} T_{11} & T_{12} & T_{13} \\ T_{21} & T_{22} & T_{23} \\ T_{31} & T_{32} & T_{33} \end{bmatrix}$$

得出。同样

$$\overleftrightarrow{T}\cdot\boldsymbol{f} = \sum_i\Big(\sum_j T_{ij}f_j\Big)\boldsymbol{e}_i \tag{5.4.11}$$

用矩阵表示为

$$\overleftrightarrow{T}\cdot\boldsymbol{f} \sim \begin{bmatrix} T_{11} & T_{12} & T_{13} \\ T_{21} & T_{22} & T_{23} \\ T_{31} & T_{32} & T_{33} \end{bmatrix}\begin{bmatrix} f_1 \\ f_2 \\ f_3 \end{bmatrix}$$

由于矩阵乘顺序不能交换，因此，一般

$$\boldsymbol{f}\cdot\overleftrightarrow{T} \neq \overleftrightarrow{T}\cdot\boldsymbol{f}$$

张量与张量点乘分一次点乘和二次点乘，两个张量一次点乘，其结果仍是一个张量

$$\overleftrightarrow{T}\cdot\overleftrightarrow{\Phi} = \Big(\sum_{i,j}T_{ij}\boldsymbol{e}_i\boldsymbol{e}_j\Big)\cdot\Big(\sum_{k,l}T_{kl}\boldsymbol{e}_k\boldsymbol{e}_l\Big) = \sum_{il}\Big(\sum_j T_{ij}\Phi_{jl}\Big)\boldsymbol{e}_i\boldsymbol{e}_l \tag{5.4.12}$$

这个新张量的 e_ie_l 分量就是 $\sum_j T_{ij}\Phi_{jl}$。由式(5.4.12)，若把 $\overleftrightarrow{T}$ 和 $\overleftrightarrow{\Phi}$ 都表示成矩阵形式，$\overleftrightarrow{T}$ 和 $\overleftrightarrow{\Phi}$ 的一次点乘得到的新张量的矩阵就是 $\overleftrightarrow{T}$ 和 $\overleftrightarrow{\Phi}$ 相应矩阵的乘积。

$$\overleftrightarrow{T}\cdot\overleftrightarrow{\Phi}\sim\begin{bmatrix}T_{11} & T_{12} & T_{13}\\ T_{21} & T_{22} & T_{23}\\ T_{31} & T_{32} & T_{33}\end{bmatrix}\begin{bmatrix}\Phi_{11} & \Phi_{12} & \Phi_{13}\\ \Phi_{21} & \Phi_{22} & \Phi_{23}\\ \Phi_{31} & \Phi_{32} & \Phi_{33}\end{bmatrix}$$

由于矩阵乘积不可交换，所以一般有

$$\overleftrightarrow{T}\cdot\overleftrightarrow{\Phi}\neq\overleftrightarrow{\Phi}\cdot\overleftrightarrow{T}$$

两个张量的二次点乘，其结果是一个标量

$$\overleftrightarrow{T}:\overleftrightarrow{\Phi}=\Big(\sum_{ij}T_{ij}e_ie_j\Big):\Big(\sum_{kl}T_{kl}e_ke_l\Big)=\sum_{ijkl}T_{ij}\Phi_{kl}\delta_{jk}\delta_{il}=$$

$$\sum_{ij}T_{ij}\Phi_{ji}=\sum_i\Big(\sum_j T_{ij}\Phi_{ji}\Big)\tag{5.4.13}$$

这表明，这个标量是一次点乘乘积张量的迹。由于在求迹号下相乘的矩阵因子可以交换，所以

$$\overleftrightarrow{T}:\overleftrightarrow{\Phi}=\overleftrightarrow{\Phi}:\overleftrightarrow{T}$$

张量与矢量叉乘定义为

$$\boldsymbol{f}\times\overleftrightarrow{T}=\boldsymbol{f}\times\Big(\sum_{ij}T_{ij}e_ie_j\Big)=\sum_{i,j}T_{ij}(\boldsymbol{f}\times e_i)e_j\tag{5.4.14}$$

$$\overleftrightarrow{T}\times\boldsymbol{f}=\Big(\sum_{ij}T_{ij}e_ie_j\Big)\times\boldsymbol{f}=\sum_{i,j}T_{ij}e_i(e_j\times\boldsymbol{f})\tag{5.4.15}$$

乘积仍是张量。一般地

$$\boldsymbol{f}\times\overleftrightarrow{T}\neq\overleftrightarrow{T}\times\boldsymbol{f}$$

张量 $\overleftrightarrow{I}=\sum_i e_ie_i=e_1e_1+e_2e_2+e_3e_3$ 称为单位张量。单位张量表示矩阵是一个单位矩阵

$$\overleftrightarrow{I}\sim\begin{bmatrix}1 & 0 & 0\\ 0 & 1 & 0\\ 0 & 0 & 1\end{bmatrix}$$

由式(5.4.10)和式(5.4.11)，单位张量与任何矢量点乘，其结果仍为原来的矢量。由式(5.4.12)，单位张量与任何张量一次点乘，其结果仍是原来的张量。单位张量与张量的二次点乘，得到的是该张量的迹：

$$\overleftrightarrow{I}:\overleftrightarrow{T}=\Big(\sum_k e_ke_k\Big):\Big(\sum_{ij}T_{ij}e_ie_j\Big)=\sum_{kij}T_{ij}\delta_{ki}\delta_{kj}=\sum_k T_{kk}\tag{5.4.16}$$

5.4.3 张量的微分计算

如果空间每一个点都对应一个确定的张量，我们就说这个空间是一个张量场。

对于张量场，张量的每个分量都是空间坐标的单值函数。类似于矢量场，可以定义张量场的散度和旋度。

张量场的散度是一个矢量场，定义为

$$\nabla \cdot \overleftrightarrow{T} = \frac{\partial}{\partial x_1}(\boldsymbol{e}_1 \cdot \overleftrightarrow{T}) + \frac{\partial}{\partial x_2}(\boldsymbol{e}_2 \cdot \overleftrightarrow{T}) + \frac{\partial}{\partial x_3}(\boldsymbol{e}_3 \cdot \overleftrightarrow{T}) \tag{5.4.17}$$

张量场的旋度仍是一个张量场，定义为

$$\nabla \times T = \boldsymbol{e}_1\left[\frac{\partial}{\partial x_2}(\boldsymbol{e}_3 \cdot T) - \frac{\partial}{\partial x_3}(\boldsymbol{e}_2 \cdot T)\right] + \boldsymbol{e}_2\left[\frac{\partial}{\partial x_3}(\boldsymbol{e}_1 \cdot T) - \frac{\partial}{\partial x_1}(\boldsymbol{e}_3 \cdot T)\right] + \boldsymbol{e}_3\left[\frac{\partial}{\partial x_1}(\boldsymbol{e}_2 \cdot T) - \frac{\partial}{\partial x_2}(\boldsymbol{e}_1 \cdot T)\right] \tag{5.4.18}$$

设 φ 是标量场，$\boldsymbol{f}$、$\boldsymbol{g}$ 为矢量场，$\overleftrightarrow{T}$ 为张量场，则有下面的公式：

$$\nabla \cdot (\boldsymbol{fg}) = \boldsymbol{g}\nabla \cdot \boldsymbol{f} + \boldsymbol{f} \cdot \nabla \boldsymbol{g} \tag{5.4.19}$$

$$\nabla \cdot (\varphi \overleftrightarrow{T}) = (\nabla\varphi) \cdot \overleftrightarrow{T} + \varphi\nabla \cdot \overleftrightarrow{T} \tag{5.4.20}$$

$$\nabla \times (\boldsymbol{fg}) = (\nabla \times \boldsymbol{f})\boldsymbol{g} - \boldsymbol{f} \times \nabla \boldsymbol{g} \tag{5.4.21}$$

$$\nabla \times (\varphi \overleftrightarrow{T}) = (\nabla\varphi) \times \overleftrightarrow{T} + \varphi\nabla \times \overleftrightarrow{T} \tag{5.4.22}$$

$$\nabla (\varphi \boldsymbol{f}) = (\nabla\varphi)\boldsymbol{f} + \varphi\nabla \boldsymbol{f} \tag{5.4.23}$$

5.5　δ 函数

点电荷是一个重要的物理模型，为了对点电荷的电荷密度分布有一个数学描述，需要引入 δ 函数的概念。

设 x' 点有一个单位点电荷，以 $\rho(x)$ 表示空间的电荷密度分布，$\rho(x)$ 应具有如下性质：

$$\rho(x) = \begin{cases} 0, & x \neq x' \\ \infty, & x = x' \end{cases}$$

$$\int_V \rho(x)\mathrm{d}V = \begin{cases} 0, & x' \notin V \\ 1, & x' \in V \end{cases}$$

这样的密度分布函数在早期数学理论中是没有意义的，只是由于近代物理学和数学的发展，把函数概念推广后才给出确切的定义。狄拉克在 1926 年最早引用它，并用符号 δ 表示，所以又称 Dirac 函数。

由上面说明，δ 函数可定义为

$$\delta(x - x') = \begin{cases} 0, & x \neq x' \\ \infty, & x = x' \end{cases} \tag{5.5.1}$$

$$\int_V \delta(x - x')\mathrm{d}V = \begin{cases} 0, & x' \notin V \\ 1, & x' \in V \end{cases} \tag{5.5.2}$$

在直角坐标、球坐标和柱坐标系下可分别表示为

$$\left.\begin{aligned}\delta(x-x')&=\delta(x-x')\delta(y-y')\delta(z-z')\\\delta(x-x')&=\frac{1}{r^2}\delta(r-r')\delta(\Phi-\Phi')\delta(\cos\theta-\cos\theta')\\\delta(x-x')&=\frac{1}{\rho}\delta(\rho-\rho')\delta(\Phi-\Phi')\delta(z-z')\end{aligned}\right\}\tag{5.5.3}$$

同普通函数一样,可定义 δ 函数的各级微商。如对一维 δ 函数,其一阶导数可定义为

$$\delta'(x)=\lim_{\Delta x\to 0}\frac{\delta(x+\Delta x)-\delta(x)}{\Delta x}\tag{5.5.4}$$

电偶极子的电荷密度分布就可用 δ 函数的一阶导数表示。如图 5.7 所示为在一维情况下,x 轴上 x_0 点的一个电偶极子,空间电荷密度函数为

$$\rho(x)=-Q\delta[x-(x_0-\Delta x)]+Q\delta(x-x_0)=-G_z\frac{\mathrm{d}\delta(x-x_0)}{\mathrm{d}x}$$

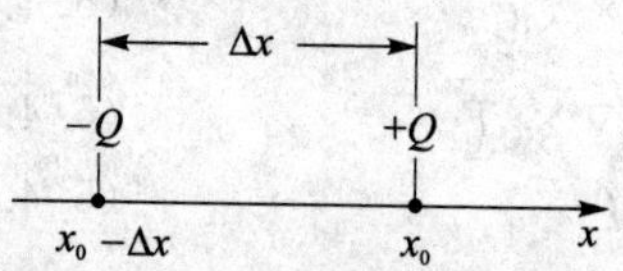

图 5.7　电偶极子电荷分布

式中,$G_z=Q\Delta x$ 就是电偶极矩的 x 分量。推广到三维情况,x_0 点的电偶极子电荷密度分布可表示为

$$\rho(x)=-\boldsymbol{G}\cdot\nabla\delta(x-x_0)\tag{5.5.5}$$

δ 函数具有一个重要性质,即对任意在 x_0 点连续的函数 $f(x)$,有

$$\int_V f(x)\delta(x-x_0)\mathrm{d}V=f(x_0)\tag{5.5.6}$$

V 是包含 x_0 点的任意区域。

该式表明,δ 函数具有某种挑选作用,将 $\delta(x-x_0)$ 与任意在 x_0 点连续的函数相乘,并在含 x_0 点的任意区域上积分,结果给出 f 在 x_0 点的值。

取一维 δ 函数的傅里叶变换:

$$\delta(x)=\int_{-\infty}^{\infty}C(k)\mathrm{e}^{\mathrm{i}kx}\mathrm{d}k$$

式中,傅里叶变换系数

$$C(k)=\frac{1}{2\pi}\int_{-\infty}^{\infty}\delta(x)\mathrm{e}^{-\mathrm{i}kx}\mathrm{d}x=\frac{1}{2\pi}$$

于是得 δ 函数的傅里叶积分表示:

$$\delta(x)=\frac{1}{2\pi}\int_{-\infty}^{\infty}\mathrm{e}^{\mathrm{i}kx}\mathrm{d}k\tag{5.5.7}$$

或

$$\delta(x-x_0)=\frac{1}{2\pi}\int_{-\infty}^{\infty}\mathrm{e}^{\mathrm{i}k(x-x_0)}\mathrm{d}k$$

推广到三维情况,有

$$\delta(x-x_0)=\frac{1}{(2\pi)^3}\int_{\infty}\mathrm{e}^{\mathrm{i}k(x-x_0)}\,\mathrm{d}k \tag{5.5.8}$$

式中，$\mathrm{d}k=\mathrm{d}k_x\mathrm{d}k_y\mathrm{d}k_z$ 是 k 空间的体积元。

本书后续用到的 δ 函数表达式：

$$\delta(x-x_0)=-\frac{1}{4\pi}\nabla^2\frac{1}{r} \tag{5.5.9}$$

式中，$r=|x-x_0|$，该式常写作

$$\nabla^2\frac{1}{r}=-4\pi\delta(x-x_0) \tag{5.5.10}$$

第6章 电动力学的理论基础

电荷守恒定律、麦克斯韦方程组和洛仑兹力构成了电动力学的理论基础。本章通过对不同条件下的电磁现象实验规律的分析与概括，总结出这三大理论基础，并根据这些基本规律揭示电磁场的物质本质。

6.1 电荷、电流与电荷守恒定律

6.1.1 电 荷

自然界中只存在正负两种电荷。基本电荷单位 $e=1.602\times10^{-19}$ C，物质的电量都是基本电荷单位的整数倍。如一个电子带有 $-e$ 电荷，而一个质子带有 $+e$ 电荷。

一个宏观物体所带电荷是构成它的微粒子电荷的代数和。一个宏观物体包含着数目极大的带电粒子，基本电荷单位又是如此之小，以致在足够精确的范围内，可以认为宏观物体电荷量连续取值。

为了描述电荷在带电体上的分布，引进电荷体密度的概念。空间 x 点的电荷体密度，定义为包括 x 点在内的小区域 Ω 中的电荷总量 ΔQ 与区域 Ω 体积 ΔV 之比在 Ω 缩向 x 点($\Delta V\to0$)的极限值，即

$$\rho(x)=\lim_{\Delta V\to0}\frac{\Delta Q}{\Delta V} \tag{6.1.1}$$

这里，ΔV 应理解为一个物理无穷小量，即宏观上是个小量，但微观上仍包含有大量带电粒子。

如果忽略带电体大小和形状的影响，则带电体可抽象为点电荷。点电荷的电荷密度 $\rho(x)$ 可用 δ 函数描述，例如 x' 点上电量为 Q 的点电荷，其密度分布函数为

$$\rho(x)=Q\delta(x-x') \tag{6.1.2}$$

类似地，当电荷分布于一个薄层中，若薄层厚度影响可以忽略，则用面电荷密度 $\sigma(x)$ 描述它的分布。面上 x 点的面电荷密度定义为包括 x 点的面元 ΔS 带的电荷总量 ΔQ 与面元面积 ΔS 之比在 ΔS 缩向 x 点($\Delta S\to0$)的极限值，即

$$\sigma(x)=\lim_{\Delta S\to0}\frac{\Delta Q}{\Delta S} \tag{6.1.3}$$

当电荷沿一条曲线分布时，用线电荷密度 $\lambda(x)$ 描述电荷分布。线上 x 点的线电荷密度定义为含有 x 点的线元 Δl 之比在线元缩向 x 点($\Delta l\to0$)时的极限值，即

$$\lambda(x)=\lim_{\Delta l\to0}\frac{\Delta Q}{\Delta l} \tag{6.1.4}$$

注意：因为任何实际的带电体，其电荷不可能分布在一个几何点、几何面或几何线上，故所谓的点电荷、面电荷、线电荷只是在一定条件下对实际问题的抽象。

6.1.2 电 流

电荷在空间的运动形成电流。为描述电流分布，引进电流密度矢量 $\boldsymbol{J}(x)$。

$$|\boldsymbol{J}(x)| = \lim_{\Delta S \to 0} \frac{\Delta I}{\Delta S} \tag{6.1.5}$$

$\boldsymbol{J}(x)$的方向就是 x 点电流流动的方向，大小等于过 x 与电流垂直的面元 ΔS 上流过的电流 ΔI 与面元 ΔS 之比在 ΔS 缩向 x 点($\Delta S \to 0$)时的极限值。

如果电流是由一种带电粒子的运动形成的，设这种带电粒子的电荷密度为 $\rho(x)$、运动速度为 $\boldsymbol{v}$，则电流密度 $\boldsymbol{J}(x)$可表示为

$$\boldsymbol{J}(x) = \rho(x)\,\boldsymbol{v} \tag{6.1.6}$$

如果电流是由几种带电粒子运动形成的，则总电流密度矢量等于每一种带电粒子电流密度的矢量和。

当电流在一个厚度可忽略的薄层中流动时，可以引进面电流密度 $\alpha(x)$描述电流分布。面上 x 点的面电流密度 $\alpha(x)$，其方向沿 x 点的电流流动方向，大小定义为过 x 点与电流垂直的线元 Δl 上流过的电流 ΔI(实际上是长为 Δl、高为小量 Δh 的横截面上流过的电流)与线元长度 Δl 之比在 Δl 缩向 x 点($\Delta l \to 0$)时的极限值，即

$$\alpha(x) = \lim_{\Delta l \to 0} \frac{\Delta I}{\Delta l} \tag{6.1.7}$$

在电流场中，已知电流密度 $\boldsymbol{J}$，通过任意一有向曲面 S 的电流，就是电流密度矢量对 S 面的通量，即

$$I = \int_S \boldsymbol{J} \cdot \mathrm{d}\boldsymbol{S} \tag{6.1.8}$$

类似地，在面电流情况下，流过面上任一有向曲线 L 的电流可表示为

$$I = \int_L (\boldsymbol{n} \times \boldsymbol{\alpha}) \cdot \mathrm{d}\boldsymbol{l} \tag{6.1.9}$$

式中，$\boldsymbol{n}$ 为电流所在平面的法向。

6.1.3 电荷守恒定律

在一个物理系统中，不论发生任何变化过程(不限于电磁的，可以是化学反应、原子核裂变和聚合、基本粒子转化等)，系统中的电荷总量不变，这个实验事实称为电荷守恒定律。电荷守恒定律是迄今人类认识到的自然界中精确成立的少数几个基本定律之一。

考虑由闭合曲面 S 包围的空间区域 V，存在

$$\frac{\mathrm{d}}{\mathrm{d}t}\int_V \rho \mathrm{d}V = -\oint_S \mathrm{d}\boldsymbol{S} \cdot \boldsymbol{J} \tag{6.1.10}$$

由于电荷守恒,V 中的电荷增加率必等于单位时间内由界面 S 上流入的电荷。这是电荷守恒定律的积分表示。

当区域 V 取定(边界面 S 不随时间变化)时,V 中的电荷增加率等于 V 中各点电荷增加率之和,上式左端对时间的微商可变成偏微商移到积分号内,同时对右端应用高斯公式,可得

$$\int_V \frac{\partial \rho}{\partial t}\mathrm{d}V = -\int_V \mathrm{d}V \nabla \cdot \boldsymbol{J}$$

由于上式对任意区域 V 成立,被积函数必处处相等,所以有

$$\frac{\partial \rho}{\partial t} + \nabla \cdot \boldsymbol{J} = 0 \tag{6.1.11}$$

这是微分形式的电荷守恒定律,又称电流连续性方程。

在稳恒情况下,电荷密度与时间无关,由式(6.1.11)得,稳恒电流连续性方程:

$$\nabla \cdot \boldsymbol{J} = 0 \tag{6.1.12}$$

其积分形式为

$$\oint_S \mathrm{d}\boldsymbol{S} \cdot \boldsymbol{J} = 0 \tag{6.1.13}$$

这表示稳恒电流线总是闭合的。

6.2 积分形式的麦克斯韦方程组

6.2.1 位移电流

一个没有分支的闭合导体电路中,在任何时刻通过导体上任何截面的电流总是相等的。

但在接有电容器的电路中,情况就不同了。下面来分析这种情况。

设有一电路,接有平板电容器 A、B,图 6.1(a)、(b)分别表示电容器充电和放电时的情况。不论充电或放电,在同一时刻通过电路导体上任何截面的电流都相等,但是这种在金属导体中的传导电流,不能在电容器的两极板之间的真空或电介质中流动,因而对整个电路来说,传导电流是不连续的。在传导电流不连续的情况中,应用安培环路定律,将得到矛盾的结果。

例如在图 6.1(a)中,取一个包围平板 A 的封闭曲面,它由曲面 S_2 和 S_1 组成。我们取曲面 S_2 和 S_1 的边界线 L 作为积分的闭合回路,根据安培环路定律,磁场强度 $\boldsymbol{H}$ 沿闭合回路的线积分只和穿过回路所在曲面的电流有关,如果取 S_1 面,就得到

$$\oint_L \boldsymbol{H} \cdot \mathrm{d}\boldsymbol{l} = I$$

但是取 S_2 面,得

$$\oint_L \boldsymbol{H} \cdot \mathrm{d}\boldsymbol{l} = 0$$

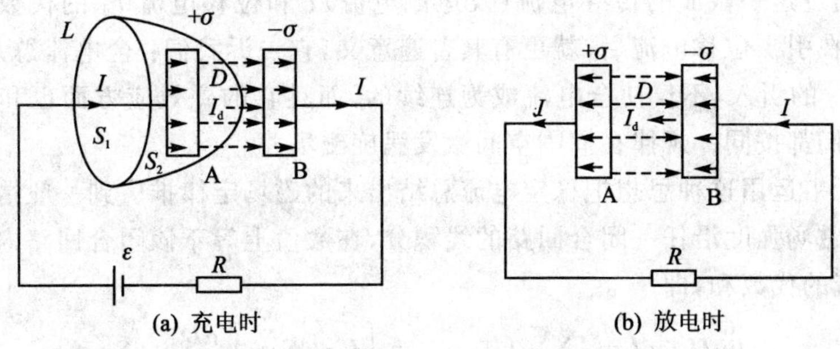

(a) 充电时 (b) 放电时

图 6.1 传导电流与位移电流示意图

显然,这两个式子是矛盾的,矛盾的结果引起了麦克斯韦的重视,他认为第一个式子正确,而第二个式子需要修改。

麦克斯韦注意到,在上述电路中,当电容器充电或放电时,电容器两极板上的电量 q 和电荷密度 σ 都随时间而变化(充电时增加,放电时减少),极板内的电流 I 和电流密度 J 分别等于$\frac{\mathrm{d}q}{\mathrm{d}t}$和$\frac{\mathrm{d}\sigma}{\mathrm{d}t}$,与此同时,两极板之间电位移 $\boldsymbol{D}$ 和通过整个截面的电位移通量 $\phi_{\mathrm{D}}=\boldsymbol{D}\cdot\boldsymbol{S}$ 也都随时间变化而变化。在国际单位制中,平行板电容器内电位移 $\boldsymbol{D}$ 等于极板上的电荷密度σ,电位移通量 ϕ_{D} 等于极板上的总电荷,$q=\sigma S$。所以$\frac{\mathrm{d}\boldsymbol{D}}{\mathrm{d}t}$和$\frac{\mathrm{d}\phi_{\mathrm{D}}}{\mathrm{d}t}$在量值上也分别有$\frac{\mathrm{d}\sigma}{\mathrm{d}t}=J$ 和$\frac{\mathrm{d}q}{\mathrm{d}t}=I$。在方向上,充电时,电场增加,$\frac{\mathrm{d}\boldsymbol{D}}{\mathrm{d}t}$的方向与场的方向一致,也与导体中电流方向一致;放电时,电场减少,$\frac{\mathrm{d}\boldsymbol{D}}{\mathrm{d}t}$的方向与场的方向相反,但仍与导体中电流方向一致。至于$\frac{\mathrm{d}\phi_{\mathrm{D}}}{\mathrm{d}t}$,无论充电或放电,在量值上也相应地等于导体中的电流。可见在接有电容器的电路中,其电流借助于电容器内的电场变化,仍可视为连续的。这种把电场的变化看作电流的论点就是麦克斯韦所引入的位移电流概念。令

$$\boldsymbol{J}_{\mathrm{d}}=\frac{\mathrm{d}\boldsymbol{D}}{\mathrm{d}t} \tag{6.2.1}$$

$$I_{\mathrm{d}}=\frac{\mathrm{d}\phi_{\mathrm{D}}}{\mathrm{d}t} \tag{6.2.2}$$

式中,$\boldsymbol{J}_{\mathrm{d}}$ 和 I_{d} 分别称为位移电流密度和位移电流。上述定义说明,电场中某点的位移电流密度等于该点电位移的时间变化率,通过电场中的某截面的位移电流等于通过该截面的电位移通量的时间变化率。

通常把由电子或离子相对于导体的移动所形成的电流,称为传导电流;由带电物体的运动所形成的电流,称为运流电流。在一般情况下,传导电流、运流电流和位移电流可能同时通过某一截面,因此,麦克斯韦又引入了全电流的概念。通过某截面的

全电流是通过这一截面的传导电流(及运流电流)I 和位移电流 I_d 的代数和。电流的连续性,在引入位移电流后,就更有其普遍意义,它告诉我们:全电流总是连续的。位移电流 I_d 的引入,不仅使全电流成为连续的,而且它的磁效应方面也和传导电流等效,即它们都按同一规律在周围空间激发涡旋磁场。

麦克斯韦运用这种思想把稳定电流总结出来的磁场定律推广到一般情况,指出:在磁场中,磁场强度沿任一闭合回路的线积分,在数值上等于该闭合回路内传导电流和位移电流的代数和,即

$$\oint \boldsymbol{H} \cdot \mathrm{d}\boldsymbol{l} = \sum (I + I_d) = \int \boldsymbol{J} \cdot \mathrm{d}\boldsymbol{S} + \int \frac{\partial \boldsymbol{D}}{\partial t} \cdot \mathrm{d}\boldsymbol{S} \tag{6.2.3}$$

该方程称为全电流定律。当我们把上式用到图 6.1(a)取 S_2 面的情况中时,得到

$$\oint \boldsymbol{H} \cdot \mathrm{d}\boldsymbol{l} = I_d = \frac{\mathrm{d}\phi_D}{\mathrm{d}t}$$

如前所述,$\frac{\mathrm{d}\phi_D}{\mathrm{d}t} = \frac{\mathrm{d}q}{\mathrm{d}t} = I$,因而这个结果和取 S_1 面的情况的结果

$$\oint \boldsymbol{H} \cdot \mathrm{d}\boldsymbol{l} = I$$

就一致了。

由此可见,位移电流的引入,深刻揭示了电场和磁场的内在联系,反映了自然现象的对称性。法拉第电磁感应定律说明了变化的磁场能产生涡旋电场,位移电流的论点说明变化的电场能激发涡旋磁场,两种变化永远互相联系着,形成统一的电磁场。

这里需要对位移电流和传导电流作进一步说明。

根据位移电流的定义,在电场中每一点只要有位移的变化,就有相应的位移电流密度存在。因此,不仅在电介质中,就是在导体中,甚至在真空中也可以产生位移电流。在通常情况下,电介质的电流主要是位移电流,传导电流可以忽略不计。而在导体中的电流主要是传导电流,位移电流可以忽略不计。至于在高频电流的场合,导体内的位移电流和传导电流同样起作用,不能忽略任何一个。

另外应该指出,传导电流和位移电流毕竟是两个截然不同的概念。它们只有在激发磁场方面是等效的,因此都称为电流,但它们存在根本的差别。首先,传导电流和电荷的宏观定向运动有关,而位移电流和电场的变化率有关。在电介质中也只和介质极化时极化电荷的微观运动有关。其次,位移电流不像传导电流通过导体时要产生焦耳热,位移电流没有这种热效应。

6.2.2 麦克斯韦方程组的积分形式

麦克斯韦电磁场理论的基本概念包含两个主要内容:

① 除静止电荷产生无旋电场外,变化的磁场要产生涡旋电场;② 变化的电场和传导电流一样均产生涡旋磁场。这就是说,变化的电场和磁场不是彼此孤立的,它们

相互联系，相互激发，组成一个统一的电磁场。根据这些基本概念，下面介绍麦克斯韦电磁场方程的积分形式。

1. 电场的性质

自由电荷产生的电场和变化磁场产生的电场性质并不相同。自由电荷产生的电场是无旋场，它的电位移线是不闭合的，通过任何封闭曲面的电位移通量等于它所包围的自由电荷的代数和。由介质存在时电场的高斯定理可得

$$\oint_S \boldsymbol{D}_1 \cdot \mathrm{d}\boldsymbol{S} = \sum q = \int_V \rho \mathrm{d}V$$

式中，$\boldsymbol{D}_1$ 表示自由电荷产生的电场中的电位移，ρ 表示电荷体密度。

变化磁场产生的电场是涡旋电场，它的电位移线是闭合的。通过任何封闭曲面的电位移通量等于零，同样由高斯定理可得

$$\oint_D \boldsymbol{D}_2 \cdot \mathrm{d}\boldsymbol{S} = 0$$

式中，$\boldsymbol{D}_2$ 表示变化磁场产生的电场中的电位移。

在一般情况下，电场可以由自由电荷和变化磁场共同产生，这时电场将兼有上述两种电场的性质。用 $\boldsymbol{D}$ 表示总的电位移，则 $\boldsymbol{D}=\boldsymbol{D}_1+\boldsymbol{D}_2$，由上两式得

$$\oint_S \boldsymbol{D} \cdot \mathrm{d}\boldsymbol{S} = \sum q = \int_V \rho \mathrm{d}V \tag{6.2.4}$$

式(6.2.4)表明，在任何电场中，通过任何封闭曲面的电位移通量等于该封闭曲面内自由电荷的代数和。

2. 磁场的性质

磁场可以由传导电流及运流电流产生，也可以由变化电场产生。所有磁场都是涡旋场，磁感应线都是闭合曲线。因此在任何磁场中，通过任何封闭曲面的磁通量总是等于零。因而磁场的高斯定理为

$$\oint_S \boldsymbol{B} \cdot \mathrm{d}\boldsymbol{S} = 0 \tag{6.2.5}$$

式中，$\boldsymbol{B}$ 为磁感应强度。

3. 变化电场和磁场的联系

由传导电流或运流电流产生的磁场，满足如下安培环路定律：

$$\oint_L \boldsymbol{H}_1 \cdot \mathrm{d}\boldsymbol{l} = \int_S \boldsymbol{J} \cdot \mathrm{d}\boldsymbol{S}$$

式中，$\boldsymbol{H}_1$ 是传导电流或运流电流产生的磁场强度。对于位移电流产生的磁场，如用 $\boldsymbol{H}_2$ 表示其磁场强度，则由安培环路定律可得

$$\oint_L \boldsymbol{H}_2 \cdot \mathrm{d}\boldsymbol{l} = I_\mathrm{d} = \int_S \frac{\partial \boldsymbol{D}}{\partial t} \cdot \mathrm{d}\boldsymbol{S}$$

在一般情况下，磁场可以由传导电流、运流电流和位移电流共同产生，用 $\boldsymbol{H}$ 表示总磁场强度。显然 $\boldsymbol{H}$ 将等于 $\boldsymbol{H}_1$ 和 $\boldsymbol{H}_2$ 的矢量和，根据上述两式，可得全电流定律，表示如下：

$$\oint_L \boldsymbol{H} \cdot \mathrm{d}\boldsymbol{l} = \sum (I + I_{\mathrm{d}}) = \int_S \boldsymbol{J} \cdot \mathrm{d}\boldsymbol{S} + \int_S \frac{\partial \boldsymbol{D}}{\partial t} \cdot \mathrm{d}\boldsymbol{S} \tag{6.2.6}$$

该式表明，在任何磁场中，磁场强度沿任一闭合曲线的线积分等于通过该闭合曲线所围面积内的全电流。

4. 变化磁场和电场的联系

由自由电荷产生的电场，满足如下场强环流定律：

$$\oint_L \boldsymbol{E}_1 \cdot \mathrm{d}\boldsymbol{l} = 0$$

式中，$\boldsymbol{E}_1$ 是自由电荷产生的电场中的电场强度。变化磁场也要产生电场，如用 $\boldsymbol{E}_2$ 表示它的电场强度，那么根据电磁感应定律，有

$$\oint_L \boldsymbol{E}_2 \cdot \mathrm{d}\boldsymbol{l} = -\frac{\partial \phi}{\partial t} = -\int_S \frac{\partial \boldsymbol{B}}{\partial t} \cdot \mathrm{d}\boldsymbol{S}$$

在一般情况下，电场可以由自由电荷和变化磁场共同产生，总电场强度 $\boldsymbol{E}$ 是电场强度 $\boldsymbol{E}_1$、$\boldsymbol{E}_2$ 两者的矢量和。根据上两式可得

$$\oint_L \boldsymbol{E} \cdot \mathrm{d}\boldsymbol{l} = -\frac{\partial \varphi}{\partial t} = -\int_S \frac{\partial \boldsymbol{B}}{\partial t} \cdot \mathrm{d}\boldsymbol{S} \tag{6.2.7}$$

上式表明，在任何电场中电场强度沿任意闭合曲线的线积分等于通过该曲线所包围面积的磁通量的时间变化率的负值。

式(6.2.4)～式(6.2.7)以数学形式高度概括了电磁场的基本性质和规律，是一个系统、完整的方程组，称为积分形式的麦克斯韦方程组。

6.3 微分形式的麦克斯韦方程组

麦克斯韦方程的积分形式能适用于一般情形的电磁场，不过这些方程的数学表示式是以积分形式来联系所选定范围内(例如一个闭合回路或一个封闭曲面内)各点的电磁场量的($\boldsymbol{E}$、$\boldsymbol{D}$、$\boldsymbol{B}$、$\boldsymbol{H}$、ρ、$\boldsymbol{J}$ 等)，而不能直接表示某一点上各电磁场量之间的相互关系。在实际应用中，有时更重要的是要知道场中某些点的场量。从物理原理上说，麦克斯韦微分方程组是进一步研究电磁场理论的基础和出发点。下面介绍微分形式的麦克斯韦方程组。

6.3.1 麦克斯韦微分方程组

当电磁场中电磁场量可微、光滑时，可将麦克斯韦积分方程组转化为微分方程的形式。

由式(6.2.4)出发，应用奥-高公式

$$\oint_S \boldsymbol{F} \cdot \mathrm{d}\boldsymbol{S} = \int_V \nabla \cdot \boldsymbol{F} \mathrm{d}V$$

式(6.2.4)变为

$$\int_V \nabla \cdot \boldsymbol{D} \mathrm{d}V = \int_V \rho \mathrm{d}V$$

$$\int_V (\nabla \cdot \boldsymbol{D} - \rho) \mathrm{d}V = 0$$

由于体积积分 dV 是任意的，由上式可得

$$\nabla \cdot \boldsymbol{D} = \rho \tag{6.3.1}$$

由式(6.2.5)可得

$$\oint_S \boldsymbol{B} \cdot \mathrm{d}\boldsymbol{S} = \int_V \nabla \cdot \boldsymbol{B} \mathrm{d}V = 0$$

由于体积分 dV 是任意的，故上式为

$$\nabla \cdot \boldsymbol{B} = 0 \tag{6.3.2}$$

由式(6.2.6)的左端应用斯托克斯公式

$$\oint_L \boldsymbol{F} \cdot \mathrm{d}\boldsymbol{l} = \int_S \nabla \times \boldsymbol{F} \cdot \mathrm{d}\boldsymbol{S}$$

由式(6.2.6)变为

$$\int_S \nabla \times \boldsymbol{H} \cdot \mathrm{d}\boldsymbol{S} = \int_S \boldsymbol{J} \cdot \mathrm{d}\boldsymbol{S} + \int_S \frac{\partial \boldsymbol{D}}{\partial t} \cdot \mathrm{d}\boldsymbol{S}$$

$$\int_S \left(\nabla \times \boldsymbol{H} - \boldsymbol{J} - \frac{\partial \boldsymbol{D}}{\partial t} \right) \cdot \mathrm{d}\boldsymbol{S} = 0$$

由于面积积分 d$\boldsymbol{S}$ 是任意的，上式可写成

$$\nabla \times \boldsymbol{H} = \boldsymbol{J} + \frac{\partial \boldsymbol{D}}{\partial t} \tag{6.3.3}$$

由式(6.2.7)可得

$$\nabla \times \boldsymbol{E} = -\frac{\partial \boldsymbol{B}}{\partial t} \tag{6.3.4}$$

把式(6.3.1)～式(6.3.4)联立起来即得麦克斯韦微分方程组

$$\left.\begin{aligned} &\nabla \cdot \boldsymbol{D} = \rho \\ &\nabla \cdot \boldsymbol{B} = 0 \\ &\nabla \times \boldsymbol{H} = \boldsymbol{J} + \frac{\partial \boldsymbol{D}}{\partial t} \\ &\nabla \times \boldsymbol{E} = -\frac{\partial \boldsymbol{B}}{\partial t} \end{aligned}\right\} \tag{6.3.5}$$

在应用这些方程时，要考虑到介质对电磁场的影响，这种影响使电磁场场量和介质特性 μ、ε、σ 发生联系。

对于各向同性的媒介质，媒介质的本构关系为

$$\left.\begin{aligned} &\boldsymbol{D} = \varepsilon \boldsymbol{E} \\ &\boldsymbol{B} = \mu \boldsymbol{H} \\ &\boldsymbol{J} = \sigma(\boldsymbol{E} + \boldsymbol{E}^{(e)}) \end{aligned}\right\} \tag{6.3.6a}$$

式中，ε 为介电常数，μ 为磁导率，σ 为电导率。它们是场中位置、温度、压强的函数。

$\boldsymbol{E}^{(e)}$为局外力所产生的电场强度，$\boldsymbol{E}^{(e)}$仅在蓄电池、发动机、发电机内存在，对不存在局外电场强度的区域，$\boldsymbol{E}^{(e)}=\boldsymbol{0}$。于是 $\boldsymbol{J}=\sigma\boldsymbol{E}$。

对于各向异性的媒介质，其本构关系为

$$\left.\begin{aligned}\boldsymbol{D}&=[\varepsilon]\boldsymbol{E}\\\boldsymbol{B}&=[\mu]\boldsymbol{H}\\\boldsymbol{J}&=[\sigma]\boldsymbol{E}\end{aligned}\right\}\tag{6.3.6b}$$

上式中第一式 $\boldsymbol{D}=[\varepsilon]\boldsymbol{E}$ 写成分量形式，对应于

$$\begin{pmatrix}D_x\\D_y\\D_z\end{pmatrix}=\begin{bmatrix}\varepsilon_{11}&\varepsilon_{12}&\varepsilon_{13}\\\varepsilon_{21}&\varepsilon_{22}&\varepsilon_{23}\\\varepsilon_{31}&\varepsilon_{32}&\varepsilon_{33}\end{bmatrix}\begin{bmatrix}E_x\\E_y\\E_z\end{bmatrix}$$

类似地，可写出其他两式的分量关系。

对非线性(强场)各向同性介质，其本构关系为

$$\left.\begin{aligned}\boldsymbol{D}&=\boldsymbol{D}(\boldsymbol{E})=\varepsilon_1\boldsymbol{E}+\varepsilon_2\boldsymbol{E}^2+\cdots\\\boldsymbol{B}&=\boldsymbol{B}(\boldsymbol{H})=\mu_1\boldsymbol{H}+\mu_2\boldsymbol{H}^2+\cdots\\\boldsymbol{J}&=\boldsymbol{J}(\boldsymbol{E})=\sigma_1\boldsymbol{E}+\sigma_2\boldsymbol{E}^2+\cdots\end{aligned}\right\}\tag{6.3.6c}$$

电磁场频率成分被改变。如铁磁介质中，$\boldsymbol{B}=\mu(\boldsymbol{H})\boldsymbol{H}$ 表现为非单值性特征。

式(6.3.5)和式(6.3.6)组成了一个完整的方程组。只要式(6.3.5)右端的电流密度和电荷的分布和规律已知，再由问题的初始条件和必要的边界条件，就可以完全确定该电磁场的分布和变化规律。

麦克斯韦方程组最重要的特点就是它揭示了电磁场内在的矛盾和运动。按照这组方程式，除去电荷激发纵电场，电流激发横磁场以外，磁场的变化可以激发横电场，电场的变化又可以激发横磁场。这样，当空间某一区域发生电场和磁场的扰动时，这种扰动就可通过横电场和横磁场的互相激发传播出去，形成在空间运动的电磁波。

麦克斯韦最初就是根据这组方程式预言电磁波的存在，并根据光波具有和电磁波相同的特点，预言了光的电磁波性质。就在麦克斯韦预言电磁波存在的 20 年后，赫兹从实验上证实了电磁波的存在。麦克斯韦方程组作为电磁理论基础得到了实验证实。

对式(6.3.5)的第三式左右两端取散度，并将第一式代入后得到

$$\nabla\cdot\nabla\times\boldsymbol{H}=\nabla\cdot\boldsymbol{J}+\frac{\partial}{\partial t}(\nabla\cdot\boldsymbol{D})$$

$$0=\nabla\cdot\boldsymbol{J}+\frac{\partial\rho}{\partial t}$$

故

$$\nabla\cdot\boldsymbol{J}=-\frac{\partial\rho}{\partial t}\tag{6.3.7}$$

式(6.3.7)就是电荷守恒定律。对于导体电流，由式(6.3.7)可得电流连续性定

律为

$$\nabla \cdot \boldsymbol{J} = 0 \tag{6.3.8}$$

可见，麦克斯韦方程包含了电荷守恒和电流连续性定律。

6.3.2　均匀介质的场方程

利用式(6.3.6a)可以把式(6.3.5)化成只有 $\boldsymbol{E}$、$\boldsymbol{H}$ 两个变量函数耦合的方程组。

$$\left.\begin{aligned} \nabla \cdot \boldsymbol{E} &= \frac{\rho}{\varepsilon} \\ \nabla \cdot \boldsymbol{H} &= 0 \\ \nabla \times \boldsymbol{H} &= \sigma \boldsymbol{E} + \varepsilon \frac{\partial \boldsymbol{E}}{\partial t} \\ \nabla \times \boldsymbol{E} &= -\mu \frac{\partial \boldsymbol{H}}{\partial t} \end{aligned}\right\} \tag{6.3.9}$$

经计算推导可得

$$\nabla^2 \boldsymbol{E} = \mu\sigma \frac{\partial \boldsymbol{E}}{\partial t} + \mu\varepsilon \frac{\partial^2 \boldsymbol{E}}{\partial t^2} + \nabla\left(\frac{\rho}{\varepsilon}\right) \tag{6.3.10}$$

$$\nabla^2 \boldsymbol{H} = \mu\sigma \frac{\partial \boldsymbol{H}}{\partial t} + \mu\varepsilon \frac{\partial^2 \boldsymbol{H}}{\partial t^2} \tag{6.3.11}$$

在自由电荷密度 $\rho=0$ 的情况下，可得

$$\nabla^2 \boldsymbol{E} = \mu\sigma \frac{\partial \boldsymbol{E}}{\partial t} + \mu\varepsilon \frac{\partial^2 \boldsymbol{E}}{\partial t^2} \tag{6.3.12}$$

再由 $\boldsymbol{J}=\sigma\boldsymbol{E}$，可得

$$\nabla^2 \boldsymbol{J} = \mu\sigma \frac{\partial \boldsymbol{J}}{\partial t} + \mu\varepsilon \frac{\partial^2 \boldsymbol{J}}{\partial t^2} \tag{6.3.13}$$

式(6.3.11)和式(6.3.12)通常称为电报方程式。

6.3.3　波动方程

对真空或非导电介质，$\sigma\approx0$，传导电流密度 $\boldsymbol{J}\approx\boldsymbol{0}$，于是式(6.3.11)和式(6.3.12)简化为

$$\left.\begin{aligned} \nabla^2 \boldsymbol{H} &= \mu\varepsilon \frac{\partial^2 \boldsymbol{H}}{\partial t^2} \\ \nabla^2 \boldsymbol{E} &= \mu\varepsilon \frac{\partial^2 \boldsymbol{E}}{\partial t^2} \end{aligned}\right\} \tag{6.3.14}$$

此式称为波动方程。

电磁场在真空和非导电介质中的传播就是从波动方程出发来研究的。

一维时

$$\frac{\partial^2 \boldsymbol{E}}{\partial t^2} - \mu\varepsilon \frac{\partial^2 \boldsymbol{E}}{\partial t^2} = \boldsymbol{0} \tag{6.3.15}$$

真空时，$\mu_0\varepsilon_0=\frac{1}{c_0}$，上式的解为平面波。波速为 c_0，即为光速。电磁是以波的方式传播的，传播速度等于光速。

6.3.4 涡流方程

在导体(如金属)中，若电磁场随时间正弦变化，则位移电流密度 $\boldsymbol{J}_d$ 与传导电流 $\boldsymbol{J}$ 的幅值之比为

$$\frac{\boldsymbol{J}_d}{\boldsymbol{J}}=\frac{\omega\boldsymbol{D}}{\sigma\boldsymbol{E}}=\omega\frac{\varepsilon\boldsymbol{E}}{\sigma\boldsymbol{E}}=\frac{\varepsilon}{\sigma}2\pi f \tag{6.3.16}$$

对于金属导体，σ 为 $10^7\ \mathrm{m}/\Omega^{-1}$ 级，$\varepsilon=8.85\times10^{-12}[\mathrm{C}^2/(\mathrm{N}\cdot\mathrm{m}^2)]$，交流电频率 $f=50\ \mathrm{Hz}$，故位移电流可以略去不计。于是式(6.3.11)～式(6.3.13)可变为

$$\nabla^2\boldsymbol{H}=\mu\sigma\frac{\partial\boldsymbol{H}}{\partial t} \tag{6.3.17}$$

$$\nabla^2\boldsymbol{E}=\mu\sigma\frac{\partial\boldsymbol{E}}{\partial t} \tag{6.3.18}$$

$$\nabla^2\boldsymbol{J}=\mu\sigma\frac{\partial\boldsymbol{J}}{\partial t} \tag{6.3.19}$$

这三个式子经常用来研究电机内导体和铁芯中的涡流和集肤效应，所以称为涡流方程。

电机正常运行时是正弦交流电流，故电磁场也是交变变化的，而且是时间 t 的正弦函数变化，即

$$\boldsymbol{H}=\mathrm{Re}[\dot{\boldsymbol{H}}\mathrm{e}^{\mathrm{j}\omega t}],\qquad \boldsymbol{E}=\mathrm{Re}[\dot{\boldsymbol{E}}\mathrm{e}^{\mathrm{j}\omega t}],\qquad \boldsymbol{J}=\mathrm{Re}[\dot{\boldsymbol{J}}\mathrm{e}^{\mathrm{j}\omega t}]$$

于是，式(6.3.17)～式(6.3.19)可改写为

$$\begin{aligned}\nabla^2\boldsymbol{H}&=\mathrm{j}\omega\mu\sigma\boldsymbol{H}\\ \nabla^2\boldsymbol{E}&=\mathrm{j}\omega\mu\sigma\boldsymbol{E}\\ \nabla^2\boldsymbol{J}&=\mathrm{j}\omega\mu\sigma\boldsymbol{J}\end{aligned} \tag{6.3.20}$$

对电机气隙的交变电磁场来说，因交流电机频率 $f=50\ \mathrm{Hz}$，故位移电流可略去不计。又不存在导电媒介质，故 $\sigma=0$，$\boldsymbol{J}=\boldsymbol{0}$。

故由式(6.3.17)和式(6.3.18)可得

$$\begin{aligned}\nabla^2\boldsymbol{H}&=\boldsymbol{0}\\ \nabla^2\boldsymbol{E}&=\boldsymbol{0}\end{aligned} \tag{6.3.21}$$

此方程称为拉普拉斯方程。交流电机定子、转子间交变电磁场可以用拉普拉斯方程来描述。利用方程(6.3.19)研究导体内部的电荷体密度时，可解得

$$\rho=c\mathrm{e}^{-\frac{\sigma}{\varepsilon}t}$$

式中，$\frac{\sigma}{\varepsilon}$为非常大的正数，这就意味着金属导体中的体电荷很快就散到表面上了，即存在集肤效应。

6.4　电磁场边值关系

麦克斯韦积分方程不要求介质连续光滑，但其微分方程只有在连续的介质中才成立。不同介质交界处，都可能有突变。相应地，表征电磁场的各个分量亦会发生突变。因此，麦克斯韦方程的微分形式不再适用，而积分形式方程仍可适用。

6.4.1　边值关系

当研究一个区域 V 中的电磁场时，经常遇到 V 被几种不同介质分割成几个子区域的情况。在介质分界面上，由于介质性质突变，电磁场量发生不连续跃变，微分形式的麦克斯韦方程组在界面上失去意义。求解区域 V 中的电磁场就必须对各个子区域分别求解。要解出一个子区域中的电磁场，除去要知道区域内的电荷、电流以及初始条件外，还必须给出这个子区域的边界条件。由于电磁场沿界面一侧的分布就是另一侧场的边界条件，在场没有解出之前，子区域的边界条件一般不能给出。但是我们可以界面两侧场量满足的一些关系，把这些关系式和麦克斯韦方程联立求解。

在介质分界面两侧，场量的跃变是和界面上电荷、电流分布有关的。如图 6.2 所示的介质与真空交界面情况，在外场 E_0 作用下，介质面上将出现一层束缚面电荷分布。这些束缚电荷激发的场在介质内与 E_0 相反，在真空中与 E_0 同向。束缚面电荷激发的场与外场叠加的结果引起界面两侧场量不连续的跃变。一般情况下，界面上还可能有自由面电荷或面电流分布。界面两侧场量的跃变直接和这些电荷、电流有关。我们把描述两侧场量改变与界面上电荷、电流之间的关系式称为边值关系。界面上电磁场的边值关系实质上是麦克斯韦方程组在界面上的等效形式。为了利用界面上场量不连续的条件，首先需把微分形式的麦克斯韦方程组改写成积分形式，然后从积分形式的麦克斯韦方程组出发导出边值关系。

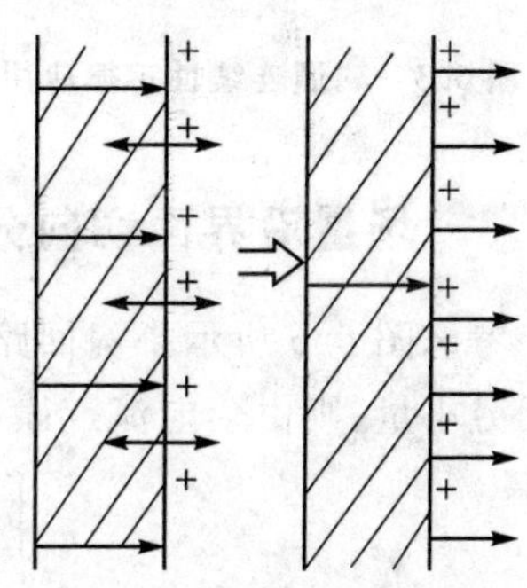

图 6.2　界面两侧场量分布示意图

6.4.2　场量沿界面法向分量的边值关系

由图 6.3 可知，平行于交界面作一小扁平体，把磁通连续性定律应用于该小扁平体，并令 S_1 和 S_2 的面积 $\Delta S \to 0$，再考虑小扁平体侧面的面积为高阶无穷小量，则

$$\oint \boldsymbol{B} \cdot \mathrm{d}\boldsymbol{S} = (B_{1n} - B_{2n}) \cdot \Delta S = 0$$

由上式可得

$$B_{1n} = B_{2n} \tag{6.4.1}$$

即磁感应强度的法向分量在边界两边应是连续的。

根据高斯电场定律式(6.2.4),可知

$$\oint_S \boldsymbol{D} \cdot \mathrm{d}\boldsymbol{S} = \int_V \rho \cdot \mathrm{d}V$$

图 6.4 中穿过边界小扁平体厚度 $h \to 0$ 时,$\lim\limits_{h\to 0} \rho h = \sigma$,于是得到

$$D_{1n} - D_{2n} = \sigma \tag{6.4.2}$$

式中,σ 为面电荷密度。

上式表明,在交界面两边,电位移的法向分量之差等于交界面上的面电荷密度。

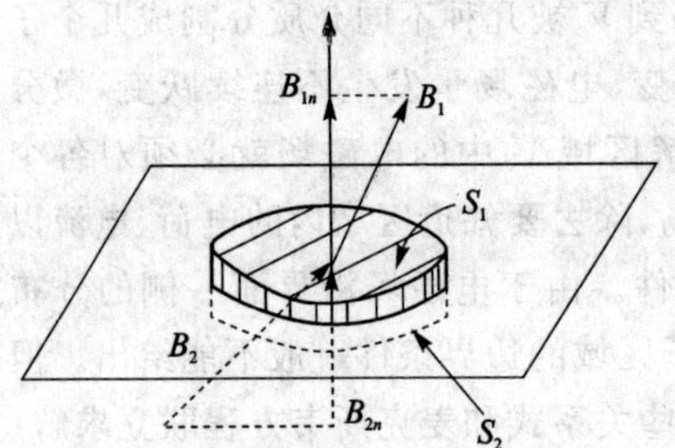

图 6.3 磁通连续性定律应用示意图

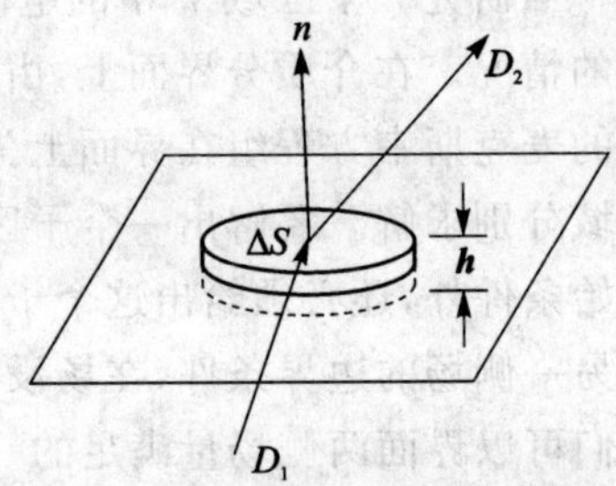

图 6.4 高斯电场定律应用示意图

6.4.3 场量沿界面切向分量的边值关系

考虑图 6.5 所示小扁回路,此回路的长边 Δl 与边界面平行,$\Delta l \to 0$,短边 h 为高阶无穷小量,则由全电流定律可得

$$\oint_L \boldsymbol{H} \cdot \mathrm{d}\boldsymbol{l} = \int_S \left(\boldsymbol{J} + \frac{\partial \boldsymbol{D}}{\partial t}\right) \cdot \mathrm{d}\boldsymbol{S}$$

$$(\boldsymbol{H}_{1t} - \boldsymbol{H}_{2t})\Delta \boldsymbol{l} = \left(\boldsymbol{J} + \frac{\partial \boldsymbol{D}}{\partial t}\right)\boldsymbol{h}\Delta \boldsymbol{l}$$

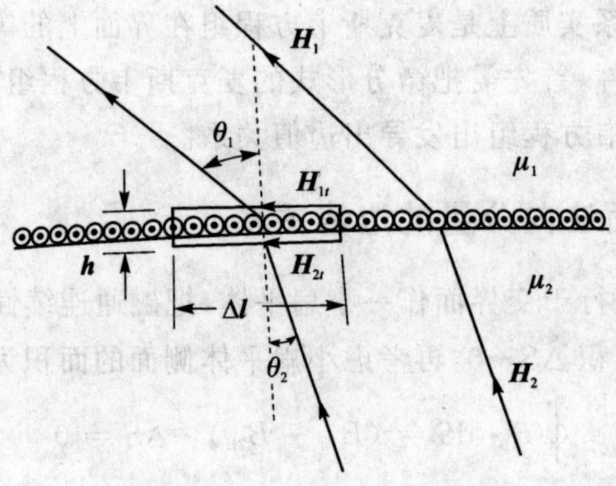

图 6.5 切面小扁回路示意图

因矢量 $\boldsymbol{D}$ 及其导数有界，故上式当 $h\to 0$ 时右边第二项为零。若电流密度矢量 $\boldsymbol{J}$ 为有限值，则第一项也为零。但当回路的两侧边收缩时，原先通过矩形的电流 $\boldsymbol{I}=\boldsymbol{J}h\Delta\boldsymbol{l}$ 被挤到 S 面上无限薄的层里，于是可简化为具有无限小电流片来处理，即 $\lim\limits_{h\to 0}\boldsymbol{J}\boldsymbol{h}=\boldsymbol{\alpha}$，于是由上式得到

$$\boldsymbol{H}_{1t}-\boldsymbol{H}_{2t}=\boldsymbol{\alpha} \tag{6.4.3}$$

可见，磁场强度在交界面两边的切线方向有跳变，跳变值为面电流密度。

根据电磁感应定律式(6.2.7)

$$\oint_L \boldsymbol{E}\cdot \mathrm{d}\boldsymbol{l}=-\int_S \frac{\partial \boldsymbol{B}}{\partial t}\cdot \mathrm{d}\boldsymbol{S}$$

由图 6.6 可见，在边界面两边作小扁回路，可得

$$(\boldsymbol{E}_{1t}-\boldsymbol{E}_{2t})\Delta\boldsymbol{l}=-\frac{\partial \boldsymbol{B}}{\partial t}\Delta\boldsymbol{l}\cdot\boldsymbol{h}$$

由于 $\frac{\partial \boldsymbol{B}}{\partial t}$ 为有限值，当回路宽度 $h\to 0$ 时，等式右边为零，于是可得

$$\boldsymbol{E}_{1t}=\boldsymbol{E}_{2t} \tag{6.4.4}$$

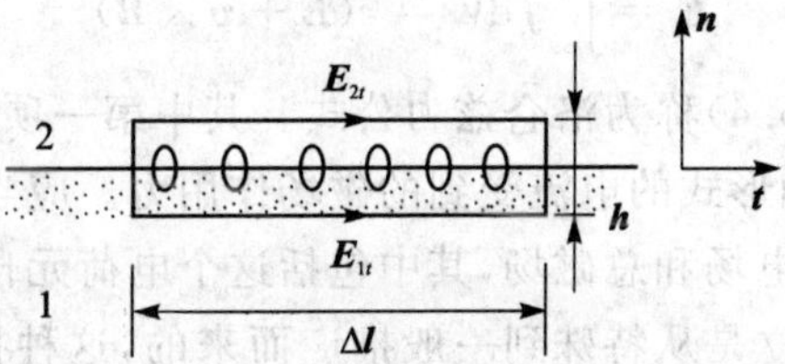

图 6.6　边界面两边小扁回路示意图

上式表明：在交界面两边，电场强度的切线分量是连续的。

总结上述边值关系(法向分量和切向分量)，式(6.4.1)、式(6.4.2)和式(6.4.3)、式(6.4.4)可表示为矢量形式

$$\begin{aligned}
&\boldsymbol{n}\cdot(\boldsymbol{B}_2-\boldsymbol{B}_1)=0\\
&\boldsymbol{n}\times(\boldsymbol{H}_2-\boldsymbol{H}_1)=\boldsymbol{\alpha}\\
&\boldsymbol{n}\cdot(\boldsymbol{E}_2-\boldsymbol{E}_1)=0\\
&\boldsymbol{n}\times(\boldsymbol{D}_2-\boldsymbol{D}_1)=\boldsymbol{\sigma}
\end{aligned} \tag{6.4.5}$$

式中，$\boldsymbol{n}$ 为由 1 面指向 2 面的法向分量。上式的本质就是麦克斯韦方程组在介质交界面上的具体化。

6.5　洛仑兹力

麦克斯韦方程组对确定电磁场及其变化来说是一组完整的方程式，也就是说，对一个空间区域 V，给出其中的电荷、电流分布以及区域的边界面上的条件，给出电磁场的初始状态，麦克斯韦方程组就可以唯一确定以后任意时刻区域 V 内的电磁场分

布，如同在力学中给定质点受到的外力以及质点初始运动状态，牛顿方程就可以确定以后任意时刻质点的运动一样。但是电荷、电流分布要受到电磁场的影响，一般情况下，电荷、电流分布不能预先确定。要确定电磁场，还必须知道电磁场对电荷的作用力，建立带电体在电磁场作用下的运动方程，再和麦克斯韦方程组联立求解。

关于电磁场对电荷、电流的作用力，前述已有两个公式。一个是由库仑定律导出的静止电荷受到电场力的公式，这个作用力的力密度可以写成：

$$\boldsymbol{f} = \rho \boldsymbol{E} \tag{6.5.1}$$

另一个是稳恒电流元件受到磁场作用力的公式，其力密度为

$$\boldsymbol{f} = \boldsymbol{J} \times \boldsymbol{B} \tag{6.5.2}$$

洛仑兹把上述两个公式结合在一起，并假设可以推广应用到变化电磁场的一般情况，即电荷密度为 ρ、速度为$\boldsymbol{v}$ 的电荷元受到的电磁场作用力密度为

$$\boldsymbol{f} = \rho \boldsymbol{E} + \boldsymbol{J} \times \boldsymbol{B} = \rho(\boldsymbol{E} + \boldsymbol{v} \times \boldsymbol{B}) \tag{6.5.3}$$

对于电荷为 e 的带电粒子，电荷密度为 $e\delta(x-x')$，它受到的作用力可由式(6.5.3)求出，即

$$\boldsymbol{F} = \int_{\infty} \boldsymbol{f} \mathrm{d}V = e(\boldsymbol{E} + \boldsymbol{v} \times \boldsymbol{B}) \tag{6.5.4}$$

式(6.5.3)和式(6.5.4)称为洛仑兹力公式。其中第一项表示电荷受到的电场作用力，第二项是电荷运动形式的电流受到的磁场作用力。应当指出，两式中的 $\boldsymbol{E}$ 和 $\boldsymbol{B}$ 都是电荷元所在点的总电场和总磁场，其中包括这个电荷元自身激发的场在内。

洛仑兹力公式的建立是从特殊到一般推广而来的，这种推广最初仅仅是一种假设，只是后来大量的实验事实证明了它的正确性，它才成为电动力学的理论基础之一。

6.6 场标势与矢势

6.6.1 电磁位

由于$\nabla \cdot \boldsymbol{B}=0$，而任一旋度场的散度恒等于零，所以在时变电磁场中亦可以定义一个向量磁位 $\boldsymbol{A}$，使

$$\boldsymbol{B} = \nabla \times \boldsymbol{A} \tag{6.6.1}$$

将上式代入式$\nabla \times \boldsymbol{E}=-\dfrac{\partial \boldsymbol{B}}{\partial t}$，得

$$\nabla \times \boldsymbol{E} = -\frac{\partial}{\partial t}(\nabla \times \boldsymbol{A})$$

或

$$\nabla \times \left(\boldsymbol{E} + \frac{\partial \boldsymbol{A}}{\partial t}\right) = \boldsymbol{0}$$

由于旋度为零的向量可表示为一标量 φ 的梯度，于是有

$$\boldsymbol{E}+\frac{\partial \boldsymbol{A}}{\partial t}=-\nabla\varphi$$

或者

$$\boldsymbol{E}=-\frac{\partial \boldsymbol{A}}{\partial t}-\nabla\varphi \tag{6.6.2}$$

上式表示在时变电磁场中，电场强度由两部分组成：一部分为标量为 φ 的梯度场，另一部分为磁场变化引起的感应电场。若 $\boldsymbol{A}$ 不随时间变化，则 $\boldsymbol{E}=-\nabla\varphi$。

6.6.2　规范变换

从式(6.6.1)和式(6.6.2)可见，已知磁位 $\boldsymbol{A}$ 和电位 φ，则 $\boldsymbol{B}$ 和 $\boldsymbol{E}$ 就完全确定。但是反过来，已知 $\boldsymbol{B}$ 和 $\boldsymbol{E}$ 却不能确定 $\boldsymbol{A}$ 和 φ。因为 $\boldsymbol{A}$ 的散度尚未规定。假如在式(6.6.1)中用 $\boldsymbol{A}'$来代替 $\boldsymbol{A}$，则

$$\boldsymbol{A}'=\boldsymbol{A}-\nabla S \tag{6.6.3}$$

式中，S 为任一标量函数，则 $\boldsymbol{B}$ 将保持不变。同理，从式(6.6.2)可见，若用 φ'去代替 φ，则

$$\varphi'=\varphi+\frac{\partial S}{\partial t} \tag{6.6.4}$$

$$\boldsymbol{E}=-\nabla\left(\varphi'-\frac{\partial S}{\partial t}\right)-\frac{\partial}{\partial t}(\boldsymbol{A}'+\nabla S)=-\nabla\varphi'-\frac{\partial \boldsymbol{A}'}{\partial t}$$

和式(6.6.2)相同，亦即 $\boldsymbol{E}$ 保持不变。这种保持 $\boldsymbol{B}$ 和 $\boldsymbol{E}$ 不变，同时使麦克斯韦方程的形式亦保持不变的变换，称为规范变换。函数 S 称为规范函数。

当 $\boldsymbol{A}$ 和 φ 作规范变换时，它所描述的仍为同一个客观电磁场，这种性质称之为规范不变性。由于这种不变性，故在利用 $\boldsymbol{A}$ 和 φ 来描述电磁场时，可以选择适当的规范，使处理简化。

6.6.3　用 A 和 φ 表示的电磁场方程

将 $\boldsymbol{B}=\nabla\times\boldsymbol{A}$ 和 $\boldsymbol{E}=-\frac{\partial \boldsymbol{A}}{\partial t}-\nabla\varphi$ 代入麦克斯韦方程组，得

$$\mathrm{rot}\left(\frac{\boldsymbol{B}}{\mu}\right)=\frac{1}{\mu}\mathrm{rot}(\mathrm{rot}\,\boldsymbol{A})=\boldsymbol{J}+\frac{\partial \boldsymbol{D}}{\partial t}=\boldsymbol{J}+\varepsilon\frac{\partial \boldsymbol{E}}{\partial t}$$

$$\nabla\times(\nabla\times\boldsymbol{A})=\mu\boldsymbol{J}+\mu\varepsilon\frac{\partial \boldsymbol{E}}{\partial t}$$

$$\nabla(\nabla\cdot\boldsymbol{A})-\nabla^2\boldsymbol{A}=\mu\boldsymbol{J}+\mu\varepsilon\frac{\partial}{\partial t}\left(-\nabla\varphi-\frac{\partial \boldsymbol{A}}{\partial t}\right)$$

因此

$$\nabla^2\boldsymbol{A}-\mu\varepsilon\frac{\partial \boldsymbol{A}}{\partial t}=-\mu\boldsymbol{J}+\nabla\left(\nabla\cdot\boldsymbol{A}+\mu\varepsilon\frac{\partial\varphi}{\partial t}\right) \tag{6.6.5}$$

由麦克斯韦方程组$\nabla\cdot(\varepsilon\boldsymbol{E})=\rho$,得

$$\varepsilon\nabla\cdot\left(-\nabla\varphi-\frac{\partial\boldsymbol{A}}{\partial t}\right)=\rho$$

即

$$\nabla^2\varphi=-\frac{\rho}{\varepsilon}-\frac{\partial}{\partial t}(\nabla\cdot\boldsymbol{A}) \tag{6.6.6}$$

式(6.6.5)和式(6.6.6)就是用$\boldsymbol{A}$和φ表示的电磁场方程。其未知数由原来的6个变成4个。两式表明,一般地,$\boldsymbol{A}$和φ的偏微分方程之间具有耦合。

为了确定$\boldsymbol{A}$,应对$\boldsymbol{A}$的散度做出规定,即给出附加条件。对$\nabla\cdot\boldsymbol{A}$的规定可以有多种方案,这里给出两种常用的。

① 洛仑兹条件。若令

$$\nabla\cdot\boldsymbol{A}+\mu\varepsilon\frac{\partial\varphi}{\partial t}=0 \tag{6.6.7}$$

这总是可能的,则式(6.6.5)和式(6.6.6)化简为

$$\nabla^2\boldsymbol{A}-\mu\varepsilon\frac{\partial^2\boldsymbol{A}}{\partial t^2}=-\mu\boldsymbol{J}$$

$$\nabla^2\varphi-\mu\varepsilon\frac{\partial^2\varphi}{\partial t^2}=-\frac{\rho}{\varepsilon} \tag{6.6.8}$$

这样,给定$\boldsymbol{J}$和ρ,就可以解出$\boldsymbol{A}$和φ,同时实现$\boldsymbol{A}$和φ的分离。解出的$\boldsymbol{A}$和φ称为推延电磁位,在研究电磁波的辐射、传播时经常用到。

对于恒定场,由于$\frac{\partial}{\partial t}=0$,于是

$$\left.\begin{aligned}\nabla^2\boldsymbol{A}&=-\mu\boldsymbol{J}\\ \nabla^2\varphi&=-\frac{\rho}{\varepsilon}\end{aligned}\right. \tag{6.6.9}$$

② 对于均匀导电介质,由6.3.4小节的分析,可以认为自由电荷密度$\rho=0$,此时若令满足下列条件:

$$\nabla\cdot\boldsymbol{A}+\mu\varepsilon\frac{\partial\varphi}{\partial t}-\mu\sigma\varphi=0 \tag{6.6.10}$$

则由式(6.6.5)得

$$\nabla^2\boldsymbol{A}-\mu\varepsilon\frac{\partial^2\boldsymbol{A}}{\partial t^2}-\mu\sigma\frac{\partial\boldsymbol{A}}{\partial t}=\boldsymbol{0} \tag{6.6.11}$$

由式(6.6.6)及式(6.6.10)得

$$\nabla^2\varphi=-\frac{\rho}{\varepsilon}-\frac{\partial}{\partial t}\left(-\mu\varepsilon\frac{\partial\varphi}{\partial t}-\mu\sigma\varphi\right)$$

由于是均匀导电介质,自由电荷密度ρ为零。故

$$\partial^2\varphi-\mu\varepsilon\frac{\partial^2\varphi}{\partial t^2}-\mu\sigma\frac{\partial\varphi}{\partial t}=0 \tag{6.6.12}$$

比较式(6.6.11)和式(6.6.12),两式非常对称,形式完全一样。如将$\boldsymbol{A}$和φ进

行规范变换，并选择规范函数为 S，使 $\varphi=0$，则导体内的电磁场将由 $\boldsymbol{A}$ 单独决定。

$$\boldsymbol{B}=\nabla\times\boldsymbol{A}$$

$$\boldsymbol{E}=-\frac{\partial\boldsymbol{A}}{\partial t}$$

$$\nabla^2\boldsymbol{A}=\mu\varepsilon\frac{\partial^2\boldsymbol{A}}{\partial t^2}+\mu\sigma\frac{\partial\boldsymbol{A}}{\partial t} \tag{6.6.13}$$

$$\nabla\cdot\boldsymbol{A}=0$$

在不计位移电流的情况下，向量磁位 $\boldsymbol{A}$ 亦满足涡流方程，即

$$\nabla^2\boldsymbol{A}=\mu\sigma\frac{\partial\boldsymbol{A}}{\partial t} \tag{6.6.14}$$

需要说明的是，由 $\boldsymbol{A}$ 和 φ 来代换 $\boldsymbol{E}$ 和 $\boldsymbol{B}$，物理上没变化。只是数学上处理要方便得多。

第 7 章　特定情况下的麦克斯韦方程组

7.1　似稳电磁场

7.1.1　似稳电磁场条件

电磁场由它是否随时间变化和变化的快慢分为若干类。稳态的特点是在比较长的时间内，一切参数不随时间变化，这时麦克斯韦方程组和本构关系简化为

$$\nabla \cdot \boldsymbol{D} = \rho \tag{7.1.1}$$

$$\nabla \times \boldsymbol{E} = \boldsymbol{0} \tag{7.1.2}$$

$$\nabla \cdot \boldsymbol{B} = 0 \tag{7.1.3}$$

$$\nabla \times \boldsymbol{H} = \boldsymbol{J} \tag{7.1.4}$$

$$\nabla \cdot \boldsymbol{J} = 0 \tag{7.1.5}$$

$$\boldsymbol{D} = \varepsilon \boldsymbol{E} \tag{7.1.6}$$

$$\boldsymbol{B} = \mu \boldsymbol{H} \tag{7.1.7}$$

$$\boldsymbol{J} = \sigma(\boldsymbol{E} + \boldsymbol{E}^{(e)}) \tag{7.1.8}$$

注意到上面关系式中，式(7.1.1)、式(7.1.2)和式(7.1.6)只包含电场和电荷，式(7.1.3)、式(7.1.4)和式(7.1.7)只包含磁场和电流。这就表明似稳条件下的电场和磁场可以分开研究。式(7.1.5)和式(7.1.8)表示传导电流的闭合性和它与电场的关系。

一般来讲，没有电流，只有静止电荷的电场称为静电场。事实上，稳恒电流的电场仍然是静电场。因为稳定电流情况下其电荷分布确定，且电荷分布也不随时间变化，但稳定电流的电场多一个与电流的关系，使磁场和电场有一定的联系。

电荷、电流分布和电场、磁场虽有变化但变化缓慢的情形称为似稳过程，这个定义包含以下两条含义：

① 在导体电路中传导电流远大于位移电流，即

$$|\boldsymbol{J}| \gg \left|\frac{\partial \boldsymbol{D}}{\partial t}\right|$$

如果导体的电导率为 σ，电流的变化频率为 ω，由 $\boldsymbol{J}=\sigma\boldsymbol{E}$ 和 $\frac{\partial \boldsymbol{D}}{\partial t}=\mathrm{j}\omega\boldsymbol{D}$，则当 $\sigma\boldsymbol{E} \gg \omega\varepsilon\boldsymbol{E}$ 或 $\omega \ll \frac{\sigma}{\varepsilon}$ 时，便可以认为位移电流远远小于传导电流。通常就导体而言，$\frac{\sigma}{\varepsilon}=$

$\frac{9\times10^6}{9\times10^{-12}}=10^{18}$，所以在电工学通常使用的频率(50 Hz)下，电场变化所产生的位移电流常可忽略。注意这里所指的是导线内同一点的位移电流密度和传导电流密度之比。如果考虑低频电路中导线的电流和与它串联的电容器内的位移电流，则二者正好相等，后者正好接上前者构成闭合电路。

② 在空间中，在怎样的情况下可把空间位移电流略去呢？从推延解来看，有了位移电流才得出电磁场以光速传播的结论。速变电磁场同静场的主要区别是电磁场的标量电位 φ 和矢量势 $\boldsymbol{A}$ 都不是取决于源的瞬时值，由于电磁场以光速 c 传播，它们的值要落后于源的变化一段时间 $\frac{R}{c}$，R 为源到场的距离。如果在此时间内，电流的改变不大，即 $\frac{R}{c}\ll T$(T 为交变电流的周期)，则可以认为电磁场的传播是瞬时的，即位移电流可以略去不计。由于 $T=\frac{\lambda}{c}$(λ 为波长)，即 $R\ll\lambda$，其中 R 为源到场的距离，λ 为波长，即电磁场的区域范围远小于波长。当然也包括导线的线度也必须远小于波长，即电源线度不能太大，所讨论的区域不能太远。例如对 $f=10^4$ Hz 的交流电来说，$\lambda=\frac{c}{f}=3\times10^4$ m。

7.1.2　似稳场

忽略位移电流后，麦克斯韦方程组变为

$$\left.\begin{aligned}\nabla\cdot\boldsymbol{D}&=\rho\\ \nabla\times\boldsymbol{E}&=-\frac{\partial\boldsymbol{B}}{\partial t}\\ \nabla\cdot\boldsymbol{B}&=0\\ \nabla\times\boldsymbol{H}&=\boldsymbol{J}\end{aligned}\right\}\qquad(7.1.9)$$

① 在导体区，$\boldsymbol{J}_d\ll\boldsymbol{J}$，$\boldsymbol{J}_d$ 可略去，无波动。

② 在电容区，对于强静电区，$\boldsymbol{E}=-\nabla\varphi-\frac{\partial\boldsymbol{A}}{\partial t}\approx-\nabla\varphi$，保留静电场，略去感应电场。

一般交流电路中的电感、电容常集中在极小区域，而分布电感、分布电容的作用又很微小。所以，频率在 1 kHz 以下的电磁过程就完全可以当做似稳过程。均匀介质的电磁场方程为 $\nabla^2\boldsymbol{H}=\mu\sigma\frac{\partial\boldsymbol{H}}{\partial t}+\mu\varepsilon\frac{\partial^2\boldsymbol{H}}{\partial t^2}$。当忽略位移电流时，电磁场方程已不存在 $\mu\varepsilon\frac{\partial^2}{\partial t^2}$ 项，故不是波动方程。因此可以不考虑电磁场的波动性，也可以不考虑分布电感和分布电容、辐射能量等。

7.1.3 似稳电路

1. 似稳电流

当上述似稳条件和情形出现时，有

$$\frac{\partial \rho}{\partial t}=0$$

则

$$\nabla \cdot \boldsymbol{J}=0 \tag{7.1.10}$$

2. 回路定律

考查图 7.1。在每一节点，只要没有电荷的堆积和消失，就可满足

$$\sum(\pm I_i)=\int_S \boldsymbol{J}\cdot \mathrm{d}\boldsymbol{S}=\int_V \nabla\cdot \boldsymbol{J}\mathrm{d}V=0 \tag{7.1.11}$$

这就是基尔霍夫第一定律。

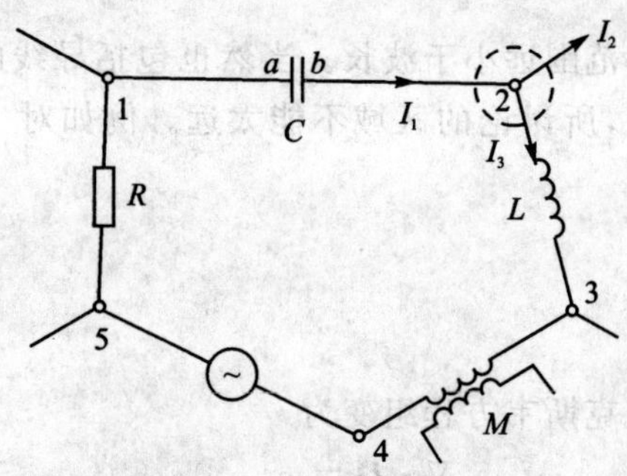

图 7.1　电路网络

由电磁场的本构关系

$$\boldsymbol{J}=\sigma(\boldsymbol{E}+\boldsymbol{E}^{(e)})$$

对于任一闭合回路 123451，其中有电容器 C，两极为 a、b。沿 $b23451a$ 积分，得

$$\left.\begin{aligned}&\int_{b4a}\frac{1}{\sigma}\boldsymbol{J}\cdot \mathrm{d}\boldsymbol{l}=\int_{b4a}\boldsymbol{E}_1\cdot \mathrm{d}\boldsymbol{l}+\int_{b4a}\boldsymbol{E}_2\cdot \mathrm{d}\boldsymbol{l}+\int_{b4a}\boldsymbol{E}^{(e)}\cdot \mathrm{d}\boldsymbol{l}\\&\boldsymbol{E}=\boldsymbol{E}_1+\boldsymbol{E}_2\end{aligned}\right\} \tag{7.1.12}$$

式中，$\boldsymbol{E}_1$ 是静电场，$\boldsymbol{E}_2$ 是感应电场，$\boldsymbol{E}^{(e)}$ 是外电场，这里包括电池、发电机等电源的电动势，且 $\boldsymbol{I}=\boldsymbol{J}\cdot\boldsymbol{S}$，$R=\int_{b4a}\frac{\mathrm{d}\boldsymbol{l}}{\sigma\boldsymbol{S}}$，$\varepsilon=\int_{b4a}\boldsymbol{E}^{(e)}\cdot \mathrm{d}\boldsymbol{l}$，$C=\frac{Q}{\varphi_a-\varphi_b}$，$\phi=L_iL_i+M_{ij}I_j$，推导式(7.1.12)，得

$$\sum IR+\frac{Q}{C}+\sum L_i\frac{\mathrm{d}I_i}{\mathrm{d}t}+\sum M_{ij}\frac{\mathrm{d}I_j}{\mathrm{d}t}=\varepsilon \tag{7.1.13}$$

这就是基尔霍夫第二定律。

进一步地，对于电源、电阻、电容、电感组成的电路，对上式求时间的导数，可得

$$L\frac{\mathrm{d}^2 I}{\mathrm{d}t^2}+R\frac{\mathrm{d}I}{\mathrm{d}t}+\frac{I}{C}=\frac{\mathrm{d}\varepsilon}{\mathrm{d}t} \tag{7.1.14}$$

式中，L 含自感、互感。这是我们在电工学中最常见的电路平衡关系式。

似稳过程在工业上有极广泛的应用，普通电工学的内容主要属于这一范围。相反，频率在千赫兹以上的电磁过程，当其变化频率越高时，位移电流越不能忽略。电磁场的波动性越显著，辐射能量、分布电感和分布电容的作用越大。这种所谓的速变过程是电动力学的重要内容。

7.2　特定介质下的电磁场方程

7.2.1　各向异性介质的电磁场方程

对于各向异性介质，如叠片铁芯或磁导率与轧制方向有关的矽钢片，其磁感应强度与磁场强度的关系式(6.3.6b)，即

$$\begin{bmatrix}B_1\\B_2\\B_3\end{bmatrix}=\begin{bmatrix}\mu_{11}&\mu_{12}&\mu_{13}\\\mu_{21}&\mu_{22}&\mu_{23}\\\mu_{31}&\mu_{32}&\mu_{33}\end{bmatrix}\begin{bmatrix}H_1\\H_2\\H_3\end{bmatrix} \tag{7.2.1}$$

式中，下标 1、2、3 代表在 1、2、3 轴上的分量，μ_{ij} 代表其磁感应强度 B_i 与磁场强度 H_j 之间的磁导率。

对似稳电磁场的麦克斯韦方程组(7.1.9)的第四式 $\nabla\times\boldsymbol{H}=\boldsymbol{J}$ 进行两端取旋度变换，得

$$\nabla^2\boldsymbol{H}-\nabla(\nabla\cdot\boldsymbol{H})=\boldsymbol{\sigma}\frac{\partial\boldsymbol{B}}{\partial t} \tag{7.2.2}$$

在各向异性介质中，$\nabla\cdot\boldsymbol{B}=0$，但 $\nabla\cdot\boldsymbol{H}\neq 0$。因此各向异性介质的电磁场方程(7.2.2)和各向同性的方程(6.3.17)相比就多了左端的第二项。

在直角坐标系下，一般选取材料各向异性的轴线与坐标轴一致，而且当材料的特性满足 $\mu_{ij}=\mu_{ji}$，$\sigma_{ij}=\sigma_{ji}$ 时，则

$$\boldsymbol{\mu}=\begin{bmatrix}\mu_x&0&0\\0&\mu_y&0\\0&0&\mu_z\end{bmatrix} \tag{7.2.3}$$

$$\boldsymbol{\sigma}=\begin{bmatrix}\sigma_x&0&0\\0&\sigma_y&0\\0&0&\sigma_z\end{bmatrix} \tag{7.2.4}$$

由似稳电磁场方程(7.1.9)出发，利用电磁场标量势与矢量势的方法，把各向异性介质的电磁场用向量函数 $\boldsymbol{A}$ 和标量函数 φ 来表达。由式(7.2.1)、式(7.2.2)和式(7.1.9)第四式，可得到

$$\nabla \times (\boldsymbol{\mu}^{-1} \nabla \times \boldsymbol{A}) = -\boldsymbol{\sigma}\left(\nabla \varphi + \frac{\partial \boldsymbol{A}}{\partial t}\right) \tag{7.2.5}$$

式中，$\boldsymbol{\mu}^{-1}$为式(7.2.3)的逆。

在正弦交变情况下，可得到涡流方程，正弦变化向量 $\boldsymbol{A}$ 的分量方程式，由上式进行投影，可得到

$$\begin{aligned}
&\frac{1}{\mu_z}\frac{\partial^2 A_x}{\partial y^2} + \frac{1}{\mu_y}\frac{\partial^2 A_x}{\partial z^2} - \frac{\partial}{\partial x}\left(\frac{1}{\mu_z}\frac{\partial A_y}{\partial y} + \frac{1}{\mu_y}\frac{\partial A_z}{\partial z} + \sigma_x\varphi\right) - \mathrm{j}\omega\sigma_x A_x = 0 \\
&\frac{1}{\mu_z}\frac{\partial^2 A_y}{\partial x^2} + \frac{1}{\mu_x}\frac{\partial^2 A_y}{\partial z^2} - \frac{\partial}{\partial y}\left(\frac{1}{\mu_z}\frac{\partial A_x}{\partial x} + \frac{1}{\mu_x}\frac{\partial A_z}{\partial z} + \sigma_y\varphi\right) - \mathrm{j}\omega\sigma_y A_y = 0 \\
&\frac{1}{\mu_y}\frac{\partial^2 A_z}{\partial x^2} + \frac{1}{\mu_x}\frac{\partial^2 A_z}{\partial y^2} - \frac{\partial}{\partial z}\left(\frac{1}{\mu_y}\frac{\partial A_x}{\partial x} + \frac{1}{\mu_x}\frac{\partial A_y}{\partial y} + \sigma_z\varphi\right) - \mathrm{j}\omega\sigma_z A_z
\end{aligned} \tag{7.2.6}$$

上式中，如果有两个磁导率及相应的两个电导率相等，则方程组(7.2.6)可进一步简化。如工程中电机的矽钢及开槽的块体转子就属于该情况。对于这类转子，$\sigma_y = \sigma_z = \sigma_2$，$\mu_y = \mu_z = \mu_2$，由位势的洛仑兹条件：$\nabla \cdot \boldsymbol{A} + \mu\sigma\varphi = 0$，或写成 $\mu^{-1}\nabla \cdot \boldsymbol{A} + \sigma\varphi = 0$，则式(7.2.6)变为

$$\begin{aligned}
\frac{1}{\mu_z}\frac{\partial A_x}{\partial x} + \frac{1}{\mu_x}\frac{\partial A_z}{\partial z} + \sigma_y\varphi &= -\frac{1}{\mu_x}\frac{\partial A_y}{\partial y} \\
\frac{1}{\mu_y}\frac{\partial A_x}{\partial x} + \frac{1}{\mu_x}\frac{\partial A_y}{\partial y} + \sigma_z\varphi &= -\frac{1}{\mu_x}\frac{\partial A_z}{\partial z}
\end{aligned} \tag{7.2.7}$$

解上式，得

$$\varphi = -\frac{1}{\sigma_2}\left[\frac{1}{\mu_2}\frac{\partial A_x}{\partial x} + \frac{1}{\mu_x}\left(\frac{\partial A_z}{\partial z} + \frac{\partial A_y}{\partial y}\right)\right] \tag{7.2.8}$$

将上式代入式(7.2.6)，并令

$$\begin{aligned}
\beta_\mu &= \mu_x / \mu_2 \\
\beta_\sigma &= \sigma_x / \sigma_2 \\
k_x^2 &= \mathrm{j}\omega\sigma_x\mu_2 \\
k_2^2 &= \mathrm{j}\omega\sigma_2\mu_x
\end{aligned}$$

得

$$\begin{aligned}
&\beta_\sigma\frac{\partial^2 A_x}{\partial x^2} + \frac{\partial^2 A_x}{\partial y^2} + \frac{\partial^2 A_z}{\partial z^2} - \left(1 - \frac{\beta_\sigma}{\beta_\mu}\right)\frac{\partial}{\partial x}\left(\frac{\partial A_y}{\partial y} + \frac{\partial A_z}{\partial z}\right) - k_x^2 A_x = 0 \\
&\beta_\mu\frac{\partial^2 A_y}{\partial x^2} + \frac{\partial^2 A_y}{\partial y^2} + \frac{\partial^2 A_y}{\partial z^2} - k_2^2 A_y = 0 \\
&\beta_\mu\frac{\partial^2 A_z}{\partial x^2} + \frac{\partial^2 A_z}{\partial z^2} + \frac{\partial^2 A_z}{\partial y^2} - k_2^2 A_z = 0
\end{aligned} \tag{7.2.9}$$

7.2.2 低速运动介质的电磁场方程

低速运动是指介质运动速度$\boldsymbol{v}$和电磁振荡传播速度$\boldsymbol{c}$相比非常小，即$\boldsymbol{v}/c \ll 1$。在此情况下，和关系式$\dfrac{\boldsymbol{v}}{\boldsymbol{c}}$的二阶及高阶项成正比的全部项可以略去。低速运动中的

电磁场方程和一般的电磁场方程的差别主要表现在介质本构方程的不同。一般情况下的本构方程为

$$\boldsymbol{D}=\varepsilon\boldsymbol{E},\qquad \boldsymbol{B}=\mu\boldsymbol{H},\qquad \boldsymbol{J}=\sigma(\boldsymbol{E}+\boldsymbol{E}^{(e)})$$

低速运动介质中的电磁场方程的本构方程为

$$\left.\begin{aligned}\boldsymbol{D}&=\varepsilon\boldsymbol{E}+\left(\varepsilon-\frac{1}{\mu}\right)\boldsymbol{v}\times\boldsymbol{B}\\\boldsymbol{B}&=\mu\boldsymbol{H}-(\mu\varepsilon-1)\,\boldsymbol{v}\times\boldsymbol{E}\\\boldsymbol{J}&=\sigma(\boldsymbol{E}+\boldsymbol{v}\times\boldsymbol{B})\end{aligned}\right\}\tag{7.2.10}$$

在似稳态情况下，实际上不采用上式的第一式，而将其第二式右边部分项略去，因此有

$$\begin{aligned}\boldsymbol{B}&=\mu\boldsymbol{H}\\\boldsymbol{J}&=\sigma(\boldsymbol{E}+\boldsymbol{v}\times\boldsymbol{B})\end{aligned}\tag{7.2.11}$$

由

$$\nabla\times\frac{\boldsymbol{B}}{\mu}=\boldsymbol{J}=\sigma(\boldsymbol{E}+\boldsymbol{v}\times\boldsymbol{B})$$

$$\nabla\times(\nabla\times\boldsymbol{A})=\mu\sigma\left(-\frac{\partial\boldsymbol{A}}{\partial t}+\boldsymbol{v}\times\nabla\times\boldsymbol{A}\right)$$

得

$$\nabla^2\boldsymbol{A}=\mu\sigma\frac{\partial\boldsymbol{A}}{\partial t}-\mu\sigma\boldsymbol{v}\times\nabla\times\boldsymbol{A}\tag{7.2.12}$$

电机转子与定子有相对运动，其速度远小于光速，属于低速运动范围。因此可以用式(7.2.12)来研究电机转子导体中的电磁场。

对于二维场，选择的直角坐标 x 轴平行于转子运动方向，y 轴垂直转子表面，其电磁场方程由式(7.2.12)可推得

$$\frac{\partial^2\boldsymbol{A}}{\partial x^2}+\frac{\partial^2\boldsymbol{A}}{\partial y^2}=\mu\sigma\frac{\partial\boldsymbol{A}}{\partial t}+\mu\sigma v\frac{\partial\boldsymbol{A}}{\partial x}\tag{7.2.13}$$

对上式进行变换，令 $\boldsymbol{A}=\boldsymbol{A}'\mathrm{e}^{\frac{\sigma\mu v}{2}x}$，可推得

$$\nabla^2\boldsymbol{A}'=\mu\sigma\frac{\partial\boldsymbol{A}'}{\partial t}+\left(\frac{\mu\sigma v}{2}\right)^2\boldsymbol{A}'\tag{7.2.14}$$

对于正弦似稳场，有

$$\nabla^2\boldsymbol{A}'=k^2\boldsymbol{A}'$$

$$k^2=\left(\frac{\mu\sigma v}{2}\right)^2+\mathrm{j}\omega\mu\sigma\tag{7.2.15}$$

对于三维场，若不计位移电流及电位 φ 的影响，运动速度方向为 x 方向，即 $\boldsymbol{v}=v\boldsymbol{i}$，且是正弦变化，则式(7.2.12)可进一步推得

$$\left.\begin{aligned}&\nabla^2 A_x-\mathrm{j}\omega\mu\sigma A_x=0\\&\nabla^2 A_y-\mathrm{j}\omega\mu\sigma A_y+\mu\sigma v\left(\frac{\partial A_y}{\partial x}-\frac{\partial A_x}{\partial y}\right)=0\\&\nabla^2 A_z-\mathrm{j}\omega\mu\sigma A_z+\mu\sigma v\left(\frac{\partial A_x}{\partial z}-\frac{\partial A_z}{\partial x}\right)=0\end{aligned}\right\}\tag{7.2.16}$$

7.3 电机的气隙磁场

在6.3中，我们专门得到了电机气隙电磁场所满足的方程式(6.3.21)

$$\nabla^2\boldsymbol{H}=\boldsymbol{0}$$

$$\nabla^2\boldsymbol{E}=\boldsymbol{0}$$

本节专门以电机的气隙电磁场方程的获得、分析与求解来具体说明麦克斯韦方程组的应用。

7.3.1 场方程

不随时间变化的电流称为恒定电流，在恒定电流的周围将形成恒定磁场。直流电机的磁场是恒定磁场，交流电机的磁场问题在不少情况下也可以当做恒定磁场来考虑，如交流电机的气隙磁场就可以当做恒定磁场来考虑。

在恒定磁场中，磁场强度 $\boldsymbol{H}$ 和磁感应强度 $\boldsymbol{B}$ 分别遵守安培全电流定律和磁场高斯定律：

$$\left.\begin{aligned}\nabla\times\boldsymbol{H}&=\boldsymbol{J}\\\nabla\cdot\boldsymbol{B}&=0\\\boldsymbol{B}&=\mu\boldsymbol{H}\end{aligned}\right\}\tag{7.3.1}$$

方程中介质的电磁性质是很复杂的。一般认为，介质内每点的磁场强度 $\boldsymbol{H}$ 均应为该点磁感应强度 $\boldsymbol{B}$ 的函数，即

$$\boldsymbol{H}=\boldsymbol{H}(\boldsymbol{B})\tag{7.3.2}$$

具体的函数关系取决于介质的物理性质。

对于各向同性的磁介质，$\boldsymbol{B}$ 和 $\boldsymbol{H}$ 为同方向。此时介质的磁导率 μ 为一标量。若介质为线性，则 μ 为一常值；若介质为非线性，则 μ 不是一个常值，而是磁感应强度 $\boldsymbol{B}$ 的函数。

在电机中，常遇到的介质有两种，一是空气，一是铁芯。空气的磁导率 μ_0 为一个常值，$\mu_0=4\pi\times10^{-7}$ H/m。铁芯则是一种非线性介质，且严格来讲 $\boldsymbol{B}$ 和 $\boldsymbol{H}$ 之间不是单值关系，在多数情况下可近似地认为 μ_{Fe} 为常数。

7.3.2 标势与矢势

按照磁场强度的旋度是否等于零，磁位表示可分为两种。由式(7.3.1)可知，在

电流密度 $\boldsymbol{J}=\mathbf{0}$ 处(载流区之外),$\nabla\times\boldsymbol{H}=\mathbf{0}$,该处的磁场就是无旋场;在 $\boldsymbol{J}\neq\mathbf{0}$ 处(载流区内部),$\nabla\times\boldsymbol{H}\neq\mathbf{0}$,该处的磁场为旋度场。

1. 无旋场和标量磁位

由场的矢量运算可知,旋度为零的向量场总可以表示为一梯度场。由于 $\nabla\times\boldsymbol{H}=\mathbf{0}$,故磁场强度 $\boldsymbol{H}$ 可表示为任意选定的一个标量 Ω 的梯度,即

$$\boldsymbol{H}=-\nabla\Omega \tag{7.3.3}$$

上式中的负号是因为磁场强度的方向总是由高到低,而标量的梯度方向总是由低到高,故方向相反,称 Ω 为无旋场的标量磁位。

在直角坐标系中,梯度的表达式为

$$\nabla\Omega=\frac{\partial\Omega}{\partial x}\boldsymbol{i}+\frac{\partial\Omega}{\partial y}\boldsymbol{j}+\frac{\partial\Omega}{\partial z}\boldsymbol{k} \tag{7.3.4}$$

由于磁场强度

$$\boldsymbol{H}=H_x\boldsymbol{i}+H_y\boldsymbol{j}+H_z\boldsymbol{k}$$

所以

$$H_x=-\frac{\partial\Omega}{\partial x},\quad H_y=-\frac{\partial\Omega}{\partial y},\quad H_z=-\frac{\partial\Omega}{\partial z} \tag{7.3.5}$$

在柱坐标系中

$$\nabla\Omega=\frac{\partial\Omega}{\partial r}\boldsymbol{\alpha}_r+\frac{1}{r}\frac{\partial\Omega}{\partial\theta}\boldsymbol{\alpha}_\theta+\frac{\partial\Omega}{\partial z}\boldsymbol{\alpha}_z \tag{7.3.6}$$

$$\boldsymbol{H}=H_r\boldsymbol{\alpha}_r+H_\theta\boldsymbol{\alpha}_\theta+H_z\boldsymbol{\alpha}_z$$

所以

$$H_x=-\frac{\partial\Omega}{\partial r},\quad H_\theta=-\frac{1}{r}\frac{\partial\Omega}{\partial\theta},\quad H_z=-\frac{\partial\Omega}{\partial z} \tag{7.3.7}$$

沿任意方向 $\boldsymbol{l}$ 上标量磁位的方向导数 $\frac{\partial\Omega}{\partial l}$ 应该等于磁场强度向量 $\boldsymbol{H}$ 在该方向上投影的负值,即

$$\frac{\partial\Omega}{\partial l}=-|\boldsymbol{H}|\cos\alpha \tag{7.3.8}$$

式中,α 为磁场强度 $\boldsymbol{H}$ 与选定方向 l 上投影的夹角(见图 7.2)。当 $\alpha=90°$时,$\cos\alpha=0$,$\frac{\partial\Omega}{\partial l}=0$,即 $\Omega(x,y,z)=$常值,这一曲面(曲线)称为标量等磁位面(线)。因此可见,标量等磁位面(线)和沿 $\boldsymbol{H}$ 方向的磁力线互成正交。

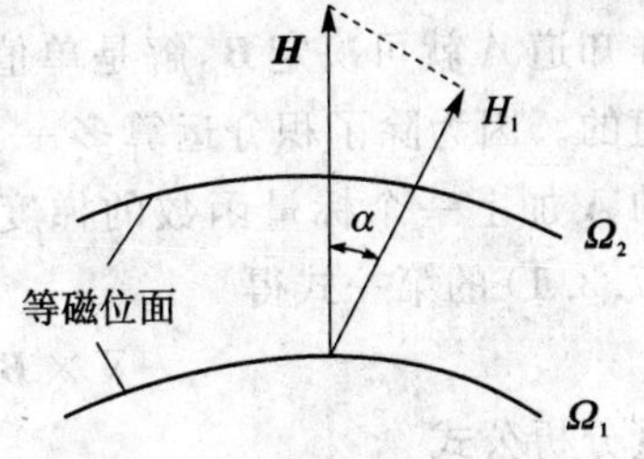

图 7.2　磁场强度示意图

对均匀介质,把式(7.3.3)代入式(7.3.1),可得

$$\nabla\cdot\boldsymbol{B}=\mu\nabla\cdot\boldsymbol{H}=-\mu\nabla\cdot(\nabla\Omega)=0$$

或

$$\nabla^2\Omega = 0 \tag{7.3.9}$$

式(7.3.9)表明，在无旋场中，标量磁位Ω满足拉普拉斯方程。

直角坐标形式的拉普拉斯方程形式为

$$\nabla^2\Omega = \frac{\partial^2\Omega}{\partial x^2}+\frac{\partial^2\Omega}{\partial y^2}+\frac{\partial^2\Omega}{\partial z^2}=0 \tag{7.3.10}$$

圆柱坐标形式的拉普拉斯方程形式为

$$\nabla^2\Omega = \frac{1}{r}\frac{\partial}{\partial r}\left(r\frac{\partial\Omega}{\partial r}+\frac{1}{r^2}\frac{\partial^2\Omega}{\partial\theta^2}+\frac{\partial^2\Omega}{\partial z^2}\right)=0 \tag{7.3.11}$$

对二维空间内的无旋场，除磁位函数Ω之外，还可以定义一个力线函数$\boldsymbol{\Psi}$，$\boldsymbol{\Psi}$等于常值的曲线即为磁力线。它和等位线相互正交(见图7.3)，因此

$$\left.\frac{\mathrm{d}y}{\mathrm{d}x}\right|_{\Omega} = 常值 = \frac{1}{\left(\frac{\mathrm{d}y}{\mathrm{d}x}\right)_{\Psi}=常数} \tag{7.3.12}$$

这样，已知磁位函数，即可导出力线函数，反之亦然。在二维无旋场中，Ω和$\boldsymbol{\Psi}$是一对共轭函数，它们各自满足拉普拉斯方程，$\Omega+\mathrm{j}\Psi$将组成一个复磁位函数。

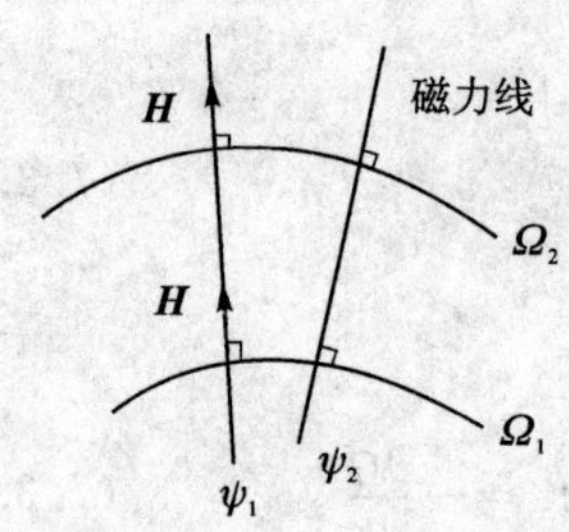

图7.3　磁力线与等位线

无旋场除了可用标量磁位来表征和计算之外，还可用向量磁位来分析、计算，无旋场内的向量磁位同样满足拉普拉斯方程。换言之，求解无旋场的问题，实质上是求解满足特定边界条件的拉普拉斯方程问题。

2. 旋度场和向量磁位

在旋度场中，$\nabla\times\boldsymbol{H}=\boldsymbol{J}\neq\boldsymbol{0}$，$\boldsymbol{H}$不能用一个梯度场来表示，因而不存在标量磁位的概念。但由场论的运算$\nabla\cdot(\nabla\times\boldsymbol{A})=0$可知：一个散度为零的向量场总可以表示为另一个向量的旋度场。由于磁感应强度$\boldsymbol{B}$的散度恒等于零，为了便于计算，在旋度磁场中可以定义一个向量磁位$\boldsymbol{A}$，使

$$\boldsymbol{B}=\nabla\times\boldsymbol{A} \tag{7.3.13}$$

这样知道$\boldsymbol{A}$就可决定$\boldsymbol{B}$，解是单值的。反之对于一定的$\boldsymbol{B}$，要求出相应的$\boldsymbol{A}$，解则是多值的。因为除了积分运算多一个积分常数外，由矢量分析公式$\nabla\times\nabla u\equiv 0$，对所求得的$\boldsymbol{A}$加上一个标量函数的梯度$\boldsymbol{A}+\nabla u$，也适合式(7.3.13)。将式(7.3.13)代入式(7.3.1)的第一式得

$$\nabla\times\boldsymbol{B}=\nabla\times(\nabla\times\boldsymbol{A})=\mu\boldsymbol{J} \tag{7.3.14}$$

矢量分析公式

$$\nabla\times(\nabla\times\boldsymbol{A})=\nabla(\nabla\cdot\boldsymbol{A})-\nabla^2\boldsymbol{A}$$

如果规定

$$\nabla\cdot\boldsymbol{A}\equiv 0 \tag{7.3.15}$$

则对于一定的 $\boldsymbol{B}$,要满足式(7.3.13)和式(7.3.15)的 $\boldsymbol{A}$ 的解只有一个。

由于式(7.3.15)的条件,式(7.3.14)便成为向量磁位 $\boldsymbol{A}$ 所满足的微分方程式,即

$$\nabla^2\boldsymbol{A}=-\mu\boldsymbol{J} \tag{7.3.16}$$

上式称为泊松方程。求解式(7.3.16)比求解式(7.3.1)更为简便。

对于直角坐标系,经过运算可知,$\nabla^2\boldsymbol{A}$ 恰好等于标量拉普拉斯算符分别作用于 A_x、A_y、A_z 所组成的向量,即

$$\nabla^2\boldsymbol{A}=\nabla^2A_x\cdot\boldsymbol{i}+\nabla^2A_y\cdot\boldsymbol{j}+\nabla^2A_z\cdot\boldsymbol{k} \tag{7.3.17}$$

此时整个向量方程式可以分解成三个标量方程式,即

$$\left.\begin{aligned}\nabla^2A_x&=\frac{\partial^2A_x}{\partial x^2}+\frac{\partial^2A_x}{\partial y^2}+\frac{\partial^2A_x}{\partial z^2}=-\mu J_x\\\nabla^2A_y&=\frac{\partial^2A_y}{\partial x^2}+\frac{\partial^2A_y}{\partial y^2}+\frac{\partial^2A_y}{\partial z^2}=-\mu J_y\\\nabla^2A_z&=\frac{\partial^2A_z}{\partial x^2}+\frac{\partial^2A_z}{\partial y^2}+\frac{\partial^2A_z}{\partial z^2}=-\mu J_z\end{aligned}\right\} \tag{7.3.18}$$

式(7.3.18)说明,在旋度场中,向量磁位及其在直角坐标系内的三个分量都满足泊松方程,所以在直角坐标中,求解旋度磁场问题实质上是一个求解满足特定边界条件的泊松方程问题。

在泊松方程求解向量磁位之后,根据式(7.3.3)可求出磁感应强度为

$$\boldsymbol{B}=B_x\boldsymbol{i}+B_y\boldsymbol{j}+B_z\boldsymbol{k} \tag{7.3.19}$$

$$\left.\begin{aligned}B_x&=\frac{\partial A_z}{\partial y}-\frac{\partial A_y}{\partial z}\\B_y&=\frac{\partial A_x}{\partial z}-\frac{\partial A_z}{\partial x}\\B_z&=\frac{\partial A_y}{\partial x}-\frac{\partial A_x}{\partial y}\end{aligned}\right\} \tag{7.3.20}$$

对于二维磁场,$\boldsymbol{J}=J_x\boldsymbol{k}$,$J_x=J_y=0$,$\boldsymbol{A}=A_z\boldsymbol{k}$,$A_x=A_y=0$。因此只要求解 A_z 的二维泊松方程即可,即

$$\nabla^2A_z=\frac{\partial^2A_x}{\partial x^2}+\frac{\partial^2A_y}{\partial y^2}=-\mu J_z \tag{7.3.21}$$

此时

$$B_x=\frac{\partial A_x}{\partial y},\quad B_y=-\frac{\partial A_z}{\partial x} \tag{7.3.22}$$

这实质上就相当于把求解旋度磁场中向量的问题,转化为一个求解 A_z 的标量泊松方程问题。

对于圆柱坐标系,根据向量拉普拉斯算符的定义,经过运算以后可知,向量磁位 $\boldsymbol{A}$ 的三个分量 A_r、A_θ、A_z 应满足下列方程式:

$$\left.\begin{aligned}&\frac{\partial^2 A_r}{\partial r^2}+\frac{1}{r}\frac{\partial A_r}{\partial r}-\frac{1}{r^2}A_r+\frac{1}{r^2}\frac{\partial^2 A_r}{\partial\theta^2}+\frac{\partial^2 A_r}{\partial z^2}-\frac{2}{r^2}\frac{\partial A_\theta}{\partial\theta}=-\mu J_r\\&\frac{\partial^2 A_\theta}{\partial r^2}+\frac{1}{r}\frac{\partial A_\theta}{\partial r}-\frac{1}{r^2}A_\theta+\frac{1}{r^2}\frac{\partial^2 A_\theta}{\partial\theta^2}+\frac{\partial^2 A_\theta}{\partial z^2}-\frac{2}{r^2}\frac{\partial A_r}{\partial\theta}=-\mu J_\theta\\&\frac{\partial^2 A_z}{\partial r^2}+\frac{1}{r}\frac{\partial A_z}{\partial r}-\frac{1}{r^2}\frac{\partial^2 A_z}{\partial\theta^2}+\frac{\partial^2 A_z}{\partial z^2}-\frac{2}{r^2}\frac{\partial A_\theta}{\partial\theta}=-\mu J_z\end{aligned}\right\}\tag{7.3.23}$$

或者

$$\left.\begin{aligned}&\nabla^2 A_r-\frac{1}{r^2}A_r-\frac{2}{r^2}\frac{\partial A_\theta}{\partial\theta}=-\mu J_r\\&\nabla^2 A_\theta-\frac{1}{r^2}A_\theta-\frac{2}{r^2}\frac{\partial A_r}{\partial\theta}=-\mu J_\theta\\&\nabla^2 A_z=-\mu J_z\end{aligned}\right\}\tag{7.3.24}$$

式(7.3.24)说明,在圆柱坐标系中,分量 A_z 单独满足标量泊松方程,A_r 和 A_θ 则组成联立偏微分方程组。

对二维磁场,

$$\boldsymbol{J}=J_z\boldsymbol{k},\qquad J_r=J_\theta=0,\qquad \boldsymbol{A}=A_z\boldsymbol{k},\qquad A_r=A_\theta=0$$

因此仅需求解 A_z 的二维泊松方程即可,即

$$\nabla^2 A_z=\frac{\partial^2 A_z}{\partial r^2}+\frac{1}{r}\frac{\partial A_z}{\partial r}+\frac{1}{r^2}\frac{\partial^2 A_z}{\partial\theta}=-\mu J_z\tag{7.3.25}$$

向量磁位求出后,通过面积 S 的磁通量 Φ 即可求出(见图 7.4)。

$$\Phi=\int_S \boldsymbol{B}\cdot\mathrm{d}\boldsymbol{S}=\int_S\nabla\times\boldsymbol{A}\cdot\mathrm{d}\boldsymbol{S}=\oint_L\boldsymbol{A}\cdot\mathrm{d}\boldsymbol{l}=\oint_L A_x\mathrm{d}x+A_y\mathrm{d}y+A_z\mathrm{d}z\tag{7.3.26}$$

上式说明,通过面积 S 的磁通量就等于向量磁位 $\boldsymbol{A}$ 沿该曲面周界线 $\boldsymbol{l}$ 的回路积分值。

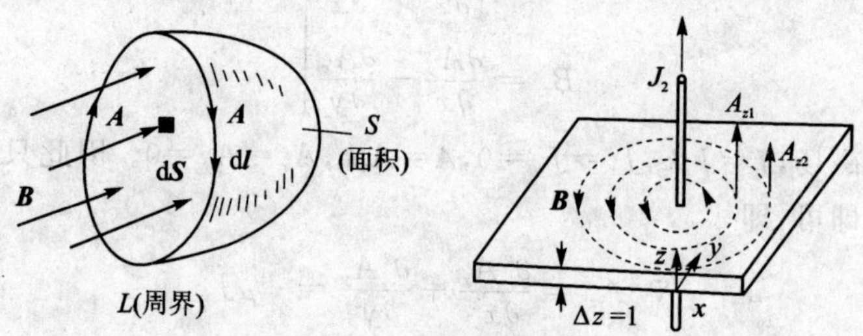

图 7.4　磁通量示意图

对于二维磁场问题,通过单位轴向长度的磁通量 $\Delta\Phi$(见图 7.4)为

$$\Delta\Phi=\int_0^1 A_{z2}\,\mathrm{d}z-\int_0^1 A_{z1}\,\mathrm{d}z=(A_{z2}-A_{z1})\int_0^1\mathrm{d}z=\Delta A_z$$

故向量磁位将具有磁力线函数 Ψ 的性质 $A_z=\mu\Psi$,而等 A 线将与磁力线重合。

7.3.3 分离变量法求拉格朗日方程

在载流区以外，标量磁位和向量磁位都满足拉普拉斯方程，下面分直角坐标系和极坐标系两种情况求解。

1. 直角坐标系

在二维空间直角坐标系中，拉普拉斯方程为

$$\nabla^2 V = \frac{\partial^2 V}{\partial x^2} + \frac{\partial^2 V}{\partial y^2} = 0 \tag{7.3.27}$$

式中，V 既可以是标量磁位 Ω，亦可以是向量磁位 A_z，视解题需要而定。

设 V 的解为

$$V(x,y) = X(x)\cdot Y(y) \tag{7.3.28}$$

式中，X 仅为 x 的函数，Y 仅为 y 的函数；把上式代入式(7.3.27)中，得

$$\frac{X''}{X} + \frac{Y''}{Y} = 0 \tag{7.3.29}$$

式中，X 仅为 x 的函数，Y 仅为 y 的二阶导数。由于$\frac{X''}{X}$仅为 x 的函数，$\frac{Y''}{Y}$仅为 y 的函数，故要使式(7.3.29)成立，唯一的可能性是

$$\frac{X''}{X} = -\frac{Y''}{Y} = \pm m_k^2 \tag{7.3.30}$$

式中，m_k 为一常数，如果 V 是 x 的因函，则取负号；如果 V 是 y 的因函，则取正号。对这种情况，可得

$$\left.\begin{aligned} &\frac{\mathrm{d}^2 X}{\mathrm{d}x^2} + m_k^2 X = 0 \\ &\frac{\mathrm{d}^2 Y}{\mathrm{d}y^2} - m_k^2 Y = 0 \end{aligned}\right\} \tag{7.3.31}$$

这样，拉普拉斯方程就分解成两个常微分方程。当 $m_k \neq 0$ 时，式(7.3.30)的解为

$$\left.\begin{aligned} X_k &= A_k \cos m_k x + B_k \sin m_k x \\ Y_k &= C_k \sinh m_k y + D_k \cosh m_k y \end{aligned}\right\} \tag{7.3.32}$$

于是得到拉普拉斯方程的特解为

$$V_K = X_k Y_k = (A_k \cos m_k x + B_k \sin m_k x)(C_k \sinh m_k y + D_k \cosh m_k y) \tag{7.3.33}$$

若 $m_k = 0$，则式(7.3.31)的解为

$$\left.\begin{aligned} X_0 &= k_1 x + k_2 \\ Y_0 &= k_3 y + k_4 \end{aligned}\right\} \tag{7.3.34}$$

于是可得另一特解为

$$V_0 = X_0 Y_0 = (k_1 x + k_2)(k_3 y + k_4) = A_0 xy + B_0 x + C_0 y + D_0 \tag{7.3.35}$$

最后，将这些解线性叠加，可得拉普拉斯方程的通解为

$$V(x,y)=\sum_{k=1}^{\infty}(A_k\cos m_kx+B_k\sin m_kx)(C_k\sinh m_ky+D_k\cosh m_ky)+$$
$$A_0xy+B_0x+C_0y+D_0 \tag{7.3.36}$$

式中，A_k、B_k、C_k、D_k、A_0、B_0、C_0、D_0、m_k 为任意常数，根据具体问题的边界条件来确定。

式(7.3.36)的解认为 V 是 x 的周期性函数，且是 y 的指数函数。另外，若 V 是 y 的周期函数，式(7.3.30)中 m_k^2 前的符号选为正号，此时

$$V(x,y)=\sum_{k=1}^{\infty}(A_k\cosh m_kx+B_k\sinh m_kx)(C_k\sinh m_ky+D_k\cosh m_ky)+$$
$$A_0xy+B_0x+C_0y+D_0 \tag{7.3.37}$$

满足拉普拉斯方程的特解有无限多个，选择的灵活性较大，但是这决不意味着问题的解答具有任意性。恰恰相反，如果选定的特解或特解的组合满足给定的边界条件，则解答将是唯一的。至于每一个具体问题，这些特解如何选定，则要凭一定的经验和解题技巧。

2. 极坐标系

在极坐标中，拉普拉斯方程为

$$\frac{\partial^2V}{\partial r^2}+\frac{1}{r}\frac{\partial V}{\partial r}+\frac{1}{r^2}\frac{\partial^2V}{\partial\theta}=0 \tag{7.3.38}$$

上式也可用分离变量法求解。设

$$V(r,\theta)=R(r)\Theta(\theta)$$

式中，R 仅为 r 的函数，Θ 仅为 θ 的函数。

在电机中，若不计线电流的作用，则磁位为 θ 的周期性函数。于是在极坐标系中，拉普拉斯方程的通解为

$$V=\sum_{m=0}^{\infty}R_m\Theta_m=\sum_{m=1}^{\infty}(A_mr^m+B_mr^{-m})(C_m\cos m\theta+D_m\sin m\theta)+$$
$$(A_0\ln r+B_0)(C_0\theta+D_0) \tag{7.3.39}$$

式中，A_m、B_m、C_m、D_m、A_0、B_0、C_0、D_0、m 为任意常数，由具体问题的边界条件来确定。

分析表明，式(7.3.39)中第一部分 $\sum\limits_{m=1}^{\infty}$ 项实质上表示磁化的铁磁边界的作用；第二部分的 $A_0\ln r$ 和 $C_0\theta$ 项则表示电流的作用。若在所研究的区域内没有线电流，则第二部分等于零。

第8章 电磁场中的能量关系

本章将从电荷守恒定律、麦克斯韦方程组和洛仑兹力等电磁现象基本规律出发，分析和揭示电磁场的物质性。

和机械系统一样，物体和场都蕴含着能量，都存在着相互间力的作用。用能量分析的方法分析电磁场问题往往比用力或矢量分析的方法要简捷得多，且概念清晰，思路规范，不易出错。这也正是分析动力学的优势所在。

本章首先建立电磁场的能量关系的一般关系式，在此基础上，具体研究常见的静电场、稳恒磁场以及具有非线性性质的铁磁介质中的磁场能量关系。

8.1 电磁场能量

当电磁场和电荷相互作用时，场对电荷作功，带电体能量会发生变化。根据能量守恒定律，带电体能量的增加就等于电磁场能量的减少。

考虑一个空间区域 V，其中存在电磁场 $\boldsymbol{E}$ 和 $\boldsymbol{B}$，电荷密度为 ρ，电荷运动速度为 $\boldsymbol{v}$。电磁场对电荷作用力密度由洛仑兹力公式给出

$$\boldsymbol{f}=\rho(\boldsymbol{E}+\boldsymbol{v}\times\boldsymbol{B})$$

电磁场对电荷作功的功率密度为

$$\boldsymbol{f}\cdot\boldsymbol{v}=\rho(\boldsymbol{E}+\boldsymbol{v}\times\boldsymbol{B})\cdot\boldsymbol{v}=\boldsymbol{J}\cdot\boldsymbol{E}$$

电磁场对电荷作功的总功率为

$$P_{总}=\int_V\boldsymbol{f}\cdot\boldsymbol{v}\mathrm{d}V=\int_V\boldsymbol{J}\cdot\boldsymbol{E}\mathrm{d}V \tag{8.1.1}$$

根据能量守恒定律，电磁场对电荷作功的总功率应等于电磁场能量的减少率。为了得出电磁场能量表达式，把电流密度 $\boldsymbol{J}$ 通过场量表达出来。由麦克斯韦方程：

$$\boldsymbol{J}=\nabla\times\boldsymbol{H}-\frac{\partial\boldsymbol{D}}{\partial t}$$

得

$$\boldsymbol{J}\cdot\boldsymbol{E}=\boldsymbol{E}\cdot(\nabla\times\boldsymbol{H})-\boldsymbol{E}\cdot\frac{\partial\boldsymbol{D}}{\partial t} \tag{8.1.2}$$

利用 $\nabla\cdot(\boldsymbol{E}\times\boldsymbol{H})=\boldsymbol{H}\cdot(\nabla\times\boldsymbol{E})-\boldsymbol{E}\cdot(\nabla\times\boldsymbol{H})$ 以及另一个麦克斯韦方程

$$\nabla\times\boldsymbol{E}=-\frac{\partial\boldsymbol{B}}{\partial t}$$

可得

$$\boldsymbol{E}\cdot(\nabla\times\boldsymbol{H})=-\nabla\cdot(\boldsymbol{E}\times\boldsymbol{H})-\boldsymbol{H}\cdot\frac{\partial\boldsymbol{B}}{\partial t}$$

将此结果代入式(8.1.2)得

$$\boldsymbol{J}\cdot\boldsymbol{E}=-\nabla\cdot(\boldsymbol{E}\times\boldsymbol{H})-\left(\boldsymbol{E}\cdot\frac{\partial \boldsymbol{D}}{\partial t}+\boldsymbol{H}\cdot\frac{\partial \boldsymbol{B}}{\partial t}\right) \tag{8.1.3}$$

引进一个新的量 ω,使

$$\frac{\partial \omega}{\partial t}=\boldsymbol{E}\cdot\frac{\partial \boldsymbol{D}}{\partial t}+\boldsymbol{H}\cdot\frac{\partial \boldsymbol{B}}{\partial t} \tag{8.1.4}$$

则可把式(8.1.3)改写成为

$$\boldsymbol{J}\cdot\boldsymbol{E}=-\nabla\cdot(\boldsymbol{E}\times\boldsymbol{H})-\frac{\partial \omega}{\partial t} \tag{8.1.5}$$

将式(8.1.5)代入式(8.1.1)中,并利用高斯公式得

$$P_{总}=-\oint_S \mathrm{d}\boldsymbol{S}\cdot(\boldsymbol{E}\times\boldsymbol{H})-\frac{\mathrm{d}}{\mathrm{d}t}\int_V \omega\,\mathrm{d}V \tag{8.1.6}$$

式中,S 是包围区域 V 的闭合曲面。为了看清上式各项的物理意义,把积分区域扩大为无穷空间。对于分布在有限区域内的电荷、电流,在任何有限区域内,无穷远处的电磁场量都必定是零,式(8.1.6)可写作

$$P_{总}=-\frac{\mathrm{d}}{\mathrm{d}t}\int_V \omega\,\mathrm{d}V \tag{8.1.7}$$

此式左端是全空间电磁场对电荷作功的总功率。全空间中除去电荷外,就是与它作用着的电磁场,由能量守恒定律,式(8.1.7)右端必定是全空间中电磁场能量的减少率,从而 ω 应当是电磁场能量密度。

根据功和能的关系,上式可以这样解释:电磁场对电荷、电流单位时间作的功,等于整个空间电磁场能量在单位时间内的减少。式(8.1.7)电磁场能量密度变化分为两部分:电场能量密度 $\boldsymbol{E}\cdot\frac{\partial \boldsymbol{D}}{\partial t}$ 和磁场能量密度 $\boldsymbol{H}\cdot\frac{\partial \boldsymbol{B}}{\partial t}$,因而电磁场本身就具有能量。这里“场能量”的概念是非常重要的,能量“定域于空间”,有电磁场的地方就有能量。这对于电磁场的“物质性”是很关键的。电磁场是客观存在的,能随时间变化和运动,并可以跟其他物质交换能量,所以电磁场是一种物质。

在特殊情况下,可以给出电磁场能量密度的具体表达式。若所考虑的空间区域是各向同性的线性介质,$\boldsymbol{D}=\varepsilon\boldsymbol{E}$,$\boldsymbol{B}=\mu\boldsymbol{H}$,由式(8.1.4)得

$$\frac{\partial \omega}{\partial t}=\frac{\partial}{\partial t}\left[\frac{1}{2}(\boldsymbol{E}\cdot\boldsymbol{D}+\boldsymbol{B}\cdot\boldsymbol{H})\right]$$

从而 ω 可写成:

$$\omega=\frac{1}{2}(\boldsymbol{E}\cdot\boldsymbol{D}+\boldsymbol{B}\cdot\boldsymbol{H}) \tag{8.1.8}$$

这就是电磁场能量密度的表达式。

在真空情况下,式(8.1.8)化为熟悉的形式:

$$w=\frac{1}{2}\left(\varepsilon_0\boldsymbol{E}^2+\frac{1}{\mu_0}\boldsymbol{B}^2\right)$$

必须注意,在一般情况下电磁场能量密度的表达式应由式(8.1.4)给出。

现在讨论式(8.1.6)各项的意义。式(8.1.6)可写作:

$$\int_V \boldsymbol{J}\cdot\boldsymbol{E}\mathrm{d}V+\frac{\mathrm{d}}{\mathrm{d}t}\int_V w\,\mathrm{d}V=-\oint_S \mathrm{d}\boldsymbol{S}\cdot(\boldsymbol{E}\times\boldsymbol{H}) \tag{8.1.9}$$

此式左端是区域 V 中电磁场对电荷作功的总功率与区域 V 中电磁场能量增加率之和。由能量守恒,右端的积分一定代表着由区域边界面 S 上流入的电磁场能量。所以 $\boldsymbol{E}\times\boldsymbol{H}$ 可解释为电磁场能量流密度,记为

$$\boldsymbol{P}=\boldsymbol{E}\times\boldsymbol{H} \tag{8.1.10}$$

$\boldsymbol{P}$ 的方向表示电磁场能量流动方向,大小等于单位时间内通过与能量流动方向垂直的单位面积上的电磁场能量。$\boldsymbol{P}$ 称为坡印亭矢量,量纲为 $\mathrm{W/m^2}$。

式(8.1.9)应解释为单位时间所作的功等于该体积内场能量的减少,以及单位时间经过该体积的边界流入的能量(流出边界面 S 的能量为正)。

由电磁场与带电体相互作用的能量可以转化为带电体机械能的实验事实,说明电磁场具有能量。其能量密度由式(8.1.8)给出,能量在场中流动情况则由式(8.1.10)中的矢量 $\boldsymbol{P}$ 描述。式(8.1.9)就是电磁场与电荷相互作用能量守恒定律的积分形式。微分形式的能量守恒定律可利用高斯积分变换公式得出:

$$\frac{\partial w}{\partial t}+\nabla\cdot\boldsymbol{P}=-\boldsymbol{J}\cdot\boldsymbol{E} \tag{8.1.11}$$

必须指出,上述电磁场能量密度、能量流密度的表达式不是严格意义上推导出来的。事实上,严格推导是不可能的。因为要得到电磁场能量密度和能量流密度的表达式,必须给出电磁场与电荷相互作用过程能量守恒的表达式。这两者任何一个都不能先于另一个解决,合乎逻辑的办法是同时解决,这就是自洽方法。重要的是,这些结果已被大量的实验事实证明是正确的。

上面已论述了在区域中电磁场对电荷、电流单位时间所作的功 $\int \boldsymbol{E}\cdot\boldsymbol{J}\mathrm{d}V$ 就是电磁场交换给带电物质的能量。为了看清楚这个能量变成了什么形式,我们讨论两种简单情况。

设有一个小物体带电荷 Q,质量为 m,以速度 $\boldsymbol{v}$ 运动,在电场中受力为

$$m\frac{\mathrm{d}\boldsymbol{v}}{\mathrm{d}t}=Q\boldsymbol{E}$$

则

$$P_{总}=\int \rho\boldsymbol{E}\cdot\boldsymbol{v}\mathrm{d}V=Q\boldsymbol{E}\cdot\boldsymbol{v}=m\boldsymbol{v}\cdot\frac{\mathrm{d}\boldsymbol{v}}{\mathrm{d}t}=\frac{\mathrm{d}}{\mathrm{d}t}\left(\frac{1}{2}m\boldsymbol{v}^2\right) \tag{8.1.12}$$

就是说,交换给物体的能量增加了物体的动能。

另一种情况,设有一小段导线,长为 l,截面积 S,由 $\boldsymbol{J}=\sigma\boldsymbol{E}$ 和式(8.1.1)得

$$P=\sigma\boldsymbol{E}^2Sl=\frac{\boldsymbol{E}^2l^2}{\frac{1}{\sigma}\cdot\frac{l}{S}}=\frac{\varepsilon^2}{R}$$

式中，ε 是导线两端的电压降，R 是电阻，这是我们熟悉的电流通过电阻时消耗的功率，或变热，或发光。

我们还可以把欧姆定律的微分形式 $\boldsymbol{J}=\sigma\boldsymbol{E}$ 推广为 $\boldsymbol{J}=\sigma(\boldsymbol{E}+\boldsymbol{E}^{(e)})$，借以阐明能量关系的普遍内容。这里 $\boldsymbol{E}^{(e)}$ 是外电势。将 $\boldsymbol{E}=\frac{1}{\sigma}\boldsymbol{J}-\boldsymbol{E}^{(e)}$ 代入式(8.1.11)，得

$$\boldsymbol{J}\cdot\boldsymbol{E}^{(e)}=\frac{1}{\sigma}\boldsymbol{J}^2+\nabla\cdot\boldsymbol{P}+\frac{\partial w}{\partial t} \tag{8.1.13}$$

或变为积分形式：

$$\int\boldsymbol{J}\cdot\boldsymbol{E}^{(e)}\mathrm{d}V=\int\frac{1}{\sigma}\boldsymbol{J}^2\mathrm{d}V+\oint_S\boldsymbol{P}\cdot\mathrm{d}\boldsymbol{S}+\frac{\partial}{\partial t}\int w\mathrm{d}V \tag{8.1.14}$$

这表明，任一区域内，外力所作的功，一部分变为焦耳热，一部分流出该区域，另一部分则使该区域内的电磁能增加。

坡印亭矢量在近代无线电通信、雷达和天线等的设计上起着很重要的作用，并得到实验的完全证实。

8.2 静电场能量关系

8.2.1 静电场能量

静电场：$\nabla\cdot\boldsymbol{D}=\rho$，$\nabla\times\boldsymbol{E}=\boldsymbol{0}$，边界：$\boldsymbol{n}\times(\boldsymbol{E}_2-\boldsymbol{E}_1)=\boldsymbol{0}$，$\boldsymbol{n}\cdot(\boldsymbol{D}_2-\boldsymbol{D}_1)=\sigma$，本构关系：$\boldsymbol{D}=\varepsilon\boldsymbol{E}$(均匀介质)。

由式(8.1.8)得到静电场能量密度

$$w=\frac{1}{2}\boldsymbol{E}\cdot\boldsymbol{D}=\frac{1}{2}\varepsilon\boldsymbol{E}^2 \tag{8.2.1}$$

全空间静电场总能量

$$W=\frac{1}{2}\int_\infty\boldsymbol{E}\cdot\boldsymbol{D}\mathrm{d}V \tag{8.2.2}$$

在静电情况下，当介质分布给定时，静电场的分布完全取决于自由电荷分布，所以静电场总能量可以通过自由电荷分布表示出来。由 $\boldsymbol{E}=-\nabla\varphi$，可有 $\boldsymbol{E}\cdot\boldsymbol{D}=-\nabla\cdot(\varphi\boldsymbol{D})+\rho\varphi$，其中 ρ 为电荷密度，代入式(8.2.2)中，得

$$W=\frac{1}{2}\int_\infty\rho\varphi\mathrm{d}V-\frac{1}{2}\int_\infty\nabla\cdot(\varphi\boldsymbol{D})\mathrm{d}V$$

式中，第二项可化为无穷远面上的积分，由于 $\varphi\sim\frac{1}{r}$，$D\sim\frac{1}{r^2}$，而 $S\sim r^2$，当 $r\to\infty$ 时，这个积分值为零。所以全空间静电场总能量

$$W=\frac{1}{2}\int_\infty\rho\varphi\mathrm{d}V \tag{8.2.3}$$

上式只对静电场成立。在电磁场变化的情况下，场可以脱离电荷而存在。其次，上式

的积分(实际上这个积分可以只包含 $\rho\neq 0$ 的区域)给出全空间静电场总能量,但决不意味着 $\frac{1}{2}\rho\varphi$ 可以解释为静电场能量密度,因为电场能量是储存在场中,并且不仅仅局限在 $\rho\neq 0$ 的区域。

当电场在真空中时,其介电系数为 ε_0,真空中电场能量表达式为

$$W_0 = \frac{1}{2}\int_V \varepsilon_0 \boldsymbol{E}^2 \mathrm{d}V \tag{8.2.4}$$

由式(8.2.4)可得真空中单位体积的电场能量,即电场能量密度为

$$\omega_{e0} = \frac{1}{2}\varepsilon_0 \boldsymbol{E}^2 \tag{8.2.5}$$

x' 点上电量为 Q 的点电荷密度 $\rho(x)=Q\delta(x-x')$。代入式(8.2.3)中,得点电荷 Q 在全空间激发静电场总能量

$$W = \frac{1}{2}Q\varphi(x') \tag{8.2.6}$$

由于 x' 点电势无限大,所以一个点电荷静电场总能量(或称点电荷的自能)是无限大的,这就是点电荷模型的"发散困难"。

在静电情况下,导体是等势体,电荷只分布在导体表面,应用式(8.2.3),带电孤立导体的静电场总能量

$$W = \frac{1}{2}\int_S \sigma_f \varphi \mathrm{d}S = \frac{1}{2}\varphi\int_S \sigma_f \mathrm{d}S = \frac{1}{2}\varphi Q \tag{8.2.7}$$

式中,σ_f 是导体面上电荷面密度,Q 是导体带电荷总量,φ 是导体电势。

8.2.2　电荷系的相互作用能

电荷系的相互作用能定义为电荷系的静电场总能量减去每个电荷单独存在时的静电场总能量。假设每个电荷分布同时存在时与单独存在时相同。

对于 N 个点电荷构成的电荷系,设第 i 个点电荷电量为 Q_i,坐标为 x_i,空间电荷密度

$$\rho(x) = \sum_i Q_i \delta(x - x_i)$$

代入式(8.2.3)中,得这 N 个点电荷激发的静电场总能量

$$W = \frac{1}{2}\int \sum_i Q_i \delta(x - x_i)\varphi(x)\mathrm{d}V = \frac{1}{2}\sum_i Q_i \varphi(x_i) \tag{8.2.8}$$

式中,$\varphi(x_i)$是 x_i 点的电势,其中包括第 i 个点电荷自己激发的电势在内。设第 i 个点电荷在点 x_i 激发的电势为 $\varphi'_i(x_i)$,点电荷系的相互作用能是

$$W_i = W - W_{自} = \frac{1}{2}\sum_i Q_i \varphi(x_i) - \frac{1}{2}Q_i\varphi'_i(x_i) = \frac{1}{2}\sum_i Q_i \varphi'(x_i) \tag{8.2.9}$$

$\varphi'(x_i)$是除第 i 个点电荷外其他所有电荷在 x_i 点的电荷。所以虽然单个点电荷的自能发散,但点电荷系的相互作用能是有确切意义的。

带电导体系的静电场总能量

$$W=\frac{1}{2}\int_S\sigma_f\varphi\mathrm{d}S=\frac{1}{2}\sum_i\oint_{S_i}\sigma_f\varphi_i\mathrm{d}S=\frac{1}{2}\sum_i\varphi_i\int_{S_i}\sigma_f\mathrm{d}S=\frac{1}{2}\sum_i\varphi_iQ_i \tag{8.2.10}$$

式中，σ_f 是导体面上电荷面密度；Q_i 是第 i 个导体的总电荷；φ_i 是第 i 个导体的电势，其中包括第 i 个导体自己激发的电势在内。带电导体系的相互作用能

$$W_i=W-W_{自}=\frac{1}{2}\sum_i\varphi_i'Q_i \tag{8.2.11}$$

φ_i'是除第 i 个导体外其他所有电荷在第 i 个导体上激发的电势。

8.2.3 小区域中的电荷在外场中的能量

小区域电荷在外场中的能量就是小区域中的电荷和激发外场的电荷间的相互作用能。设小区域电荷在外场中的电荷密度为 $\rho_1(x)$，它激发的电势是 $\varphi_1(x)$，激发外场的电荷分布和电势为 $\rho_e(x)$和 $\varphi_e(x)$，由式(8.2.3)，小区域电荷在外场中的能量为

$$W_i=\frac{1}{2}\int_\infty(\rho_1+\rho_e)(\varphi_1+\varphi_e)\mathrm{d}V-\frac{1}{2}\int_\infty\rho_1\varphi_1\mathrm{d}V-\frac{1}{2}\int_\infty\rho_e\varphi_e\mathrm{d}V=$$

$$\frac{1}{2}\int_\infty(\rho_1\varphi_e+\rho_e\varphi_1)\mathrm{d}V \tag{8.2.12}$$

可以证明式(8.2.12)中两项相等，因此上式可写作

$$W_i=\int_\infty\rho_1(x)\varphi_e(x)\mathrm{d}V \tag{8.2.13}$$

对式(8.2.13)积分有贡献的仅是 $\rho_1(x)\neq0$ 的小区域。在小区域内，外场 $\varphi_e(x)$中 x 变化范围很小，可以将 $\varphi_e(x)$在小区域内一点(取这点为坐标原点)作泰勒级数展开并代入式(8.2.13)得

$$W_i=Q\varphi_e(0)-\boldsymbol{G}\cdot\boldsymbol{E}_e(0)-\frac{1}{6}\overleftrightarrow{D}:\nabla\boldsymbol{E}_e(0)+\cdots \tag{8.2.14}$$

$\boldsymbol{G}$ 为电偶极矩分布，称极化强度矢量。第一项是电量等于小区域电荷总量位于坐标原点 O 的点电荷在外场中的能量；第二项是系统相对坐标原点的电偶极矩置于坐标原点时在外场中的能量；第三项是系统的电四极矩在外场中的能量，等等。

式(8.2.14)表明，小区域电荷在外场中的能量可以表示为各级电多极矩在外场中能量之和。其中点电荷在外场的能量和外场电势有关，点偶极子在外场中的能量和外场强度有关，而电四极子在外场中的能量则和外场强度梯度有关。只有在非均匀外场中，电四极子能量项才有非零的贡献。

8.3 几个通用静电场能量定理

以下几节通过几个熟知的常用定理来研究变分中电磁量运算的物理意义，并解释它们与变分法的关系，以便读者理解原有电磁学知识之间的关系。第一个就是格

林定理和静电系统定义。格林研究的目的是对“电和磁的流体的平衡现象”提出数学分析，并希望从力学原理得到启示。我们可以从数学上阐明它，然后寻求其物理意义。

8.3.1 格林定理

设 V 为由表面 S 限定的空间区域，且令 ϕ 和 ψ 为位置的标量函数，它们是连续的并在 V 内有连续一阶和二阶导数。对矢量 $\phi\nabla\psi$ 应用散度定理有

$$\int_V \nabla \cdot (\phi\nabla\psi)\mathrm{d}V = \oint_S (\phi\nabla\psi) \cdot \mathrm{d}\boldsymbol{S} \tag{8.3.1}$$

因此

$$\int_V (\phi\nabla^2\psi + \nabla\phi \cdot \nabla\psi)\mathrm{d}V = \oint_S \phi\frac{\partial\psi}{\partial n}\mathrm{d}S \tag{8.3.2}$$

式(8.3.2)通常称为格林第一恒等式，现假定 ϕ 为静电势，$\nabla\psi=\boldsymbol{D}$ 为静电通量密度，于是 $\nabla^2\psi=\rho$，$\nabla\phi=-\boldsymbol{E}$，所以式(8.3.2)变为

$$\frac{1}{2}\int_V (\phi\rho - \boldsymbol{E} \cdot \boldsymbol{D})\mathrm{d}V = \frac{1}{2}\oint_S \phi D_n \mathrm{d}S \tag{8.3.3}$$

式(8.3.3)左边是电荷密度 ρ 的聚集功与电场能量 $\frac{1}{2}\boldsymbol{E}\cdot\boldsymbol{D}$ 之差，这个差等于右边给出的面积分。现在假定用面电荷密度 σ(因 $D_n=-\sigma$)代替 D_n，这就使场 $\boldsymbol{D}$ 终止在电荷密度上，如图 8.1 所示。式(8.3.3)可改写成

$$\frac{1}{2}\int_V (\phi\rho)\mathrm{d}V + \frac{1}{2}\oint_S \phi\sigma\mathrm{d}S - \frac{1}{2}\int_V \boldsymbol{E} \cdot \boldsymbol{D}\mathrm{d}V = 0 \tag{8.3.4}$$

上式可解释为表面 S 已被 S 外面的 S' 代替，而面电荷密度 σ 现已被包含在 S' 所包围的区域内，即封闭曲面 S' 包含封闭曲面 S 和面电荷密度，如图 8.2 所示。因此，表面 S' 对能量没有贡献，电荷 ρ 和 σ 的系统与空间的其余部分隔离，其内能可唯一地确定，表面电荷 σ 使系统与外界分开。换言之，可以把外界影响视为等值的面电荷 $\sigma=-D_n$。由于电荷通过真空空间起作用，所以这种想象的表面电荷不仅是有用的，而且是确定静电系统的能量所必要的。如果把式(8.3.4)中的第三项移到另一边，则有

$$\frac{1}{2}\int_V (\phi\rho)\mathrm{d}V + \frac{1}{2}\oint_S \phi\sigma\mathrm{d}S = \frac{1}{2}\int_V \boldsymbol{E} \cdot \boldsymbol{D}\mathrm{d}V \tag{8.3.5}$$

上式右边为系统的电场能量。如果把 σ 包含在内，则电场能量等于聚集功，即等于势能；假如不包含 σ，在电荷系统中，不管聚集功还是电场能量都不能唯一地确定。

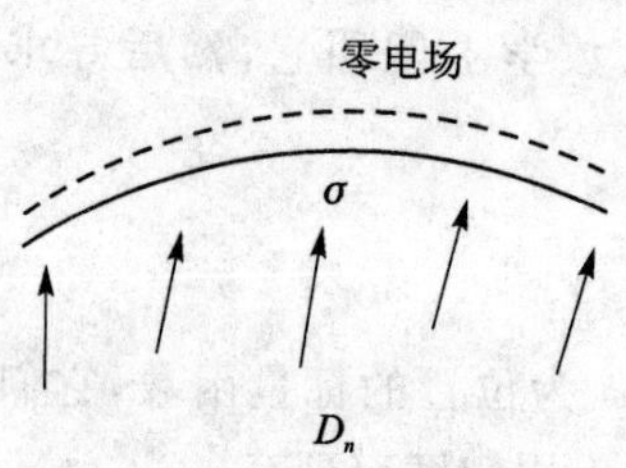

图 8.1 场 D 终止在电荷密度上的示意图

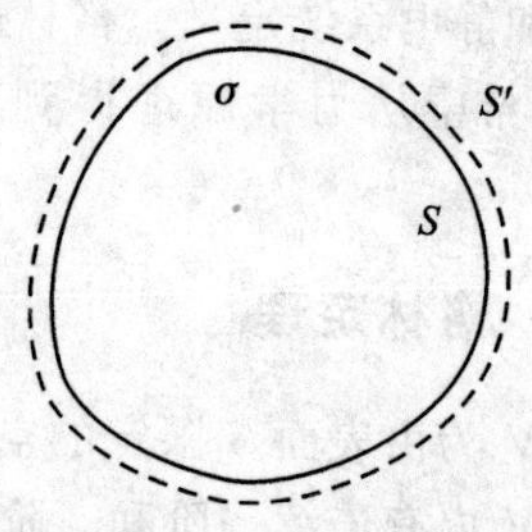

图 8.2 表面电荷 σ 使系统与外界分开

8.3.2 汤姆逊定理

如果许多导体表面的位置固定,且每一导体面所带电荷都已给定,则导体上的电荷将作某种分布,此种分布使合成的静电场能量为最小。

下面证明此定理。考虑在一虚拟过程中,多个导体上平衡的电荷沿导体表面作无限小的位移,使总电荷维持不变。此时自由能(在恒定温度下)为

$$W = \frac{1}{2}\int_V \rho\varphi \mathrm{d}V \tag{8.3.6}$$

其变化为

$$\delta W = \frac{1}{2}\delta\left(\int_V \rho\varphi \mathrm{d}V\right) = \frac{1}{2}\sum \delta\left(\int_V \rho_i\varphi_i \mathrm{d}V\right) = \frac{1}{2}\sum \varphi_i \delta q_i \tag{8.3.7}$$

由于

$$\delta q_i = 0 \tag{8.3.8}$$

故

$$\delta W = 0 \tag{8.3.9}$$

这样,每一导体成为等位体的这一基本平衡条件,就等效于使自由能最小,从而汤姆逊定理得证。

8.3.3 安绍定理

置于静电场中的一个带电体,仅在静电力的作用下,将不能保持稳定平衡。

我们假设原始场是由分布在 n 个固定导体(它们的表面为 $S_i(i=1,2,\cdots,n)$)上的一组电荷 $q_i(i=1,2,\cdots,n)$引起的。导体都置于电容率为 $\varepsilon(r)$的介质内,且场中无空间电荷分布。这样,在场中,电位应满足拉普拉斯方程

$$\frac{\partial^2 \varphi}{\partial x^2} + \frac{\partial^2 \varphi}{\partial y^2} + \frac{\partial^2 \varphi}{\partial z^2} = 0 \tag{8.3.10}$$

根据上式,不论电位 φ 或者是它的任一偏导数,场中任一点都不能为极大值或极小值。因为若 φ 为极小值,则

$$\frac{\partial^2 \varphi}{\partial x^2} > 0, \qquad \frac{\partial^2 \varphi}{\partial y^2} > 0, \qquad \frac{\partial^2 \varphi}{\partial z^2} > 0$$

同理，也不能为极大值，否则都将与式(8.3.10)相矛盾。

现在考虑一个零号导体，令其表面为 S_0 所带电荷为 q_0。假设原来 n 个导体上的电荷分布不变，将零号导体引入场中，并设在 S_0 上的电荷密度为 σ_0，则由式(8.2.3)可知，将带电体移入所需的能量为

$$W_0 = \frac{1}{2}\int_{S_0} \varphi \sigma_0 \mathrm{d}S \tag{8.3.11}$$

式中，φ 是起始时刻零号导体上的电位。

设 x、y、z 是相对于 S_0 的任意固定点的坐标，并且 ξ、η、ζ 是 S_0 上任意点的坐标。由其他 n 个带电体在 S_0 上引起的电位 $\varphi(\xi,\eta,\zeta)$ 可通过点 (x,y,z) 的电位及其导数表示成泰勒级数的形式，即

$$\varphi(\xi,\eta,\zeta) = \varphi(x,y,z) + \frac{\partial\varphi}{\partial x}(\xi - x) + \frac{\partial\varphi}{\partial y}(\eta - y) + \frac{\partial\varphi}{\partial z}(\zeta - z) + \cdots \tag{8.3.12}$$

由式(8.3.12)可知，与零号导体有关的能量也与点 (x,y,z) 的电位及其导数有关。可是，在点 (x,y,z) 上，电位 φ 不是最小值，因此总可以按某种方式移动导体，使能量 W_0 减小。移动后，原来假定冻结在 S_0 和 S_i 上的电荷可以重新排列，使它们再次成为等位面；根据汤姆逊定理，场的能量将进一步减小。因此能量函数 W_0 在静电场中不存在最小值，即导体 S_0 不能处于静止平衡状态。

8.3.4　不带电导体能量定理

定理　将一个不带电导体移入一组固定电荷的电场中，将使场的总能量减小。

下面证明此定理。设在不带电导体 S_0 未移入前，场矢量为 $\boldsymbol{E}$ 和 $\boldsymbol{B}$；在它移入之后，场矢量为 $\boldsymbol{E}'$ 和 $\boldsymbol{B}'$。移入后，场能量的改变为

$$W - W' = \frac{1}{2}\int_V \boldsymbol{E}\cdot\boldsymbol{D}\mathrm{d}V - \frac{1}{2}\int_V \boldsymbol{E}'\cdot\boldsymbol{D}'\mathrm{d}V \tag{8.3.13}$$

由于导体内部不存在电场，所以积分区域应为除导体体积外的整个空间。设 S_0 所包围的体积为 V_0，在移入 S_0 之前电场的体积为 V，则 S_0 移入后电场所占体积为 $V_1 = V - V_0$，于是式(8.3.13)可以写成

$$\begin{aligned} W - W' = &\frac{1}{2}\int_{V_0} \boldsymbol{E}\cdot\boldsymbol{D}\mathrm{d}V + \frac{1}{2}\int_{V_1} (\boldsymbol{E}-\boldsymbol{E}')\cdot(\boldsymbol{D}-\boldsymbol{D}')\mathrm{d}V + \\ &\frac{1}{2}\int_{V_1} \boldsymbol{E}'\cdot(\boldsymbol{D}-\boldsymbol{D}')\mathrm{d}V + \frac{1}{2}\int_{V_1} \boldsymbol{D}'\cdot(\boldsymbol{E}-\boldsymbol{E}')\mathrm{d}V \end{aligned} \tag{8.3.14}$$

上式中等号右边第三项的被积函数可以写成

$$\boldsymbol{E}'\cdot(\boldsymbol{D}-\boldsymbol{D}') = -\nabla\varphi'\cdot(\boldsymbol{D}-\boldsymbol{D}') = -\nabla\cdot[\varphi'(\boldsymbol{D}-\boldsymbol{D}')] + \varphi'\nabla\cdot(\boldsymbol{D}-\boldsymbol{D}')$$

由于

$$\nabla\cdot(\boldsymbol{D}-\boldsymbol{D}') = 0$$

故

$$\boldsymbol{E}'\cdot(\boldsymbol{D}-\boldsymbol{D}')=-\nabla\cdot[\varphi'(\boldsymbol{D}-\boldsymbol{D}')]$$

对上式积分,并应用散度定理得

$$\int_V \boldsymbol{E}\cdot(\boldsymbol{D}-\boldsymbol{D}')\mathrm{d}V=-\int_V \nabla\cdot[\varphi'(\boldsymbol{D}-\boldsymbol{D}')]\mathrm{d}V=$$

$$\int_S \varphi'(\boldsymbol{D}-\boldsymbol{D}')\cdot\mathrm{d}\boldsymbol{S}=\sum_{i=1}^{n}\varphi_i'\int_{S_i}(\boldsymbol{D}'-\boldsymbol{D})\cdot\mathrm{d}\boldsymbol{S} \tag{8.3.15}$$

式中,φ_i 为第 i 号导体表面 S_i 的电位,又由于每一导体所带电荷为常量,即

$$\int_{S_i}\boldsymbol{D}'\cdot\mathrm{d}\boldsymbol{S}=\int_{S_i}\boldsymbol{D}\cdot\mathrm{d}\boldsymbol{S}=q_i \tag{8.3.16}$$

故式(8.3.15)右边应等于零。同理式(8.3.14)等号右端的第四项也应为零,从而有

$$W-W'=\frac{1}{2}\int_{V_0}\varepsilon\boldsymbol{E}^2\mathrm{d}V+\frac{1}{2}\int_{V_i}\varepsilon\,|\boldsymbol{E}-\boldsymbol{E}'|^2\mathrm{d}V \tag{8.3.17}$$

这必然是一个正值,定理得到证明。

8.4 稳恒磁场能量关系

8.4.1 稳恒磁场能量

由式(8.1.8),稳恒磁场能量密度为

$$w=\frac{1}{2}\boldsymbol{B}\cdot\boldsymbol{H} \tag{8.4.1}$$

全空间磁场总能量可由磁场能量密度的积分表示。

$$W=\frac{1}{2}\int_\infty \boldsymbol{B}\cdot\boldsymbol{H}\mathrm{d}V \tag{8.4.2}$$

根据稳恒磁场唯一性定理,在介质分布一定的情况下,只要给定全空间中自由电流分布,则全空间磁场分布是唯一的。所以稳恒磁场总能量可以通过电流分布和矢势表示出来。

由 $\boldsymbol{B}=\nabla\times\boldsymbol{A}$ 和 $\nabla\times\boldsymbol{H}=\boldsymbol{J}$,得

$$\boldsymbol{B}\cdot\boldsymbol{H}=\nabla\cdot(\boldsymbol{A}\times\boldsymbol{H})+\boldsymbol{A}\cdot\boldsymbol{J} \tag{8.4.3}$$

这里利用了稳恒磁场方程 $\nabla\times\boldsymbol{H}=\boldsymbol{J}$。把式(8.4.3)代入式(8.4.2)。第一项积分可转化成无穷远面上的积分,结果是零。于是

$$W=\frac{1}{2}\int_\infty \boldsymbol{A}\cdot\boldsymbol{J}\mathrm{d}V \tag{8.4.4}$$

这和计算静电场总量公式(8.2.3)相似,仅对计算电流在全空间激发磁场总能量是有效的。$\frac{1}{2}\boldsymbol{A}\cdot\boldsymbol{J}$ 不能解释为磁场能量密度,因为磁场能量是分布在整个磁场的。

8.4.2　恒定电流的磁能

1. 磁场中一个孤立电流回路的势能

作用在回路 l_1 的一个线段元 $\mathrm{d}\boldsymbol{l}$ 上的磁力，由安培定理得

$$\boldsymbol{f}=I\mathrm{d}\boldsymbol{l}\times\boldsymbol{B} \tag{8.4.5}$$

设在磁力作用下，回路发生平移，如图 8.3 所示。

若每一线段元作位移 $\delta\boldsymbol{r}$，则在移动过程中，磁力作的功为

$$\boldsymbol{f}\cdot\delta\boldsymbol{r}=I\mathrm{d}\boldsymbol{l}\times\boldsymbol{B}\cdot\delta\boldsymbol{r}=I\boldsymbol{B}\cdot(\delta\boldsymbol{r}\times\mathrm{d}\boldsymbol{l}) \tag{8.4.6}$$

设穿过 S_1 的磁通和穿过 S_2 的磁通分别为

$$\Phi_1=\int_{S_1}\boldsymbol{B}\cdot\mathrm{d}\boldsymbol{S} \tag{8.4.7}$$

$$\Phi_2=\int_{S_2}\boldsymbol{B}\cdot\mathrm{d}\boldsymbol{S} \tag{8.4.8}$$

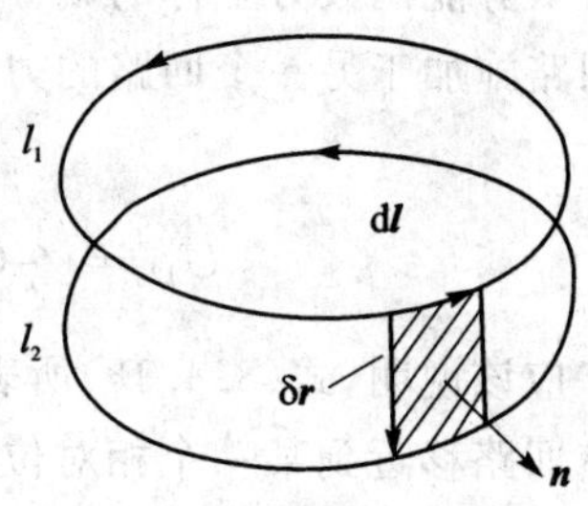

图 8.3　磁力作功示意图

根据磁通连续性原理，有

$$\mathrm{d}\Phi=\Phi_2-\Phi_1=\int_{S_3}\boldsymbol{B}\cdot\mathrm{d}\boldsymbol{S} \tag{8.4.9}$$

另一方面，磁场力所作的功可通过对式(8.4.6)沿回路 $\boldsymbol{l}$ 求线积分而得到，即

$$\delta A=\oint\boldsymbol{f}\cdot\delta\boldsymbol{r}=I\oint\boldsymbol{B}\cdot(\delta\boldsymbol{r}\times\mathrm{d}\boldsymbol{l})=I\int_{S_3}\boldsymbol{B}\cdot\mathrm{d}\boldsymbol{S}=I\mathrm{d}\Phi \tag{8.4.10}$$

$\mathrm{d}S$ 的方向为微元面积的外法线方向 $\boldsymbol{n}$。

假设在作虚位移 $\delta\boldsymbol{r}$ 的过程中，维持电流 I 和外源不变，则机械力所作的功，应等于势能 U 的改变，由势力场的概念得

$$\mathrm{d}U=-\delta A=-I\mathrm{d}\Phi \tag{8.4.11}$$

或

$$U=-I\Phi=-I\int_{S_1}\boldsymbol{B}\cdot\mathrm{d}\boldsymbol{S} \tag{8.4.12}$$

如果 $\delta\boldsymbol{r}$ 是一个实位移，则要维持电流恒定，电源必须作功，因磁通的变化 $\mathrm{d}\Phi$ 要在回路中感应一个电动势，即

$$e=\int\boldsymbol{E}\cdot\mathrm{d}\boldsymbol{l}=-\frac{\mathrm{d}\Phi}{\mathrm{d}t} \tag{8.4.13}$$

如果要求回路中电流不变，则必须加一个量值相等、方向相反的外施电动势 $e'=-e$，以平衡这一感应电动势的作用。在时间 $\mathrm{d}t$，这一外施电动势所作的功为

$$e'I\mathrm{d}t=(-e)I\mathrm{d}t=\frac{\mathrm{d}\Phi}{\mathrm{d}t}I\mathrm{d}t=I\mathrm{d}\Phi=\delta A \tag{8.4.14}$$

2. 磁场为另一电流回路引起时的电流回路的势能

这种情况可认为回路 1(电流 I_1)是在回路 2 所产生的磁场 $\boldsymbol{B}_2$ 中，同时回路 2(电

流 I_2)是在回路1所产生的磁场 $\boldsymbol{B}_1$ 中。回路1在外磁场 $\boldsymbol{B}_2$ 中的势能为

$$U_{12}=-I_1\int_{S_1}\boldsymbol{B}_2\cdot \mathrm{d}\boldsymbol{S}_1 \tag{8.4.15}$$

同理,回路2在外磁场 $\boldsymbol{B}_1$ 中的势能为

$$U_{21}=-I_2\int_{S_2}\boldsymbol{B}_1\cdot \mathrm{d}\boldsymbol{S}_2 \tag{8.4.16}$$

从势能函数对坐标的偏导数可得到力的关系;从 U_{12} 和 U_{21} 的导数,可以得出一个回路施加于另一个回路的力和力矩,由作用与反作用可知

$$U_{12}=U_{21}=U \tag{8.4.17}$$

$$U_{12}=\frac{1}{2}(U_{12}+U_{21})=-\frac{1}{2}I_1\Phi_1-\frac{1}{2}I_2\Phi_2 \tag{8.4.18}$$

应该说明,式(8.4.18)所表示的相互能量 U 并不等于把原来相隔无限远的两个电流回路移近到某一个相对位置时作的功,因此也就不可能表示一个电流回路系统的总能量。这里必须考虑在电流回路作位移时,会引起穿过回路所限定面积的磁通的改变,即要引起感应电动势。若要维持电流 I_2 在位移过程中不变,则必须消除感应电动势的影响,因而需要作等量的功。总之,当施加于两个电流回路上的机械力被容许作功时,相互能量(势能)将变化 $-\delta W=\delta A$,但这一能量变化将使得电流 I_1 和 I_2 维持恒定而必须被系统作的功 $2\delta A$ 所补偿,若令系统的磁能为 W_{m},则在维持电流恒定的条件下,与相对位移有关的磁能的改变为

$$\mathrm{d}W_{\mathrm{m}}=2\delta A+\mathrm{d}U=2\delta A-\delta A=\delta A=-\mathrm{d}U \tag{8.4.19}$$

或相应地

$$W_{\mathrm{m}}=-U$$

由式(8.4.18)得

$$W_{\mathrm{m}}=\frac{1}{2}I_1\Phi_1+\frac{1}{2}I_2\Phi_2 \tag{8.4.20}$$

当回路不止一匝时,可应用磁链代替磁通:

$$W_{\mathrm{m}}=\frac{1}{2}I_1\Psi_1+\frac{1}{2}I_2\Psi_2 \tag{8.4.21}$$

对于由 n 个电流回路构成的系统,磁场能为

$$W_{\mathrm{m}}=\frac{1}{2}\sum_{i=1}^{n}I_i\Psi_i \tag{8.4.22}$$

下面,我们从另一个方面来推导 n 个载流线圈的电流系统磁场总能量。设其中第 i 个载流线圈的电流强度为 I_i,由式(8.4.4),这个电流系统磁场总能量是

$$W=\frac{1}{2}\sum_{i=1}^{n}I_i\oint_{L_i}\boldsymbol{A}\cdot \mathrm{d}\boldsymbol{l} \tag{8.4.23}$$

这里已取式(8.4.4)积分体积元沿各个线圈回路取,即 $\boldsymbol{J}\mathrm{d}V\rightarrow I_i\mathrm{d}\boldsymbol{l}$。利用磁场的矢势描述,上式可写作

$$W = \frac{1}{2}\sum_{i=1}^{n} I_i \Phi_i \tag{8.4.24}$$

式中，Φ_i 是穿过第 i 个回路线圈的磁通量。

因为空间总磁场 $\boldsymbol{B}$ 是各个线圈电流激发磁感应强度的矢量和，而每个线圈激发的磁感应强度和这个线圈中的电流成正比，所以穿过第 i 个电流圈的磁通量 Φ_i 与各个回路电流有线性关系

$$\Phi_i = \sum_{j=1}^{n} L_{ij} I_j \tag{8.4.25}$$

$L_{ij}\,(i \neq j)$ 称为第 i 个回路与第 j 个回路的互感系数。L_{ii} 称为第 i 个回路的自感系数。将式(8.4.25)代入式(8.4.24)，可将磁场总能量写成两部分之和，即

$$W = \frac{1}{2}\sum_{i=1}^{n}\sum_{j=1}^{n} L_{ij} I_i I_j = W_{\mathrm{s}} + W_{\mathrm{i}} \tag{8.4.26}$$

式中

$$W_{\mathrm{s}} = \frac{1}{2}\sum_{i=1}^{n} L_{ii} I_i^2, \qquad W_{\mathrm{i}} = \frac{1}{2}\sum_{i=1}^{n}\sum_{j\neq i}^{n} L_{ij} I_i I_j \tag{8.4.27}$$

分别称为各线圈回路自能和相互作用能。

4.4.3　铁磁介质的磁能

1. 磁能在铁磁介质中的情况

将磁场由初值 $\boldsymbol{B}_0$ 增大到终值 $\boldsymbol{B}$ 的过程中，外加电源所作的功可用积分

$$W_{\mathrm{m}} = \int_V \mathrm{d}V \int_{B_0}^{B} \boldsymbol{H} \cdot \mathrm{d}\boldsymbol{B} \tag{8.4.28}$$

表示，这个积分应遍及整个空间。应该指出，上式的能量是存在铁磁材料的情况下，与电流建立的相关的能量，并不包括永久磁铁的内能或一组永久磁铁之间的互能。W_{m} 表示将磁场由初值 $\boldsymbol{B}_0$ 增大到 $\boldsymbol{B}$ 的过程中，外加电源所作的功。

如果函数 $\boldsymbol{B}(\boldsymbol{H})$ 是单值的，例如原始磁化曲线为如图 8.4 所示曲线，$\boldsymbol{B}$ 增大与减小都沿同一曲线(这是个可逆过程)，则由式(8.4.28)表示的全部能量可用来作有用功，使单位体积材料所作的功可用图中阴影部分的面积表示。

如果 $\boldsymbol{B}(\boldsymbol{H})$ 不但是非线性的，而且是多值的，例如图 8.5 所示的磁滞回线，则 $\boldsymbol{B}$ 的增大与减小不可逆，有相应的能量损失。

式(8.4.28)的被积函数 $\boldsymbol{H} \cdot \mathrm{d}\boldsymbol{B}$ 可用图 8.5 中长为 $\boldsymbol{H}$、宽为 $\mathrm{d}\boldsymbol{B}$ 画有斜线的长条面积表示，即

$$\boldsymbol{H} \cdot \mathrm{d}\boldsymbol{B} = \pm\, m_H m_B S$$

式中，m_H、m_B 分别为磁场强度和磁感应强度的比例尺，当 $\boldsymbol{H} \cdot \mathrm{d}\boldsymbol{B} > 0$ 时，上式右边取正号；当 $\boldsymbol{H} \cdot \mathrm{d}\boldsymbol{B} < 0$ 时，取负号。前者意味着铁磁质吸收能量，后者则表明它送还能量。

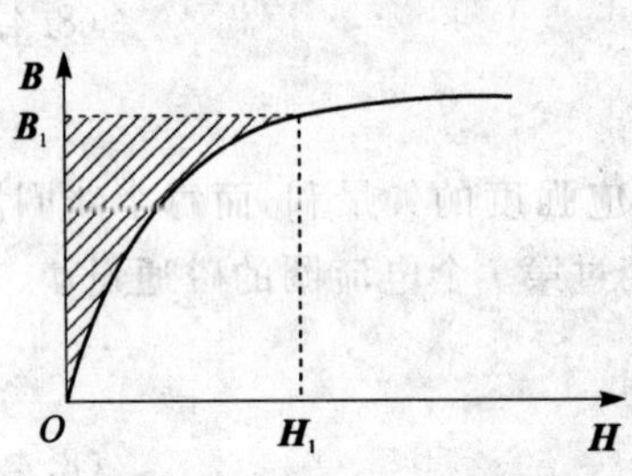

图 8.4　原始磁化曲线

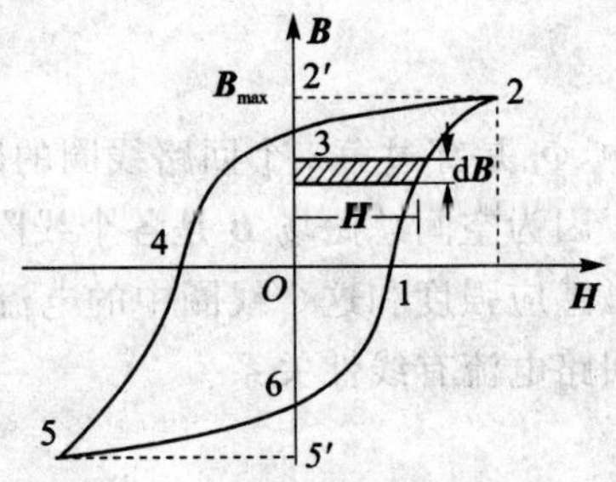

图 8.5　磁滞回线

在一个周期中，铁磁质的工作状态由 1 经过 2、3、4、5、6 又回到 1，故铁磁质每单位体积在一个周期内吸收的能量为

$$W_{\mathrm{h}}=\int_1^2 \boldsymbol{H}\cdot \mathrm{d}\boldsymbol{B}+\int_2^3 \boldsymbol{H}\cdot \mathrm{d}\boldsymbol{B}+\int_3^5 \boldsymbol{H}\cdot \mathrm{d}\boldsymbol{B}+\int_5^6 \boldsymbol{H}\cdot \mathrm{d}\boldsymbol{B}+\int_6^1 \boldsymbol{H}\cdot \mathrm{d}\boldsymbol{B}$$

因为

$$\int_1^2 \boldsymbol{H}\cdot \mathrm{d}\boldsymbol{B}=m_H m_B S_{0122'0},\qquad \int_2^3 \boldsymbol{H}\cdot \mathrm{d}\boldsymbol{B}=-m_H m_B S_{322'3},\qquad \int_3^5 \boldsymbol{H}\cdot \mathrm{d}\boldsymbol{B}=m_H m_B S_{355'3},$$

$$\int_5^6 \boldsymbol{H}\cdot \mathrm{d}\boldsymbol{B}=-m_H m_B S_{55'65},\qquad \int_6^1 \boldsymbol{H}\cdot \mathrm{d}\boldsymbol{B}=m_H m_B S_{6106}$$

上列 5 部分面积满足下列关系：

$$S_{0122'0}-S_{322'3}+S_{355'3}-S_{55'65}+S_{6106}=S$$

它们等于磁滞回线的面积，因此

$$W_{\mathrm{h}}=m_H m_B S=\oint \boldsymbol{H}\cdot \mathrm{d}\boldsymbol{B} \tag{8.4.29}$$

遍及全部铁磁质每一周期的能量为

$$W_{\mathrm{m}}=\int \mathrm{d}V\oint \boldsymbol{H}\cdot \mathrm{d}\boldsymbol{B} \tag{8.4.30}$$

2. 磁性体在恒定磁场中的能量

设有固定源在磁性介质中建立起磁场 $\boldsymbol{B}_1$，介质各向同性且线性，则有 $\boldsymbol{B}_1=\mu_1\boldsymbol{H}_1$。$\mu_1$ 是位置的标量函数，当介质均匀时，它就是一个常数，这时磁场能量为

$$W_1=\frac{1}{2}\int_V \boldsymbol{H}_1\cdot \boldsymbol{B}_1 \mathrm{d}V \tag{8.4.31}$$

积分应遍及整个空间。

现在把源的强度减小到零，将一个未磁化的磁性体移入上述介质挖出的一个空腔内，令移入的物体的体积为 V_1，它外面的整个空间的体积为 V_2，如图 8.6 所示。如果外源是电流，要使源强度回复到原来的值，则必须作功。

$$W_2=\int_{V_1+V_2}\mathrm{d}V\int_0^B \boldsymbol{H}\cdot \mathrm{d}\boldsymbol{B}=\frac{1}{2}\int_{V_2}\boldsymbol{H}\cdot \boldsymbol{B}\mathrm{d}V+\int_{V_1}\mathrm{d}V\int_0^B \boldsymbol{H}\cdot \mathrm{d}\boldsymbol{B} \tag{8.4.32}$$

所以在磁性体 V_1 内储存的磁场能为

$$W_m = W_2 - W_1 = \frac{1}{2}\int_{V_2}(\boldsymbol{H}\cdot\boldsymbol{B} - \boldsymbol{H}_1\cdot\boldsymbol{B}_1)\mathrm{d}V + \int_{V_1}\mathrm{d}V\left[\int_0^B \boldsymbol{H}\cdot\mathrm{d}\boldsymbol{B} - \frac{1}{2}\boldsymbol{H}_1\cdot\boldsymbol{B}_1\right] \tag{8.4.33}$$

根据前面的假设,在 V_2 中,$\boldsymbol{B}=\mu_1\boldsymbol{H}$,因此上式第一个积分为

$$\frac{1}{2}\int_{V_2}(\boldsymbol{H}\cdot\boldsymbol{B} - \boldsymbol{H}_1\cdot\boldsymbol{B}_1)\mathrm{d}V = \int_{V_2}(\boldsymbol{H}-\boldsymbol{H}_1)(\boldsymbol{B}+\boldsymbol{B}_1)\mathrm{d}V \tag{8.4.34}$$

设源中初次电流和后次电流的分布值相等,初次电流在介质中建立的磁场是恒定的,在介质和磁性体内没有分布电流存在。故 $\nabla\cdot\boldsymbol{B}=0$,$\nabla\times\boldsymbol{H}=\boldsymbol{0}$,因此在体积 V_1 和 V_2 中均满足以下条件:

$$\nabla\cdot(\boldsymbol{B}+\boldsymbol{B}_1) = 0,\qquad \nabla\times(\boldsymbol{H}-\boldsymbol{H}_1) = \boldsymbol{0} \tag{8.4.35}$$

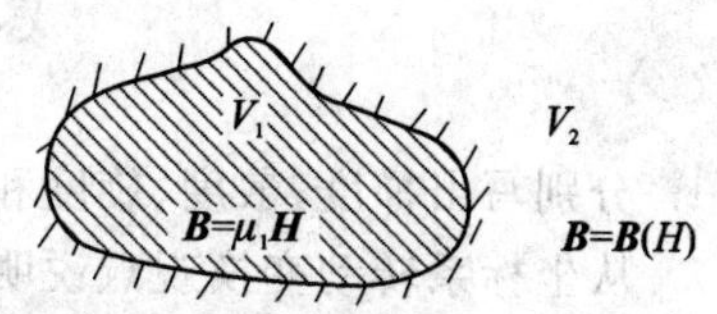

图 8.6　外源电流作功示意图

由此可得 V 表面的边界条件为

$$\left.\begin{aligned} \boldsymbol{n}\cdot[(\boldsymbol{B}+\boldsymbol{B}_1)_+ - (\boldsymbol{B}+\boldsymbol{B}_1)_-] &= 0 \\ \boldsymbol{n}\times[(\boldsymbol{H}-\boldsymbol{H}_1)_+ - (\boldsymbol{H}-\boldsymbol{H}_1)_-] &= \boldsymbol{0} \end{aligned}\right\} \tag{8.4.36}$$

式中,下标"+"表示边界面的外侧面,下标"−"表示边界面的内侧面。

应用矢量场的一个定理:两个矢量函数 $\boldsymbol{P}$、$\boldsymbol{Q}$ 在整个空间中满足 $\nabla\times\boldsymbol{P}=\boldsymbol{0}$,$\nabla\cdot\boldsymbol{Q}=0$,则除了在一个封闭曲面 S_1 上以外,它们都是连续的,且有连续的导数。在 S_1 面上满足边界条件

$$\boldsymbol{n}\cdot(\boldsymbol{Q}_+ - \boldsymbol{Q}_-) = 0$$

$$\boldsymbol{n}\times(\boldsymbol{P}_+ - \boldsymbol{P}_-) = \boldsymbol{0}$$

则

$$\int_{V_1+V_2}\boldsymbol{P}\cdot\boldsymbol{Q}\mathrm{d}V = 0$$

式中,V_1 是 S_1 包围的体积,V_2 是无限空间挖去 V_1 而得到的体积,$\boldsymbol{n}$ 是封闭曲面 S_1 的外法线方向,因而

$$\frac{1}{2}\int_{V_1+V_2}(\boldsymbol{H}-\boldsymbol{H}_1)(\boldsymbol{B}+\boldsymbol{B}_1)\mathrm{d}V = \frac{1}{2}\int_{V_1}(\boldsymbol{H}-\boldsymbol{H}_1)(\boldsymbol{B}+\boldsymbol{B}_1)\mathrm{d}V + \frac{1}{2}\int_{V_2}(\boldsymbol{H}-\boldsymbol{H}_1)(\boldsymbol{B}+\boldsymbol{B}_1)\mathrm{d}V = 0$$

进一步为

$$\frac{1}{2}\int_{V_1}(\boldsymbol{H}-\boldsymbol{H}_1)(\boldsymbol{B}+\boldsymbol{B}_1)\mathrm{d}V = -\frac{1}{2}\int_{V_2}(\boldsymbol{H}-\boldsymbol{H}_1)(\boldsymbol{B}+\boldsymbol{B}_1)\mathrm{d}V \tag{8.4.37}$$

将式(8.4.37)代入式(8.4.33)的第一个积分得

$$W_m = \frac{1}{2}\int_{V_1}\left(\boldsymbol{H}_1\cdot\boldsymbol{B} - \boldsymbol{H}\cdot\boldsymbol{B}_1 - \boldsymbol{H}\cdot\boldsymbol{B} + 2\int_0^B \boldsymbol{H}\cdot\mathrm{d}\boldsymbol{B}\right)\mathrm{d}V \tag{8.4.38}$$

如果忽略磁滞效应，则 $\boldsymbol{H}$ 是 $\boldsymbol{B}$ 的单值函数，在场源恒定不变的任何系统的磁场中，可将 W_m 看成是物体的能量；如果在体积 V_1 内的物体可用磁导率 μ_2 表征，即 $\boldsymbol{B}=\mu_2\boldsymbol{H}$，则式(8.4.38)简化为

$$W_m=\frac{1}{2}\int_{V_1}(\boldsymbol{H}_1\cdot\boldsymbol{B}-\boldsymbol{H}\cdot\boldsymbol{B}_1)\mathrm{d}V=\frac{1}{2}\int_{V_1}(\mu_2-\mu_1)\boldsymbol{H}\cdot\boldsymbol{H}_1\mathrm{d}V \quad (8.4.39)$$

思考题与习题

1. 分别写出梯度、散度、旋度和拉普拉斯算子在柱坐标和球坐标系下的表述。

2. 从坐标系转动变换观点说明标量、矢量和张量的区别。

3. 写出积分形式的麦克斯韦方程组，并分别说明每个方程的意义。

4. 写出均匀介质中的电磁场方程，并由此推导波动方程和涡流方程。

5. 设 $\overleftrightarrow{T}$ 是一个二阶张量，$\boldsymbol{b}$ 为一矢量，证明 $\boldsymbol{a}=\overleftrightarrow{T}\cdot\boldsymbol{b}$ 是一矢量。

6. 一个电荷系统的电偶极矩定义于 $P(t)=\int_V\rho(x',t)x'\mathrm{d}V$，利用电荷守恒定律 $\nabla\cdot\boldsymbol{J}+\frac{\partial\rho}{\partial t}=0$，证明 $\frac{\mathrm{d}\boldsymbol{P}(t)}{\mathrm{d}t}=\int_V\boldsymbol{J}(x',t)\mathrm{d}V$。

7. 电荷 Q 均匀分布在半径为 r 的球面上。

(1) 求空间电场分布；

(2) 求电场散度和旋度；

(3) 证明球面两侧电场的突变可表示为 σ/ε_0，其中，σ 为球面上的自由电荷面密度。

8. 电流 I 均匀分布在半径为 a 的无限长直导线内，求空间各点的磁感应强度 $\boldsymbol{B}$，并由此计算稳恒电流磁场的散度和旋度。

9. 证明在导体界面上电流法向分量满足边值关系 $\boldsymbol{n}\cdot(\boldsymbol{J}_2-\boldsymbol{J}_1)=-\frac{\partial\sigma_f}{\partial t}$，其中 σ_f 是导体面上的电荷密度。

10. 证明：

(1) 在静电情况下，导体外侧的电力线总是垂直于导体表面；

(2) 在稳恒电流情况下，导体内侧的电力线总是平行于导体表面。

11. 平行板电容器内有两层介质，厚度分别为 d_1、d_2，两层介质的介电常数和电导率分别为 ε_1、σ_1 和 ε_2、δ_2，加在电容器两板上的电压为 U。

(1) 忽略边缘效应，求介质 1 和介质 2 中的电场；

(2) 求电容器内的电流密度；

(3) 求两介质交界面上的自由电荷面密度和极化电荷面密度。

12. 证明存在静电场和稳恒磁场的区域中，电磁场能流过任一闭合曲面的通量恒为零，即能流总是沿着闭合路径流动。

13. 内外半径分别为 ρ_1 和 ρ_2 的无穷长中空导体圆柱，沿轴向流有稳恒均匀自由电流 $\boldsymbol{J}_f$，导体磁导率为 μ。

(1) 求空间磁感应强度分布；

(2) 计算磁感应强度的散度和旋度。

14. 均匀介质球的中心置一点电荷 Q，球的介电常数为 ε，球外为真空，求空间电势分布。

15. 两个半径均为 a，其轴线间距离为 $d(d>2a)$的平行长直圆柱导体，设它们单位长度上所带电荷量分别为 $\pm\lambda$。试求：

(1) 电势和场强分布；

(2) 单位长度的电容。

16. 求内导体圆柱半径为 R_1、外导体内半径为 R_2 的同轴电缆单位长度的绝缘电阻。设两导线间介质电导率为 σ，电缆线长度远远大于截面半径。

17. 一根无限长螺线管半径为 a，通有电流 I，单位长度上有 N 匝。求螺线管内外空间磁场的矢势和磁感应强度。

18. 一无限长载流直导线，平行于磁导率为 μ 的媒质表面，与表面距离为 h，设导线上的电流为 I，求空间各区域中的磁场分布。

第三部分

机电耦联系统分析动力学

第 9 章　电磁场的力学分析

9.1　机电系统电磁力的能量法求解

9.1.1　一般描述

任何机电耦联系统都是由机械系统、电系统和联系两者的耦合电磁场组成的。通常机电耦联系统的频率和运动速度较低，因而电磁辐射可以忽略不计。对由电源输入能量的机电耦联系统，由能量守恒定律，可以写出机电耦联系统的能量关系式为

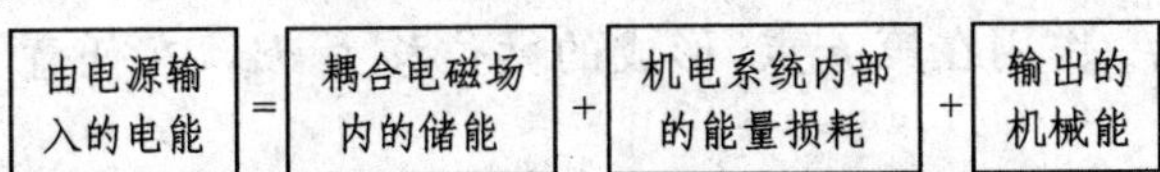

其中损耗分为三类：① 电系统内部电流流动时的电阻损耗；② 机械系统的机械损耗；③ 耦合场在介质内产生的损耗。如高频磁场在铁芯内产生的磁滞和涡流损耗，电场在绝缘材料内产生的介质损耗。所有的损耗大部分变成热能而散失。

显然，上述能量关系式也可写成由外部输入机械能，输出则为电磁能的关系。

把损耗按上述三项分类，并分别归并到相应的能量项目中去，能量关系式可改写为

输入的电能－电阻能量损耗 = 耦合电磁场内储能+对应介质能量损耗 +

输出机械能+机械能损耗

写成时间 dt 内各项能量的微分形式时，对应的方程式为

$$\mathrm{d}W_{电} = \mathrm{d}W_{场} + \mathrm{d}W_{机} \tag{9.1.1}$$

式中，$\mathrm{d}W_{电}$、$\mathrm{d}W_{场}$、$\mathrm{d}W_{机}$ 表示时间 dt 内输入耦合场的净电能、耦合场吸收的总能量、变换为机械能的总能量。图 9.1 为其能量交换图。

尽管在能量转换过程中总有损耗产生，但是损耗并不影响能量转换的基本过程，能量转换过程是由耦合场的变化对电输入系统和机械输入系统的反应引起的。上面把损耗分类并进行相应的扣除和归并，实质上相当于把损耗移出，使整个系统成为无损耗的保守系统。这样做，既便于突出问题的核心——耦合场对电系统和机械系统的反应，并导出相应的机电耦合项，又使过程成为单值、可逆，并便于定义系统的状态函数。所以这样做给系统分析带来很大的方便。

输入耦合场的净电能为

$$\mathrm{d}W_{电} = \sum_{i=1}^{n} v_i i_i \mathrm{d}t \tag{9.1.2}$$

式中，v_i、i_i 分别为第 i 个电压、电流。

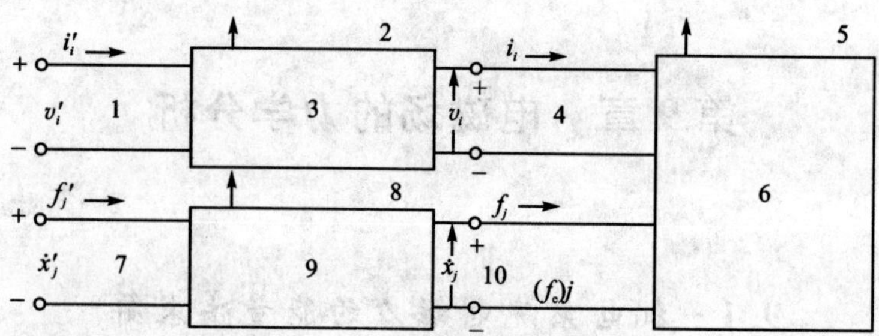

1—系统的电输入；2—电阻损耗；3—从基尔霍夫定律导出的运动方程；4—耦合场的电输入；
5—介质损耗；6—(机电网络)保守系统的电磁耦合；7—系统的机械输入；8—机械损耗；
9—(机械网络)从达朗贝尔原理导出的运动方程；10—耦合场的机械输入

图 9.1 机电系统能量交换图

耦合场的机械输出总能量为

$$dW_{机} = + (f_e)_k \cdot dx_k \tag{9.1.3}$$

这里假设电磁力 f_e 作用在第 k 点，形成的微位移为 dx_k，在任意其他点 $j \neq k$ 时，$dx_j = 0$。

耦合场吸收的总能量为

$$dW_{场} = dW_m + dW_e \tag{9.1.4}$$

式中，W_m、W_e 分别表示磁能和电能。

将式(9.1.2)～式(9.1.4)代入式(9.1.1)中，得

$$\sum_{i=1}^{n} v_i i_i dt = dW_m + dW_e + (f_e)_k \cdot dx_k \tag{9.1.5}$$

机电耦合场加于第 k 个点的电磁力 $(f_e)_k$ 为

$$(f_e)_k = \frac{1}{dx_k}\left(\sum_{i=1}^{n} v_i i_i dt - dW_m - dW_e\right) \tag{9.1.6}$$

该式给出了电磁力的一般表达式。对于所研究的低速、似稳系统，电场和磁场互相独立，所以可以分开考虑。

9.1.2 一般处理方法

针对机电耦联系统，据 9.1.1 小节的描述，可以得到电磁力求解的一般处理过程为：

① 引入广义独立坐标 $x_i (i=1,2,\cdots,m)$；

② 列写能量、功的表达式，并表达成广义独立坐标的函数；

③ 建立能量关系：输出的机械功＝－dW＋输入的功，即

$$(f_e)_k dx_k = - dW + \delta A$$

式中，δA 包含能量的耗损。

④ 演算，求得电磁力表达式。

9.1.3　磁力(介质中 n 个线电流产生磁场时的磁力)

在磁场耦合产生磁力的情况下，$\mathrm{d}W=\mathrm{d}W_{\mathrm{m}}$。电磁力表达式(9.1.6)考虑到由法拉第定律给出的电压和磁链的关系式

$$v_i=\frac{\mathrm{d}\psi_i}{\mathrm{d}t} \tag{9.1.7}$$

得

$$(f_{\mathrm{e}})_k\mathrm{d}x_k=\sum_{i=1}^{n}i_i\mathrm{d}\psi_i-\mathrm{d}W_{\mathrm{m}} \tag{9.1.8}$$

式中

$$W_{\mathrm{m}}=W_{\mathrm{m}}(i_1,i_2,\cdots,i_n;x_1,x_2,\cdots,x_m)$$
$$\psi_i=\psi_i(i_1,i_2,\cdots,i_n;x_1,x_2,\cdots,x_m)$$

即 W_{m}、ψ_i 是选取电流和位置坐标的独立广义坐标系中的表达式。

磁能是单值状态函数，可推导得

$$(f_{\mathrm{e}})_k=-\frac{\partial W_{\mathrm{m}}}{\partial x_k}+\sum_{i=1}^{n}i_i\frac{\partial\psi_i}{\partial x_k} \tag{9.1.9}$$

理论上，定义磁共能为

$$W'_{\mathrm{m}}=\sum_{r=1}^{n}i_r\psi_r-W_{\mathrm{m}} \tag{9.1.10}$$

代入式(9.1.9)得

$$(f_{\mathrm{e}})_k=\frac{\partial W'_{\mathrm{m}}}{\partial x_k} \tag{9.1.11}$$

在线性介质时，磁能和磁共能等值，因此

$$W_{\mathrm{m}}=W'_{\mathrm{m}}=\frac{1}{2}\sum_{r=1}^{n}i_r\psi_r \tag{9.1.12}$$

一般讲，磁链是电流的线性函数 $\psi_r=\sum_{r=1}^{n}L_{ir}i_r$，其中 $L_{ir}=L_{ir}(x_1,x_2,\cdots,x_m)$ 为电感，是坐标的单值函数。线性情况下，磁能与磁共能可表示为

$$W'_{\mathrm{m}}=W_{\mathrm{m}}=\frac{1}{2}\sum_{i=1}^{n}\sum_{r=1}^{n}L_{ir}i_ri_i \tag{9.1.13}$$

将式(9.1.13)及 $\psi_r=\sum_{r=1}^{n}L_{ir}i_r$ 代入电磁力表达式，可得电磁力 $(f_{\mathrm{e}})_k$ 关于电感 L_{ir} 的函数。

当用磁链 ψ_i 与位置坐标 x_i 作为广义坐标时

$$(f_{\mathrm{e}})_k=-\frac{\partial W_{\mathrm{m}}}{\partial x_k}=\frac{\partial W'_{\mathrm{m}}}{\partial x_k}-\sum_{i=1}^{n}\psi_i\frac{\partial i_i}{\partial x_k}$$

式中

$$W_m = W_m(\psi_1, \psi_2, \cdots, \psi_n; x_1, x_2, \cdots, x_m)$$
$$W'_m = W'_m(\psi_1, \psi_2, \cdots, \psi_n; x_1, x_2, \cdots, x_m)$$
$$i_i = i_i(\psi_1, \psi_2, \cdots, \psi_n; x_1, x_2, \cdots, x_m)$$

9.1.4 电力(电介质中 n 个导体系统产生电场时的电力)

由电场耦合而产生的电力，可以进行类似于前面磁场中磁力的推导。由电荷 q_i 变化形成的电流为

$$i_i = \frac{\mathrm{d}q_i}{\mathrm{d}t} \tag{9.1.14}$$

可取 v_i 和 x_i 为独立广义坐标，则电磁力表达式(9.1.6)变成

$$(f_e)_k \mathrm{d}x_k = \sum_{i=1}^{n} v_i \mathrm{d}q_i - \mathrm{d}W_e \tag{9.1.15}$$

式中

$$W_e = W_e(v_1, v_2, \cdots, v_n; x_1, , x_2, \cdots, x_m)$$
$$q_i = q_i(v_1, v_2, \cdots, v_n; x_1, , x_2, \cdots, x_m)$$

即 W_e、q_i 是选取电压 v_i 和位置坐标的广义独立坐标关系中的表达式。

类似于 9.1.3 小节的分析，引入电共能概念

$$W'_e = \sum_{i=1}^{n} v_i q_i - W_e \tag{9.1.16}$$

推导可得

$$(f_e)_k = -\frac{\partial W_e}{\partial x_k} + \sum_{i=1}^{n} v_i \frac{\partial q_i}{\partial x_k} \tag{9.1.17}$$

若取 q_i 和 x_i 为广义独立坐标，则

$$(f_e)_k = -\frac{\partial W_e}{\partial x_k} = \frac{\partial W'_e}{\partial x_k} - \sum_{i=1}^{n} q_i \frac{\partial v_i}{\partial x_k} \tag{9.1.18}$$

式中

$$W_e = W_e(q_1, q_2, \cdots, q_n; x_1, x_2, \cdots, x_m)$$
$$W'_e = W'_e(q_1, q_2, \cdots, q_n; x_1, x_2, \cdots, x_m)$$
$$v_i = v_i(q_1, q_2, \cdots, q_n; x_1, x_2, \cdots, x_m)$$

由 9.1.3 小节和 9.1.4 小节可清楚地看到，电力和磁力的表达形式完全类同，具有比拟关系。当电压对应电流为广义坐标时，磁能对应电能，磁共能对应电共能，磁链对应电荷，此时磁力对应电力，表达式一致；而当磁链对应电荷为广义坐标时，磁能对应电能，磁共能对应电共能，电压对应电流，此时磁力对应电力，表达式一致。

9.2 电磁场动量、动量密度和动量流密度张量

这里采用和前面电磁场能量、受力分析相同的方法讨论电磁场动量问题，即通过

电磁场和电荷相互作用，带电体机械动量增加。由动量守恒定律证明电磁场具有动量，并求得电磁场动量的表达式。

考虑一空间区域 V，为避免由于介质带来的复杂性，假设 V 中只有电荷以及电荷作用的电磁场。电荷密度为 ρ，电流密度为 $\boldsymbol{J}$，电荷受到电磁场与电磁波作用力的力密度为

$$\boldsymbol{f}=\rho\boldsymbol{E}+\boldsymbol{J}\times\boldsymbol{B} \tag{9.2.1}$$

在真空中，应用麦克斯韦方程组，有

$$\rho=\varepsilon_0\,\nabla\cdot\boldsymbol{E}$$

$$\boldsymbol{J}=\frac{1}{\mu_0}\nabla\times\boldsymbol{B}-\varepsilon_0\frac{\partial\boldsymbol{E}}{\partial t}$$

将 ρ、$\boldsymbol{J}$ 代入式(9.2.1)，得

$$\boldsymbol{f}=\varepsilon_0(\nabla\cdot\boldsymbol{E})\boldsymbol{E}+\left(\frac{1}{\mu}\nabla\times\boldsymbol{B}-\varepsilon_0\frac{\partial\boldsymbol{E}}{\partial t}\right)\times\boldsymbol{B} \tag{9.2.2}$$

再应用麦克斯韦方程

$$\nabla\cdot\boldsymbol{B}=0$$

$$\nabla\times\boldsymbol{E}=-\frac{\partial\boldsymbol{B}}{\partial t}$$

可把式(9.2.2)化为更为对称的形式

$$\boldsymbol{f}=\left[\varepsilon_0(\nabla\cdot\boldsymbol{E})\boldsymbol{E}+\frac{1}{\mu_0}(\nabla\cdot\boldsymbol{B})\boldsymbol{B}+\frac{1}{\mu_0}(\nabla\times\boldsymbol{B})\times\boldsymbol{B}+\varepsilon_0(\nabla\times\boldsymbol{E})\times\boldsymbol{E}\right]-\varepsilon_0\frac{\partial}{\partial t}(\boldsymbol{E}\times\boldsymbol{B}) \tag{9.2.3}$$

在上式中，令

$$\boldsymbol{g}=\varepsilon_0(\boldsymbol{E}\times\boldsymbol{B}) \tag{9.2.4}$$

并用 $\overleftrightarrow{I}$ 表示单位张量。令

$$\overleftrightarrow{T}=-\varepsilon_0\boldsymbol{E}\boldsymbol{E}-\frac{1}{\mu_0}\boldsymbol{B}\boldsymbol{B}+\frac{1}{2}\overleftrightarrow{I}\left(\varepsilon_0\boldsymbol{E}^2+\frac{1}{\mu_0}\boldsymbol{B}^2\right) \tag{9.2.5}$$

则式(9.2.3)可化简为

$$\boldsymbol{f}+\frac{\partial\boldsymbol{g}}{\partial t}=-\nabla\cdot\overleftrightarrow{T} \tag{9.2.6}$$

为了看清式(9.2.6)中各项的物理意义，在区域 V 上积分等式两端，并利用高斯定理得

$$\int_V\boldsymbol{f}\,\mathrm{d}V+\frac{\mathrm{d}}{\mathrm{d}t}\int_V\boldsymbol{g}\,\mathrm{d}V=-\oint_S\overleftrightarrow{T}\cdot\mathrm{d}\boldsymbol{S} \tag{9.2.7}$$

若积分区域 V 为无穷空间，则式(9.2.7)右端面积分为零，则有

$$\int_V\boldsymbol{f}\,\mathrm{d}V=-\frac{\mathrm{d}}{\mathrm{d}t}\int_V\boldsymbol{g}\,\mathrm{d}V \tag{9.2.8}$$

由上面的定义可知，$\boldsymbol{g}$ 和 $\overleftrightarrow{T}$ 都只由电磁场决定。因此式(9.2.7)可以这样解释：电磁

场存在一张量 $\overleftrightarrow{T}$ 和动量密度 $\boldsymbol{g}$，某一区域表面所受电磁张量的总和，等于该区域内的机械力的总和与该区域内电磁场动量总和对时间的变化率的和。

由质点动量定理可知，机械力的总和是机械动量总和对时间的变化率，所以式(9.2.7)又可写成

$$\frac{\partial \boldsymbol{g}_{\mathrm{m}}}{\partial t}+\frac{\partial \boldsymbol{g}_{\mathrm{e,m}}}{\partial t}=-\oint_{S}\overleftrightarrow{T}\cdot \mathrm{d}\boldsymbol{S} \tag{9.2.9}$$

即表面所受电磁张量总和等于区域内机械动量 $\boldsymbol{g}_{\mathrm{m}}$ 和电磁动量 $\boldsymbol{g}_{\mathrm{e,m}}$ 总和对时间的变化率之和。如果包括整个空间，那么无限远处电磁场为零，式(9.2.9)中面积分为零，即式(9.2.8)对应式(9.2.9)的形式为

$$\boldsymbol{g}_{\mathrm{m}}+\boldsymbol{g}_{\mathrm{e,m}}=\text{常数}$$

这就是动量守恒定律。

由此可见，电磁场有动量，且只有考虑电磁动量和机械动量两方面时，动量才守恒。在机械系统中，我们知道由牛顿第三定律(作用力与反作用力大小相等而方向相反)和第二定律，可导出动量守恒定律。这里我们清楚地看到：只考虑洛伦兹力(它改变电荷的机械动量)，牛顿第三定律一般是不成立的；若再考虑场和实物间的相互作用和电磁动量，第三定律就成立了。由此我们再一次看到电磁场的物质性，电磁场具有动量，界面两侧的场相互有应力张量作用。场是作用与反作用的“承担者”，它是力学系统不可缺少的一部分。

$\boldsymbol{g}$ 称为电磁场动量密度矢量，力密度 $\boldsymbol{f}$ 是电荷动量密度 $\boldsymbol{g}$ 的增加率。

由此解释式(9.2.7)，左端是区域 V 中电荷动量增加率与电磁场动量增加率之和。根据动量守恒定律，其右端必须解释为通过围绕区域 V 的边界面 S 流入的电磁场动量。因而 $\overleftrightarrow{T}$ 就是电磁场动量流密度，又称之为电磁场动量流密度张量。

$\overleftrightarrow{T}$ 还可以解释为电磁场张力(张量)。把式(9.2.7)写作

$$-\int_{V}\boldsymbol{f}\,\mathrm{d}V-\oint_{S}\overleftrightarrow{T}\cdot \mathrm{d}\boldsymbol{S}=\frac{\mathrm{d}}{\mathrm{d}t}\int_{V}\boldsymbol{g}\,\mathrm{d}V \tag{9.2.10}$$

上式右端是区域 V 中电磁场动量增加率。V 中电磁场动量增加率一定等于 V 中电磁场动量受到的作用力。左端第一项根据牛顿第三定律就是 V 中的电磁场受到 V 中电荷的作用力，第二项是张量 $\overleftrightarrow{T}$ 在区域边界面 S 上的积分负值，就应解释为区域 V 外的场通过边界面 S 对区域内的电磁场的作用力。所以，$\overleftrightarrow{T}$ 又可解释为电磁场张力，又称为电磁场张力张量。

电磁场中能流与动量同时存在。由电磁动量密度公式(9.2.4)即 $\boldsymbol{g}=\varepsilon_0(\boldsymbol{E}\times\boldsymbol{B})$，它和电磁能流密度公式($\boldsymbol{P}=\boldsymbol{E}\times\boldsymbol{H}$)极其相似。在国际单位制中，$\boldsymbol{B}=\mu_0\mu_{\mathrm{r}}\boldsymbol{H}$，真空中 $\boldsymbol{B}=\mu_0\boldsymbol{H}$。因此，电磁动量 $\boldsymbol{g}$ 和电磁能流向量即坡印亭矢量有下列关系：

$$\boldsymbol{g}=\varepsilon_0\mu_0\boldsymbol{P}=\frac{1}{c^2}\boldsymbol{P} \tag{9.2.11}$$

【例 1】　讨论静电场中导体受到的作用力。

解:由式(9.2.5),静电场张力张量

$$\overleftrightarrow{T} = -\varepsilon_0 \boldsymbol{EE} + \frac{1}{2}\overleftrightarrow{I}\varepsilon_0 \boldsymbol{E}^2 \tag{a}$$

在静电情况下,导体外侧电场垂直于导体表面,导体内部电场 $\boldsymbol{E}=\boldsymbol{0}$。导体面受到静电场作用力。单位面积上受到外部电场的作用力为

$$\boldsymbol{f} = -\boldsymbol{n}\cdot\overleftrightarrow{T} = -\boldsymbol{n}\cdot\left(-\varepsilon_0 \boldsymbol{EE} + \frac{1}{2}\overleftrightarrow{I}\varepsilon_0 \boldsymbol{E}^2\right) \tag{b}$$

利用电磁场边值关系

$$\sigma = D_{2n} = \varepsilon_0 E_n$$

单位面积上外部电场作用力还可通过导体面上自由电荷面密度表示:

$$\boldsymbol{f} = \frac{1}{2}\sigma \boldsymbol{En} \tag{c}$$

这是计算静电场中导体受力的一个有用公式。

9.3　静电作用力

密度为 $\rho(x)$ 的电荷受到静电场作用力为

$$\boldsymbol{F} = \int \rho(x)\boldsymbol{E}(x)\mathrm{d}V \tag{9.3.1}$$

这是利用计算矢量函数的积分方法求得力,但不方便,很难求出。还可用虚位移法求力。

这里,我们用广义坐标和广义力来说明问题。系统静电场总能量 W 是广义坐标 $q_k(k=1,2,\cdots)$ 的函数,因此记为 $W(q_k)$。

设想在静电力作用下,系统第 k 个广义坐标发生了 δq_k 的变化,则静电力作的功可表示为

$$\delta A = \sum_k F_k \delta q_k \tag{9.3.2}$$

静电力作功一定引起系统总静电能量的改变。下面分两种情况讨论。

1. 孤立系统

孤立系统即与外界不存在能量交换的系统。

对于孤立系统,静电力作功就等于系统静电场能量减少,所以

$$\delta A = -\delta W = -\sum_k \frac{\partial W}{\partial q_k}\delta q_k \tag{9.3.3}$$

和式(9.3.2)比较得

$$F_k = -\frac{\partial W}{\partial q_k} \tag{9.3.4}$$

如果在电场力作功过程中,系统中各带电体电荷分布都不发生变化,各个电荷自能不

变，则静电场能量的减少就只是电荷系相互作用能的减少。此时

$$F_k = -\frac{\partial W_i}{\partial q_k} \tag{9.3.5}$$

2. 非孤立系统

非孤立系统是指可以与外界有能量交换的系统。

设系统中有导体和外电源相连，当系统某一广义坐标发生变化时，导体系的电容必定会发生变化。和外电源相连的导体为了保持等于外源的电势，必然从外源迁移电荷。设 δW_0 为外电源供给的能量，δW 为导体系静电场能量的增加，δA 为静电力作的功。按能量守恒定律

$$\delta W_0 = \delta W + \delta A \tag{9.3.6}$$

若第 l 个导体增加的电荷为 δQ_l，则外电源供给的总能量是

$$\delta W_0 = \sum_l \varphi_l \delta Q_l$$

根据第 8 章式(8.2.10)，导体系静电场能量的改变为

$$\delta W = \frac{1}{2}\sum_l \varphi_l \delta Q_l$$

所以有 $\delta W_0 = 2\delta W$。代入式(9.3.6)，得非孤立系统中

$$\delta W = \delta A$$

即

$$\sum_k \frac{\partial W}{\partial q_k}\delta q_k = \sum_k F_k \delta q_k$$

所以

$$F_k = \left.\frac{\partial W}{\partial q_k}\right|_{\text{导体电势为常数}} \tag{9.3.7}$$

此式与式(9.3.4)相比正好相差一个负号，这是由于系统从外电源中获得了静电场作功 2 倍的能量。

【例 1】 计算偶极矩为 $\boldsymbol{G}$ 的电偶极子在外电场 $\boldsymbol{E}$ 中受到的作用力和力矩。

解：假设电偶极子是刚性的，在电场力作用下偶极矩 $\boldsymbol{G}$ 不变，电偶极子在外场中的能量为

$$W_i = -\boldsymbol{G}\cdot\boldsymbol{E} = -|\boldsymbol{G}||\boldsymbol{E}|\cos\theta$$

式中，θ 是 $\boldsymbol{G}$ 与外场 $\boldsymbol{E}$ 的夹角，由式(9.3.5)，与广义坐标 θ 对应的广义力矩是

$$L = -\frac{\partial W_i}{\partial \theta} = -|\boldsymbol{G}||\boldsymbol{E}|\sin\theta$$

力矩的方向是使 $\boldsymbol{G}$ 与 $\boldsymbol{E}$ 夹角减小的方向，故上式可写成矢量形式

$$\boldsymbol{L} = \boldsymbol{G}\times\boldsymbol{E}$$

作用在偶极子上的力 $\boldsymbol{F} = -\nabla W_i$，所以

$$\boldsymbol{F} = \nabla(\boldsymbol{G}\cdot\boldsymbol{E}) = \boldsymbol{G}\cdot\nabla\boldsymbol{E}$$

可见，只有在非均匀外场中，电偶极子才受到不为零的静电力。

【例 2】 一平板电容器板长为 l，宽为 b，板间距为 d，从板左端插入一块介电常数为 ε 的介质板，插入深度为 x，介质板与导体间无空隙，如图 9.2 所示。求介质板受到的作用力。略去电容器的边缘效应，保持两板间电势差为 V。

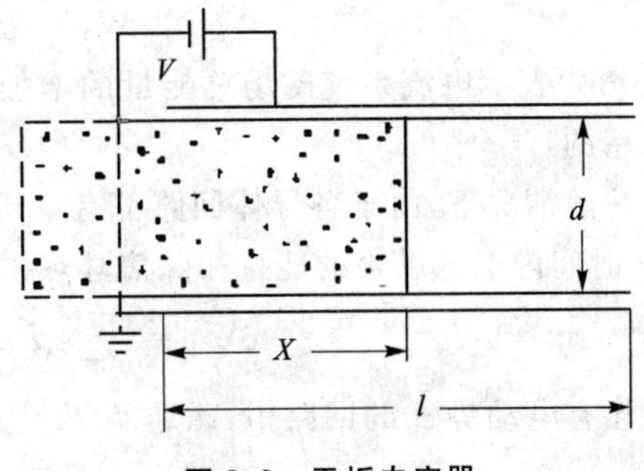

图 9.2　平板电容器

解：由于保持板间电压为常数 V，当把介质板推入电容器时，电容器电容增加，电源必须向电容器充电，这是一个非孤立系统。

电容器静电场能量为

$$W=\frac{1}{2}\int_V \varepsilon E^2 \mathrm{d}V=$$

$$\frac{1}{2}\varepsilon\left(\frac{V}{d}\right)^2 bdx+\frac{1}{2}\varepsilon_0\left(\frac{V}{d}\right)^2 bd(l-x)=$$

$$\frac{1}{2}\left(\frac{V}{d}\right)^2 bd[\varepsilon_0 l+(\varepsilon-\varepsilon_0)x]$$

由式(9.3.7)，作用在介质板上的力为

$$F_x=\frac{\partial W}{\partial x}=\frac{1}{2}\left(\frac{V}{d}\right)^2 bd(\varepsilon-\varepsilon_0)$$

由于 $F_x>0$，电场力将使介质板更深地进入电容器中。

9.4　磁场对电流的作用力

磁场对电流的作用力可以用安培力公式计算，但这不是最方便的方法。磁场对电流的作用力也可用虚位移法求解。

设 $q_k(k=1,2,\cdots)$ 是规定电流系统各线圈位形的一组广义坐标，电流系统激发的磁场总能量作为这组广义坐标的函数为 $W=W(q_k)$。

稳恒电流必须和稳恒电源相连，设与第 i 个电流圈相连的电源电动势为 ε_i，电流圈上的电流为 I_i，电阻为 R_i。假设在磁场力作用下，确定电流系统位形的第 k 个广义坐标 q_k 发生了 δq_k 的变化，与此广义坐标对应的广义力为 F_k，则磁场力作的功可表示为

$$\delta A=\sum_k F_k \delta q_k \tag{9.4.1}$$

由于线圈位形的变化，各线圈的互感和自感会发生变化，穿过各线圈回路的磁通量也会发生变化，从而在各个回路中激起感生电动势。电源要提供一定的能量 δW_0（扣除焦耳热损耗）。另一方面磁场总能量也要发生变化，由普遍能量关系有

$$\delta W_0=\delta A+\delta W \tag{9.4.2}$$

式中,δW 表示电流系统磁场总能量的增加,δW_0 为电源要提供的能量(扣除焦耳热损耗后的)。

一般情况下,由于各导体回路都有一定的电阻,故各回路中都存在焦耳热损耗。在 dt 时间内电源供给的能量扣除焦耳热损耗后为

$$\delta W_0=\sum_i \varepsilon_i I_i \mathrm{d}t-\sum_i I_i^2 R_i \mathrm{d}t \tag{9.4.3}$$

而在接有电动势 ε_i 的回路中,磁通 Φ_i 发生变化时有

$$\varepsilon_i=I_i R_i+\frac{\mathrm{d}\Phi_i}{\mathrm{d}t} \tag{9.4.4}$$

可推导得

$$\delta W_0=\sum_i I_i \mathrm{d}\Phi_i \tag{9.4.5}$$

所以式(9.4.2)可化为

$$\sum_i I_i \mathrm{d}\Phi_i=\delta A+\delta W \tag{9.4.6}$$

下面分两种情况讨论:

① 保持各回路中 I_i 不变。在这种情况情况下,磁场总能量的变化由第8章式(8.4.22)得

$$\delta W=\frac{1}{2}\sum_i I_i \delta\Phi_i$$

和式(9.4.5)比较,可知

$$\delta W_0=2\delta W$$

利用这一结果,式(9.4.2)化为

$$\delta A=\delta W \tag{9.4.7}$$

而

$$\delta W=\sum\frac{\partial W}{\partial q_k}\delta q_k \tag{9.4.8}$$

将此式及式(9.4.1)代入式(9.4.7),并注意到各 q_k 互相独立,得这种情况下的广义力

$$F_k=\left(\frac{\partial W}{\partial q_k}\right)\Bigg|_{I_i=\text{常数}} \tag{9.4.9}$$

② 保持穿过各回路磁通量 Φ_i 不变。此时当广义坐标 q_k 发生变化时,外电源提供的能量全部用于焦耳热损耗。由式(9.4.6)得

$$\delta A+\delta W=0$$

将式(9.4.1)及式(9.4.8)代入上式,得

$$F_k=-\left(\frac{\partial W}{\partial q_k}\right)\Bigg|_{\Phi_i=\text{常数}} \tag{9.4.10}$$

式(9.4.9)和式(9.4.10)就是用虚位移法求电流受到磁场作用力的公式。

必须指出，上述虚位移法求磁场作用力，只是假想某广义坐标发生可能的变化，实际上各电流回路位形并没发生任何变化。对于一个确定的电流系统，利用上面两个公式计算磁场作用力应得到相同的结果。

【例 1】 有一平面载流线圈，电流为 I_i，线圈面积为 S，处于均匀外磁场 $\boldsymbol{B}$ 中。求线圈受到的力矩和作用力。

解：设载流线圈是刚性的，在线圈转动过程中自能不会发生变化，变化的仅是这个线圈与外场的相互作用能。

$$W_i = \frac{1}{2}\sum_{i=1}^{n}\sum_{j\neq i}^{n} L_{ij} I_i I_j = \frac{1}{2}(L_{21} I_1 I_2 + L_{12} I_1 I_2) =$$

$$I_1 I_2 L_{12} = I_1 \Phi' = I_1 \boldsymbol{B}_e \cdot \boldsymbol{S} = \boldsymbol{m} \cdot \boldsymbol{B}_e$$

式中，Φ' 是外源激发的穿过电流圈的磁通量，$\boldsymbol{m} = \boldsymbol{I}_1 \cdot \boldsymbol{S}_n$ 是电流圈的磁矩。

由于能量 W_i 通过电流表示出来，应用式(9.4.9)，有

$$L = \left(\frac{\partial W_i}{\partial \theta}\right)_{I_i = 常数} = -I_1 \boldsymbol{B}_e \cdot \boldsymbol{S}\sin\theta = -\boldsymbol{m} \cdot \boldsymbol{B}_e \sin\theta$$

这里 $L<0$，故力矩使 θ 角减小，上式可用矢量表示为 $\boldsymbol{L} = \boldsymbol{m} \times \boldsymbol{B}_e$。

电流圈在外磁场中受到的作用力，再次应用式(9.4.9)，有

$$F = \nabla W_i = \nabla(\boldsymbol{m} \cdot \boldsymbol{B}_e) = \boldsymbol{m} \cdot \nabla \boldsymbol{B}_e$$

注意到，$\boldsymbol{m} \times (\nabla \times \boldsymbol{B}_e) = \boldsymbol{0}$，所以上式表明，只有在非均匀外磁场中，载流圈才受到不为零的磁场作用力。

【例 2】 在一长直导线附近有一矩形线圈，线圈长边与直导线平行，相距为 d，如图 9.3 所示。若直导线上电流为 I_1，线圈电流为 I_2，计算线圈受到的作用力。

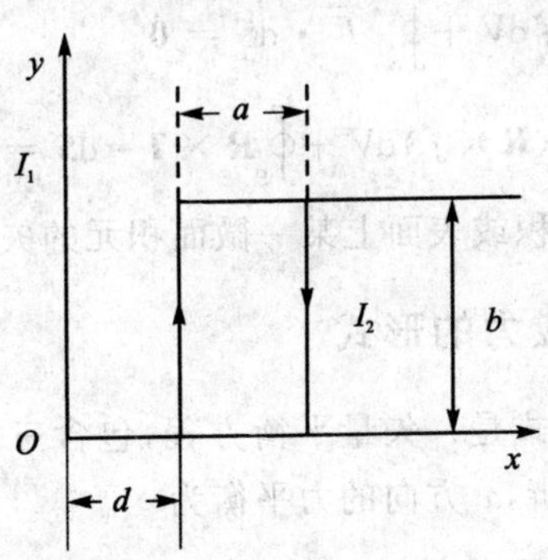

图 9.3 例 2 示意图

解：载流线圈与载流直导线相互作用能

$$W_I = I_1 I_2 L_{12} = I_2 \Phi'_2$$

式中，Φ'_2 是 I_1 产生的穿过线圈的磁通量。到导线 I_1 距离为 x 处的磁场感应强度为

$$\boldsymbol{B}=\frac{\mu_0 I_1}{2\pi x}e_\varphi$$

式中，e_φ 在线圈平面上各点都与线圈平面垂直。故

$$\mathrm{d}\Phi'_2=\frac{\mu_0 I_1}{2\pi x}b\,\mathrm{d}x$$

$$\Phi'_2=\frac{\mu_0 I_1}{2\pi}\int_d^{d+a}\frac{\mathrm{d}x}{x}=\frac{\mu_0 I_1 b}{2\pi}\ln\left(\frac{d+a}{d}\right)$$

所以

$$W_i=\frac{\mu_0 I_1 I_2 b}{2\pi}\ln\left(\frac{d+a}{d}\right)$$

对应坐标 x 处的广义力，由式(9.4.9)得

$$F_x=\left(\frac{\partial W_i}{\partial d}\right)_{I=常数}=-\frac{\mu_0 I_1 I_2 ab}{2\pi d(d+a)}$$

由于 $F_x<0$，线圈受到的磁场作用力使线圈向载流直导线靠近。

9.5 体积力与应力张量的关系

9.5.1 电磁场内介质静平衡的条件

处于电磁场中的任一弹性体 V，它所受到的体积力密度为 $\boldsymbol{f}$，作用在其表面 S 的应力张量为 $\overleftrightarrow{T}$。若它在电磁场作用下处于平衡状态，则平衡条件应为：① 主力矢量为零；② 对任一点的主力矩为零，即

$$\left.\begin{aligned}&\int_V \boldsymbol{f}\,\mathrm{d}V+\oint_S \overleftrightarrow{T}\cdot\mathrm{d}\boldsymbol{S}=\boldsymbol{0}\\&\int_V(\boldsymbol{R}\times\boldsymbol{f})\,\mathrm{d}V+\oint_S \boldsymbol{R}\times\boldsymbol{T}\cdot\mathrm{d}\boldsymbol{S}=\boldsymbol{0}\end{aligned}\right\}\tag{9.5.1}$$

式中，$\boldsymbol{R}$ 为任意原点引至体积或表面上某一微面积元的矢径，其分量为 x、y、z。

9.5.2 体积力归结为应力的形式

由式(9.5.1)中的第一式是一矢量平衡方程，包含三个方向的力平衡，将其分解到 x、y、z 三个方向上来分析，x 方向的力平衡为

$$\int_V f_x\,\mathrm{d}V+\oint_S(T_{xx}\boldsymbol{i}+T_{xy}\boldsymbol{j}+T_{xz}\boldsymbol{k})\cdot\mathrm{d}\boldsymbol{S}=0\tag{9.5.2}$$

由散度定理 $\oint_S \boldsymbol{X}\cdot\mathrm{d}\boldsymbol{S}=\int_V\nabla\cdot\boldsymbol{X}\mathrm{d}V$，上式可得

$$\int_V f_x\,\mathrm{d}V=-\oint_S(T_{xx}\boldsymbol{i}+T_{xy}\boldsymbol{j}+T_{xz}\boldsymbol{k})\cdot\mathrm{d}\boldsymbol{S}=-\int_V(\nabla\cdot\boldsymbol{T}_x)\mathrm{d}V\tag{9.5.3}$$

式中，$\boldsymbol{T}_x=(T_{xx},T_{xy},T_{xz})$，因此

$$\int_V (f_x + \nabla \cdot \boldsymbol{T}_x)\mathrm{d}V = 0 \tag{9.5.4}$$

即

$$\int_V \left[f_x + \left(\frac{\partial T_{xx}}{\partial x} + \frac{\partial T_{xy}}{\partial y} + \frac{\partial T_{xz}}{\partial z} \right) \right] \mathrm{d}V = 0$$

由于体积 V 的任意性，上式的被积函数必须为零，因此

$$f_x = -\left(\frac{\partial T_{xx}}{\partial x} + \frac{\partial T_{xy}}{\partial y} + \frac{\partial T_{xz}}{\partial z} \right) \tag{9.5.5}$$

同样，可得另外两个方向的体积力与应力关系

$$f_y = -\left(\frac{\partial T_{yx}}{\partial x} + \frac{\partial T_{yy}}{\partial y} + \frac{\partial T_{yz}}{\partial z} \right) \tag{9.5.6}$$

$$f_z = -\left(\frac{\partial T_{zx}}{\partial x} + \frac{\partial T_{zy}}{\partial y} + \frac{\partial T_{zz}}{\partial z} \right) \tag{9.5.7}$$

上述三个关系说明，体积力为应力张量的散度

$$\boldsymbol{f} = -\nabla \cdot \overleftrightarrow{T} \tag{9.5.8}$$

事实上，直接对式(9.5.1)运用矢量、张量的散度定理运算即可得到上式。

再来分析式(9.5.1)的第二式。为清晰起见，仍以分量形式进行分析。同样，它是一矢量平衡方程，包含三个方向的力矩平衡，将其分解到 x、y、z 三个方向上来分析，x 方向的力矩平衡类似上小节的分析，得

$$\int_V (\boldsymbol{R} \times \boldsymbol{f})_x \mathrm{d}V = -\int_V [\nabla \cdot (\boldsymbol{R} \times \overleftrightarrow{T})_x] \mathrm{d}V \tag{9.5.9}$$

因此

$$(\boldsymbol{R} \times \boldsymbol{f})_x = \nabla \cdot (\boldsymbol{R} \times \overleftrightarrow{T})_x \tag{9.5.10}$$

展开，得

$$T_{zy} = T_{yz} \tag{9.5.11}$$

同理得另外两个方向的应力张量分量关系

$$\left. \begin{aligned} T_{zx} &= T_{xz} \\ T_{yx} &= T_{xy} \end{aligned} \right\} \tag{9.5.12}$$

由此说明，应力张量 $\overleftrightarrow{T}$ 是对称张量。

结合式(9.5.8)，可得出这样的结论，如果体积力能写成某一对称张量的散度，则它可化为该对称张量形式的表面应力张量。一般来说，稳定场、静止场中的体积力总可归为面应力张量。

9.6　电介质内电场的有质动力

9.6.1　能量法求电介质的受力

有质动力是指电磁场作用在有质量的物体上产生的力，它是系统广义坐标的

函数。

电介质内的有质动力可由能量法求得，即由电场能的表达式推得。当电场中物体作无限小的任意位移 δq 时，电场能的改变为 δW。由于电场能属于势能，因此该能量的变化应等于电场的有质动力消耗的功，即静电力对外输出的功。

$$\int_V \boldsymbol{f} \cdot \boldsymbol{q} \mathrm{d}V = -\delta W \tag{9.6.1}$$

如果能获得能量的变分，则可由上式求得有质动力。

9.6.2 能量变分

电场能量为

$$W = \frac{1}{2}\int_V \rho\varphi \mathrm{d}V = \frac{1}{2}\int_V \boldsymbol{D} \cdot \boldsymbol{E} \mathrm{d}V = \frac{1}{2}\int_V \varepsilon \boldsymbol{E}^2 \mathrm{d}V = \frac{1}{2}\int_V \varepsilon (\nabla \varphi)^2 \mathrm{d}V \tag{9.6.2}$$

对上式求变分，有以下三种形式的表述。

① $$\delta W = \frac{1}{2}\int_v \rho\delta\varphi \mathrm{d}V + \frac{1}{2}\int_V \varphi\, \delta\rho \mathrm{d}V \quad (\rho、\varphi \text{ 为变量}) \tag{9.6.3}$$

它由式(9.6.2)的第一个等式，通过变分运算可方便求得。

② $$\delta W = \frac{1}{2}\int_V \delta\varepsilon \boldsymbol{E}^2 \mathrm{d}V + \int_V \delta\varphi\, \rho \mathrm{d}V \quad (\varepsilon、\varphi \text{ 为变量}) \tag{9.6.4}$$

对式(9.6.2)的第四个等式求变分

$$\delta W = \frac{1}{2}\int_V (\nabla\varphi)^2 \delta\varepsilon \mathrm{d}V + \int_V \varepsilon \nabla\varphi \delta(\nabla\varphi) \mathrm{d}V \tag{9.6.5}$$

因 $\delta(\nabla\varphi) = \nabla(\delta\varphi)$ （微分与变分的变换性）

又 $\varepsilon\nabla\varphi = -\varepsilon\boldsymbol{E} = -\boldsymbol{D}$，所以

$$\varepsilon\nabla\varphi \cdot \delta(\nabla\varphi) = -\boldsymbol{D} \cdot \delta(\nabla\varphi) = -\nabla \cdot (\boldsymbol{D}\delta\varphi) + \rho\delta\varphi \tag{9.6.6}$$

由高斯定理，上式第一项的体积分可化成面积分

$$\int_V \nabla \cdot (\boldsymbol{D}\delta\varphi) \mathrm{d}V = \oint_S \boldsymbol{D}\delta\varphi \cdot \boldsymbol{n} \mathrm{d}S$$

曲面积分可选无限远表面处进行，因此

$$\oint_S \boldsymbol{D}\delta\varphi \cdot \boldsymbol{n} \mathrm{d}S = 0$$

所以，由式(9.6.6)的第二项积分加上式(9.6.5)的第一项，可得式(9.6.4)。

③ $$\delta W = \int_V \varphi\delta\rho \mathrm{d}V - \frac{1}{2}\int_V \boldsymbol{E}^2 \delta\varepsilon \mathrm{d}V \quad (\rho、\varepsilon \text{ 为变量}) \tag{9.6.7}$$

由式(9.6.3)的 2 倍减去式(9.6.4)即可得到。

因此，计算 δW 的问题可归结为电场内物体作虚位移 δq 时的电荷密度 ρ 和介电常数 ε 的改变引起的能量变化。

9.6.3　电荷密度变分

电场内某点 $\boldsymbol{r}$，其电荷密度 ρ 的变化包含两部分：① 移动 $\boldsymbol{r}$ 电荷，而原来位于 $\boldsymbol{r}-\boldsymbol{q}$ 的质点经位移 $\boldsymbol{q}$ 到达 $\boldsymbol{r}$ 点引起 $\boldsymbol{r}$ 点上电荷密度 ρ 的改变 $\delta\rho'$，即移走一部分，又进来一部分；② 具有电荷 de 的介质 V 受压缩或膨胀引起体积变化 δV 而导致的电荷密度变化 $\delta\rho''$。显然，第一部分为

$$\delta\rho' = \rho(\boldsymbol{r}-\boldsymbol{q}) - \rho(\boldsymbol{r}) = -\boldsymbol{q}\cdot\nabla\rho \tag{9.6.8}$$

而

$$de = \rho V = (\rho + \delta\rho'')(V + \delta V)$$

展开上式，略去二阶小量，得

$$\delta\rho'' = -\rho\frac{\delta V}{V} \tag{9.6.9}$$

在包围体积 V 的 S 面上，面元 dS 移动 $\boldsymbol{q}$ 时，体积增加了 $d\boldsymbol{S}\cdot\boldsymbol{q}$，因此

$$\delta V = \oint_S \boldsymbol{q}\cdot d\boldsymbol{S}$$

代入式(9.6.9)，由散度定理，当 $V\to 0$ 时，得

$$\delta\rho'' = -\rho\frac{\delta V}{V} = -\rho\frac{1}{V}\oint_S \boldsymbol{q}\cdot d\boldsymbol{S} = -\rho\nabla\cdot\boldsymbol{q}$$

因此

$$\delta\rho = \delta\rho' + \delta\rho'' = -\boldsymbol{q}\cdot\nabla\rho - \rho\nabla\cdot\boldsymbol{q} = -\nabla\cdot(\rho\boldsymbol{q}) \tag{9.6.10}$$

9.6.4　介电常数变分

类似于电荷密度变分分析，$\delta\varepsilon$ 也由两部分变化组成，即由位移引起的改变和由体积变化引起的改变。因此

$$\delta\varepsilon' = -\boldsymbol{q}\cdot\nabla\varepsilon \tag{9.6.11}$$

假设移动过程中，介质密度 τ 相应地变化为 $\delta\tau$，则类似上小节的分析，可得

$$\delta\varepsilon'' = \frac{\partial\varepsilon}{\partial\tau}\delta\tau$$

由于介质的质量并不因移动和体积变化而变化，因此

$$\tau V = (\tau + \delta\tau)(V + \delta V)$$

略去二阶小量，得

$$\delta\tau = -\tau\left(\frac{\delta V}{V}\right)$$

根据上小节的推导，有

$$\delta\tau = -\tau\nabla\cdot\boldsymbol{q}$$

因此

$$\delta\varepsilon = -\boldsymbol{q}\cdot\nabla\varepsilon - \frac{\partial\varepsilon}{\partial\tau}\tau\nabla\cdot\boldsymbol{q} \tag{9.6.12}$$

9.6.5 有质动力

将式(9.6.10)和式(9.6.12)代入式(9.6.7),得

$$\delta W = -\int_V \varphi \nabla \cdot (\rho \boldsymbol{q})\,\mathrm{d}V = \frac{1}{2}\int_V \boldsymbol{E}^2 \boldsymbol{q} \cdot \nabla \varepsilon \mathrm{d}V + \frac{1}{2}\int_V \boldsymbol{E}^2 \frac{\partial \varepsilon}{\partial \tau}\tau \nabla \cdot \boldsymbol{q}\mathrm{d}V$$

运用矢量变化公式对上式的第一和第三部分进行变换,有

$$\boldsymbol{E}^2 \frac{\partial \varepsilon}{\partial \tau}\tau \nabla \cdot \boldsymbol{q} = \nabla \cdot \left(\boldsymbol{E}^2 \frac{\partial \varepsilon}{\partial \tau}\tau \boldsymbol{q}\right) - \boldsymbol{q} \cdot \nabla \left(\boldsymbol{E}^2 \frac{\partial \varepsilon}{\partial \tau}\tau\right)$$

$$\varphi \nabla \cdot (\rho \boldsymbol{q}) = \nabla \cdot (\varphi \rho \boldsymbol{q}) - \boldsymbol{q}\rho \cdot \nabla \varphi$$

利用散度定理,上面两等式的右端第一部分化成面积分后,无限远处面积分为零,因此

$$\delta W = \int_V \left[-\rho \boldsymbol{E} + \frac{1}{2}\boldsymbol{E}^2 \nabla \varepsilon - \frac{1}{2}\nabla \left(\boldsymbol{E}^2 \frac{\partial \varepsilon}{\partial \tau}\tau\right)\right] \cdot \boldsymbol{q}\mathrm{d}V$$

比较上式和式(9.6.1),得

$$\boldsymbol{f} = \rho \boldsymbol{E} - \frac{1}{2}\boldsymbol{E}^2 \nabla \varepsilon + \frac{1}{2}\nabla \left(\boldsymbol{E}^2 \frac{\partial \varepsilon}{\partial \tau}\tau\right) \tag{9.6.13}$$

上式可分解为两部分:

① 作用在自由电荷上的力

$$\boldsymbol{f}^{(1)} = \rho \boldsymbol{E} \tag{9.6.14}$$

② 作用在不包括自由电荷的介质上的力

$$\boldsymbol{f}^{(2)} = -\frac{1}{2}\boldsymbol{E}^2 \nabla \varepsilon + \frac{1}{2}\nabla \left(\boldsymbol{E}^2 \frac{\partial \varepsilon}{\partial \tau}\tau\right) \tag{9.6.15}$$

式(9.6.13)说明,电场中的有质动力由电场强度决定。

9.6.6 介质讨论

1. 气　体

$\varepsilon_r \approx 1$,即 $\varepsilon \approx \varepsilon_0$。由

$$\frac{\varepsilon_r - 1}{\varepsilon_r + 2} = \frac{c\tau}{3}$$

可得

$$\varepsilon_r - 1 \approx c\tau$$

因此

$$\tau \frac{\partial \varepsilon}{\partial \tau} = \tau c = \varepsilon - 1$$

得

$$\boldsymbol{f}^{(2)} = \frac{\varepsilon - \varepsilon_0}{2}\nabla \boldsymbol{E}^2 \tag{9.6.16}$$

2. 电致弹性应力(电致伸缩)

液体介质无切应力,只有拉力和张力,因此某体积元受到这样的应力会导致压缩和拉伸,称电致伸缩。体积力应平衡于包围该体积的表面积上作用的表面拉伸力,即

$$\int_V \boldsymbol{f}\,\mathrm{d}V = \oint_S \boldsymbol{p}\,\mathrm{d}S$$

式中，$\boldsymbol{p}$ 为压强，它在每点各方向的值相等，方向不同。因此可得

$$\boldsymbol{f} - \nabla \boldsymbol{p} = \boldsymbol{0}$$

假设 $\rho=0$，ε 不随位置变化，则由式(9.6.13)得

$$\nabla\left(\frac{\boldsymbol{E}^2}{2}\frac{\partial\varepsilon}{\partial\tau}\tau - \boldsymbol{p}\right) = \boldsymbol{0} \tag{9.6.17}$$

积分上式，得

$$\left(\frac{\boldsymbol{E}^2}{2}\frac{\partial\varepsilon}{\partial\tau}\tau\right)_r - \left(\frac{\boldsymbol{E}^2}{2}\frac{\partial\varepsilon}{\partial\tau}\right)_{r_0} = \int_{p(r_0)}^{p(r)} \frac{\mathrm{d}\boldsymbol{p}}{\tau} = \boldsymbol{0}$$

进一步变化，得

$$p(\boldsymbol{r}) - p(\boldsymbol{r}_0) = \frac{\tau}{2}\frac{\partial\varepsilon}{\partial\tau}[\boldsymbol{E}^2(\boldsymbol{r}) + \boldsymbol{E}^2(\boldsymbol{r}_0)]$$

不失一般性，取 $\boldsymbol{r}_0$ 处的电场为 0，则压强为常数，上式变为

$$p(\boldsymbol{r}) = \frac{\tau}{2}\frac{\partial\varepsilon}{\partial\tau}\boldsymbol{E}^2(\boldsymbol{r}) + p(\boldsymbol{r}_0) \tag{9.6.18}$$

事实上，对式(9.6.17)，由于体积元的任意性，因此

$$\frac{\boldsymbol{E}^2}{2}\frac{\partial\varepsilon}{\partial\tau} - \frac{1}{\tau}\boldsymbol{p} = 常数$$

即

$$\boldsymbol{p} = \tau\frac{\boldsymbol{E}^2}{2}\frac{\partial\varepsilon}{\partial\tau} + \boldsymbol{p}_0 \tag{9.6.19}$$

9.7　电介质内电场的应力张量

9.7.1　应力张量推导

如果将有质动力归结为应力张量，即如果能找到一张量 $\overleftrightarrow{T}$ 使之满足 $\boldsymbol{f} = -\nabla\cdot\overleftrightarrow{T}$，则可得到有质动力 $\boldsymbol{f}$。为此，将有质动力分成两部分

$$\left.\begin{aligned}
&\boldsymbol{f} = \boldsymbol{f}' + \boldsymbol{f}'' \\
&\boldsymbol{f}' = \rho\boldsymbol{E} - \frac{1}{2}\boldsymbol{E}^2\,\nabla\varepsilon \\
&\boldsymbol{f}'' = \frac{1}{2}\nabla\left(\boldsymbol{E}^2\frac{\partial\varepsilon}{\partial\tau}\tau\right)
\end{aligned}\right\} \tag{9.7.1}$$

现在将 $\boldsymbol{f}'$、$\boldsymbol{f}''$ 变换成张量形式：

$$\boldsymbol{f}' = \rho\boldsymbol{E} - \frac{1}{2}\boldsymbol{E}^2\,\nabla\varepsilon = \boldsymbol{E}\nabla\cdot\boldsymbol{D} - \frac{1}{2}\boldsymbol{E}^2\,\nabla\varepsilon =$$

$$\nabla\cdot(\boldsymbol{E}\varepsilon\boldsymbol{E}) - \frac{1}{2}\varepsilon\nabla(\boldsymbol{E}^2) - \frac{1}{2}\boldsymbol{E}^2\,\nabla\varepsilon =$$

$$\nabla \cdot (\boldsymbol{E}\varepsilon\boldsymbol{E}) - \frac{1}{2}\nabla(\varepsilon\boldsymbol{E}^2) =$$

$$\nabla \cdot (\varepsilon\boldsymbol{E}\boldsymbol{E}) - \nabla\left(\frac{1}{2}\varepsilon\boldsymbol{E}^2\overleftrightarrow{I}\right) =$$

$$\nabla \cdot \left(\varepsilon\boldsymbol{E}\boldsymbol{E} - \frac{1}{2}\varepsilon\boldsymbol{E}^2\overleftrightarrow{I}\right)$$

令

$$\overleftrightarrow{T'} = \varepsilon\boldsymbol{E}\boldsymbol{E} - \frac{1}{2}\varepsilon\boldsymbol{E}^2\overleftrightarrow{I} \tag{9.7.2}$$

同理，可推导 $\boldsymbol{f}''$为一张量的散度表达式

$$\boldsymbol{f}'' = \nabla \cdot \left(\frac{1}{2}\boldsymbol{E}^2\frac{\partial\varepsilon}{\partial\tau}\tau\overleftrightarrow{I}\right)$$

令

$$\overleftrightarrow{T''} = \frac{1}{2}\boldsymbol{E}^2\frac{\partial\varepsilon}{\partial\tau}\tau\overleftrightarrow{I} \tag{9.7.3}$$

因此

$$\boldsymbol{f} = \boldsymbol{f}' + \boldsymbol{f}'' = -\nabla \cdot (\overleftrightarrow{T'} + \overleftrightarrow{T''}) = -\nabla \cdot \overleftrightarrow{T} \tag{9.7.4}$$

由此，可构造一张量，它由两个对称的张量组成

$$\overleftrightarrow{T} = \overleftrightarrow{T'} + \overleftrightarrow{T''}$$

式中，两部分分别对应着有质动力的两部分。

由上面的分析可知，有质动力可以归结为表面应力张量，即体积力只要能化为对称张量的散度，则可归结为应力张量。因此，作用在介质任意区域上的总力由这一区域边界上的应力状态决定，即可归结于作用于其表面的应力系。

9.7.2 流体介质中的物体受力

在流体内，一被包围着的物体，表面积为 S，在其外部作一无限靠近 S 的表面 S'。由电场力的传递概念，作用在物体上的力应为应力 $\overleftrightarrow{T}$ 在 S' 上的积分：

$$\boldsymbol{F} = \oint_{S'}\overleftrightarrow{T} \cdot \mathrm{d}\boldsymbol{S} = \oint_{S''}\boldsymbol{T}_n \cdot \mathrm{d}\boldsymbol{S} \tag{9.7.5}$$

式中

$$T_n = \varepsilon\boldsymbol{E}_n\boldsymbol{E} - \frac{1}{2}\boldsymbol{E}^2\left(\varepsilon - \frac{\partial\varepsilon}{\partial\tau}\tau\right)\boldsymbol{n} \tag{9.7.6}$$

1. 真空中

若物体在真空中，S'在真空中，因此 $\varepsilon=\varepsilon_0$，无电致伸缩应力，则

$$\boldsymbol{F} = \oint_{S'}\overleftrightarrow{T'} \cdot \mathrm{d}\boldsymbol{S} = \oint_{S'}\left(\varepsilon_0\boldsymbol{E}\boldsymbol{E} \cdot \boldsymbol{n} - \frac{1}{2}\varepsilon_0\boldsymbol{E}^2\boldsymbol{n}\right)\mathrm{d}S = \int_{V'}\boldsymbol{f}'\mathrm{d}V \tag{9.7.7}$$

2. 气体中

因 $\varepsilon\approx\varepsilon_0$，只有弹性应力，电致伸缩可略去，因此，与真空中一样

$$\boldsymbol{F} \approx \oint_{S'} \overleftrightarrow{T}' \cdot \mathrm{d}\boldsymbol{S} = \oint_{S'} \left(\varepsilon_0 \boldsymbol{EE} \cdot \boldsymbol{n} - \frac{1}{2} \varepsilon_0 \boldsymbol{E}^2 \boldsymbol{n} \right] \mathrm{d}S = \int_{V'} \boldsymbol{f}' \mathrm{d}V \tag{9.7.8}$$

3. 液体中

我们来考察第二项张量作用的情况：

$$\boldsymbol{F}'' = \oint_{S'} \overleftrightarrow{T}'' \cdot \mathrm{d}\boldsymbol{S} = \oint_{S'} \frac{\tau}{2} \frac{\partial \varepsilon}{\partial \tau} \boldsymbol{E}^2 \boldsymbol{n} \mathrm{d}S \tag{9.7.9}$$

由电场在液体中产生的电致弹性应力作用在物体上，因此由式(9.6.19)，有

$$\boldsymbol{F}_{\text{电弹}} = \oint_{S'} - p(\boldsymbol{r}) \mathrm{d}\boldsymbol{S} = -\oint_{S'} p(\boldsymbol{r}) \boldsymbol{n} \mathrm{d}S = -\oint_{S'} \frac{\tau}{2} \frac{\partial \varepsilon}{\partial \tau} E^2 \boldsymbol{n} \mathrm{d}S - \oint_{S'} p_0 \boldsymbol{n} \mathrm{d}S \tag{9.7.10}$$

考察上式中的第二项，我们假设 $\boldsymbol{a}$ 为任意常矢量，因为

$$\boldsymbol{a} \cdot \oint_S \mathrm{d}\boldsymbol{S} = \oint_S \boldsymbol{a} \cdot \mathrm{d}\boldsymbol{S} = \int_V \nabla \cdot \boldsymbol{a} \mathrm{d}V$$

由于 $\boldsymbol{a}$ 为任意常矢量，则 $\oint_S \mathrm{d}\boldsymbol{S} = \boldsymbol{0}$，因此第二项为 $\boldsymbol{0}$，所以

$$\boldsymbol{F}_{\text{电弹}} = -\oint_{S'} \frac{\tau}{2} \frac{\partial \varepsilon}{\partial \tau} \boldsymbol{E}^2 \boldsymbol{n} \mathrm{d}S \tag{9.7.11}$$

显然电致弹性应力总力等于第二项应力张量的总力。因此，液体中物体的受力仍是

$$\boldsymbol{F} = \oint_{S'} \overleftrightarrow{T}' \cdot \mathrm{d}\boldsymbol{S} = \oint_{S'} \left(\varepsilon \boldsymbol{EE} \cdot \boldsymbol{n} - \frac{1}{2} \varepsilon \boldsymbol{E}^2 \boldsymbol{n} \right) \mathrm{d}S = \int_{V'} \boldsymbol{f}' \mathrm{d}V \tag{9.7.12}$$

由于液体处于静力学平衡之下，在液体中任意包含物体在内的封闭面 S_1，则在 S' 和 S_1 之间的液体受到的总力应该也是平衡的，也就是说，电场经过 S_1 和 S' 施加给这部分体积液体的力是平衡的，即

$$\oint_{S'} \left(\varepsilon \boldsymbol{EE} \cdot \boldsymbol{n} - \frac{1}{2} \varepsilon \boldsymbol{E}^2 \boldsymbol{n} \right) \mathrm{d}S = \oint_{S_1} \left(\varepsilon \boldsymbol{EE} \cdot \boldsymbol{n} - \frac{1}{2} \varepsilon \boldsymbol{E}^2 \boldsymbol{n} \right] \mathrm{d}S$$

因此，求液体介质内物体的受力时，可作任意的包围物体的封闭面，而不必要求其无限贴近物体表面。

如果液体中的物体为导体，则物体受力应全部作用在其表面上，因为导体内部无电场，不可能有体积力，这时 $\boldsymbol{E} = \boldsymbol{n}E$，取导体表面为积分面，式(9.7.12)变为

$$\boldsymbol{F} = \frac{1}{2} \oint_S \varepsilon \boldsymbol{E}^2 \boldsymbol{n} \mathrm{d}S = \frac{1}{2} \oint_S \sigma \boldsymbol{E} \boldsymbol{n} \mathrm{d}S \tag{9.7.13}$$

9.7.3　介质界面上的力

假设没有介质常数的突变，如果存在突变，则可把它用一个 ε 作连续变化的薄层代替，然后使这薄层厚度趋于零，求力的极限值。如图 9.4 所示，作用在两个介质交界面 $\mathrm{d}S$ 上的力可以认为是在其体积 $\mathrm{d}V$ 中受的力，而力是通过表面 1 和表面 2 穿入体积内的。

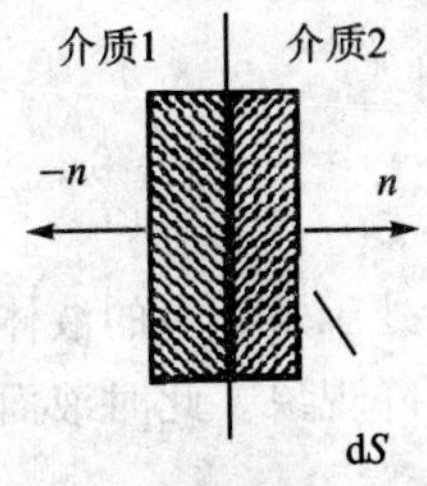

图 9.4　交界面受力示意图

由式(9.7.12)有

$$\mathrm{d}\boldsymbol{F} = (\overleftrightarrow{T_2} \cdot \boldsymbol{n} - \overleftrightarrow{T_1} \cdot \boldsymbol{n})\mathrm{d}S \tag{9.7.14}$$

因此,作用在界面上的力密度为

$$\frac{\mathrm{d}\boldsymbol{F}}{\mathrm{d}S} = \overleftrightarrow{T_2} \cdot \boldsymbol{n} - \dot{T_1} \cdot \boldsymbol{n} =$$

$$(\varepsilon_2 \boldsymbol{E}_2 \boldsymbol{E}_2 - \varepsilon_1 \boldsymbol{E}_1 \boldsymbol{E}_1) \cdot \boldsymbol{n} - \frac{1}{2}\left[\boldsymbol{E}_2^2\left(\varepsilon_2 - \frac{\partial \varepsilon_2}{\partial \tau_2}\tau_2\right) - \boldsymbol{E}_1^2\left(\varepsilon_1 - \frac{\partial \varepsilon_1}{\partial \tau_1}\tau_1\right)\right] \cdot \boldsymbol{n} \tag{9.7.15}$$

对介质1是金属,介质2是真空,电场垂直于界面,这时

$$\boldsymbol{E}_1 = \boldsymbol{0}, \qquad \boldsymbol{E}_2 = \boldsymbol{E}_2 \boldsymbol{n}, \qquad \varepsilon_2 = \varepsilon_0, \qquad \tau_2 = 0$$

上式可化简为

$$\frac{\mathrm{d}\boldsymbol{F}}{\mathrm{d}S} = \frac{1}{2}\varepsilon_0 \boldsymbol{E}_2^2 \boldsymbol{n} = \frac{1}{2}\sigma \boldsymbol{E}_2 \tag{9.7.16}$$

式中,σ 为面电荷密度,$\sigma = \varepsilon_0 E$。此力方向垂直于界面表面。

9.7.4 实　例

如图9.5所示,两电极插入电介质容器内,会观察到在金属电极内侧的液体迅速下降,液体和空气间作用着电场力。设液体为介质1,空气为介质2,这时由于 $\boldsymbol{E}_1 = \boldsymbol{E}_2 = \boldsymbol{E}$,方向平行于液面,$\boldsymbol{E}_1 \cdot \boldsymbol{n}_1 = \boldsymbol{E}_2 \cdot \boldsymbol{n}_2 = 0$。因此,作用于液面上的电力密度根据式(9.7.15)为

$$T = \frac{1}{2}\boldsymbol{E}^2\left(\varepsilon - \varepsilon_0 - \frac{\mathrm{d}\varepsilon}{\mathrm{d}\tau}\tau\right)$$

其方向为沿液面的外法线。

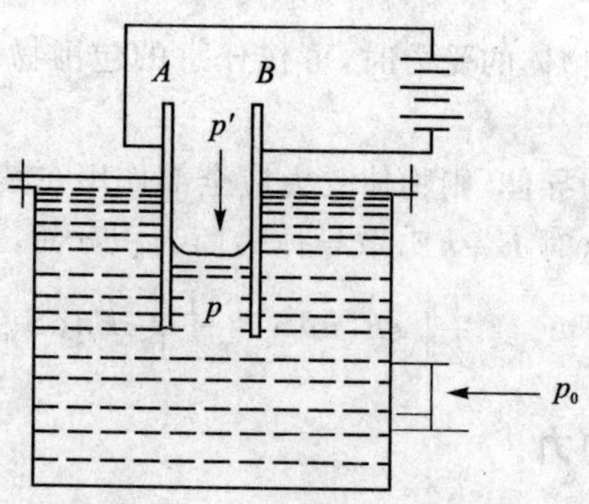

图 9.5　电场力作用示意图

处于平衡中的液体,自然会产生液体的高度差来平衡此力,即出现两电极内测液面下降现象。此时液面上下压强差等于液体表面的电力密度值。

$$\Delta p = p' - p = |\boldsymbol{T}| = \frac{1}{2}\boldsymbol{E}^2\left(\varepsilon - \varepsilon_0 - \tau\frac{\mathrm{d}\varepsilon}{\mathrm{d}\tau}\right)$$

9.8 磁介质内磁场的有质动力

9.8.1 能量法求磁介质受力

类似于电场内有质动力的分析方法，我们可以求解磁场内的有质动力。

当磁场内物体作无限小任意位移 $\boldsymbol{q}$ 时，要消耗磁场的磁能 $\mathrm{d}W_\mathrm{m}$：

$$\int_V \boldsymbol{f}\cdot\boldsymbol{q}\mathrm{d}V=-\mathrm{d}W_\mathrm{m}$$

这是无外界输入功的情况，这样去分析求解有质动力很复杂。更多的，实际情况下，外界要对磁场作功。外界对磁场作的功为

$$\delta A_{外}=\sum_i I_i\mathrm{d}\Psi_i$$

因此，磁场由质动力所作的功应为

$$\int_V \boldsymbol{f}\cdot\boldsymbol{q}\mathrm{d}V=-\mathrm{d}W_\mathrm{m}+\delta A_{外}=-\mathrm{d}W_\mathrm{m}+\sum_i I_i\mathrm{d}\Psi_i \tag{9.8.1}$$

系统的磁能为

$$W_\mathrm{m}=\frac{1}{2}\sum_i I_i\Psi_i$$

假设这种位移可略去传导电流的变化，则磁能的变分

$$\int_V \boldsymbol{f}\cdot\boldsymbol{q}\mathrm{d}V=-\delta W_\mathrm{m}+2\delta W_\mathrm{m}=\delta W_\mathrm{m} \tag{9.8.2}$$

如果能获得能量的变分，则可由上式获得有质动力。注意这里的传导电流不变化的假设，在以后的分析推导中一直要用到。

9.8.2 能量变分

磁场的能量为

$$W_\mathrm{m}=\frac{1}{2}\int_V \boldsymbol{J}\cdot\boldsymbol{A}\mathrm{d}V=\frac{1}{2}\int_V \boldsymbol{H}\cdot\boldsymbol{B}\mathrm{d}V=\frac{1}{2}\int_V\frac{1}{\mu}\boldsymbol{B}^2\mathrm{d}V \tag{9.8.3}$$

对上式求变分，有以下三种形式：

① $$\delta W_\mathrm{m}=\frac{1}{2}\int_V \boldsymbol{B}^2\delta\left(\frac{1}{\mu}\right)\mathrm{d}V+\int_V\frac{1}{\mu}\boldsymbol{B}\cdot\delta\boldsymbol{B}\mathrm{d}V\quad\left(\frac{1}{\mu}、\boldsymbol{B}\text{ 为变量}\right) \tag{9.8.4}$$

它由式(9.8.3)的第三个等式，通过变分运算而求得。

② $$\delta W_\mathrm{m}=\frac{1}{2}\int_V \boldsymbol{A}\cdot\delta\boldsymbol{J}\mathrm{d}V+\frac{1}{2}\int_V \boldsymbol{J}\cdot\delta\boldsymbol{A}\mathrm{d}V\quad(\boldsymbol{A}、\boldsymbol{J}\text{ 为变量}) \tag{9.8.5}$$

它由式(9.8.3)的第一个等式，通过变分运算而求得。

③ $$\delta W_m = \int_V \boldsymbol{A}\cdot\boldsymbol{J}\mathrm{d}V - \frac{1}{2}\int_V \boldsymbol{B}^2\delta\left(\frac{1}{\mu}\right)\mathrm{d}V \qquad (\boldsymbol{J}、\frac{1}{\mu}\text{ 为变量}) \tag{9.8.6}$$

由 $\boldsymbol{B}=\nabla\times\boldsymbol{A}$，有 $\delta\boldsymbol{B}=\delta(\nabla\times\boldsymbol{A})=\nabla\times(\delta\boldsymbol{A})$，因此

$$\frac{1}{\mu}\boldsymbol{B}\cdot\delta\boldsymbol{B}=\boldsymbol{H}\cdot\nabla\times(\delta\boldsymbol{A})=\nabla\cdot(\delta\boldsymbol{A}\times\boldsymbol{H})+\nabla\times\boldsymbol{H}\cdot\delta\boldsymbol{A}=$$
$$\nabla\cdot(\delta\boldsymbol{A}\times\boldsymbol{H})+\boldsymbol{J}\cdot\delta\boldsymbol{A}$$

代入式(9.8.4)，其中上式第一项运用高斯积分定理进行变化，类似于电场分析，可知变换后的面积分为零，因此有

$$\delta W_m = \frac{1}{2}\int_V \boldsymbol{B}^2\delta\left(\frac{1}{\mu}\right)\mathrm{d}V + \int_V \boldsymbol{J}\cdot\delta\boldsymbol{A}\mathrm{d}V \tag{9.8.7}$$

由式(9.8.5)的2倍减去上式，即可得式(9.8.6)。

因此，计算 δW_m 的问题可归结为磁场内物体作虚位移 $\boldsymbol{q}$ 时传导电流密度 $\boldsymbol{J}$ 和介质磁导率 μ 的改变引起的能量变化。

9.8.3 传导电流密度 $\boldsymbol{J}$ 和介质磁导率 $\boldsymbol{\mu}$ 的变分

同样类似于电场分析，磁介质的磁导率的变分为

$$\delta\left(\frac{1}{\mu}\right) = -\boldsymbol{q}\cdot\nabla\left(\frac{1}{\mu}\right) - \frac{\partial\left(\frac{1}{\mu}\right)}{\partial\tau}\tau\nabla\cdot\boldsymbol{q} \tag{9.8.8}$$

式中，τ 为磁介质密度。

只要传导电流流过的某一面和介质一起作位移，则可保持传导电流不变。据此，可分析电流密度的改变 $\delta\boldsymbol{J}$。

流过任意面积 S 的电流 I 为

$$I = \int_S \boldsymbol{J}\cdot\mathrm{d}\boldsymbol{S} \tag{9.8.9}$$

电流流动可用电流管模型表示，如图9.6所示。作任意微小位移 q 时，S 面上的各点电流密度要改变，此外，此面的边线 L 也相应地发生变形，导致面积的增大或减小。事实上，我们假设的传导电流不变，就是通过轮廓线 L 包围的面积 S 内流过的电流不变。在作微小位移 $\boldsymbol{q}$ 时，将面积 S 划分为若干个小面积 ΔS_k，流过它的电流密度为 $\boldsymbol{J}_k$，微位移为 $\boldsymbol{q}_k$，取包围面积为 ΔS_k 的曲线线元为 $\mathrm{d}\boldsymbol{l}_k$，面积 ΔS_k 变化后为 $\Delta S'_k$，如图9.7所示。因此

$$I = \sum_k \boldsymbol{J}_k\cdot\Delta\boldsymbol{S}_k \tag{9.8.10}$$

$$\delta I = \sum_k \delta\boldsymbol{J}_k\cdot\Delta\boldsymbol{S}_k + \sum_k \boldsymbol{J}_k\cdot\delta(\Delta\boldsymbol{S}_k) = 0 \tag{9.8.11}$$

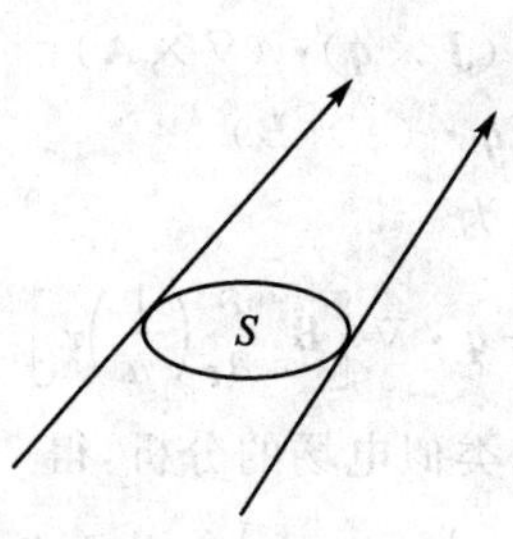

图 9.6　电流管模型

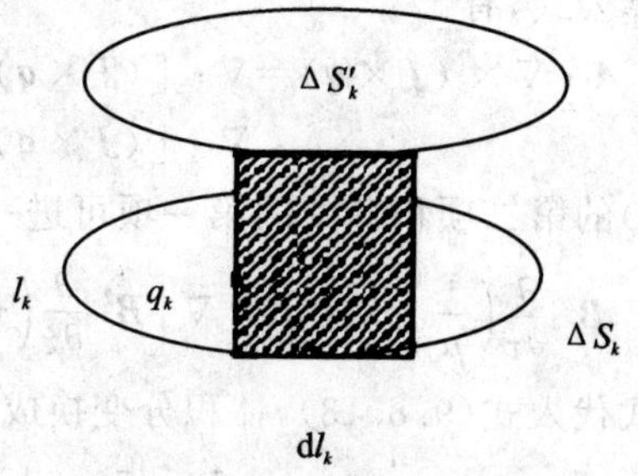

图 9.7　微小位移后电流管模型

因 $\delta(\Delta \boldsymbol{S}_k)=\Delta \boldsymbol{S}'_k-\Delta \boldsymbol{S}_k=-\oint_k \mathrm{d}\boldsymbol{l}_k\times\boldsymbol{q}_k=\oint_k \boldsymbol{q}_k\times\mathrm{d}\boldsymbol{l}_k$，有

$$\sum_k \boldsymbol{J}_k\cdot\delta(\Delta \boldsymbol{S}_k)=\sum_k \boldsymbol{J}_k\cdot\left(\oint_k \boldsymbol{q}_k\times\mathrm{d}\boldsymbol{l}_k\right)=$$

$$\sum_k\oint_k \boldsymbol{J}_k\cdot(\boldsymbol{q}_k\times\mathrm{d}\boldsymbol{l}_k)=$$

$$\sum_k\oint_k (\boldsymbol{J}_k\times\boldsymbol{q}_k)\cdot\mathrm{d}\boldsymbol{l}_k=$$

$$\sum_k\int_{sk} \nabla\times(\boldsymbol{J}_k\times\boldsymbol{q}_k)\cdot\mathrm{d}\boldsymbol{S}_k=$$

$$\sum_k\sum_i \nabla\times(\boldsymbol{J}_{ki}\times\boldsymbol{q}_{ki})\cdot\Delta\boldsymbol{S}_{ki}$$

在微小面积 ΔS_k 内，电流密度和微位移可认为是不变化的，分别为 J_k、q_k，因此上式得

$$\sum_k \boldsymbol{J}_k\cdot\delta(\Delta \boldsymbol{S}_k)=\sum \nabla\times(\boldsymbol{J}_k\times\boldsymbol{q}_k)\cdot\Delta\boldsymbol{S}_k$$

代入式(9.8.11)，整理得

$$\sum_k\left[\delta\boldsymbol{J}_k+\nabla\times(\boldsymbol{J}_k\times\boldsymbol{q}_k)\right]\cdot\Delta\boldsymbol{S}_k=0$$

变换成积分形式

$$\oint_S\left[\delta\boldsymbol{J}+\nabla\times(\boldsymbol{J}\times\boldsymbol{q})\right]\cdot\mathrm{d}\boldsymbol{S}=0$$

由于面积 S 的任意性，因此

$$\delta\boldsymbol{J}=-\nabla\times(\boldsymbol{J}\times\boldsymbol{q}) \tag{9.8.12}$$

9.8.4　有质动力

将获得的变量变分代入能量变分式(9.8.6)得

$$\delta W_{\mathrm{m}}=-\int_V \boldsymbol{A}\cdot\nabla\times(\boldsymbol{J}\times\boldsymbol{q})\mathrm{d}V+\frac{1}{2}\int_V \boldsymbol{B}^2\left[\frac{\partial}{\partial\tau}\left(\frac{1}{\mu}\right)\tau\,\nabla\cdot\boldsymbol{q}+\boldsymbol{q}\cdot\nabla\left(\frac{1}{\mu}\right)\right]\mathrm{d}V \tag{9.8.13}$$

由矢量运算公式，有

$$\boldsymbol{A}\cdot\nabla\times(\boldsymbol{J}\times\boldsymbol{q})=\nabla\cdot[(\boldsymbol{J}\times\boldsymbol{q})\times\boldsymbol{A}]+(\boldsymbol{J}\times\boldsymbol{q})\cdot(\nabla\times\boldsymbol{A})=\nabla\cdot[(\boldsymbol{J}\times\boldsymbol{q})\times\boldsymbol{A}]-\boldsymbol{q}\cdot(\boldsymbol{J}\times\boldsymbol{B})$$

式(9.8.13)的第二项积分中的第一项可进一步变换为

$$\boldsymbol{B}^2\frac{\partial}{\partial\tau}\left(\frac{1}{\mu}\right)\tau\nabla\cdot\boldsymbol{q}=\nabla\left[\boldsymbol{B}^2\frac{\partial}{\partial\tau}\left(\frac{1}{\mu}\right)\tau\boldsymbol{q}\right]-\boldsymbol{q}\cdot\nabla\left[\boldsymbol{B}^2\frac{\partial}{\partial\tau}\left(\frac{1}{\mu}\right)\tau\right]$$

将上述两式代入式(9.8.13)，体积分变换成面积分，类似电场的分析，得

$$\delta W_{\mathrm{m}}=\int_V\boldsymbol{q}\cdot\left\{(\boldsymbol{J}\times\boldsymbol{B})-\frac{1}{2}\nabla\left[\boldsymbol{B}^2\frac{\partial}{\partial\tau}\left(\frac{1}{\mu}\right)\tau\right]+\frac{1}{2}\boldsymbol{B}^2\nabla\left(\frac{1}{\mu}\right)\right\}\mathrm{d}V \tag{9.8.14}$$

由 δW_{m} 和式(9.8.2)可推导

$$\boldsymbol{f}=(\boldsymbol{J}\times\boldsymbol{B})-\frac{1}{2}\nabla\left[\boldsymbol{B}^2\frac{\partial}{\partial\tau}\left(\frac{1}{\mu}\right)\tau\right]+\frac{1}{2}\boldsymbol{B}^2\nabla\left(\frac{1}{\mu}\right) \tag{9.8.15}$$

可见，磁场中有质动力与电场一样也可分成两部分：

① 作用在流有电流的导体上

$$\boldsymbol{f}^{(1)}=\boldsymbol{J}\times\boldsymbol{B} \tag{9.8.16}$$

② 作用在场中的磁介质上

$$\boldsymbol{f}^{(2)}=-\frac{1}{2}\nabla\left[\boldsymbol{B}^2\frac{\partial}{\partial\tau}\left(\frac{1}{\mu}\right)\tau\right]+\frac{1}{2}\boldsymbol{B}^2\nabla\left(\frac{1}{\mu}\right) \tag{9.8.17}$$

比较电场和磁场有质动力，可见它们可以完全比拟，其比拟关系为

$$\left.\begin{array}{l}\boldsymbol{E}\Leftrightarrow\boldsymbol{H}\\ \varepsilon\Leftrightarrow\mu\end{array}\right\} \tag{9.8.18}$$

9.8.5 磁致弹性

同电场一样，磁场有质动力也会导致磁致弹性问题。液体的体积元受到拉伸应力会导致压缩和拉伸。由电场和磁场的类比关系，我们可求得磁致弹性力为

$$p(\boldsymbol{r})=\frac{\tau}{2}\frac{\partial\mu}{\partial\tau}\boldsymbol{H}^2(\boldsymbol{r})+p(\boldsymbol{r}_0) \tag{9.8.19}$$

9.9 磁介质磁场的应力张量

9.9.1 应力张量推导

同电场应力张量分析一样，磁场有质动力可归结为等效面应力张量。如果能找到一张量 $\overleftrightarrow{T}$，使之满足式(9.5.8)即

$$\boldsymbol{f}=-\nabla\cdot\overleftrightarrow{T}$$

则问题可得到解决。为此，将有质动力分成两部分

$$\left.\begin{aligned} \boldsymbol{f} &= \boldsymbol{f}' + \boldsymbol{f}'' \\ \boldsymbol{f}' &= \boldsymbol{J} \times \boldsymbol{B} - \frac{1}{2}\boldsymbol{H}^2 \nabla \mu \\ \boldsymbol{f}'' &= \frac{1}{2} \nabla \left(\boldsymbol{H}^2 \frac{\partial \mu}{\partial \tau}\tau\right) \end{aligned}\right\} \tag{9.9.1}$$

由电场和磁场的类比关系，可变换 $\boldsymbol{f}'$、$\boldsymbol{f}''$成张量形式为

$$\boldsymbol{f}' = \boldsymbol{J} \times \boldsymbol{B} - \frac{1}{2}\boldsymbol{H}^2 \nabla \mu = \nabla \cdot \left(\mu \boldsymbol{H}\boldsymbol{H} - \frac{1}{2}\mu \boldsymbol{H}^2 \overleftrightarrow{I}\right)$$

令

$$\overleftrightarrow{T'} = \mu \boldsymbol{H}\boldsymbol{H} - \frac{1}{2}\mu \boldsymbol{H}^2 \overleftrightarrow{I}$$

$$\boldsymbol{f}'' = \nabla \cdot \left(\frac{1}{2}\boldsymbol{H}^2 \frac{\partial \mu}{\partial \tau}\tau \overleftrightarrow{I}\right) \tag{9.9.2}$$

令

$$\overleftrightarrow{T''} = \frac{1}{2}\boldsymbol{H}^2 \frac{\partial \mu}{\partial \tau}\tau \overleftrightarrow{I} \tag{9.9.3}$$

因此

$$\boldsymbol{f} = \boldsymbol{f}' + \boldsymbol{f}'' = -\nabla \cdot (\overleftrightarrow{T'} + \overleftrightarrow{T''}) = -\nabla \cdot \overleftrightarrow{T} \tag{9.9.4}$$

由此，可构造一张量，它由两个对称的张量组成：

$$\overleftrightarrow{T} = \overleftrightarrow{T'} + \overleftrightarrow{T''} \tag{9.9.5}$$

式中，两部分分别对应着有质动力的两部分。

这样，磁场中有质动力可归结为表面应力张量，即作用在介质任意区域上的总力由这一区域边界上的应力状态决定，即可归结为作用在其表面的应力系。

9.9.2　真空或流体中的物体受力

类似电场的受力分析，在流体内，一被包围着的物体，表面积为 S，在其外部作一无限靠近其 S 的表面 S'。由磁场力的传递概念，作用在整个物体上的力应为应力 $\overleftrightarrow{T}$ 在 S'上的积分

$$\boldsymbol{F} = \oint_{S'} \overleftrightarrow{T} \cdot \mathrm{d}\boldsymbol{S} = \oint_{S'} \boldsymbol{T}_n \mathrm{d}S \tag{9.9.6}$$

式中

$$\boldsymbol{T}_n = \mu H_n \boldsymbol{H} - \frac{1}{2}\boldsymbol{H}^2 \left(\mu - \frac{\partial \mu}{\partial \tau}\tau\right)\boldsymbol{n} \tag{9.9.7}$$

1. 真空中

若物体在真空中，S'在真空中，因此 $\mu = \mu_0$，无磁致伸缩应力，则

$$\boldsymbol{F} = \oint_{S'} \overleftrightarrow{T'} \cdot \mathrm{d}\boldsymbol{S} = \oint_{S'} \left(\mu_0 \boldsymbol{H}\boldsymbol{H} \cdot \boldsymbol{n} - \frac{1}{2}\mu_0 \boldsymbol{H}^2 \boldsymbol{n}\right]\mathrm{d}S = \int_V \boldsymbol{f}' \mathrm{d}V \tag{9.9.8}$$

2. 气体中

因 $\mu=\mu_0$，只有弹性应力，磁致伸缩可略去，因此，与真空中一样

$$\boldsymbol{F}=\oint_{S'}\overset{\leftrightarrow}{T}'\cdot \mathrm{d}\boldsymbol{S}=\oint_{S'}\left(\mu_0\boldsymbol{H}\boldsymbol{H}\cdot\boldsymbol{n}-\frac{1}{2}\mu_0\boldsymbol{H}^2\boldsymbol{n}\right)\mathrm{d}S=\int_V\boldsymbol{f}'\mathrm{d}V \tag{9.9.9}$$

3. 液体中

我们来考察第二项张量作用的情况：

$$\boldsymbol{F}''=\oint_{S'}\overset{\leftrightarrow}{T}''\cdot \mathrm{d}\boldsymbol{S}=\oint_{S'}\frac{\tau}{2}\frac{\partial\mu}{\partial\tau}\boldsymbol{H}^2\boldsymbol{n}\mathrm{d}S \tag{9.9.10}$$

由磁场在液体中产生的磁致弹性应力应作用在物体上，因此由式(9.8.19)，有

$$\boldsymbol{F}_{磁弹}=\oint_{S'}-p(\boldsymbol{r})\mathrm{d}\boldsymbol{S}=-\oint_{S'}p(\boldsymbol{r})\boldsymbol{n}\mathrm{d}S=-\oint_{S'}\frac{\tau}{2}\frac{\partial\mu}{\partial\tau}\boldsymbol{H}^2\boldsymbol{n}\mathrm{d}S-\oint_{S'}p_0\boldsymbol{n}\mathrm{d}S \tag{9.9.11}$$

上式中的第二项与电场分析一样为零。所以

$$\boldsymbol{F}_{磁弹}=-\oint_{S'}\frac{\tau}{2}\frac{\partial\mu}{\partial\tau}\boldsymbol{H}^2\boldsymbol{n}\mathrm{d}S \tag{9.9.12}$$

显然磁致弹性应力总力等于第二项应力张量的总力。因此，液体中物体的受力仍旧是

$$\boldsymbol{F}=\oint_{S'}\overset{\leftrightarrow}{T}'\cdot \mathrm{d}\boldsymbol{S}=\oint_{S'}\left(\mu\boldsymbol{H}\boldsymbol{H}\cdot\boldsymbol{n}-\frac{1}{2}\mu\boldsymbol{H}^2\boldsymbol{n}\right)\mathrm{d}S=\int_{V'}\boldsymbol{f}'\mathrm{d}V \tag{9.9.13}$$

由于液体处于静力学平衡之下，在液体中任意作包含物体在内的封闭面 S_1，则在 S' 和 S_1 之间的液体受到的总力也应是平衡的，也就是说，磁场经过 S_1 和 S' 施加给这部分液体的力是平衡的，即

$$\oint_{S'}\left(\mu\boldsymbol{H}\boldsymbol{H}\cdot\boldsymbol{n}-\frac{1}{2}\mu\boldsymbol{H}^2\boldsymbol{n}\right)\mathrm{d}S=\oint_{S_1}\left(\mu\boldsymbol{H}\boldsymbol{H}\cdot\boldsymbol{n}-\frac{1}{2}\mu\boldsymbol{H}^2\boldsymbol{n}\right)\mathrm{d}S$$

因此，求液体介质内物体的受力时，可作任意的包围物体的封闭面，而不必要求其无限贴近物体表面。

9.9.3 应力的分解

前面我们已获得了磁场内作用在外法线为 $\boldsymbol{n}$ 的单位面积的张力 $\boldsymbol{T}_n$ 为

$$\boldsymbol{T}_n=\overset{\leftrightarrow}{T}\cdot\boldsymbol{n}=\mu\boldsymbol{H}_n\boldsymbol{H}-\frac{1}{2}\boldsymbol{H}^2\left(\mu-\frac{\partial\mu}{\partial\tau}\tau\right)\boldsymbol{n}$$

进一步地，我们可将其分解为磁场法向分量和切向分量的形式

$$\boldsymbol{T}_n=\mu H_tH_n\boldsymbol{t}+\frac{1}{2}\mu\left[(H_n^2-H_t^2)+\frac{\tau}{\mu}\frac{\partial\mu}{\partial\tau}(H_n^2+H_t^2)\right]\boldsymbol{n} \tag{9.9.14}$$

1. 外法向平行于磁场强度

此时，$\boldsymbol{n}$、$\boldsymbol{H}$、$\boldsymbol{T}_n$ 同向，由式(9.9.14)得

$$\boldsymbol{T}_n=\frac{\mu}{2}\left(1+\frac{\tau}{\mu}\frac{\partial\mu}{\partial\tau}\right)\boldsymbol{H}^2\boldsymbol{n} \tag{9.9.15}$$

为拉应力。

2. 外法向垂直于磁场强度

此时，$\boldsymbol{n}$ 与 $\boldsymbol{T}_n$ 平行，均垂直于 $\boldsymbol{H}$，由式(9.9.15)得

$$\boldsymbol{T}_n=-\frac{\mu}{2}\left(1-\frac{\tau}{\mu}\frac{\partial\mu}{\partial\tau}\right)\boldsymbol{H}^2\boldsymbol{n}$$

一般，$1-\frac{\tau}{\mu}\frac{\partial\mu}{\partial\tau}>0$，所以为压应力。

3. 磁介质内应力的分布图像

如果我们在磁场中取出由磁力线围成的空间，即磁力线形成的管，在管中任意截取一部分体积，如图 9.8 所示。由上面的分析，我们知道，磁场施加于这部分体积的物体的力是，沿磁力线方向物体受拉，而垂直于磁力线方向受压，即纵向拉伸、横向压缩。根据作用力与反作用力原理，该体积物体对磁场施加相反的力，即磁力线有纵向收缩、横向扩张的趋势。

4. 电流受力

由磁场中物体沿磁力线方向受拉，垂直于磁力线方向受压以及磁力线有纵向收缩、横向扩张的趋势的结论，我们可以分析和解释许多有质动力的现象。

载流导体在均匀磁场中时，导体一边的合成磁场强，一边的合成磁场弱。由于导线法向垂直于磁力线，于是作用在导体一边的侧压力大于另一边的侧压力，因此导体上将受到一个合成的电磁力，其方向从磁场较强的一边指向磁场较弱的一边，如图 9.9 所示。

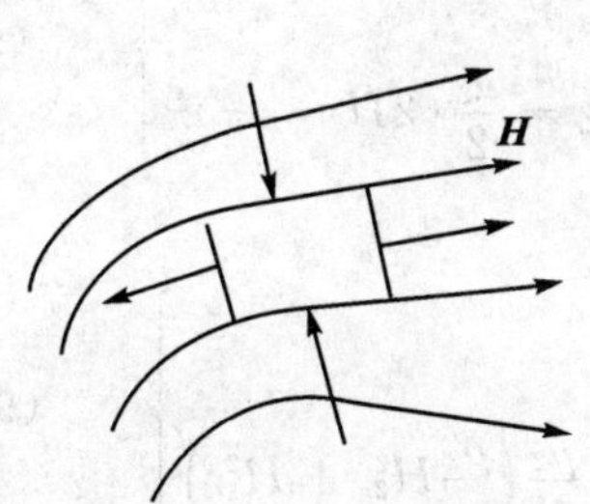

图 9.8　磁力线管内示意图

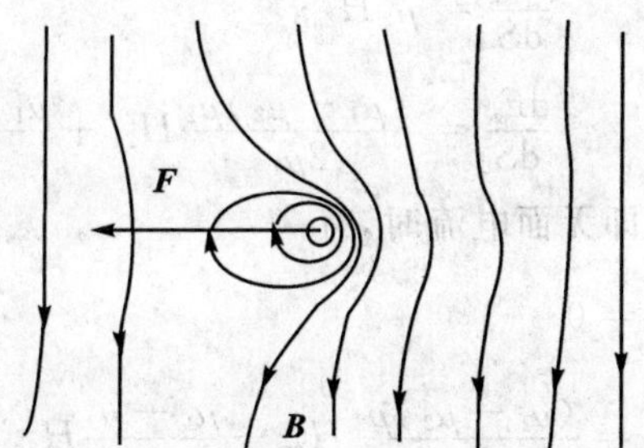

图 9.9　载流导体在均匀磁场受力示意图

9.9.4　介质界面的力

与电场分析一样，假设没有介质常数的突变。如果存在突变，则可把它用一个 μ 作连续变化的薄层代替，然后使这层薄层厚度趋于零，求力的极限值。如图 9.10 所示，作用在两个介质交界面 dS 上的力可以认为是在其体积 dV 中受的力，而力是通过表面 1 和表面 2 作用到体积上的。

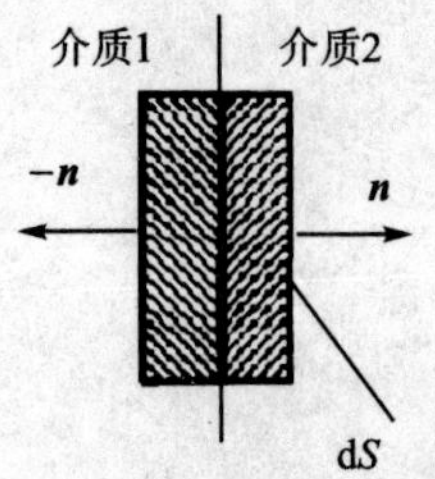

图 9.10　磁介质面受力示意图

由式(9.9.13)有

$$\mathrm{d}\boldsymbol{F}=(\overrightarrow{\overrightarrow{T_2}}\cdot\boldsymbol{n}-\overrightarrow{\overrightarrow{T_1}}\cdot\boldsymbol{n})\mathrm{d}S \tag{9.9.16}$$

因此,作用在界面上的力密度为

$$\begin{aligned}\frac{\mathrm{d}\boldsymbol{F}}{\mathrm{d}S}&=\overrightarrow{\overrightarrow{T_2}}\cdot\boldsymbol{n}-\overrightarrow{\overrightarrow{T_1}}\cdot\boldsymbol{n}=\\&(\mu_2H_2H_2-\mu_1H_1H_1)\cdot\boldsymbol{n}-\\&\frac{1}{2}\left[H_2^2\left(\mu_2-\frac{\partial\mu_2}{\partial\tau_2}\tau_2\right)-H_1^2\left(\mu_1-\frac{\partial\mu_1}{\partial\tau_1}\tau_1\right)\right]\cdot\boldsymbol{n}\end{aligned} \tag{9.9.17}$$

进一步将该力进行法向和切向分解,略去含$\frac{\partial\mu}{\partial\tau}$的项,有

$$\left.\begin{aligned}\frac{\mathrm{d}F_t}{\mathrm{d}S}&=\mu_2H_{2t}H_{2n}-\mu_1H_{1t}H_{1n}\\\frac{\mathrm{d}F_n}{\mathrm{d}S}&=\frac{1}{2}\mu_2(H_{2n}^2-H_{2t}^2)-\frac{1}{2}\mu_1(H_{1n}^2-H_{1t}^2)\end{aligned}\right\} \tag{9.9.18}$$

如果边界上:

① $\mu_1H_{1n}=\mu_2H_{2n}$,即 $\boldsymbol{B}$ 的法线连续;

② $H_{1t}=H_{2t}-\pi$,即 $\boldsymbol{H}$ 的切线突变,其中,π 为电流密度,$\pi=\pi\cdot(\boldsymbol{n}\times\boldsymbol{t})$,

则可将上面的受力情况转化为某一面的情况来处理。将边界条件代入式(9.9.18),有

$$\left.\begin{aligned}\frac{\mathrm{d}F_t}{\mathrm{d}S}&=\mu_2H_{2n}\pi\\\frac{\mathrm{d}F_n}{\mathrm{d}S}&=\frac{(\mu_1-\mu_2)\mu_2}{2\mu_1}H_{2n}^2+\frac{\mu_1-\mu_2}{2}H_{2t}^2-\frac{\mu_2}{2}(2H_{2t}-\pi)\pi\end{aligned}\right\} \tag{9.9.19}$$

当 $\pi=0$,即无面电流时,有

$$\left.\begin{aligned}\frac{\mathrm{d}F_t}{\mathrm{d}S}&=0\\\frac{\mathrm{d}F_n}{\mathrm{d}S}&=\frac{(\mu_1-\mu_2)\mu_2}{2\mu_1}H_{2n}^2+\frac{\mu_1-\mu_2}{2}H_{2t}^2=\frac{\mu_1-\mu_2}{2}\left(\frac{\mu_2}{\mu_1}H_{2n}^2+H_{2t}^2\right)\end{aligned}\right\} \tag{9.9.20}$$

只有法向应力存在,且当① $\mu_1>\mu_2$ 时,力的方向由介质 1 面指向介质 2 面;② $\mu_1<\mu_2$ 时,力的方向由介质 2 面指向介质 1 面。或者说,应力方向是介质密度大的一方指向密度小的一方。

9.10　本章小结

最后,我们来理顺一下本章的思路。

电磁场内的有质动力求解,按常规的受力分析来做几乎是不可能的;但按能量法,从能量变换的角度出发,则可方便地求解。

一种方法是，找到电磁场中有质动力作功与电磁场能量变化的关系，列写电磁场的能量方程，通过对能量求其变分即能量的变化，分析能量变分中变量的变分形式，将能量变化公式转换为与电磁场有质动力作功的表达式形式上一致，比较其各项，可求得电磁场有质动力。

另一种方法是，直接列写电磁场关于各独立广义坐标变量的能量表达式，类似分析动力学的方法，通过求变分和微分，进行一定的演算，可得其有质动力。

由于电场和磁场具有非常好的类比关系，因此，两者间所得的分析公式完全可以互换，只要将电场强度与磁场强度、电介质参数与磁介质参数互换即可。

电磁场中的有质动力（体积力）可归结为表面应力张量，这样处理的优点是，① 求解问题方便、简捷；② 我们可不知道也不必去知道物体内的状态，只要分析表面的、外部的状态就可以了解电磁场的特性。

第 10 章　拉格朗日-麦克斯韦方程

10.1　机电耦联系统的基本概念

机电耦联系统的定义:机电耦联系统就是机械过程与电磁过程相互作用、相互联系的系统。

机电耦联系统的组成:任何机电耦联系统都是由机械系统、电磁系统和联系两者的耦合电磁场组成的。电动机、发电机、电磁悬浮系统和电测仪器等都是典型的机电耦联系统。机电耦联系统在传感与测量系统、计算系统、电声装置、自动调节装置、遥控系统以及许多自动化系统中有着重要的应用。

机电耦联系统的特征:机电耦联系统的主要特征是机械能和电磁能的转换。

机电耦联系统的研究方法:机电耦联系统分析动力学将表征系统的电磁量和机械力学量形式上看成是等同的。通过机电比拟关系和各自的理论体系,建立耦联系统的分析模型,其数学模型包括机械运动的微分方程、电磁过程的状态描述以及机电耦联过程的运动方程和状态描述。

研究机电耦联系统必须从提出基本假设和选取模型开始,考虑主要现象,忽略非本质的、次要现象。机械系统的描述主要利用力学系统的模型,作为某 N 个质点的总和。电磁部分可以利用电路和磁场的有限个参数和电流、电压、磁链、磁通等来描述。这些参数在描述电动力学现象时,类似于系统中的广义坐标。

10.2　基于能量表达的电路方程式

10.2.1　回路的电磁能

研究如图 10.1 所示的 m 个回路构成的系统,其中下标 k 表示第 k 个回路。$k=1,2,\cdots,m$。i_k:电流;U_k:外电势;R_k:电阻;C_k:电容;e_k:电容器的电荷;U_k^e:电容器的电势;L_{kk}:电感。

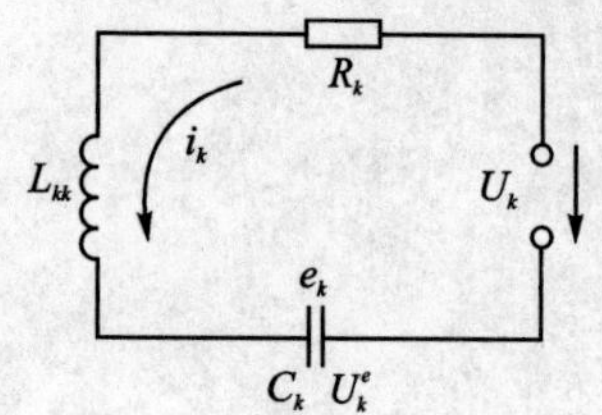

图 10.1　第 k 个电路回路

回路电流与电容器的电荷关系为

$$i_k = \dot{e}_k = C_k \frac{\mathrm{d}U_k^e}{\mathrm{d}t}$$

电容器的电容为

$$C_k = \frac{e_k}{U_k^e}$$

它在机电耦联系统里，一般是广义坐标 q_i 的函数，$C_k = C_k(q_1, q_2, \cdots, q_n)$。

m 个回路的电场能为

$$W_e = \sum_{k=1}^{m} \int_0^{e_k} U_k^e \mathrm{d}e_k = \sum_{k=1}^{m} \int_0^{e_k} \frac{e_k}{C_k} \mathrm{d}e_k = \frac{1}{2} \sum_{k=1}^{m} \frac{e_k^2}{C_k} \tag{10.2.1}$$

显然

$$U_k^e = \frac{\partial W_e}{\partial e_k} \tag{10.2.2}$$

m 个回路的磁场能为

$$W_m = \frac{1}{2} \sum_{k,r=1}^{m} L_{kr} i_k i_r \tag{10.2.3}$$

式中，$L_{kr}(k \neq r)$ 为第 k 个回路与第 r 个回路的互感。电感的大小依赖于回路的尺寸和形状，依赖于线圈的位置及线圈的形状参数，还与介质的磁导率有关，因此 L_{kr} 是广义坐标的函数，$L_{kr} = L_{kr}(q_1, q_2, \cdots, q_n)$。

由于通过各回路的磁链与系统各回路的电流成正比，即 $\psi_k = \sum_{r=1}^{m} L_{kr} i_r$，因此

$$\psi_k = \frac{\partial W_m}{\partial i_k} \tag{10.2.4}$$

10.2.2　基于能量的回路方程式

由基尔霍夫定律，第 k 个回路的感应电势与外电势的和等于电阻和电容的压降，即

$$U_k + U_k^i = R_k i_k + U_k^e \tag{10.2.5}$$

式中

$$U_k^i = -\frac{\mathrm{d}\psi_k}{\mathrm{d}t} \tag{10.2.6}$$

为第 k 个回路的磁链变化时，该回路中产生的感应电势，由电磁感应定理得到。

将式(10.2.6)、式(10.2.2)及式(10.2.4)代入式(10.2.5)得

$$\frac{\mathrm{d}}{\mathrm{d}t}\left(\frac{\partial W_m}{\partial i_k}\right) + \frac{\partial W_e}{\partial e_k} + R_k i_k = U_k \tag{10.2.7}$$

引入耗散函数

$$F_e = \frac{1}{2} \sum_{k=1}^{m} R_k i_k^2 \tag{10.2.8}$$

则

$$\frac{\partial F_e}{\partial i_k} = R_k i_k \tag{10.2.9}$$

代入式(10.2.7)，得能量形式表达的第 k 个回路的回路方程式

$$\frac{\mathrm{d}}{\mathrm{d}t}\left(\frac{\partial W_{\mathrm{m}}}{\partial i_k}\right)+\frac{\partial W_{\mathrm{e}}}{\partial e_k}+\frac{\partial F_{\mathrm{e}}}{\partial i_k}=U_k \tag{10.2.10}$$

10.3 有质动力

有质动力即电磁场作用在有质量的物体上产生的力。它是系统广义坐标的函数，$Q_j^*=Q_j^*(q_1,q_2,\cdots,q_n)$。

在电磁场能量分析中，我们知道，外电磁对电磁场（回路）所作的功，等于电磁场（回路）的电磁能量变化、回路消耗（焦耳热）和对有质动力所作的功。因此

$$\sum_{k=1}^{m}U_k i_k=\sum_{k=1}^{m}R_k i_k^2+\frac{\mathrm{d}W_{\mathrm{m}}}{\mathrm{d}t}+\frac{\mathrm{d}W_{\mathrm{e}}}{\mathrm{d}t}+\sum_{j}^{n}Q_j^*\dot{q}_j \tag{10.3.1}$$

我们来分析上式的每一项。先看磁场能变化

$$\frac{\mathrm{d}W_{\mathrm{m}}}{\mathrm{d}t}=\sum_{k=1}^{m}\frac{\partial W_{\mathrm{m}}}{\partial i_k}\frac{\mathrm{d}i_k}{\mathrm{d}t}+\sum_{j=1}^{n}\frac{\partial W_{\mathrm{m}}}{\partial q_j}\dot{q}_j \tag{10.3.2}$$

上式中第一项为

$$\frac{\partial W_{\mathrm{m}}}{\partial i_k}\frac{\mathrm{d}i_k}{\mathrm{d}t}=\frac{\mathrm{d}}{\mathrm{d}t}\left(\frac{\partial W_{\mathrm{m}}}{\partial i_k}i_k\right)-\frac{\mathrm{d}}{\mathrm{d}t}\left(\frac{\partial W_{\mathrm{m}}}{\partial i_k}\right)i_k$$

由式(10.2.3)和齐次函数的欧拉定理，有

$$\sum_{k=1}^{m}\frac{\partial W_{\mathrm{m}}}{\partial i_k}i_k=2W_{\mathrm{m}}$$

因此，将上两式代入式(10.3.2)，作变换得

$$\frac{\mathrm{d}W_{\mathrm{m}}}{\mathrm{d}t}=\sum_{k=1}^{m}\frac{\mathrm{d}}{\mathrm{d}t}\left(\frac{\partial W_{\mathrm{m}}}{\partial i_k}\right)i_k-\sum_{j=1}^{n}\frac{\partial W_{\mathrm{m}}}{\partial q_j}\dot{q}_j \tag{10.3.3}$$

再看电场能的变化，由式(10.2.1)知电场能是电荷 e_k 和广义坐标 q_j 的函数，因此

$$\frac{\mathrm{d}W_{\mathrm{e}}}{\mathrm{d}t}=\sum_{k=1}^{m}\frac{\partial W_{\mathrm{e}}}{\partial e_k}\frac{\mathrm{d}e_k}{\mathrm{d}t}+\sum_{j=1}^{n}\frac{\partial W_{\mathrm{e}}}{\partial q_j}\dot{q}_j=\sum_{k=1}^{m}\frac{\partial W_{\mathrm{e}}}{\partial e_k}i_k+\sum_{j=1}^{n}\frac{\partial W_{\mathrm{e}}}{\partial q_j}\dot{q}_j \tag{10.3.4}$$

将上式及式(10.3.3)代入功率平衡方程(10.3.1)，得

$$\sum_{k=1}^{m}U_k i_k=\sum_{k=1}^{m}R_k i_k^2+\sum_{k=1}^{m}\frac{\mathrm{d}}{\mathrm{d}t}\left(\frac{\partial W_{\mathrm{m}}}{\partial i_k}\right)i_k-\sum_{j=1}^{n}\frac{\partial W_{\mathrm{m}}}{\partial q_j}\dot{q}_j+$$
$$\sum_{k=1}^{m}\frac{\partial W_{\mathrm{e}}}{\partial e_k}i_k+\sum_{j=1}^{n}\frac{\partial W_{\mathrm{e}}}{\partial q_j}\dot{q}_j+\sum_{j=1}^{n}Q_j^*\dot{q}_j$$

整理得

$$\sum_{k=1}^{m}\left[U_k-R_k i_k-\frac{\mathrm{d}}{\mathrm{d}t}\left(\frac{\partial W_{\mathrm{m}}}{\partial i_k}\right)-\frac{\partial W_{\mathrm{e}}}{\partial e_k}\right]i_k=\sum_{j=1}^{n}\left(-\frac{\partial W_{\mathrm{m}}}{\partial q_j}+\frac{\partial W_{\mathrm{e}}}{\partial q_j}+Q_j^*\right)\dot{q}_j$$

由回路方程(10.2.7)可知上式左边为零，因此

$$\sum_{j=1}^{n}\left(-\frac{\partial W_{\mathrm{m}}}{\partial q_j}+\frac{\partial W_{\mathrm{e}}}{\partial q_j}+Q_j^*\right)\dot{q}_j=0 \tag{10.3.5}$$

由广义坐标、广义速度的独立性得

$$-\frac{\partial W_m}{\partial q_j}+\frac{\partial W_e}{\partial q_j}+Q_j^*=0$$

即

$$Q_j^*=\frac{\partial}{\partial q_i}(W_m-W_e) \tag{10.3.6}$$

即广义有质动力等于磁场能与电场能之差的广义坐标偏导数。将上节中电磁能表达式代入，可得

$$Q_j^*=\frac{1}{2}\sum_{k,r=1}^{m}\frac{\partial L_{kr}}{\partial q_i}i_k i_r+\frac{1}{2}\sum_{k=1}^{m}\frac{\partial C_k}{\partial q_j}\frac{e_k^2}{C_k^2} \tag{10.3.7}$$

广义有质动力的表达式(10.3.7)只在准稳态情况下，如工频、直流等工况下成立，因为高频时，还存在电磁能辐射的问题。

10.4　拉格朗日-麦克斯韦方程组

伟大的麦克斯韦在 1873 年第一次运用拉格朗日方程描述了机电耦联系统动力学问题，后人称之为拉格朗日-麦克斯韦方程组。它用统一的观点描述机电耦联系统，获得了统一的机电耦联系统动力学方程。

10.4.1　机电系统的能量关系

机械系统的动能 $T=T(q_j,\dot{q}_j)$，在稳定约束条件下是系统广义速度的齐二次型。

$$T=\frac{1}{2}\sum_{i=1}^{n}\sum_{j=1}^{n}m_{ij}\dot{q}_i\dot{q}_j \tag{10.4.1}$$

机械系统的势能 V 是广义坐标的函数，$V=V(q_1,q_2,\cdots,q_n)$。

机械系统的耗散函数 $F_m=F_m(q_j,\dot{q}_j)$，如果耗散力为黏性摩擦阻尼力，则是广义速度的齐二次式。

$$F_{mL}=\frac{1}{2}\sum\sum C_{ij}\dot{q}_i\dot{q}_j \tag{10.4.2}$$

机械系统中，除了有势力 $-\frac{\partial V}{\partial q_j}$、耗散力 $-\frac{\partial F_{mL}}{\partial \dot{q}_j}$、非保守的广义机械力 Q_j 外，还存在有质动力 Q_j^*。拉格朗日方程可写成

$$\frac{d}{dt}\left(\frac{\partial T}{\partial \dot{q}_j}\right)-\frac{\partial T}{\partial q_j}=-\frac{\partial V}{\partial q_j}-\frac{\partial F}{\partial \dot{q}_j}+Q_j+Q_j^* \quad (j=1,2,\cdots,n) \tag{10.4.3}$$

对于机电耦联系统，将有质动力表达式(10.3.6)代入上式，并将电磁系统的能量平衡方程(10.2.10)与上式一起写作：

$$\frac{d}{dt}\left(\frac{\partial W_m}{\partial i_k}\right)+\frac{\partial W_e}{\partial e_k}+\frac{\partial F_e}{\partial i_k}=U_k \quad (k=1,2,\cdots,m)$$

$$\frac{\mathrm{d}}{\mathrm{d}t}\left(\frac{\partial T}{\partial \dot{q}_j}\right)-\frac{\partial T}{\partial q_j}+\frac{\partial V}{\partial q_j}+\frac{\partial F}{\partial \dot{q}_j}+\frac{\partial W_{\mathrm{e}}}{\partial q_j}-\frac{\partial W_{\mathrm{m}}}{\partial q_j}=Q_j \qquad (j=1,2,\cdots,n) \tag{10.4.4}$$

10.4.2 统一化机电耦联系统的动力学方程

引入机电系统的拉格朗日函数和耗散函数

$$L=T(q_j,\dot{q}_j)-V(q_j)+W_{\mathrm{m}}(q_j,i_k)-W_{\mathrm{e}}(q_j,e_k) \tag{10.4.5}$$

$$F=F_{\mathrm{m}}(q_j,\dot{q}_j)+F_{\mathrm{e}}(i_k) \tag{10.4.6}$$

对上两式分别求偏导，得

$$\frac{\partial L}{\partial q_j}=\frac{\partial T}{\partial q_j}-\frac{\partial V}{\partial q_j}+\frac{\partial W_{\mathrm{m}}}{\partial q_j}-\frac{\partial W_{\mathrm{e}}}{\partial q_j}$$

$$\left.\begin{aligned}\frac{\partial L}{\partial \dot{q}_j}&=\frac{\partial T}{\partial \dot{q}_j}\\ \frac{\partial L}{\partial e_k}&=-\frac{\partial W_{\mathrm{e}}}{\partial e_k}\end{aligned}\right\} \tag{10.4.7}$$

$$\left.\begin{aligned}\frac{\partial L}{\partial i_k}&=\frac{\partial W_{\mathrm{m}}}{\partial i_k}\\ \frac{\partial F}{\partial i_k}&=\frac{\partial F_{\mathrm{e}}}{\partial i_k}\\ \frac{\partial F}{\partial \dot{q}_j}&=\frac{\partial F_{\mathrm{m}}}{\partial \dot{q}_j}\end{aligned}\right\} \tag{10.4.8}$$

按上两式来变换式(10.4.4)中的偏导数，由于电流是电荷对时间的导数，即 $i_k=\dot{e}_k$，因此可得机电耦联系统的拉格朗日-麦克斯韦方程为

$$\left.\begin{aligned}\frac{\mathrm{d}}{\mathrm{d}t}\left(\frac{\partial L}{\partial \dot{e}_k}\right)-\frac{\partial L}{\partial e_k}+\frac{\partial F}{\partial \dot{e}_k}&=U_k \qquad (k=1,2,\cdots,m)\\ \frac{\mathrm{d}}{\mathrm{d}t}\left(\frac{\partial L}{\partial \dot{q}_j}\right)-\frac{\partial L}{\partial q_j}+\frac{\partial F}{\partial \dot{q}_j}&=Q_j \qquad (j=1,2,\cdots,n)\end{aligned}\right\} \tag{10.4.9}$$

这样形成 $n+m$ 个独立的二阶微分方程组，其初始条件为

$$\left.\begin{aligned}e_k\big|_{t=0}&=e_k^0, \qquad i_k\big|_{t=0}=i_k^0\\ q_j\big|_{t=0}&=q_j^0, \qquad \dot{q}_j\big|_{t=0}=\dot{q}_j^0\end{aligned}\right\} \tag{10.4.10}$$

10.4.3 拉格朗日-麦克斯韦方程组的应用

运用方程(10.4.9)求解机电耦联系统的动力学方程时，与分析动力学中运用拉格朗日方程求解动力学方程的过程一致。

① 选择系统的独立坐标，包括确定系统位置的广义坐标 $q_j\,(j=1,2,\cdots,n)$ 和确定系统电磁参数的电容器电荷 $e_k\,(k=1,2,\cdots,m)$。如果系统中无电容器，则选择系统的各回路电流 $i_k\,(k=1,2,\cdots,m)$。

② 计算系统的拉格朗日函数，包括系统的动能、势能、磁能、电能。

③ 确定系统的耗散函数，包括机械耗散函数和电磁耗散函数。

④ 确定系统的非保守广义力。

⑤ 按拉格朗日-麦克斯韦方程中的各偏微分项进行运算，并代入方程中，获得机电耦联系统的动力学方程。

⑥ 按给定的初始边界条件求解方程，得系统状态的描述形式。

【例 1】 如图 10.2 所示的机电耦联系统，电容器为 C，电阻为 R，电感为 L。质量为 m 的板极被悬挂在刚度为 k 的弹簧上，沿铅垂方向作上下运动，且 $C=\dfrac{A}{s-x}$（A 为常数，s 为常数，表征两板之间的某一距离，x 为当取活动电板静平衡位置为坐标原点时，活动电板当前的位置），系统电动势为 $E=E_0\sin\omega t$，求当开关 S 合上后，系统状态的描述方程。

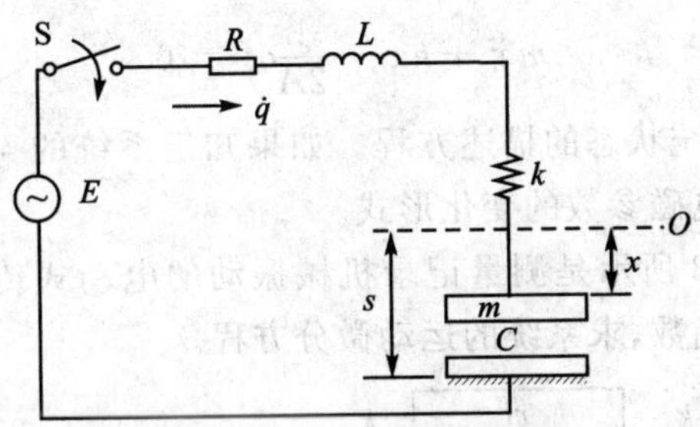

图 10.2　机电耦联系统

解：① 选广义坐标。系统有两个自由度，以电容器活动板的平衡位置为坐标原点，选电容器活动板当前位置坐标 x 和电容器电量 q 为广义坐标。

② 系统的动能
$$T=\frac{1}{2}m\dot{x}^2$$

磁能
$$W_{\mathrm{m}}=\frac{1}{2}L\dot{q}^2$$

电能
$$W_{\mathrm{e}}=\frac{1}{2}q^2\,\frac{s-x}{A}$$

拉格朗日函数为
$$L=\frac{1}{2}m\dot{x}^2+\frac{1}{2}L\dot{q}^2-\frac{1}{2}q^2\,\frac{s-x}{A}-\frac{1}{2}k(x+x_0)^2+mgx$$

式中，x_0 为弹簧静平衡时的伸长。

③ 系统的耗散只有电磁耗散，耗散函数为
$$F=F_{\mathrm{e}}=\frac{1}{2}R\dot{q}^2$$

④ 系统无非保守力，因此 $Q_j=0$，系统外电动势
$$U_k=E_0\sin\omega t$$

⑤ 系统的拉格朗日-麦克斯韦方程为

$$\frac{\mathrm{d}}{\mathrm{d}t}\left(\frac{\partial L}{\partial \dot{q}}\right)-\frac{\partial L}{\partial q}+\frac{\partial F}{\partial \dot{q}}=E_0\sin\omega t$$

$$\frac{\mathrm{d}}{\mathrm{d}t}\left(\frac{\partial L}{\partial \dot{x}}\right)-\frac{\partial L}{\partial x}+\frac{\partial F}{\partial \dot{x}}=0$$

按上式计算各偏微分项，并代入，得系统的状态描述方程为

$$L\ddot{q}+R\dot{q}+\frac{s-x}{A}q=E_0\sin\omega t$$

$$m\ddot{x}+k(x+x_0)-\frac{1}{2A}q^2-mg=0$$

由于系统静平衡时 $kx_0=mg$，因此上式变为

$$L\ddot{q}+R\dot{q}+\frac{s-x}{A}q=E_0\sin\omega t$$

$$m\ddot{x}+kx-\frac{1}{2A}q^2=0$$

求解上式，可得系统状态的描述方程。如果知道系统的 4 个初始条件，代入后，可得系统运动形式和电磁参数的变化形式。

【例 2】 如图 10.3 所示是测量记录机械振动的电动式传感器的原理图。其中电感是质量块位置的函数，求系统的运动微分方程。

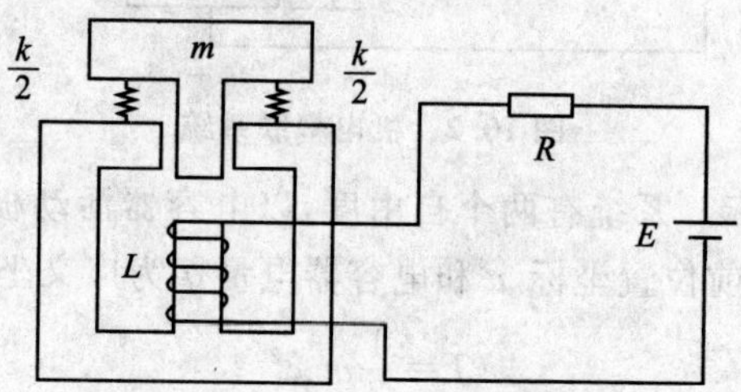

图 10.3　电动式传感器原理图

解：① 确定系统广义坐标。系统有两个广义坐标，机械部分选质量块的位置 x，其中原点选在弹簧原长位置。电部分选电系统的电荷量 q。

② 列写系统的能量关系。系统动能为

$$T=\frac{1}{2}m\dot{x}^2$$

系统势能为　$V=\frac{1}{2}kx^2-mgx$

系统电能为　$W_e=0$

系统磁能为　$W_m=\frac{1}{2}L(x)\dot{q}^2$

系统拉格朗日函数为

$$L=\frac{1}{2}m\dot{x}^2+\frac{1}{2}L(x)\dot{q}^2-\frac{1}{2}kx^2+mgx$$

③ 系统耗散函数为

$$F = F_e = \frac{1}{2}R\dot{q}^2$$

④ 系统的非保守广义力为

$$Q_j = 0, \quad U_k = E$$

⑤ 系统的拉格朗日-麦克斯韦方程为

$$\frac{\mathrm{d}}{\mathrm{d}t}\left(\frac{\partial L}{\partial \dot{q}}\right) - \frac{\partial L}{\partial q} + \frac{\partial F}{\partial \dot{q}} = E$$

$$\frac{\mathrm{d}}{\mathrm{d}t}\left(\frac{\partial L}{\partial \dot{x}}\right) - \frac{\partial L}{\partial x} + \frac{\partial F}{\partial \dot{x}} = 0$$

按上式计算各偏微分项，得系统的状态描述方程为

$$L(x)\ddot{q} + R\dot{q} + \dot{q}\dot{x}\frac{\partial L(x)}{\partial x} = E$$

$$m\ddot{x} + kx - \frac{1}{2}\frac{\partial L(x)}{\partial x}\dot{q}^2 = mg$$

类似于本例的有关机电耦联系统的例子很多，大多都是实际工程中测试仪表系统的物理抽象模型。这一点，我们将在后面的有关章节中进一步给出其工程应用。

10.5　机电磁比拟关系

10.5.1　机电磁比拟关系分析

拉格朗日-麦克斯韦方程中，若把第一式的 e_k 作为广义坐标 q_j，$\dot{e}_k$ ($i_k = \dot{e}_k$) 作为广义速度 $\dot{q}_j$，U_k 作为广义力为 Q_j，则第一式和第二式可以统一写成

$$\frac{\mathrm{d}}{\mathrm{d}t}\left(\frac{\partial L}{\partial \dot{q}}\right) - \frac{\partial L}{\partial q_j} + \frac{\partial F}{\partial \dot{q}} = Q_j \quad (j = 1,2,\cdots,n+m) \tag{10.5.1}$$

由此可见，电磁系统与机械系统有非常好的比拟关系。具体如下：

广义坐标(位置参数)$q_j \Leftrightarrow$ 电荷参数 e_k

广义速度 $\dot{q}_j \Leftrightarrow$ 电流 i_k

广义力 $Q_j \Leftrightarrow$ 外电势(或电容器电压)U_k

由于 $T = \frac{1}{2}\sum_{i,j=1}^{n} m_{ij}\dot{q}_i\dot{q}_j$，$W_m = \frac{1}{2}\sum_{k,r}^{m} L_{kr}i_k i_r = \frac{1}{2}\sum_{k,r} L_{kr}\dot{e}_k\dot{e}_r$，所以

动能 $T \Leftrightarrow$ 磁能 W_m

质量 $m \Leftrightarrow$ 电感 L

由于 $V = \frac{1}{2}\sum_{i,j=1}^{n} k_{ij}q_i q_j = \frac{1}{2}\sum_{i,j=1}^{n}\frac{1}{f_{ij}}q_i q_j$，$W_e = \frac{1}{2}\sum_{k=1}^{m}\frac{e_k^2}{C_k}$，所以

势能 $V \Leftrightarrow$ 电能 W_e

弹簧柔度 $f_{ij} \Leftrightarrow$ 电容 C

由于电磁回路中每个回路所流动的电量和力学系统中质点的坐标一样，都受到一定的条件限制，所以有

力学中的约束方程 $\Leftrightarrow$ 电磁回路的节点电流平衡方程

如图 10.4 所示，有 6 个支路，每个支路都有不同的电流 $\dot{e}_k$ 或 $i_k (k=1,2,\cdots,6)$。由基尔霍夫第一定律可知，对任意一节点，流进与流出的电流，其代数和为零。该电路中，有 4 个节点 A、B、C、D，因此有 4 个节点方程，即约束方程

$$\dot{e}_1 + \dot{e}_3 - \dot{e}_6 = 0$$

$$\dot{e}_6 - \dot{e}_2 - \dot{e}_4 = 0$$

$$\dot{e}_4 - \dot{e}_3 - \dot{e}_5 = 0$$

$$\dot{e}_2 + \dot{e}_5 - \dot{e}_1 = 0$$

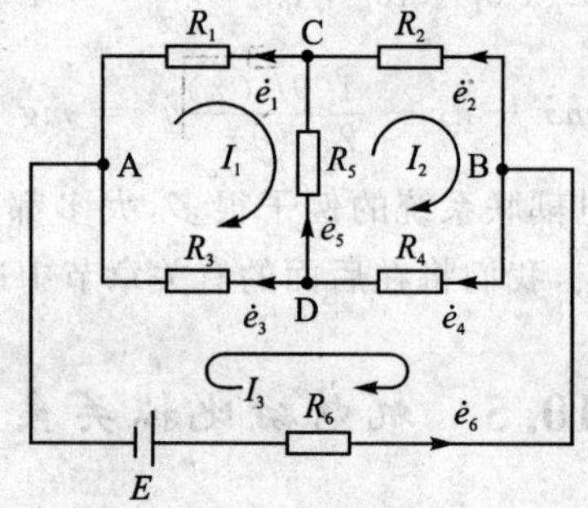

图 10.4　有 6 个支路的电路

显然，它们是可积分的运动约束，因此该电系统的约束相当于力学系统中的完整约束。上式 4 个约束，实际上只有 3 个是独立的，6 个电流中存在 3 个约束关系，因此系统的自由度为 3。从电路的独立回路来看，系统有 3 个独立的电流回路，因此，电路系统的独立回路数目代表完整系统的自由度数目。

10.5.2　机电磁比拟关系列表

由上小节的分析，可以给出机电磁系统的比拟关系，如表 10.1 所列。

表 10.1　机电磁系统的比拟关系

机械系统	电磁系统
广义坐标 q_j	电荷量 e_k
广义速度 $\dot{q}_j$	电流 $\dot{e}_k$ 或 i_k
惯性系数(质量或转动惯量) m_{ij}	电感(自感和互感) L_{ij}
动量　$p = \sum_j m_j \dot{q}_j$	磁链　$\psi_k = \sum_{r=1}^{m} L_{kr} \dot{e}_r$

续表 10.1

机械系统	电磁系统
耗散系数 C_{ij}	电阻 R_k
弹簧柔度 f_{ij}	电容 C_k
广义力 Q_j	电动势(外电势)U_k
系统动能　$T=\frac{1}{2}\sum_{i,j}m_{ij}\dot{q}_i\dot{q}_j$	系统磁能　$W_m=\frac{1}{2}\sum_{k,r}L_{kr}\dot{e}_k\dot{e}_r$
系统势能　$V=\frac{1}{2}\sum_{i,j}k_{ij}q_iq_j$	系统电能　$W_e=\frac{1}{2}\sum_{k}\frac{1}{C_k}e_k^2$
耗散函数　$F_m=\frac{1}{2}\sum_{i,j}C_{ij}\dot{q}_i\dot{q}_j$	耗散函数　$F_e=\frac{1}{2}\sum_{k}R_k\dot{e}_k^2$
功率　$P=\sum_{j}Q_j\dot{q}_j$	电磁功率　$P=\sum_{k}U_k\dot{e}_k$
约束方程	节点电流平衡方程

由于这种一对一的比拟关系，在实际应用中，我们可以用电磁系统来模拟仿真力学系统行为，也可用力学系统来模拟仿真电磁系统行为，或建立统一的模型来描述或仿真机电耦联系统。

第 11 章　电磁系统的变分原理

力学系统和电磁系统是一个统一的有机体，因此可以用力学系统的变分原理来研究电磁系统的动力学问题。本章从这个角度，运用变分原理，可获得电磁系统的动力学描述和基本方程。可以看到，运用变分原理研究电磁系统的动力学问题与运用力学系统的变分原理研究动力学问题非常相似，从而更进一步揭示机电系统间的内在关系和耦联性。

11.1　时变电磁场的变分原理

11.1.1　电动力学方程

回顾一下第二部分电动力学基础给出的电磁场微分方程，有

$$\nabla \cdot \boldsymbol{B} = 0 \tag{11.1.1}$$

$$\nabla \cdot \boldsymbol{D} = \rho \tag{11.1.2}$$

$$\nabla \times \boldsymbol{H} = \boldsymbol{J} + \frac{\partial \boldsymbol{D}}{\partial t} \tag{11.1.3}$$

$$\nabla \times \boldsymbol{E} = -\frac{\partial \boldsymbol{B}}{\partial t} \tag{11.1.4}$$

介质对电磁场的影响的本构关系为

$$\boldsymbol{D} = \varepsilon \boldsymbol{E}, \qquad \boldsymbol{B} = \mu \boldsymbol{H}, \qquad J = \sigma(\boldsymbol{E} + \boldsymbol{E}^{(e)}) \tag{11.1.5}$$

运用场标势和矢势，有

$$\nabla^2 \boldsymbol{A} - \mu\varepsilon \frac{\partial^2 \boldsymbol{A}}{\partial t^2} = -\mu \boldsymbol{J} + \nabla\left(\nabla \cdot \boldsymbol{A} + \mu\varepsilon \frac{\partial \varphi}{\partial t}\right) \tag{11.1.6}$$

$$\nabla^2 \varphi = -\frac{\rho}{\varepsilon} - \frac{\partial}{\partial t}(\nabla \cdot \boldsymbol{A}) \tag{11.1.7}$$

上两式电磁场动态位描述方程和本构关系的第三式可稍作变换，得

$$\nabla \times \frac{1}{\mu}(\nabla \times \boldsymbol{A}) = \boldsymbol{J} - \varepsilon \frac{\partial}{\partial t}\left(\frac{\partial \boldsymbol{A}}{\partial t} + \nabla \varphi\right) \tag{11.1.8}$$

$$\nabla \cdot \left[\varepsilon\left(\frac{\partial \boldsymbol{A}}{\partial t} + \nabla \varphi\right)\right] = -\rho \tag{11.1.9}$$

$$\boldsymbol{J} = \sigma\left[-\frac{\partial \boldsymbol{A}}{\partial t} - \nabla \varphi + \boldsymbol{E}^{(e)}\right] \tag{11.1.10}$$

一般认为，式(11.1.8)为电磁场的运动方程，式(11.1.9)和式(11.1.10)为电磁场的约束方程。当然，运用动态位描述电磁场时，需附加洛仑兹条件。

由电荷守恒定律，有电流连续性方程

$$\frac{\partial \rho}{\partial t}+\nabla \cdot \boldsymbol{J}=0 \tag{11.1.11}$$

11.1.2　电磁场变分关系分析

在力学系统的积分变分原理中，一般完整系统的哈密尔顿积分变分原理，可以研究在表征拉格朗日函数的系统的位形空间内两点位置间的运动轨迹的真实值问题，即沿实际运动的轨迹与任意相邻的轨迹相比较，有

$$\int_{t_1}^{t_2}(\delta L+\delta' A)\mathrm{d}t=0 \tag{11.1.12}$$

式中，$\delta' A=\sum\limits_{s} Q_s \delta q_s$ 为非保守广义力虚功之和。

在第一部分有关积分变分原理中论述过，哈密尔顿原理不仅适用于有限多自由度的离散系统，也适用于无限多自由度的连续系统，它是一广泛适用于各种对象的一般原理。

运用哈密尔顿原理到电磁场系统中时，由于其分布系统特性，除时间 t 外，空间坐标(x,y,z)是独立的，所以变分问题的提出有些变化，即变分运算不仅要对时间作微分运算，还要对坐标作微分运算，变分不仅在时间区间的端点(t_1,t_2)，同时在区域的边界 S 上为零。

电磁系统中，能量的耗散不考虑电磁辐射时，主要是焦耳热损耗，其损耗功率为

$$P_{\text{耗}}=\int_V \frac{\boldsymbol{J}^2}{\sigma}\mathrm{d}V \tag{11.1.13}$$

外电磁场(外电动势)对回路所作的功的功率为

$$P_{\text{外}}=\int_V \boldsymbol{E}^{(\mathrm{e})}\cdot \boldsymbol{J}\mathrm{d}V \tag{11.1.14}$$

由上两式和机电比拟关系可以看到，电流密度矢量 $\boldsymbol{J}$ 类似于力学系统中的速度矢量。如果定义

$$\boldsymbol{J}=\frac{\partial \boldsymbol{\beta}}{\partial t} \tag{11.1.15}$$

则由式(11.1.11)，有

$$\nabla \cdot \boldsymbol{J}=\nabla \cdot \frac{\partial \boldsymbol{\beta}}{\partial t}=-\frac{\partial \rho}{\partial t}$$

$$\frac{\partial}{\partial t}(\nabla \cdot \boldsymbol{\beta}+\rho)=0$$

不妨取电荷 ρ 与 $\boldsymbol{\beta}$ 的关系为

$$\rho=-\nabla \cdot \boldsymbol{\beta} \tag{11.1.16}$$

因此，电荷密度 ρ 和电流密度 $\boldsymbol{J}$ 用电学矢量 $\boldsymbol{\beta}$ 来表示。进一步地，电磁场、电流和电荷所组成的系统中，可用矢势 $\boldsymbol{A}$、标势 φ 及电学矢量 $\boldsymbol{\beta}$ 来描述，它们是时间 t 和

坐标(x,y,z)的函数，其参数的变分可用$\delta \boldsymbol{A}$、$\delta\varphi$和$\delta\boldsymbol{\beta}$来表示。

假设在某区域V内，包含着由矢势$\boldsymbol{A}(t,x,y,z)$、标势$\varphi(t,x,y,z)$及电学矢量$\boldsymbol{\beta}(t,x,y,z)$表征的电磁场、电流和电荷，它们在边界$S$上是给定的。另外，我们考察一任意的接近于上述参数的矢势$\boldsymbol{A}'(t,x,y,z)$、标势$\varphi'(t,x,y,z)$及电学矢量$\boldsymbol{\beta}'(t,x,y,z)$表征的其他电磁场、电流和电荷，且在边界上，$\boldsymbol{A}=\boldsymbol{A}'$，$\varphi=\varphi'$，$\boldsymbol{\beta}=\boldsymbol{\beta}'$。由哈密尔顿作用原理可知，真实的电磁场、电流和电荷以及外电势在区域V内和给定的边界S上满足式(11.1.12)，即

$$\int_{t_1}^{t_2}(\delta L+\delta' A)\,\mathrm{d}t=0$$

其中，参数变分$\delta\boldsymbol{A}=\boldsymbol{A}-\boldsymbol{A}'$，$\delta\varphi=\varphi-\varphi'$，$\delta\boldsymbol{\beta}=\boldsymbol{\beta}-\boldsymbol{\beta}'$，它们在区域$V$内是任意和独立的，在积分区间的端点$(t_1,t_2)$和积分区域的边界$S$上为零。

此时，非保守广义力的虚功为

$$\delta'\boldsymbol{A}=\delta'\boldsymbol{A}_{外电势}-\delta'\boldsymbol{A}_{耗散}=\int_V\left(\boldsymbol{E}^{(e)}-\frac{\boldsymbol{J}}{\sigma}\right)\cdot\delta\boldsymbol{\beta}\,\mathrm{d}V \tag{11.1.17}$$

拉格朗日函数L包含磁能与电能

$$\begin{aligned}L&=W_{\mathrm{m}}-W_{\mathrm{e}}=\\&\int_V\left[\left(\boldsymbol{A}\cdot\boldsymbol{J}-\frac{1}{2\mu}\boldsymbol{B}^2\right)-\left(\varphi\rho-\frac{\varepsilon}{2}\boldsymbol{E}^2\right)\right]\mathrm{d}V=\\&\int_V\left[\boldsymbol{A}\cdot\frac{\partial\boldsymbol{\beta}}{\partial t}-\frac{1}{2\mu}(\nabla\times\boldsymbol{A})^2+\varphi\,\nabla\cdot\boldsymbol{\beta}+\frac{\varepsilon}{2}\left(\frac{\partial\boldsymbol{A}}{\partial t}+\nabla\varphi\right)^2\right]\mathrm{d}V\end{aligned} \tag{11.1.18}$$

其变分为

$$\begin{aligned}\delta L=\int_V\Big[&\delta\boldsymbol{A}\cdot\frac{\partial\boldsymbol{\beta}}{\partial t}+\boldsymbol{A}\cdot\delta\frac{\partial\boldsymbol{\beta}}{\partial t}+\delta\varphi\,\nabla\cdot\boldsymbol{\beta}+\varphi\delta\,\nabla\cdot\boldsymbol{\beta}+\\&\varepsilon\left(\frac{\partial\boldsymbol{A}}{\partial t}+\nabla\varphi\right)\cdot\delta\left(\frac{\partial\boldsymbol{A}}{\partial t}+\nabla\varphi\right)-\frac{1}{\mu}\nabla\times\boldsymbol{A}\cdot\delta(\nabla\times\boldsymbol{A})\Big]\mathrm{d}V\end{aligned} \tag{11.1.19}$$

11.1.3 基于变分原理导出电磁场方程

在获得了电磁系统的拉格朗日函数及变分、非保守力的虚功后，类似于力学系统，通过变分运算，可获得电磁场方程。

由变分运算和独立变量t、x、y、z的微分运算的互换性，得

$$\begin{aligned}\delta L=\int_V\Big[&\delta\boldsymbol{A}\cdot\frac{\partial\boldsymbol{\beta}}{\partial t}+\boldsymbol{A}\cdot\frac{\partial}{\partial t}(\delta\boldsymbol{\beta})+\delta\varphi\,\nabla\cdot\boldsymbol{\beta}+\varphi\,\nabla\cdot(\delta\boldsymbol{\beta})+\\&\varepsilon\left(\frac{\partial\boldsymbol{A}}{\partial t}+\nabla\varphi\right)\cdot\frac{\partial}{\partial t}(\delta\boldsymbol{A})+\varepsilon\left(\frac{\partial\boldsymbol{A}}{\partial t}+\nabla\varphi\right)\cdot\nabla(\delta\varphi)-\frac{1}{\mu}\nabla\times\boldsymbol{A}\cdot\nabla\times\delta\boldsymbol{A}\Big]\mathrm{d}V\end{aligned} \tag{11.1.20}$$

利用矢量变换公式，进一步变换，有

$$
\delta L=\int_V\left\{\frac{\partial \boldsymbol{\beta}}{\partial t}\cdot\delta\boldsymbol{A}+\frac{\partial}{\partial t}(\boldsymbol{A}\cdot\delta\boldsymbol{\beta})-\frac{\partial\boldsymbol{A}}{\partial t}\cdot\delta\boldsymbol{\beta}+\nabla\cdot\boldsymbol{\beta}\delta\varphi+\nabla\cdot(\varphi\delta\boldsymbol{\beta})-\nabla\varphi\cdot\delta\boldsymbol{\beta}+\right.
$$
$$
\varepsilon\frac{\partial}{\partial t}\left[\left(\frac{\partial\boldsymbol{A}}{\partial t}+\nabla\varphi\right)\cdot\delta\boldsymbol{A}\right]-\varepsilon\frac{\partial}{\partial t}\left(\frac{\partial\boldsymbol{A}}{\partial t}+\nabla\varphi\right)\cdot\delta\boldsymbol{A}+\nabla\cdot\left[\varepsilon\left(\frac{\partial\boldsymbol{A}}{\partial t}+\nabla\varphi\right)\delta\varphi\right]-
$$
$$
\left.\nabla\cdot\left[\varepsilon\left(\frac{\partial\boldsymbol{A}}{\partial t}+\nabla\varphi\right)\right]\delta\varphi-\nabla\cdot\left(\delta\boldsymbol{A}\times\frac{1}{\mu}\nabla\times\boldsymbol{A}\right)-\nabla\times\left(\frac{1}{\mu}\nabla\times\boldsymbol{A}\right)\cdot\delta\boldsymbol{A}\right\}\mathrm{d}V
\tag{11.1.21}
$$

将上式及式(11.1.17)代入哈密尔顿作用原理，则上式第二项、第七项对时间的积分分别为

$$
\int_{t_1}^{t_2}\left[\int_V\frac{\partial}{\partial t}(\boldsymbol{A}\cdot\delta\boldsymbol{\beta})\mathrm{d}V\right]\mathrm{d}t=\int_V\int_{t_1}^{t_2}\mathrm{d}[\boldsymbol{A}\cdot\delta\boldsymbol{\beta}]\mathrm{d}V=\int_V(\boldsymbol{A}\cdot\delta\boldsymbol{\beta})\big|_{t_1}^{t_2}\mathrm{d}V=0
$$
$$
\int_{t_1}^{t_2}\left\{\int_V\varepsilon\frac{\partial}{\partial t}\left[\left(\frac{\partial\boldsymbol{A}}{\partial t}+\nabla\varphi\right)\cdot\delta\boldsymbol{A}\right]\mathrm{d}V\right\}\mathrm{d}t=0
$$

另外，运用高斯定理，将式(11.1.21)中的体积分变换成面积分，由于边界面上的参数变分均为零，因此式(11.1.21)代入哈密尔顿原理后，第五项、第九项、第十一项均为零，即

$$
\int_V\nabla\cdot(\varphi\delta\boldsymbol{\beta})\mathrm{d}V=\oint_S\varphi\delta\boldsymbol{\beta}\cdot\boldsymbol{n}\mathrm{d}S=0
$$
$$
\int_V\nabla\cdot\left[\varepsilon\left(\frac{\partial\boldsymbol{A}}{\partial t}+\nabla\varphi\right)\delta\varphi\right]\mathrm{d}V=0
$$
$$
\int_V\nabla\cdot\left[\delta\boldsymbol{A}\times\frac{1}{\mu}\nabla\times\boldsymbol{A}\right]\mathrm{d}V=0
$$

因此，式(11.1.21)代入哈密尔顿原理后，得

$$
\int_{t_1}^{t_2}\mathrm{d}t\int_V\left\{\left[\frac{\partial\boldsymbol{\beta}}{\partial t}-\varepsilon\frac{\partial}{\partial t}\left(\frac{\partial\boldsymbol{A}}{\partial t}+\nabla\varphi\right)-\nabla\times\frac{1}{\mu}\nabla\times\boldsymbol{A}\right]\cdot\delta\boldsymbol{A}+\right.
$$
$$
\left[\nabla\cdot\boldsymbol{\beta}-\nabla\cdot\varepsilon\left(\frac{\partial\boldsymbol{A}}{\partial t}+\nabla\varphi\right)\right]\delta\varphi+
$$
$$
\left.\left[-\frac{\partial\boldsymbol{A}}{\partial t}-\nabla\varphi+\boldsymbol{E}^{(\mathrm{e})}-\frac{1}{\sigma}\boldsymbol{J}\right]\cdot\delta\boldsymbol{\beta}\right\}\mathrm{d}V=0
$$

考虑式(11.1.15)和式(11.1.16)，得

$$
\int_{t_1}^{t_2}\mathrm{d}t\int_V\left\{\left[\boldsymbol{J}-\varepsilon\frac{\partial}{\partial t}\left(\frac{\partial\boldsymbol{A}}{\partial t}+\nabla\varphi\right)-\nabla\times\frac{1}{\mu}\nabla\times\boldsymbol{A}\right]\cdot\delta A+\right.
$$
$$
\left[-\rho-\nabla\cdot\varepsilon\left(\frac{\partial\boldsymbol{A}}{\partial t}+\nabla\varphi\right)\right]\delta\varphi+
$$
$$
\left.\left[-\frac{\partial\boldsymbol{A}}{\partial t}-\nabla\varphi+\boldsymbol{E}^{(\mathrm{e})}-\frac{1}{\sigma}\boldsymbol{J}\right]\cdot\delta\boldsymbol{\beta}\right\}\mathrm{d}V=0
$$

由变分 $\delta\boldsymbol{A}$、$\delta\boldsymbol{\beta}$、$\delta\varphi$ 的任意性，因此，要使上式为零，则

$$
\nabla\times\frac{1}{\mu}\nabla\times\boldsymbol{A}=\boldsymbol{J}-\varepsilon\frac{\partial}{\partial t}\left(\frac{\partial\boldsymbol{A}}{\partial t}+\nabla\varphi\right)
\tag{11.1.22}
$$

$$\nabla \cdot \varepsilon\left(\frac{\partial \boldsymbol{A}}{\partial t}+\nabla \varphi\right)=-\rho \tag{11.1.23}$$

$$\boldsymbol{J}=\sigma\left[-\frac{\partial \boldsymbol{A}}{\partial t}-\nabla \varphi+\boldsymbol{E}^{(\mathrm{e})}\right] \tag{11.1.24}$$

就是前面给出的方程(11.1.8)、方程(11.1.9)和方程(11.1.10)。同时进一步变换可得电磁场的动态位描述方程,即式(11.1.6)和式(11.1.7)。

$$\nabla^2 \boldsymbol{A}-\mu\varepsilon \frac{\partial^2 \boldsymbol{A}}{\partial t^2}=-\mu \boldsymbol{J}+\nabla\left(\nabla \cdot \boldsymbol{A}+\mu\varepsilon \frac{\partial \varphi}{\partial t}\right) \tag{11.1.25}$$

$$\nabla^2 \varphi=-\frac{\rho}{\varepsilon}-\frac{\partial}{\partial t}(\nabla \cdot \boldsymbol{A}) \tag{11.1.26}$$

$$\boldsymbol{J}=\sigma(\boldsymbol{E}+\boldsymbol{E}^{(\mathrm{e})}) \tag{11.1.27}$$

利用原始关系

$$\begin{aligned} \nabla \cdot \boldsymbol{B} &= 0 \\ \nabla \times \boldsymbol{E} &= -\frac{\partial \boldsymbol{B}}{\partial t} \end{aligned} \tag{11.1.28}$$

以及动态位的矢势和标势定义

$$\left.\begin{aligned} \boldsymbol{B} &= \nabla \times \boldsymbol{A} \\ \boldsymbol{E} &= -\nabla \varphi-\frac{\partial \boldsymbol{A}}{\partial t} \end{aligned}\right\} \tag{11.1.29}$$

由式(11.1.22)、式(11.1.23)和式(11.1.24),可得

$$\begin{aligned} \nabla \times \frac{\boldsymbol{B}}{\mu} &= \boldsymbol{J}+\varepsilon \frac{\partial \boldsymbol{E}}{\partial t} \\ \nabla \cdot \varepsilon \boldsymbol{E} &= \rho \\ \boldsymbol{J} &= \sigma(\boldsymbol{E}+\boldsymbol{E}^{(\mathrm{e})}) \end{aligned} \tag{11.1.30}$$

如果考虑其本构关系

$$\left.\begin{aligned} \boldsymbol{D} &= \varepsilon \boldsymbol{E} \\ \boldsymbol{B} &= \mu \boldsymbol{H} \end{aligned}\right\} \tag{11.1.31}$$

则由式(11.1.28)、式(11.1.30)和式(11.1.31)构成了麦克斯韦微分方程及其本构关系。

所以说,哈密尔顿积分变分原理无论是在力学系统还是在电磁场系统,均可由它出发进行推导,获得系统的动力学方程。

11.2 似稳近似的时变电磁场的变分原理及离散描述

11.2.1 电动力学方程

我们知道,如果忽略位移电流,即忽略方程(11.1.3)中的$\frac{\partial \boldsymbol{D}}{\partial t}$项,则称这种情况为

似稳态电动力学问题。由麦克斯韦方程可知，此时

$$\left.\begin{aligned}&\nabla\times\frac{\boldsymbol{B}}{\mu}=\boldsymbol{J}\\&\nabla\cdot\boldsymbol{B}=0\\&\nabla\times\boldsymbol{E}=-\frac{\partial\boldsymbol{B}}{\partial t}\\&\nabla\cdot\varepsilon\boldsymbol{E}=\rho\\&\boldsymbol{J}=\sigma(\boldsymbol{E}+\boldsymbol{E}^{(e)})\end{aligned}\right\}\tag{11.2.1}$$

同样过渡到 $\boldsymbol{A}$、φ、$\boldsymbol{\beta}$ 来描述，有

$$\left.\begin{aligned}&\nabla\times\frac{1}{\mu}\nabla\times\boldsymbol{A}=\frac{\partial\boldsymbol{\beta}}{\partial t}\\&\nabla\cdot\varepsilon\left(\frac{\partial\boldsymbol{A}}{\partial t}+\nabla\varphi\right)=\nabla\cdot\boldsymbol{\beta}\\&\frac{\partial\boldsymbol{\beta}}{\partial t}=\sigma\left(-\frac{\partial\boldsymbol{A}}{\partial t}-\nabla\varphi+\boldsymbol{E}^{(e)}\right)\end{aligned}\right\}\tag{11.2.2}$$

如果只用场标势和矢势来描述，则上式的第一和第三式可进一步变换为

$$\nabla\times\frac{1}{\mu}\nabla\times\boldsymbol{A}=\sigma\left(-\frac{\partial\boldsymbol{A}}{\partial t}-\nabla\varphi+\boldsymbol{E}^{(e)}\right)\tag{11.2.3}$$

当然，上面用动态位描述的电磁场方程需附加洛仑兹条件，如 $\nabla\cdot\varepsilon\boldsymbol{A}=0$。

忽略位移电流，等效于式(11.2.2)中计算 $\boldsymbol{E}$ 时忽略矢势位的变化，即式(11.2.2)变为

$$\begin{aligned}&\nabla\times\frac{1}{\mu}\nabla\times\boldsymbol{A}=\frac{\partial\boldsymbol{\beta}}{\partial t}\\&\nabla\cdot\varepsilon(\nabla\varphi)=\nabla\cdot\boldsymbol{\beta}\\&\frac{\partial\boldsymbol{\beta}}{\partial t}=\sigma\left(-\frac{\partial\boldsymbol{A}}{\partial t}-\nabla\varphi+\boldsymbol{E}^{(e)}\right)\end{aligned}\tag{11.2.4}$$

11.2.2　电磁场变分关系分析

似稳态时的拉格朗日函数 L 为

$$L=\int_V\left[\boldsymbol{A}\cdot\frac{\partial\boldsymbol{\beta}}{\partial t}-\frac{1}{2\mu}(\nabla\times\boldsymbol{A})^2+\varphi\nabla\cdot\boldsymbol{\beta}+\frac{\varepsilon}{2}(\nabla\varphi)^2\right]\mathrm{d}V\tag{11.2.5}$$

同样，因为在麦克斯韦方程中忽略位移电流 $\frac{\partial\boldsymbol{D}}{\partial t}$ 即 $\varepsilon\frac{\partial\boldsymbol{E}}{\partial t}$ 项，等效于在拉格朗日函数中忽略 $\frac{\partial\boldsymbol{A}}{\partial t}$ 项，当然，运用动态位描述时，必须满足一定的附加条件，如 $\nabla\cdot\varepsilon\boldsymbol{A}=0$。

非保守广义力所作的虚功仍为上小节中的表达式，即

$$\delta'\boldsymbol{A}=\int_V\left(\boldsymbol{E}^{(e)}-\frac{\boldsymbol{J}}{\sigma}\right)\cdot\delta\boldsymbol{\beta}\mathrm{d}V\tag{11.2.6}$$

运用哈密尔顿积分变分原理式(11.1.12)，类似于上小节推导，可获得准稳电磁场的动态位描述方程(11.2.4)。这里不再作详细推导。

对于封闭回路电流系统，由于$\nabla \cdot \boldsymbol{J}=0$，则根据电荷守恒定理式(11.1.11)，可知$\dfrac{\partial \rho}{\partial t}=0$，空间分布的电荷不随时间变化，在$\rho=0$的情况下，则静电场$\varphi$为常数。因此，电磁场可以利用矢势表示

$$\left.\begin{aligned} \boldsymbol{B} &= \nabla \times \boldsymbol{A} \\ \boldsymbol{E} &= -\frac{\partial \boldsymbol{A}}{\partial t} \end{aligned}\right\} \tag{11.2.7}$$

方程(11.2.4)变成

$$\left.\begin{aligned} \nabla \times \frac{1}{\mu} \nabla \times \boldsymbol{A} &= \boldsymbol{J} \\ \boldsymbol{J} &= \sigma\left(-\frac{\partial \boldsymbol{A}}{\partial t}+\boldsymbol{E}^{(e)}\right) \end{aligned}\right\} \tag{11.2.8}$$

相应的拉格朗日函数由于$\nabla \cdot \boldsymbol{\beta}=\rho=0$和$\nabla\varphi=0$，变为

$$L=\int_V\left[\boldsymbol{A} \cdot \boldsymbol{J}-\frac{1}{2\mu}(\nabla \times \boldsymbol{A})^2\right] \mathrm{d}V \tag{11.2.9}$$

进一步变换上式，由于

$$\begin{aligned} \int_V\left[\frac{1}{\mu}(\nabla \times \boldsymbol{A})^2\right] \mathrm{d}V &= \int_V \nabla \cdot\left[\boldsymbol{A} \times\left(\frac{1}{\mu} \nabla \times \boldsymbol{A}\right)\right] \mathrm{d}V+\int_V \boldsymbol{A} \cdot \nabla \times\left(\frac{1}{\mu} \nabla \times \boldsymbol{A}\right) \mathrm{d}V= \\ &\oint_S\left[\boldsymbol{A} \times\left(\frac{1}{\mu} \nabla \times \boldsymbol{A}\right)\right] \cdot \boldsymbol{n} \mathrm{d}S+\int_V \boldsymbol{A} \cdot \boldsymbol{J} \mathrm{d}V= \\ &\int_V \boldsymbol{A} \cdot \boldsymbol{J} \mathrm{d}V \end{aligned}$$

因此，式(11.2.9)为

$$L=\frac{1}{2}\int_V \boldsymbol{A} \cdot \boldsymbol{J} \mathrm{d}V \tag{11.2.10}$$

即拉格朗日函数为系统的磁能。事实上，当不存在静电场时，由$W_e=0$，可知

$$L=W_m-W_e=W_m$$

进一步变换式(11.2.10)，拉格朗日函数又可表达为

$$L=\frac{1}{2}\int_V \boldsymbol{B} \cdot \boldsymbol{H} \mathrm{d}V \tag{11.2.11}$$

运用哈密尔顿原理，结合式(11.2.10)和式(11.2.6)，可得电磁场的动态位描述方程(11.2.8)。这说明无论从什么角度出发，得到的结论都是一致的。

11.2.3 分布系统运动方程的离散描述

对于封闭回路电流系统，在准稳态情况下，方程(11.2.8)刻画了其动力学状态。准稳态状态下，体积区域中用电流表征的电磁场系统状态用离散状态量描述更为方便。

在包含体积V的区域内，对于给定系统的电流分布函数可取螺旋管向量函数

$\boldsymbol{S}_r(x,y,z)$，此时，电流密度 $\boldsymbol{J}$ 可表示为 $\boldsymbol{S}_r$ 的收敛级数形式

$$\boldsymbol{J} = (x,y,z,t) = \sum_{r=1}^{\infty} \dot{\beta}_r \boldsymbol{S}_r(x,y,z) \tag{11.2.12}$$

该展开式的系数 $\dot{\beta}_r$ 可作为广义速度，因此，可以把有电流的导体当做坐标 β_r 及 $\dot{\beta}_r$ 的可数集的离散动力学系统来研究。这时，矢量位 $\boldsymbol{A}$ 由方程(11.2.8)可知，是广义速度 $\dot{\beta}_r$ 和坐标$(x,\ y,\ z)$的函数，$\boldsymbol{A}=\boldsymbol{A}(x,y,z,\dot{\beta}_1,\dot{\beta}_2,\cdots)$。将式(11.2.12)代入方程(11.2.8)的第一式，并取 $\dot{\beta}_r$ 的线性项，可以写成

$$\boldsymbol{A} = \boldsymbol{A}(x,y,z,\dot{\beta}_1,\dot{\beta}_2,\cdots) = \sum_{s=1}^{\infty} \boldsymbol{A}_s(x,y,z)\dot{\beta}_s \tag{11.2.13}$$

将式(11.2.12)和式(11.2.13)代入方程(11.2.8)的第二式，得

$$\sum_{s=1}^{\infty} \dot{\beta}_s(t)\boldsymbol{S}_s(x,y,z) = \sigma\left[-\sum_{s=1}^{\infty} \boldsymbol{A}_s(x,y,z)\frac{\mathrm{d}\dot{\beta}_s}{\mathrm{d}t} + \boldsymbol{E}^{(\mathrm{e})}\right]$$

变换得

$$\sum_{s=1}^{\infty}\left(\boldsymbol{A}_s \frac{\mathrm{d}\dot{\beta}_s}{\mathrm{d}t} + \frac{1}{\sigma}\boldsymbol{S}_s\dot{\beta}_s\right) = \boldsymbol{E}^{(\mathrm{e})} \tag{11.2.14}$$

上式左右两边同时右点乘以 $\boldsymbol{S}_r$，并对整个体积区域积分，得

$$\sum_{s=1}^{\infty}\left[\frac{\mathrm{d}\dot{\beta}_s}{\mathrm{d}t}\int_V \boldsymbol{A}_s\cdot\boldsymbol{S}_r\mathrm{d}V + \dot{\beta}_s\int_V \frac{1}{\sigma}\boldsymbol{S}_s\cdot\boldsymbol{S}_r\mathrm{d}V\right] = \int_V \boldsymbol{E}^{(\mathrm{e})}\cdot\boldsymbol{S}_r\mathrm{d}V \tag{11.2.15}$$

和线型导体的情况类似，令广义磁通链

$$\psi_R = (\dot{\beta}_1,\dot{\beta}_2,\cdots) = \int_V \boldsymbol{A}_s\cdot\boldsymbol{S}_r\mathrm{d}V = \sum_{s=1}^{\infty}\dot{\beta}_s\int_V \boldsymbol{A}_s\cdot\boldsymbol{S}_r\mathrm{d}V = \sum_{s=1}^{\infty} L_{rs}\dot{\beta}_s \tag{11.2.16}$$

式中

$$L_{rs} = \int_V \boldsymbol{A}_s(x,y,z)\cdot\boldsymbol{S}_r(x,y,z)\mathrm{d}V \tag{11.2.17}$$

称为展开式(11.2.12)中支路电流密度 $\boldsymbol{J}$ 的广义电感系数(自感和互感)。

$$R_{rs} = \int_V \frac{1}{\sigma}\boldsymbol{S}_s\cdot\boldsymbol{S}_r\mathrm{d}V \tag{11.2.18}$$

$$E_r = \int_V \boldsymbol{E}^{(\mathrm{e})}\cdot\boldsymbol{S}_r\mathrm{d}V \tag{11.2.19}$$

分别为广义电阻(自有和互有电阻)和广义电动势。

因此，方程(11.2.15)为

$$\sum_{s=1}^{\infty}\left(L_{rs}\frac{\mathrm{d}\dot{\beta}_s}{\mathrm{d}t} + R_{rs}\dot{\beta}_s\right) = E_r \qquad (r=1,2,\cdots) \tag{11.2.20}$$

它和通常的线型导体电路系统的基尔霍夫方程类同，可以当成体积导体的广义基尔霍夫方程，即分布系统离散描述的动力学方程。

11.2.4 分布离散描述的变分分析

现从变分原理的角度来研究上述问题。

按离散描述式(11.2.12)和式 11.2.13),封闭回路电流系统的拉格朗日函数式(11.2.17)变为

$$L=\frac{1}{2}\int_V \boldsymbol{A}\cdot\boldsymbol{J}\mathrm{d}V=\frac{1}{2}\sum_r\sum_s\int(\dot{\beta}_r\boldsymbol{S}_r\cdot\boldsymbol{A}_s\dot{\beta}_s)\mathrm{d}V=\frac{1}{2}\sum_{r,s=1}^{\infty}L_{rs}\dot{\beta}_r\dot{\beta}_s \tag{11.2.21}$$

为广义速度 $\dot{\beta}_r$ 的齐二次式。求拉格朗日函数的变分

$$\delta L=\frac{1}{2}\Big(\sum_{r,s=1}^{\infty}L_{rs}\delta\dot{\beta}_r\dot{\beta}_s+\sum_{r,s=1}^{\infty}L_{rs}\dot{\beta}_r\delta\dot{\beta}_s\Big)=\sum_{r,s=1}^{\infty}L_{rs}\delta\dot{\beta}_r\dot{\beta}_s \tag{11.2.22}$$

同样非保守力的虚功也可表征为离散形式。将式(11.2.12)和式(11.2.13)代入非保守力虚功式(11.2.6),可得

$$\delta' A=\sum_{r=1}^{\infty}\Big(E_r-\sum_{s=1}^{\infty}R_{rs}\dot{\beta}_s\Big)\delta\beta_r \tag{11.2.23}$$

将式(11.2.22)和式(11.2.23)代入哈密尔顿作用原理,得

$$\int_{t_1}^{t_2}\Big[\sum_{r,s=1}^{\infty}L_{rs}\delta\dot{\beta}_r\dot{\beta}_s+\sum_{r=1}^{\infty}\Big(E_r-\sum_{s=1}^{\infty}R_{rs}\dot{\beta}_s\Big)\delta\beta_r\Big]\mathrm{d}t=0 \tag{11.2.24}$$

积分变换,有

$$\int_{t_1}^{t_2}L_{rs}\delta\dot{\beta}_r\dot{\beta}_s\mathrm{d}t=\int_{t_1}^{t_2}\mathrm{d}(L_{rs}\delta\beta_r\dot{\beta}_s)\mathrm{d}t-\int_{t_1}^{t_2}\frac{\mathrm{d}}{\mathrm{d}t}(L_{rs}\dot{\beta}_s)\delta\beta_r\mathrm{d}t$$

考虑积分区间端点的变分 $\delta\beta_r=0$ 的约定,由式(11.2.24)可得

$$\int_{t_1}^{t_2}\mathrm{d}t\left\{\sum_{r=1}^{\infty}\left[-\sum_{s=1}^{\infty}\left(L_{rs}\frac{\mathrm{d}\dot{\beta}_s}{\mathrm{d}t}+R_{rs}\dot{\beta}_s\right)+E_r\right]\delta\beta_r\right\}=0$$

因此,由变分的独立性得式(11.2.20),即

$$\sum_{s=1}^{\infty}\left(L_{rs}\frac{\mathrm{d}\dot{\beta}_s}{\mathrm{d}t}+R_{rs}\dot{\beta}_s\right)=E_r\qquad(r=1,2,\cdots) \tag{11.2.25}$$

由广义磁通链定义式(11.2.16),得

$$\frac{\mathrm{d}\psi_r}{\mathrm{d}t}=\sum_{s=1}^{\infty}L_{rs}\frac{\mathrm{d}\dot{\beta}_s}{\mathrm{d}t}$$

因此,式(11.2.25)变换为

$$\frac{\mathrm{d}\psi_r}{\mathrm{d}t}+\sum_{s=1}^{\infty}R_{rs}\dot{\beta}_s=E_r\qquad(r=1,2,\cdots) \tag{11.2.26}$$

进一步由拉格朗日函数式(11.2.21),有

$$\frac{\mathrm{d}}{\mathrm{d}t}\left(\frac{\partial L}{\partial\dot{\beta}_r}\right)=\sum_{s=1}^{\infty}L_{rs}\frac{\mathrm{d}\dot{\beta}_s}{\mathrm{d}t}$$

因此,式(11.2.25)可变换为

$$\frac{\mathrm{d}}{\mathrm{d}t}\left(\frac{\partial L}{\partial \dot{\beta}_r}\right)=E_r-\sum_{s=1}^{\infty}R_{rs}\dot{\beta}_s \qquad (r=1,2,\cdots) \tag{11.2.27}$$

考察上式,它就是封闭回路电流系统的第二类拉格朗日方程的形式。这再次说明了力学系统和电磁系统的相似性和研究方法上的统一性。

11.3　电磁场变分原理的对偶能量法

这里主要给出几种形式的电磁场变分原理的形式。它直接从麦克斯韦方程出发,通过机电系统的类比关系,选取两种对偶的变量类比方式,借助力学系统的虚功变分原理,给出两种对偶形式的电磁系统变分原理。进一步地,通过从不同的变分原理出发,可以确定电路参数的上限和下限。

11.3.1　静电系统

描述静电系统的电场场量是电荷密度和电场强度,它们的关系如下:

$$\left.\begin{aligned}\nabla\cdot\boldsymbol{D}&=\rho\\ \boldsymbol{D}&=\varepsilon\boldsymbol{E}\\ \boldsymbol{E}&=-\nabla\varphi\end{aligned}\right\} \tag{11.3.1}$$

式中,φ 为场标势。能量度为$\frac{1}{2}\boldsymbol{D}\cdot\boldsymbol{E}$,即$\frac{1}{2}\varepsilon\boldsymbol{E}^2$ 或$\frac{1}{2}\rho\varphi$。

关系式(11.3.1)是空间坐标的导数关系,若要应用力学系统的变分原理,需类似前面的分析,进行一定的转换,既要对时间求微分,又要对空间坐标求微分。采用机电系统的类比法,有两种选择方式:

一是选 φ 作为广义坐标等效于 q,$\boldsymbol{D}$ 作为广义动量等效于 p,则 $\boldsymbol{E}$ 等效于速度 $\dot{q}$,电荷密度 ρ 等效于力 $-\dot{p}$,空间算子 $-\nabla$ 等效于$\frac{\mathrm{d}}{\mathrm{d}t}$,算子 ∇ 等效于 $-\frac{\mathrm{d}}{\mathrm{d}t}$。

二是相应的对偶选法,选 $\boldsymbol{D}$ 作为广义坐标等效于 q,则 ρ 是广义速度等效于 $\dot{q}$,φ 为广义动量,$\boldsymbol{E}$ 为广义力。

两种选择方式的对应关系如表 11.1 所列。

表 11.1　静电场系统与力学系统的类比关系

类　别	广义坐标	广义速度	广义动量	广义力
力学系统	q	$\dot{q}$	p	$-\dot{p}$
方式 1	φ	$\boldsymbol{E}$	$\boldsymbol{D}$	ρ
方式 2	D	ρ	φ	$\boldsymbol{E}$

静电系统的能量是场参数表征的能量密度函数的积分,因而是场参量的泛函,这

里同样由于由时间积分变换变为体积区域的积分，会影响到参数的变化方式和系统约定的方式。

系统约定的方式相应地有两种，一是给出给定的电荷密度 $\rho=\bar{\rho}$，相当于力学系统中给定了力；二是给出给定的电荷密度的电势分布 $\varphi=\bar{\varphi}$，相当于力学系统里给定了位移坐标。如按第一种约定方式，则可用 φ 和 $\boldsymbol{E}$ 来进行变分运算，$\boldsymbol{D}$ 与 $\boldsymbol{E}$ 相关且随 $\boldsymbol{E}$ 变化；若按第二种约定方式，改变 $\boldsymbol{D}$，而把 $\boldsymbol{E}$ 和 ρ 作为 $\boldsymbol{D}$ 的函数，保持 φ 为它的给定值 $\bar{\varphi}$，则这一种方式将给出对偶的变分形式。

对关系式(11.3.1)，类似力学系统的虚功变分原理，有

$$\int_V (\bar{\rho}-\nabla\cdot\boldsymbol{D})\delta\varphi\mathrm{d}V = 0 \tag{11.3.2}$$

运用矢量运算和散度定理，变换上式，得

$$\int_V \boldsymbol{D}\cdot\nabla\delta\varphi\mathrm{d}V - \oint_S D_n\delta\varphi\mathrm{d}S + \int_V \bar{\rho}\delta\varphi\mathrm{d}V = 0 \tag{11.3.3}$$

根据前面有关面积分的分析，知上式第二项为零，因此

$$\int_V \boldsymbol{D}\cdot\nabla\delta\varphi\mathrm{d}V + \int_V \bar{\rho}\delta\varphi\mathrm{d}V = 0$$

运用变分与微分的可交换性及关系式(11.3.1)得

$$-\int_V \boldsymbol{D}\cdot\delta\boldsymbol{E}\mathrm{d}V + \int_V \bar{\rho}\delta\varphi\mathrm{d}V = 0 \tag{11.3.4}$$

因

$$\delta(\boldsymbol{D}\cdot\boldsymbol{E}) = \delta\boldsymbol{D}\cdot\boldsymbol{E} + \boldsymbol{D}\cdot\delta\boldsymbol{E} = \varepsilon\delta\boldsymbol{E}\cdot\boldsymbol{E} + \varepsilon\boldsymbol{E}\cdot\delta\boldsymbol{E} = 2\varepsilon\boldsymbol{E}\cdot\delta\boldsymbol{E} = 2\boldsymbol{D}\cdot\delta\boldsymbol{E}$$

$$\delta(\bar{\rho}\varphi) = \bar{\rho}\delta\varphi$$

运用积分与变分的可交换性，式(11.3.4)变为

$$\delta\left(-\frac{1}{2}\int_V \varepsilon\boldsymbol{E}^2\mathrm{d}V + \int_V \bar{\rho}\varphi\mathrm{d}V\right) = 0$$

显然，变分项为在给定电荷密度 $\rho=\bar{\rho}$ 时的电场能

$$U_{\mathrm{e}} = \int_V \bar{\rho}\varphi\mathrm{d}V - \frac{1}{2}\int_V \varepsilon\boldsymbol{E}^2\mathrm{d}V \tag{11.3.5}$$

因此

$$\delta U_{\mathrm{e}} = 0 \tag{11.3.6}$$

式中，U_{e} 为(在给定电荷密度 $\rho=\bar{\rho}$ 时)φ 和 $\boldsymbol{E}$ 的泛函。

采用对偶能量法的形式，类似上述分析，有

$$\int_V (\nabla\varphi+\boldsymbol{E})\cdot\delta\boldsymbol{D}\mathrm{d}V = 0 \tag{11.3.7}$$

运用矢量公式和散度定理，得

$$-\int_V \varphi\nabla\cdot\delta\boldsymbol{D}\mathrm{d}V + \oint_S \varphi\cdot\delta D_n\mathrm{d}S + \int_V \boldsymbol{E}\cdot\delta\boldsymbol{D}\mathrm{d}V = 0 \tag{11.3.8}$$

类似上述面积分为零的分析以及微分与变分的交换关系，考虑 $\varphi=\bar{\varphi}$ 给定，得

$$-\int_V \bar{\varphi}\delta\rho \mathrm{d}V + \int_V \boldsymbol{E}\cdot\delta\boldsymbol{D}\mathrm{d}V = 0 \tag{11.3.9}$$

由于

$$\delta(\boldsymbol{D}\cdot\boldsymbol{E}) = \delta\boldsymbol{D}\cdot\boldsymbol{E} + \boldsymbol{D}\cdot\delta\boldsymbol{E} = \varepsilon\boldsymbol{D}\cdot\frac{1}{\varepsilon}\boldsymbol{D} + \boldsymbol{D}\cdot\frac{1}{\varepsilon}\delta\boldsymbol{D} = 2\boldsymbol{E}\cdot\delta\boldsymbol{D}$$

$$\delta(\rho\bar{\varphi}) = \bar{\varphi}\delta\rho$$

运用积分与变分的可交换性，式(11.3.9)变为

$$\delta\left(-\int_V \bar{\varphi}\rho\,\mathrm{d}V + \int_V \frac{1}{2\varepsilon}\boldsymbol{D}^2\,\mathrm{d}V\right) = 0$$

显然，变分项为在给定电荷密度的电势分布 $\varphi=\bar{\varphi}$ 时的电场能

$$U'_{\mathrm{e}} = \int_V \frac{1}{2\varepsilon}\boldsymbol{D}^2\,\mathrm{d}V - \int_V \bar{\varphi}\rho\,\mathrm{d}V \tag{11.3.10}$$

因此

$$\delta U'_{\mathrm{e}} = 0 \tag{11.3.11}$$

这里，U'_{e}为(在给定电荷密度的电势分布 $\varphi=\bar{\varphi}$ 时)ρ 和 $\boldsymbol{D}$ 的泛函。

如果求 U_{e} 和 U'_{e}的二阶变分，可以分析知两者均为负值，因此，对 U_{e} 和 U'_{e}变分来说，均有极大值存在。

究竟上述以两种形式给出的静电场能量变分其物理意义如何呢？

考虑 $\boldsymbol{D}$ 是坐标、ρ 是速度、φ 是动量、$\boldsymbol{E}$ 是力，即第二种方式，由电磁场麦克斯韦方程确定的关系$\nabla\cdot\boldsymbol{D}=\rho$，$\boldsymbol{D}=\varepsilon\boldsymbol{E}$，$\boldsymbol{E}=-\nabla\varphi$，显然，它表示电场强度是作用于单位电荷的力的观点。电荷的观点是电磁场的最重要的观点之一。而选 φ 为坐标、$\boldsymbol{D}$ 为动量、$\boldsymbol{E}$ 为速度，ρ 为力(第一种方式)，符合通常的做法和观点，但似乎无法用电场的观点来解释。但注意到麦克斯韦方程中电场和磁场的关系式，磁场强度 $\boldsymbol{H}$ 作为单位磁极的力或电流的线密度，$\boldsymbol{E}$ 可表示为磁流的线密度。如果磁流是磁极强度的流动，则 $\boldsymbol{E}$ 就与速度相关联，因此，第一种方式是以最初人们假设有磁极强度的观点来作它的物理基础的。静电场能量可以描述为两种形式：① 稳定磁流的动能；② 静止电荷的势能。前者具有几何上的优点，后者则具有物理上的优点，因为磁流是一种含糊不清的东西。

进一步地，我们考虑导体电路系统，先考察对偶情况，根据式(11.3.8)，有

$$-\int_V \varphi\delta\rho\mathrm{d}V + \oint_S \varphi\cdot\delta D_n\,\mathrm{d}S + \int_V \boldsymbol{E}\cdot\delta\boldsymbol{D}\mathrm{d}V = 0$$

显然，前两项为零，因为体积里的电荷密度 $\delta\rho=0$，因此上式变为

$$\int_V \boldsymbol{E}\cdot\delta\boldsymbol{D}\mathrm{d}V = 0$$

类似前面的分析，有

$$\delta\left(\int_V \frac{1}{2\varepsilon}\boldsymbol{D}^2\,\mathrm{d}V\right) = 0 \tag{11.3.12}$$

同理，考察式(11.3.3)，有

$$\delta\left(\frac{1}{2}\int_V \varepsilon \boldsymbol{E}^2 \mathrm{d}V\right) = 0 \tag{11.3.13}$$

考察上两式的二阶变分，均为正，因此存在极小值。

由式(11.3.6)、式(11.3.11)、式(11.3.12)和式(11.3.13)给出了四种形式的能量变分。其中两种显含源，其二阶变分为负值，说明能量为极大值；另外两种变分不显含源，二阶变分为正值，说明能量为极小值。

现在利用上述变分原理来说明电路参数的上界与下界问题。我们知道，对于能量为极大值的泛函我们称为能量凸泛函；反之，对能量为极小值的泛函称为能量凹泛函。利用这一特点，我们可以确定电路参数的上界和下界。

以电容计算为例。由式(11.3.5)，可知电荷是给定的势变化，此时有

$$\delta\left(\frac{Q^2}{C}\right) = 0$$

由于平衡时，能量取极大值，因此电容有极小值，因此任一由上式进行的近似计算得到的电容 C 都是电容的上界，记为 C_+。

同样，由式(11.3.11)，可知势给定，电荷变化。因此，有

$$\delta\left(\frac{1}{2}\varphi^2 C\right) = 0$$

由于它也是能量极大值，因此电容有极小值，任一由上式进行的近似计算得到的电容 C 都是电容的下界，记为 C_-。

结合上述两种能量泛函变分分析方法，我们可以获得未知电磁系统的电学参数的区间估计。

11.3.2 静磁系统

类似上小节的分析，我们来分析静磁系统的能量变分问题。其类比关系如表 11.2 所列。

表 11.2 无电流时静磁系统与力学系统的类比关系

类　别	广义坐标	广义速度	广义动量	广义力
力学系统	q	$\dot{q}$	p	$-\dot{p}$
方式 1	φ_m	$\boldsymbol{H}$	$\boldsymbol{B}$	ρ_m
方式 2	$\boldsymbol{B}$	ρ_m	φ_m	$\boldsymbol{H}$

这里假设系统包含的体积内没有电流，即

$$\nabla \times \boldsymbol{H} = \boldsymbol{0}$$

因此，可由 $-\nabla\varphi_m = \boldsymbol{H}$ 定义磁标势 φ_m。ρ_m 为磁极密度，与 $\boldsymbol{B}$ 的关系为 $\nabla \cdot \boldsymbol{B} = \rho_m$，这与通常的 $\nabla \cdot \boldsymbol{B} = 0$ 相矛盾。但如果把磁场看作是电流源引起的，则通常可用该式。采用磁标势和磁极密度是一种技巧，也是为与电场系统研究相类比，并且此时要用电流回路和磁偶极子之间的等效法来理解磁极密度。

根据表 11.2 所给出的类比关系，方式 1 的变分原理为

$$\delta U_{\mathrm{m}} = 0 \tag{11.3.14}$$

式中

$$U_{\mathrm{m}} = \int_V \varphi_{\mathrm{m}} \bar{\rho}_{\mathrm{m}} \mathrm{d}V - \frac{\mu}{2} \int_V \boldsymbol{H}^2 \mathrm{d}V \tag{11.3.15}$$

方式 2 即对偶情况的变分原理为

$$\delta U'_{\mathrm{m}} = 0 \tag{11.3.16}$$

式中

$$U'_{\mathrm{m}} = \int_V \bar{\varphi}_{\mathrm{m}} \rho_{\mathrm{m}} \mathrm{d}V - \frac{1}{2\mu} \int_V \boldsymbol{B}^2 \mathrm{d}V \tag{11.3.17}$$

我们从另外一种方式来考虑有电流时的静磁系统的变分原理。此时

$$\nabla \times \boldsymbol{H} = \boldsymbol{J}$$

$$\nabla \cdot \boldsymbol{B} = 0$$

定义矢势 $\boldsymbol{A}$ 为

$$\nabla \times \boldsymbol{A} = \boldsymbol{B}$$

$$\nabla \cdot \boldsymbol{A} = 0$$

因此，类比关系如表 11.3 所列。

表 11.3　有电流时静磁系统与力学系统的类比关系

类　别	广义坐标	广义速度	广义动量	广义力
力学系统	q	$\dot{q}$	p	$-\dot{p}$
方式 1	$\boldsymbol{A}$	$\boldsymbol{B}$	$\boldsymbol{H}$	$\boldsymbol{J}$
方式 2	$\boldsymbol{H}$	$\boldsymbol{J}$	$\boldsymbol{A}$	$\boldsymbol{B}$

对方式 1，运用虚功原理，得

$$\int_V (\boldsymbol{J} - \nabla \times \boldsymbol{H}) \cdot \delta \boldsymbol{A} \mathrm{d}V = 0 \tag{11.3.18}$$

经变换，得

$$\int_V \bar{\boldsymbol{J}} \cdot \delta \boldsymbol{A} \mathrm{d}V - \frac{1}{2\mu} \int_V \delta(\boldsymbol{B}^2) \mathrm{d}V = 0 \tag{11.3.19}$$

变分原理为

$$\delta T_{\mathrm{m}} = 0 \tag{11.3.20}$$

式中，$\bar{\boldsymbol{J}}$ 为给定 $\boldsymbol{J}$，T_{m} 为

$$T_{\mathrm{m}} = \int_V \boldsymbol{A} \cdot \bar{\boldsymbol{J}} \mathrm{d}V - \frac{1}{2\mu} \int_V \boldsymbol{B}^2 \mathrm{d}V \tag{11.3.21}$$

对偶情况为

$$\int_V (\boldsymbol{B} - \nabla \times \boldsymbol{A}) \cdot \delta \boldsymbol{H} \mathrm{d}V = 0 \tag{11.3.22}$$

$$\delta T'_{m}=0 \tag{11.3.23}$$

$$T'_{m}=\int_{V}\bar{\boldsymbol{A}}\cdot\boldsymbol{J}\mathrm{d}V-\frac{\mu}{2}\int_{V}\boldsymbol{H}^{2}\mathrm{d}V \tag{11.3.24}$$

式中，$\bar{\boldsymbol{A}}$ 为给定的 $\boldsymbol{A}$。

同样，上述磁场能量对偶法可用于电磁参数的上下限估计。确定电磁参数的对偶能量法可对范围未知的电磁参数以简捷方式给出较为准确的上下限估计，从而得到近似解。

作为本章的结束，这里再次强调，电磁系统与力学系统是一个统一的有机体，其内在的能量关系、变量、动力学描述以及研究的方式、手段可以相互转化，可以用相似的或类比的方法来研究，这正是机电耦联系统的本质所在。

第12章　非完整机电系统分析动力学

12.1　非完整机电系统的例子

12.1.1　完整系统与非完整系统

前面研究的机电耦联系统都是完整系统。我们知道，完整系统是指系统的约束为几何约束和可积分的运动约束，其运动方程可写成经典的第二类拉格朗日方程的形式；非完整约束是系统具有不可积分的运动约束，其拉格朗日方程需进行必要的修正。对于机电耦联系统，电流节点约束方程如能积分则是完整的。

实际机电耦联系统中，如果存在容积导体和滑动接触，则应用经典的拉格朗日-麦克斯韦方程将出现明显错误的结论。一个最典型的例子，也是第一个不能写成经典拉格朗日-麦克斯韦方程形式的机电耦联系统就是巴尔罗环。用拉格朗日-麦克斯韦方程研究巴尔罗环时，其最明显的缺陷是，它不能描述在磁场中转动时圆环所感应的电动势。与此产生了许多关于巴尔罗环运动方程的不太明确的结论，这些结论引起了很长时间的争论。尽管纯力学问题的非完整约束，如圆盘在粗糙平面上的滚动的动力学建模已被解决，但是有关滑动接触所产生的非完整约束和用非完整系统分析动力学工具来研究巴尔罗环的问题却长期没有得到解决，这也导致了非完整机电系统的研究在这一时期无法向前发展。

工程中，比较典型的非完整机电耦联系统是整流子电机。

12.1.2　具有均匀绕组的整流子电机非完整约束方程

我们先看一个具有实际意义的电机系统模型，它是圆柱形转子均匀绕组整流子电机。它是由转子绕组以特定方式相连接的电机，即叠绕组的抽头和整流子片相连接，整流子和电相相接触。为简明起见，用图12.1表示成环形转子绕组，原则上和圆柱形绕组没有差别。

系统的电磁场模型如图12.2所示。绕组均匀地装在转子圆周的槽内，转子又装在磁极固定的定子内，固定在定子上的N、S磁极为主磁极，它产生的磁场是极性不变的磁场，称为主极磁场，其磁场方向是沿铅垂方向的，由下向上。当电机转子以一定的转速 ω 逆时针方向转动时，转子绕组导体切割主极磁场而产生电流，根据右手螺旋法则，S极下的导体产生的电流方向为流进，N极下的导体产生的电流方向为流出。同一磁极下的导体电流方向相同，不同磁极下的电流方向相反。产生的电流用

固定的电刷引出，从而产生直流电。电刷是转子表面电流方向分布的分界线。当转子绕组产生电流后，转子电流也会产生磁场，这个磁场称为电枢磁场。转子转动时，每一导体的电流方向交替地改变，但由于电刷的换向作用，同一主磁极下的导体电流方向总保持不变。因此，其电枢磁场的方向也保持不变，每个导体的磁场是环形的，根据右手螺旋准则，S 极下的磁场为顺时针方向，N 极下的磁场为逆时针方向。主极磁场和电枢磁场合成之后，产生新的磁场，方向由原来的铅垂方向变为向左偏转，因此电刷位置也从几何中心线位置(x 轴)向左偏转一个角度，而处于物理中心线位置。

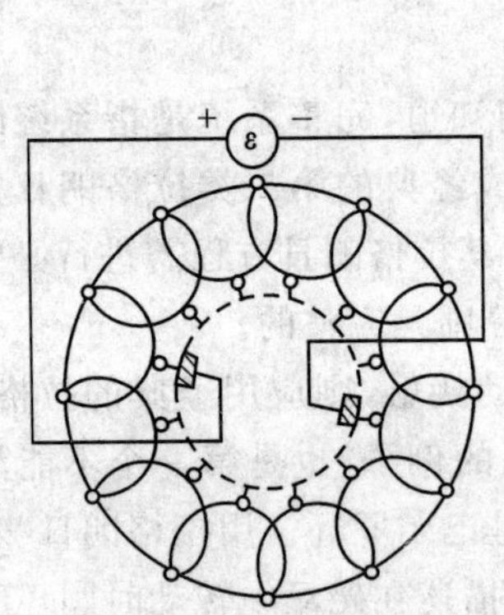

图 12.1　环形转子绕组

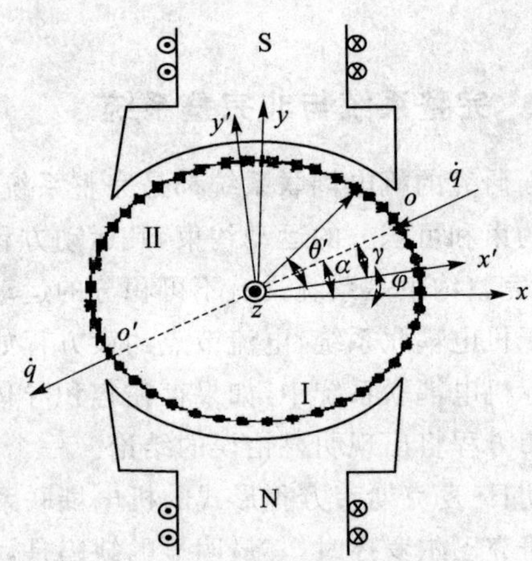

图 12.2　系统的电磁场模型

现研究转子的电流密度 $\boldsymbol{J}'_p(\theta')$，它可表示为

$$\boldsymbol{J}'_p(\theta') = \frac{1}{\pi R}\dot{q} f'(\gamma,\theta') \tag{12.1.1}$$

式中，R 是转子半径，$\dot{q}$ 是从电刷引出的电流，$f'(\gamma,\theta')$ 是绕组分布函数，与电刷位置角 γ 及转子绕组导体分布角 θ' 有关，它们均是固联在转子上的动坐标 x' 的函数。绕组分布函数 $f'(\gamma,\theta')$)可表示为

$$f'(\gamma,\theta') = \begin{cases} +1, & \gamma > \theta' > -\pi + \gamma \\ -1, & \gamma < \theta' < \pi + \gamma \end{cases} \tag{12.1.2}$$

如果电刷 o 的位置在定坐标系中以常角 α 表示，则 γ 角将和转子转动的角 φ 有下述关系：

$$\gamma = \alpha - \varphi$$

因此，当绕组均匀时

$$f'(\gamma,\theta') = f(\theta' - \gamma) = f(\theta' + \varphi - \alpha)$$

因此，分布函数依赖于转子的转角。

设 $\alpha=0$，即电刷水平安置，函数 $f(\theta'+\varphi)$ 具有矩形波形式，如图 12.3 所示。展开函数 $f(\theta'+\varphi)$ 得

$$f(\theta'+\varphi)=\frac{4}{\pi}\sum_{k=1}^{\infty}\frac{\sin(2k-1)(\theta'+\varphi)}{2k-1}=$$

$$\frac{4}{\pi}\sum_{k=1}^{\infty}\frac{1}{2k-1}[\sin(2k-1)\varphi\cos(2k-1)\theta'+\cos(2k-1)\varphi\sin(2k-1)\theta']$$

因此,电流密度为

$$J'_p=\frac{4}{\pi^2 R}\dot{q}\sum_{k=1}^{\infty}\frac{1}{2k-1}[\sin(2k-1)\varphi\cos(2k-1)\theta'+\cos(2k-1)\varphi\sin(2k-1)\theta'] \tag{12.1.3}$$

一般化的电机电流离散化描述为

$$J'_p=\frac{1}{\pi R}\sum_{k=1}^{\infty}(\dot{\beta}_k^{\mathrm{I}}\cos k\theta'+\dot{\beta}_k^{\mathrm{II}}\sin k\theta') \tag{12.1.4}$$

比较上两式,得

$$\dot{\beta}_{2k}^{\mathrm{I}}=\dot{\beta}_{2k}^{\mathrm{II}}=0\qquad(k=1,2,\cdots) \tag{12.1.5}$$

$$\dot{\beta}_{2k-1}^{\mathrm{I}}=\frac{4\dot{q}}{(2k-1)\pi}\sin(2k-1)\varphi\qquad(k=1,2,\cdots) \tag{12.1.6}$$

$$\dot{\beta}_{2k-1}^{\mathrm{II}}=\frac{4\dot{q}}{(2k-1)\pi}\cos(2k-1)\varphi\qquad(k=1,2,\cdots) \tag{12.1.7}$$

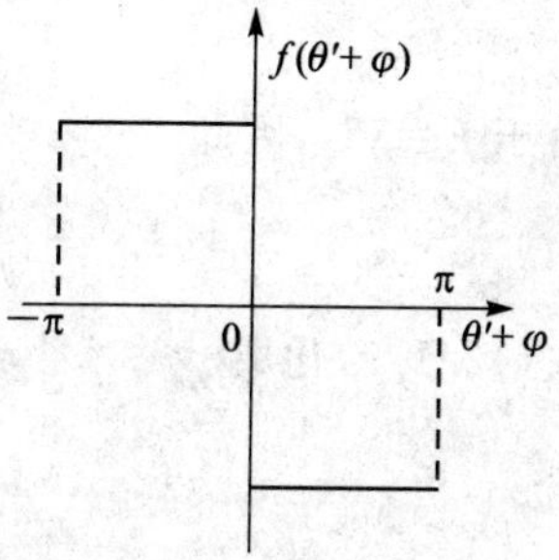

图 12.3　$f(\theta'+\varphi)$

一般情况下 $\varphi=\varphi(t)$,显然式(12.1.6)和式(12.1.7)是不能积分的,因此,整流子设备在一般情况下是非完整约束,即为非完整系统。

12.1.3　巴尔罗环

一薄钢盘或具有辐射条的环位于磁场中,相对于与其平面垂直的轴转动,圆盘的中心 o 和圆盘上的触点 o'(可滑动)与一具有电动势的电路相连,如图 12.4 所示。

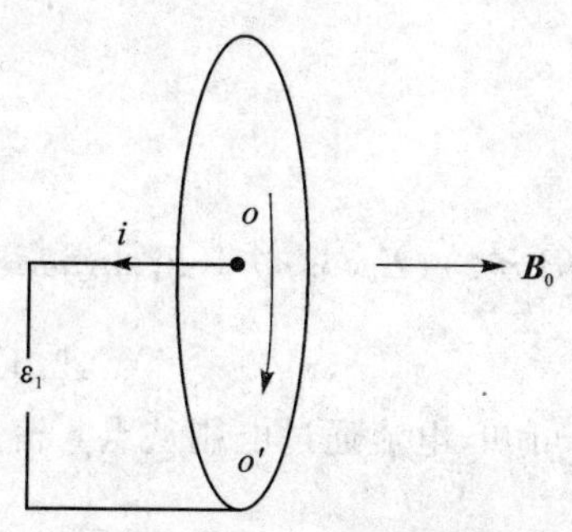

图 12.4　巴尔罗环示意图

为研究巴尔罗环,我们作如下假设:① 假设磁场是恒定、均匀的,磁感应强度 $\boldsymbol{B}_0$ 的方向和圆盘的平面垂直;② 假设圆盘的转速不太快,因此,可以运用准稳态电动力学的模式;③ 假设圆盘中电流产生的磁感应强度 $\boldsymbol{B}'$ 和外磁感应强度 $\boldsymbol{B}_0$ 相比非常小,可忽略,则

$$\boldsymbol{E}=\boldsymbol{E}_0+\boldsymbol{v}\times\boldsymbol{B},\qquad \boldsymbol{B}=\boldsymbol{B}_0+\boldsymbol{B}'\approx\boldsymbol{B}_0$$

考虑到是恒稳磁场,因此有

$$\left.\begin{aligned}&\nabla\cdot\boldsymbol{D}=\rho=0\\&\nabla\times\boldsymbol{E}=\frac{\partial\boldsymbol{B}}{\partial t}=\boldsymbol{0}\\&\nabla\cdot\boldsymbol{B}=0\\&\nabla\times\boldsymbol{H}=\boldsymbol{J}\\&\boldsymbol{J}=\sigma(\boldsymbol{E}+\boldsymbol{E}^{(e)})\end{aligned}\right\}\tag{12.1.8}$$

由于$\nabla\times\boldsymbol{E}=\boldsymbol{0}$,因此有$\boldsymbol{E}=\nabla U$,代入$\nabla\cdot\boldsymbol{D}=0$,有拉普拉斯方程

$$\nabla^2U=0\tag{12.1.9}$$

将巴尔罗环看成平面问题,因此,平面内的电流密度为

$$\boldsymbol{J}=J_r\boldsymbol{r}_0+J_\theta\boldsymbol{\theta}_0$$

式中,$\boldsymbol{r}_0$和$\boldsymbol{\theta}_0$为径向和切向单位向量。假设$\boldsymbol{E}^{(e)}=\boldsymbol{0}$,则

$$\boldsymbol{E}=\frac{1}{\sigma}\boldsymbol{J}=\frac{1}{\sigma}J_r\boldsymbol{r}_0+\frac{1}{\sigma}J_\theta\boldsymbol{\theta}_0=E_r\boldsymbol{r}_0+E_\theta\boldsymbol{\theta}_0$$

由于$\boldsymbol{E}=\nabla U$,因此

$$E_r=\frac{\partial U}{\partial r},\qquad E_\theta=\frac{1}{r}\frac{\partial U}{\partial\theta},\qquad E_z=\frac{\partial U}{\partial z}=0$$

式(12.1.9)化成

$$\frac{\partial^2U}{\partial r^2}+\frac{1}{r}\frac{\partial^2U}{\partial r}+\frac{1}{r^2}\frac{\partial^2U}{\partial\theta^2}=0\tag{12.1.10}$$

设$U(r,\theta)=R(r)S(\theta)$,代入上式,运用分离变量法,得

$$\frac{1}{R(r)}\left[\frac{\mathrm{d}^2R(r)}{\mathrm{d}r^2}+\frac{1}{r}\frac{\mathrm{d}R(r)}{\mathrm{d}r}\right]=-\frac{1}{S(\theta)}\frac{\mathrm{d}^2S(\theta)}{\mathrm{d}\theta^2}=\pm n^2$$

式中,$n=0,1,2,\cdots$。

上式分离成两个方程

$$\frac{\mathrm{d}^2R(r)}{\mathrm{d}r^2}+\frac{1}{r}\frac{\mathrm{d}R(r)}{\mathrm{d}r}+n^2R(r)=0$$

$$\frac{\mathrm{d}^2S(\theta)}{\mathrm{d}\theta^2}+n^2S(\theta)=0$$

求解得

$$U=\sum_{n=0}^{\infty}R_n(r)S_n(\theta)=$$

$$(A_0\ln r+B_0)(C_0\theta+D_0)+\sum_{n=1}^{\infty}(A_nr^n+B_nr^{-n})(E_n\cos n\theta+F_n\sin n\theta)\tag{12.1.11}$$

我们来分析巴尔罗环的边界条件。由图12.4可知,电流通过电刷从点o'流入圆盘,即通过点状接触流入电流$\dot{q}$,边界条件1可写成

$$J_r=\sigma\frac{\partial U}{\partial r}\bigg|_{r=a}=\frac{\dot{q}}{\pi a}\delta(\theta+\varphi)\tag{12.1.12}$$

式中，a 为圆盘半径，$\delta(\theta+\varphi)$ 为 δ 函数。

边界条件 2 是电流通过电刷从圆盘中心 o 引出的电流 $\dot{q}$，等于穿过以 o 为圆心的任意小圆周上进入的总电流，即

$$\int_0^{2\pi} J_r r\mathrm{d}\theta = \int_0^{2\pi} \sigma \frac{\partial U}{\partial r}\bigg|_{r\to 0} r\mathrm{d}\theta = \dot{q} \tag{12.1.13}$$

如果用 U_1 表示圆盘内的电势，U_2 表示圆盘外的电势，显然边界条件 3 为

$$U_1\big|_{r\to a} = U_2\big|_{r\to a} \tag{12.1.14}$$

运用边界条件 3，由式(12.1.11)有

$$U_1 = A\ln r + B + \sum_{n=1}^{\infty}(C_n\cos n\theta + C'_n\sin n\theta)r^n$$

$$U_2 = \sum_{n=1}^{\infty}(D_n\cos n\theta + D'_n\sin n\theta)r^{-n}$$

圆盘内电流密度 $\boldsymbol{J}=\sigma\boldsymbol{E}=\sigma\nabla U_1$，因此

$$\boldsymbol{J} = \sigma\left[\frac{A}{r}\boldsymbol{r}_0 + \sum_{n=1}^{\infty}C_n(\boldsymbol{r}_0\cos n\theta - \boldsymbol{\theta}_0\sin n\theta)nr^{n-1} + \sum_{n=1}^{\infty}C'_n(\boldsymbol{r}_0\sin n\theta + \boldsymbol{\theta}_0\cos n\theta)nr^{n-1}\right] \tag{12.1.15}$$

令

$$\boldsymbol{S}_0 = \frac{1}{r}\boldsymbol{r}_0$$

$$\boldsymbol{S}_n^{\mathrm{I}} = (\boldsymbol{r}_0\cos n\theta - \boldsymbol{\theta}_0\sin n\theta)r^{n-1}$$

$$\boldsymbol{S}_n^{\mathrm{II}} = (\boldsymbol{r}_0\sin n\theta + \boldsymbol{\theta}_0\cos n\theta)r^{n-1}$$

令系数

$$\dot{\beta}_0 = \sigma A,\quad \dot{\beta}_n^{\mathrm{I}} = \sigma nC_n,\quad \dot{\beta}_n^{\mathrm{II}} = \sigma nC'_n$$

看成为广义速度，则电流密度的广义离散表述为

$$\boldsymbol{J} = \dot{\beta}_0\boldsymbol{S}_0 + \sum_{n=1}^{\infty}(\dot{\beta}_n^{\mathrm{I}}\boldsymbol{S}_n^{\mathrm{I}} + \dot{\beta}_n^{\mathrm{II}}\boldsymbol{S}_n^{\mathrm{II}}) \tag{12.1.16}$$

利用边界条件 2，有

$$A = \frac{\dot{q}}{2\pi\sigma}$$

由式(12.1.14)，得

$$B = -\frac{\dot{q}}{2\pi\sigma}\ln a,\quad a^{2n}C^n = D^n,\quad a^{2n}C'_n = D'_n$$

利用 $\delta(x)=\frac{1}{2}+\frac{1}{2}\sum_{n=1}^{\infty}\cos nx$，代入式(12.1.12)，比较两边的系数，得

$$na^{n-1}C_n = \frac{\dot{q}}{\pi\sigma a}\cos n\varphi$$

$$na^{n-1}C'_n = -\frac{\dot{q}}{\pi\sigma a}\sin n\varphi$$

因此，约束变为

$$\left.\begin{aligned}\dot{\beta}_0 &= \frac{1}{2\pi}\dot{q}\\ \dot{\beta}_n^{\mathrm{I}} a^n \pi - \dot{q}\cos n\varphi &= 0\\ \dot{\beta}_n^{\mathrm{II}} a^n \pi + \dot{q}\sin n\varphi &= 0\end{aligned}\right\} \tag{12.1.17}$$

显然，式(12.1.17)的第一式是可积分的，而第二、第三式是不可积分的，因此，该系统是非完整约束系统。式(12.1.17)的后两式是二自由度的非完整约束的可数集，是一分布系统。

当研究附有滑动接触电刷的容积转子电机时，电流密度 $\boldsymbol{J}$ 可以作为有限个独立变量 $\dot{q}_s\,(s=1,2,\cdots,n)$（$n$ 为电的自由度数）的函数。具体描述时，可找到和电流 $\dot{q}_s$ 相对应的变量 $\dot{\beta}_r$ 的表达式

$$\dot{\beta}_r = \sum_{s=1}^{n} k_{rs}(\varphi)\dot{q}_s \qquad (r = 1,2,\cdots) \tag{12.1.18}$$

式中，φ 为转子转动角。如果系统有 m 个机械自由度，则变量 φ 的数目相应增加，式(12.1.18)将变为

$$\dot{\beta}_r = \sum_{s=1}^{n} k_{rs}(\varphi_1,\varphi_2,\cdots,\varphi_m)\dot{q}_s \qquad (r = 1,2,\cdots) \tag{12.1.19}$$

它是非完整的约束方程式。其特点是右端的系数 k_{rs} 和电机的广义坐标无关，电机的广义坐标的导数位于等式的左端。一般情况下，电机的电路方程不出现电荷 q_s 项，只出现电流项 $\dot{q}_s$，因此对于电机这种机电耦联系统，建立的拉格朗日函数形式一般为

$$L = L(\varphi_1,\varphi_2,\cdots,\varphi_m;\dot{q}_1,\dot{q}_2,\cdots,\dot{q}_n;\dot{\beta}_1,\dot{\beta}_2,\cdots)$$

12.2 非完整机电系统的格波罗瓦方程

12.2.1 格波罗瓦方程

均匀容积的导体和滑动接触的系统中存在非完整约束，其约束方程描述形式为式(12.1.19)。我们在第一部分分析动力学原理与方法中已了解到非完整约束系统与通常的完整约束系统具有许多的不同，它给系统的动力学建模带来了不少困难，因此提出了诸如罗兹方程、Mac-Millan 方程、查普雷金方程、阿贝尔方程等来解决有限自由度非完整约束系统的问题。查普雷金最早研究了具有式(12.1.19)形式的有限自由度机电系统的运动方程式，但将其应用到可数集非完整机电系统时存在较大的困难。格波罗瓦提出了一种建模方式，把它应用到具有滑动接触及容积导体的非完整机电系统时较为方便。下面我们来具体分析。

设系统的拉格朗日函数为 $L(q_1,q_2,\cdots,q_m;\dot{q}_1,\dot{q}_2,\cdots,\dot{q}_m,\dot{q}_{m+1},\cdots)$，类似第一部分分析动力学中假设的非完整约束的附加约束条件，将下列可数集非完整约束加到系统中去：

$$\dot{q}_{m+l}=\sum_{j=1}^{m}A_{lj}(q_1,q_2,\cdots,q_m)\dot{q}_j \qquad (l=1,2,\cdots) \tag{12.2.1}$$

引入独立变量 u_{ij} $(i,j=1,2,\cdots,m)$ 替代方程式(12.2.1)中系数 A_{lj} 的变量 q_1，$q_2,\cdots,q_m$，即 $u_{ij}=q_i(i=1,2,\cdots,m)$。

经过替换之后系数变为 $A_{lj}(u_{1j},u_{2j},\cdots,u_{mj})$。显然，引入的附加条件参数的数目不大于 m^2。现在方程式(12.2.1)的形式为

$$\dot{q}_{m+l}=\sum_{j=1}^{m}A_{lj}(u_{1j},u_{2j},\cdots,u_{mj})\dot{q}_j \qquad (l=1,2,\cdots) \tag{12.2.2}$$

设 L 为没有考虑非完整约束附加条件所建立的拉格朗日函数，利用式(12.2.2)从 L 中消除广义速度 $\dot{q}_{m+l}(l=1,2,\cdots)$ 得到的函数用 L^* 表示，为

$$L^*(q_1,q_2,\cdots,q_m;\dot{q}_1,\dot{q}_2,\cdots,\dot{q}_m;u_{11},\cdots,u_{mm})=$$
$$L\left(q_1,q_2,\cdots,q_m;\dot{q}_1,\dot{q}_2,\cdots,\dot{q}_m,\sum_{j=1}^{m}A_{1j}\dot{q}_j,\cdots,\sum_{j=1}^{m}A_{mj}\dot{q}_j,\cdots\right) \tag{12.2.3}$$

由达朗贝尔-拉格朗日方程

$$\sum_{j=1}^{\infty}\left[\frac{\mathrm{d}}{\mathrm{d}t}\left(\frac{\partial L}{\partial \dot{q}_j}\right)-\frac{\partial L}{\partial q_j}\right]\delta q_j=0 \tag{12.2.4}$$

将独立变分与不独立变分分开写，有

$$\sum_{j=1}^{m}\left[\frac{\mathrm{d}}{\mathrm{d}t}\left(\frac{\partial L}{\partial \dot{q}_j}\right)-\frac{\partial L}{\partial q_j}\right]\delta q_j+\sum_{l=1}^{\infty}\left[\frac{\mathrm{d}}{\mathrm{d}t}\left(\frac{\partial L}{\partial \dot{q}_{m+l}}\right)-\frac{\partial L}{\partial q_{m+l}}\right]\delta q_{m+l}=0$$

由式(12.2.2)，有变分关系

$$\delta q_{m+l}=\sum_{j=1}^{m}A_{lj}(u_{1j},u_{2j},\cdots,u_{mj})\delta q_j \qquad (l=1,2,\cdots)$$

代入式(12.2.4)得

$$\sum_{j=1}^{m}\left[\frac{\mathrm{d}}{\mathrm{d}t}\left(\frac{\partial L}{\partial \dot{q}_j}\right)-\frac{\partial L}{\partial q_j}+\sum_{l=1}^{\infty}A_{li}\frac{\mathrm{d}}{\mathrm{d}t}\left(\frac{\partial L}{\partial \dot{q}_{m+l}}\right)\right]\delta q_j=0$$

由 δq_j 的独立性，得

$$\frac{\mathrm{d}}{\mathrm{d}t}\left(\frac{\partial L}{\partial \dot{q}_j}\right)-\frac{\partial L}{\partial q_j}+\sum_{l=1}^{\infty}A_{li}\frac{\mathrm{d}}{\mathrm{d}t}\left(\frac{\partial L}{\partial \dot{q}_{m+l}}\right)=0 \tag{12.2.5}$$

现只要将 L 换成 L^*，则得格波罗瓦方程。由它们之间的关系式(12.2.3)，有

$$\frac{\partial L^*}{\partial q_j}=\frac{\partial L}{\partial q_j}, \qquad \frac{\partial L^*}{\partial \dot{q}_j}=\frac{\partial L}{\partial \dot{q}_j}+\sum_{l=1}^{\infty}A_{lj}\frac{\partial L}{\partial \dot{q}_{m+l}} \tag{12.2.6}$$

$$\frac{\partial L^*}{\partial u_{ij}}=\dot{q}_j\sum\frac{\partial L}{\partial \dot{q}_{m+l}}\frac{\partial A_{lj}}{\partial u_{ij}} \tag{12.2.7}$$

$$\frac{\mathrm{d}}{\mathrm{d}t}\left(\frac{\partial L^*}{\partial \dot{q}_j}\right)=\frac{\mathrm{d}}{\mathrm{d}t}\left(\frac{\partial L}{\partial \dot{q}_j}\right)+\sum_{l=1}^{\infty}A_{lj}\frac{\mathrm{d}}{\mathrm{d}t}\left(\frac{\partial L}{\partial \dot{q}_{m+l}}\right)+\sum_{l=1}^{\infty}\sum_{i=1}^{m}\frac{\partial L}{\partial \dot{q}_{m+l}}\frac{\partial A_{lj}}{\partial u_{ij}}\dot{u}_{ij} \tag{12.2.8}$$

将上面三个式子代入到方程(12.2.5)，整理得

$$\frac{\mathrm{d}}{\mathrm{d}t}\left(\frac{\partial L^*}{\partial \dot{q}_j}\right)-\frac{\partial L^*}{\partial q_j}+\frac{1}{\dot{q}_j}\sum_{i=1}^{m}\frac{\partial L^*}{\partial u_{ij}}\dot{u}_{ij}=0 \quad (j=1,2,\cdots,m) \tag{12.2.9}$$

上式称为格波罗瓦方程。

进行微分运算后，再作变换 $u_{ij}=q_i\,(i=1,2,\cdots,m)$ 可还原变量，得到含广义坐标 $q_j\,(j=1,2,\cdots,m)$ 和广义速度 $\dot{q}_j\,(j=1,2,\cdots,m)$ 的运动方程式。

12.2.2 格波罗瓦方程、查普雷金方程与阿贝尔方程的比较

我们以典型的匀质球在粗糙平面上的滚动来说明三者的一致性。

如图 12.5 所示，半径为 a 的球在平面上作滚动，决定球上任意一点的位置需 5 个参数，因此取球心在水平面投影的直角坐标 x,y，以及欧拉角 θ,ψ,φ 作为球的广义坐标。拉格朗日函数为

$$L=\frac{m}{2}(\dot{x}^2+\dot{y}^2)+\frac{1}{2}J(\dot{\theta}^2+\dot{\varphi}^2+\dot{\psi}^2+2\dot{\varphi}\dot{\psi}\cos\theta) \tag{12.2.10}$$

式中，$J=\frac{2}{5}ma^2$ 为通过球心轴的转动惯量。球作纯滚动的条件为

$$\boldsymbol{v}_{\mathrm{p}}=\boldsymbol{v}_{\mathrm{c}}+\boldsymbol{\omega}\times\boldsymbol{r}=\boldsymbol{0}$$

它导致两个不可积分的非完整约束

$$\left.\begin{aligned}\dot{x}&=a\dot{\theta}\sin\psi-a\dot{\varphi}\sin\theta\cos\psi\\ \dot{y}&=-(a\dot{\theta}\cos\psi+a\dot{\varphi}\sin\theta\sin\psi)\end{aligned}\right\} \tag{12.2.11}$$

因此，独立坐标数为 3，选为 θ,ψ,φ。

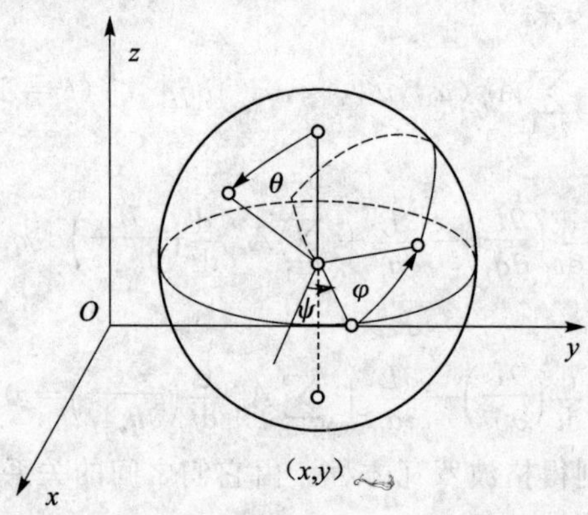

图 12.5 小球在平面上滚动示意图

1. 格波罗瓦方程的形式

取 $q_1=\theta,q_2=\psi,q_3=\varphi$，按 $u_{ij}=q_{ij}\,(i=1,2,\cdots,m)$，在式(12.2.2)中，以变量替代非完整约束方程式(12.2.11)中的广义坐标得

$$\left.\begin{aligned}\dot{x} &= a\dot{\theta}\sin u_{21} - a\dot{\varphi}\sin u_{13}\cos u_{23} \\ \dot{y} &= -(a\dot{\theta}\cos u_{21} + a\dot{\varphi}\sin u_{13}\sin u_{23})\end{aligned}\right\}$$

为简便计，令 $u_{21}=\psi_\theta$，$u_{13}=\theta_\varphi$，$u_{23}=\psi_\varphi$，而其余的 $u_{ij}=0$，则非完整约束方程变为

$$\left.\begin{aligned}\dot{x} &= a\dot{\theta}\sin\psi_\theta - a\dot{\varphi}\sin\theta_\varphi\cos\psi_\varphi \\ \dot{y} &= -(a\dot{\theta}\cos\psi_\theta + a\dot{\varphi}\sin\theta_\varphi\sin\psi_\varphi)\end{aligned}\right\} \tag{12.2.12}$$

将上式代入式(12.2.10)得

$$L^* = \frac{1}{2}ma^2[\dot{\theta}^2 + \dot{\varphi}^2\sin^2\theta_\varphi + 2\dot{\varphi}\dot{\theta}\sin\theta_\varphi\sin(\psi_\varphi - \psi_\theta)] + \frac{1}{2}J(\dot{\theta}^2 + \dot{\varphi}^2 + \dot{\psi}^2 + 2\dot{\varphi}\dot{\psi}\cos\theta)$$

代入格波罗瓦方程(12.2.9)，对坐标 θ，有

$$(J + ma^2)\ddot{\theta} + J\dot{\varphi}\dot{\psi}\sin\theta_\varphi + ma^2\dot{\varphi}\dot{\psi}\sin\theta_\varphi = 0$$

化简，并将 u_{ij} 转换回 q_i，得

$$\ddot{\theta} + \dot{\varphi}\dot{\psi}\sin\theta = 0 \tag{12.2.13}$$

对坐标 ψ，有

$$\frac{\mathrm{d}}{\mathrm{d}t}J(\dot{\psi} + \dot{\varphi}\cos\theta_\varphi) = 0$$

化简并将 u_{ij} 转换回 q_i，得

$$\dot{\psi} + \dot{\varphi}\cos\theta = \text{常数} \tag{12.2.14}$$

同理，对坐标 φ，有

$$(J + ma^2\sin^2\theta)\ddot{\varphi} + J\ddot{\psi}\cos\theta + ma^2\dot{\varphi}\dot{\theta}\sin\theta\cos\theta - (J + ma^2)\dot{\theta}\dot{\psi}\sin\theta = 0$$

2. 查普雷金方程的形式

广义坐标为 $q_1=x$，$q_2=y$，$q_3=\theta$，$q_4=\psi$，$q_5=\varphi$。按查普雷金方程的形式，根据非完整约束式(12.2.11)，从拉格朗日函数 L 中消去 $\dot{x}$、$\dot{y}$，得到

$$\tilde{L} = \frac{1}{2}(J + ma^2)\dot{\theta}^2 + \frac{1}{2}(J + ma^2\sin^2\theta)\dot{\varphi}^2 + \frac{1}{2}J\dot{\psi}^2 + J\dot{\varphi}\dot{\psi}\cos\theta$$

查普雷金方程为

$$\frac{\mathrm{d}}{\mathrm{d}t}\left(\frac{\partial\tilde{L}}{\partial\dot{q}_j}\right) - \frac{\partial\tilde{L}}{\partial q_j} + \sum_{i=1}^{2}\frac{\partial L}{\partial\dot{q}_i}\left[\sum_{k=3}^{5}\left(\frac{\partial B_k^i}{\partial q_j} - \frac{\partial B_j^i}{\partial q_j}\right)\dot{q}_k\right] = 0 \qquad (j = 3,4,5)$$

由查普雷金形式的参数定义，有

$$B_3^1 = a\sin\psi, \qquad B_4^1 = 0, \qquad B_5^1 = -a\sin\theta\cos\psi$$
$$B_3^2 = -a\cos\psi, \qquad B_4^2 = 0, \qquad B_5^2 = -a\sin\theta\sin\psi$$

因此，对坐标 $\theta(q_3)$，将 $\tilde{L}$ 及 B_k^i 代人查普雷金方程形式，有

$$(J + ma^2)\ddot{\theta} + J\dot{\varphi}\dot{\psi}\sin\theta + ma^2\dot{\varphi}\dot{\psi}\sin\theta = 0$$

化简，得

$$\ddot{\theta} + \dot{\varphi}\dot{\psi}\sin\theta = 0$$

同理,对坐标 $\psi(q_4)$,有

$$\frac{\mathrm{d}}{\mathrm{d}t}J(\dot{\psi} + \dot{\varphi}\cos\theta) = 0$$

化简得

$$\dot{\psi} + \dot{\varphi}\cos\theta = \text{常数}$$

对坐标 $\varphi(q_5)$,有

$$(J + ma^2\sin^2\theta)\ddot{\varphi} + J\ddot{\psi}\cos\theta + ma^2\dot{\varphi}\dot{\theta}\sin\theta\cos\theta - (J + ma^2)\dot{\theta}\dot{\psi}\sin\theta = 0$$

3. 阿贝尔方程的形式

系统的加速度能为

$$S = \frac{1}{2}m(\ddot{x}^2 + \ddot{y}^2) + \frac{1}{2}J[\ddot{\theta}^2 + \ddot{\varphi}^2 + \ddot{\psi}^2 + 2\ddot{\varphi}\ddot{\psi}\cos\theta + 2\sin\theta(\dot{\varphi}\dot{\psi}\ddot{\theta} - \dot{\psi}\dot{\theta}\ddot{\varphi} - \dot{\theta}\dot{\varphi}\ddot{\psi})] + \cdots$$

按阿贝尔方程的形式,S 消去非完整约束后为

$$\begin{aligned}\tilde{S} = &\frac{1}{2}(J + ma^2)(\ddot{\theta}^2 + 2\ddot{\theta}\dot{\varphi}\dot{\psi}\sin\theta - 2\ddot{\varphi}\dot{\theta}\dot{\psi}\sin\theta) + \\ &\frac{1}{2}ma^2(\ddot{\varphi}^2\sin^2\theta + 2\ddot{\varphi}\dot{\psi}\dot{\theta}\sin\theta\cos\theta) + \\ &\frac{1}{2}J(\ddot{\theta}^2 + \ddot{\varphi}^2 + \ddot{\psi}^2 + 2\ddot{\varphi}\ddot{\psi}\cos\theta - 2\ddot{\psi}\dot{\varphi}\dot{\theta}\sin\theta)\end{aligned}$$

对 $\tilde{S}$ 求导,$\tilde{Q}_a=0$,得到运动微分方程为

$$\frac{\partial\tilde{S}}{\partial\ddot{\theta}} = (J + ma^2)(\ddot{\theta} + \dot{\varphi}\dot{\psi}\sin\theta) = 0$$

$$\frac{\partial\tilde{S}}{\partial\ddot{\psi}} = J(\ddot{\psi} + \ddot{\varphi}\cos\theta - \dot{\varphi}\dot{\theta}\sin\theta) = 0$$

$$\frac{\partial\tilde{S}}{\partial\ddot{\varphi}} = -(J + ma^2)\dot{\theta}\dot{\psi}\sin\theta + ma^2\ddot{\varphi}\sin^2\theta + \dot{\varphi}\dot{\theta}\sin\theta\cos\theta + J(\ddot{\psi}\cos\theta + \ddot{\varphi}) = 0$$

整理得

$$\ddot{\theta} + \dot{\varphi}\dot{\psi}\sin\theta = 0$$

$$\dot{\psi} + \dot{\varphi}\cos\theta = \text{常数}$$

$$(J + ma^2\sin^2\theta)\ddot{\psi} + J\ddot{\psi}\cos\theta + ma^2\dot{\varphi}\dot{\theta}\sin\theta\cos\theta - (J + ma^2)\dot{\theta}\dot{\psi}\sin\theta = 0$$

用上述三种方法得到的结果完全一致。但可以看到,用格波罗瓦方程的形式只有单重求和,且方程中仅含有函数 L^*,不包含非完整约束方程的系数,其工作量相对较小,且建立运动方程式时只需表达式 $L^*(q,\dot{q},u)$。

12.2.3 电机分析动力学基本方程

格波罗瓦方程应用到机电耦联系统如整流子非完整电机时,L^* 可以分成两部分

$$L^* = L_m^*(\varphi, \dot{\varphi}) + L_e^*(\dot{q}_j, \dot{\beta}_r) \tag{12.2.15}$$

这样可不需要预先知道 L_e 的表达式及非完整约束方程，就可写出函数 L_e^* 的表达式。

约束方程(12.1.19)的系数 k_{ij} 一般由系统的参数确定，特别与滑动接触的坐标 γ_{ij} 有关。电流 $\dot{q}_j$ 通过滑动接触传到所连的容积导体。对电机而言，变量 γ_{ij} 用转子的转动角 φ_i 及电刷位置的坐标 α_{ij} 表示(α_{ij} 相对于定坐标来度量，γ_{ij} 相对于随转子转动的动坐标来度量)：

$$\gamma_{ij} = \alpha_{ij} - \varphi_i \qquad (i = 1,2,\cdots,m;\quad j = 1,2,\cdots,n) \tag{12.2.16}$$

式中，m 为电机系统的转子数目，n 是回路数或电系统的自由度数。有 m 个转子就有 m 个转动角位移。一般情况下，每个转子上有 n 对电枢，对应有 n 个电回路，故整个系统就有 $m\times n$ 个变量。

关系式(12.2.16)、约束方程(12.1.19)的系数由 φ_i 变成 γ_{ij}。按格波罗瓦方程形式的处理，用变量约束 u_{ij} 代替这些新坐标，可得到函数 $L^*(\varphi_i, \dot{\varphi}_i, u_{ij}, \dot{q}_j)$ 及动力学方程(12.2.9)的形式。为不导致过多的符号，把变量 γ_{ij} 认为是变量约束，这样 L^* 是 γ_{ij} 的函数，即

$$L^* = L^*(\varphi, \dot{\varphi}, \dot{q}, \gamma) = L_m^*(\varphi, \dot{\varphi}) + L_e^*(q, \gamma) \tag{12.2.17}$$

如果系统还存在非保守力及外力，根据式(12.2.9)，机电系统的动力学方程为

$$\left.\begin{aligned} &\frac{\mathrm{d}}{\mathrm{d}t}\left(\frac{\partial L^*}{\partial \dot{q}_j}\right) - \frac{\partial L^*}{\partial q_j} - \frac{1}{\dot{q}_j}\sum_{i=1}^{m}\frac{\partial L^*}{\partial \gamma_{ij}}\gamma_{ij} = \varepsilon_j - \sum_{k=1}^{n}R_{kj}\dot{q}_k \\ &\frac{\mathrm{d}}{\mathrm{d}t}\left(\frac{\partial L^*}{\partial \dot{\varphi}_i}\right) - \frac{\partial L^*}{\partial \dot{\varphi}_i} = Q_i \end{aligned}\right\} \tag{12.2.18}$$

式中，m_j 为沿第 j 个回路绕行一周所遇到的电刷数目，ε_j 称为电动势，R_{kj} 为回路电阻。

在电机理论中，用电刷角度系数 α_{ij} 代替 γ_{ij} 是方便的，代换后，由关系式(12.2.16)代入函数 L_e^* 中而得到新的函数 $\bar{L}_e(\dot{q}, \alpha)$，从而有新函数 $\bar{L} = \bar{L}_e + L_m$。可用函数 L^* 表示为

$$L^*(\varphi, \dot{\varphi}, \dot{q}, \gamma_{ij}) = \bar{L}(\varphi, \dot{\varphi}, \dot{q}, \alpha_{ij})$$

相应地变换求导数形式，代入方程式(12.2.18)，得

$$\left.\begin{aligned} &\frac{\mathrm{d}}{\mathrm{d}t}\left(\frac{\partial \bar{L}}{\partial \dot{q}_j}\right) - \frac{1}{\dot{q}_j}\sum_{i=1}^{m_j}\frac{\partial \bar{L}}{\partial \alpha_{ij}}(\dot{\alpha}_{ij} - \dot{\varphi}_i) = \varepsilon_j - \sum_{k=1}^{n}R_{kj}\dot{q}_k \qquad (j = 1,2,\cdots,n) \\ &\frac{\mathrm{d}}{\mathrm{d}t}\left(\frac{\partial \bar{L}}{\partial \dot{\varphi}_i}\right) - \frac{\partial \bar{L}}{\partial \varphi_i} - \sum_{j=1}^{n_i}\frac{\partial \bar{L}}{\partial \alpha_{ij}} = Q_i \qquad (i = 1,2,\cdots,m) \end{aligned}\right\} \tag{12.2.19}$$

式中，n_i 为和第 i 个转子相接触的电刷数目。对于固定电刷的整流子电机，$\alpha_{ij}=0$；对

于电刷不固定的一般电机，$\alpha_{ij} \neq 0$。

对固定电刷的整流子电机，式(12.2.19)变为

$$\begin{aligned} &\frac{\mathrm{d}}{\mathrm{d}t}\left(\frac{\partial \bar{L}}{\partial \dot{q}_j}\right)+\frac{1}{\dot{q}_j}\sum_{i=1}^{m_j}\frac{\partial \bar{L}}{\partial \alpha_{ij}}\dot{\varphi}_i = \varepsilon_j - \sum_{k=1}^{n} R_{kj}\dot{q}_k \quad (j=1,2,\cdots,n) \\ &\frac{\mathrm{d}}{\mathrm{d}t}\left(\frac{\partial \bar{L}}{\partial \dot{\varphi}_i}\right)-\frac{\partial \bar{L}}{\partial \varphi_i}-\sum_{j=1}^{n_i}\frac{\partial \bar{L}}{\partial \alpha_{ij}} = Q_i \quad (i=1,2,\cdots,m) \end{aligned} \tag{12.2.20}$$

方程(12.2.19)给出了电机分析动力学的基本方程形式，而方程(12.2.20)为电刷固定的整流子电机分析动力学的基本方程。

方程(12.2.19)不仅可用于整流子电机，还可用于非整流子电机。对于非整流子电机，$\dot{\alpha}_{ij}=\dot{\varphi}_i$，相当于电刷随转子一起转动，这就是一般电机理论中的 α、β 轴。由式(12.2.19)的第一式可见，此时非完整项不存在，式(12.2.20)变成拉格朗日-麦克斯韦方程，它可用来建立交流同步发电机和交流异步电动机的动力学方程。

第 13 章　机电耦联系统分析动力学的机电工程应用

13.1　测量仪表、扬声器与传声器

机电耦联系统理论最为典型的应用是各类电磁-机械式传感、测量与记录仪器仪表。工程中大量存在需将机械信息转化为电磁信息和将电磁信息转化为机械信息的测量、记录、转换需求，机电耦联系统动力学为其提供了坚实的原理、理论基础和分析方法。

13.1.1　电流计

电流计是常用的物理测试仪表。图 13.1 给出了其原理图。它由在均匀恒磁场中旋转的线圈组成，线圈固定在一个刚度为 k 的螺旋式弹簧上，当线圈绕组的一端接上电源 E 时，仪表的指针发生偏移。当需测试的电流 i_0 输入时，与其相连的螺旋管线圈产生恒磁场，线圈绕组感应而发生转动。该电流计的等效电路如图 13.1 所示，其中 φ 角为转动线圈的偏离角，当转动线圈的磁轴和螺旋管线圈的轴线相垂直时，φ 角为零。

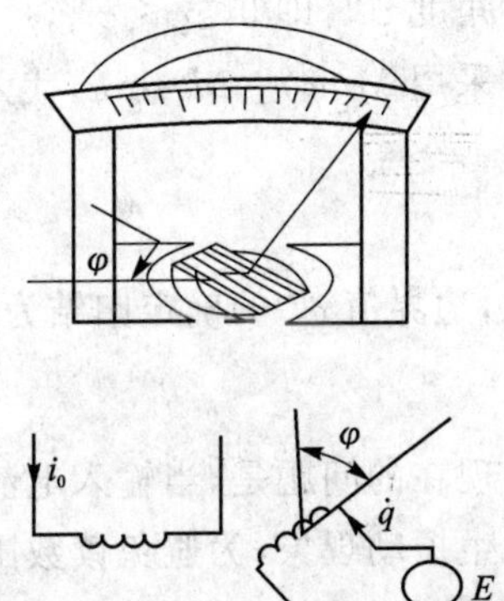

图 13.1　电流计的等效电路图

以 J 表示绕组线圈（动线圈）的转动惯量，h 为黏性摩擦阻尼，L_1 为自感系数，$M(\varphi)$ 为动线圈和螺旋管线圈（静线圈）的互感。选电荷 q 和转动角 φ 为系统广义坐标（φ 的原点为无转动时），拉格朗日函数 L 为

$$L=\frac{1}{2}[J\dot{\varphi}^2+L_1\dot{q}^2+2aM(\varphi)i_0\dot{q}-k\varphi^2] \tag{13.1.1}$$

外力及耗散力的虚功为

$$\delta A=(E-R\dot{q})\delta q-h\dot{\varphi}\delta\varphi \tag{13.1.2}$$

代入拉格朗日-麦克斯韦方程，得

$$\left.\begin{aligned} L_1\ddot{q}+R\dot{q}+i_0\frac{\mathrm{d}M}{\mathrm{d}\varphi}\dot{\varphi}&=E\\ J\ddot{\varphi}+h\dot{\varphi}+k\varphi-i_0\frac{\mathrm{d}M}{\mathrm{d}\varphi}\dot{q}&=0\end{aligned}\right\} \tag{13.1.3}$$

设 $\dot{q}=i$，且在小偏角情况下 $M(\varphi)\approx M_0\varphi$，则方程变成线性方程式

$$\left.\begin{aligned} L_1\ddot{q}+R\dot{q}+i_0M_0\dot{\varphi}&=E \\ J\ddot{\varphi}+h\dot{\varphi}+k\varphi&=i_0M_0i \end{aligned}\right\} \tag{13.1.4}$$

假设 $L_1\ddot{q}=L_1\dot{i}$ 和其他项相比可略去，即电流随时间的变化很小或自感很小时，方程组(13.1.4)变成二阶微分方程

$$RJ\ddot{\varphi}+(Rh+i_0^2M_0^2)\dot{\varphi}+Rk\varphi=i_0M_0E \tag{13.1.5}$$

在$(\varphi,\dot{\varphi})$相平面上存在唯一的平衡状态 $\dot{\varphi}=0$，因此

$$\varphi=\frac{i_0M_0}{kR}E \tag{13.1.6}$$

分析可知，此平衡点位置总是稳定的。因此，当输入电流 i_0 时，可确定转角 φ，相应进行标定和刻度，可测量输入电流 i_0 的大小。由式(13.1.4)的第二式可知，这种刻度是线性的。注意，这是在假设小偏角情况下得到的结论，实际上，系统很难保持这种关系。因此，实际应用时，我们需确定刻度的线性范围，即电流计的测量范围和量程。

假设要求的测量精度为 10 %，我们须找到在此测量精度约束下满足线性关系的最大角度 φ^*，即 $0\leqslant\varphi\leqslant\varphi^*$。

采用 $M(\varphi)=M_0\sin\varphi$，代入方程(13.1.3)，得

$$\varphi=\frac{i_0M_0}{kR}E_0\cos\varphi$$

因此，边界值 φ^* 的确定归结为寻找$\dfrac{1-\cos\varphi^*}{\cos\varphi}=0.1$ 的根，由此，得

$$\varphi^*\approx 0.447\ \text{rad}=25^\circ$$

现在的问题是，当输入电流时，相当于对机械系统输入一个阶跃激励，此时，系统会发生振动现象，为避免读数困难，根据机械振动的原理，可找一组结构参数，使系统能够处于振动与非周期运动边界的临界状态(临界阻尼状态)或非振动状态，从而使系统快速稳定。具体参数关系根据临界阻尼计算公式 $c=2\sqrt{km}$，得

$$Rh+i_0^2M_0^2\geqslant 2\sqrt{(RJ)(Rk)}$$

因此

$$R(2\sqrt{kJ}-h)\leqslant i_0^2M_0^2 \tag{13.1.7}$$

只要确定了测量计的量程，就可给出 $i_0^{\max}=\max(i_0)$，从而给出结构参数的设计准则

$$\frac{R(2\sqrt{kJ}-h)}{M_0^2}\leqslant(i_0^{\max})^2 \tag{13.1.8}$$

13.1.2 电容式传声器

电容式传声器原理如图 13.2 所示。声波引起电容器一极板的振动(极板质量为 m，极板膜的刚度为 k，膜的运动阻尼系数为 h)，导致电容 $C(x)$发生变化，从而引起

由电容 $C(x)$、电阻 R 及电动势 E_0 组成的电路产生交流电，通过提取电阻 R 上的电压变化，经放大，则可获得声信号的变化图。

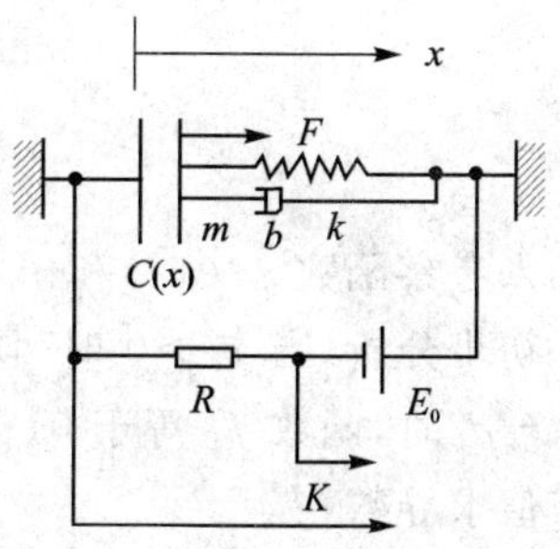

图 13.2　电容式传声器原理图

假设 x 是极板位移坐标，极板上作用力为 $F(t)$，选 x 和电容器电荷 q 为广义坐标(x 的原点为极板无运动处，此时弹簧无变形)，如果忽略电路的感应，系统无磁能，则拉格朗日函数 L 为

$$L=\frac{1}{2}m\dot{x}^2-\frac{1}{2}kx^2-\frac{1}{2C(x)}q^2 \qquad (13.1.9)$$

外力及耗散力的虚功为

$$\delta A=(E_0-R\dot{q})\delta q+(F-h\dot{x})\delta x \qquad (13.1.10)$$

代入拉格朗日-麦克斯韦方程，有

$$\left.\begin{aligned}m\ddot{x}+h\dot{x}+kx+\frac{1}{2}q^2\frac{\mathrm{d}}{\mathrm{d}x}\frac{1}{C(x)}=F\\ R\dot{q}+\frac{q}{C(x)}=E_0\end{aligned}\right\} \qquad (13.1.11)$$

对平板电容，有 $C(x)=\frac{\varepsilon_0\varepsilon S}{\mathrm{d}}$，$\varepsilon_0$ 为真空的电容率，ε 为电容器平板间电介质的相对电容率，S 为平板面积，d 为平板间距离。对所研究模型：$d=d_0+x$，d_0 为电容器极板无运动时的原始位置。当 $x=0$ 时，$C_0=\frac{\varepsilon_0\varepsilon S}{\mathrm{d}_0}$，因此

$$C(x)=\frac{C_0d_0}{d_0+x}$$

代入式(13.1.11)，得

$$\left.\begin{aligned}m\ddot{x}+h\dot{x}+kx+\frac{q^2}{2d_0C_0}=F\\ R\dot{q}+\frac{q}{d_0C_0}(d_0+x)=E_0\end{aligned}\right\} \qquad (13.1.12)$$

无外力作用时，系统的平衡位置 x_0、q_0 满足

$$kx_0+\frac{q_0^2}{2d_0C_0}=0$$

$$q_0(d_0+x_0)=E_0d_0C_0$$

即

$$(x_0+d_0)^2x_0+\frac{E_0^2d_0C_0}{2k}=0 \qquad (13.1.13)$$

电容器固定平板的坐标为 $-d_0$，因此物理上能实现的平衡位置应是 $x_0>-d_0$。这是加在系统上物理参数的约束，求得的 x_0 应满足该条件。

令

$$f_1(x_0) = (x_0 + d_0)^2 x_0$$

$$f_2(x_0) = -\frac{E_0^2 d_0 C_0}{2k}$$

我们来考察函数 $f_1(x_0)$和 $f_2(x_0)$的关系,由此确定结构参数的约束条件。

初步分析,当 $x_0>0$ 时,函数 f_1 为正;当 $x_0<0$ 时,函数 f_1 为负;当 $x_0=0$ 和 $x_0=-d_0$时,函数 f_1 等于 0。函数 f_1 在$-d_0\leqslant x_0\leqslant 0$ 间为负,因此存在极值。为获得极值求导数,有

$$\frac{\mathrm{d}f_1}{\mathrm{d}x_0} = (x_0 + d_0)(3x_0 + d_0)$$

因此,在 $x_0=-d_0$ 和 $x_0=-\frac{d_0}{3}$时,函数 f_1 取极值。进一步分析可知,在 $x_0=-d_0$ 时,取极大值 0;而在 $x_0=-\frac{d_0}{3}$时,取极小值$-\frac{4d_0^3}{27}$。为使三次函数 $f_1(x_0)$在$-d_0\leqslant x_0\leqslant 0$ 之间与直线 $f_2(x_0)$相交,即保证方程(13.1.13)存在,所求的极小值必须小于 $f_2(x_0)=-\frac{E_0^2 d_0 C_0}{2k}$才行,即

$$-\frac{4d_0^2}{27} < -\frac{E_0^2 d_0 C_0}{2k}$$

由此得物理结构参数的约束条件为

$$\frac{8d_0^2 k}{27C_0} > E_0^3 \tag{13.1.14}$$

13.2 磁悬浮列车

13.2.1 运动微分方程的建立

简化的磁悬浮列车模型如图 13.3 所示。我们主要研究磁悬浮列车的铅垂平移运动。在列车车厢下面装有电磁铁,电磁铁吸向 T 形钢轨,在电磁铁绕组中的电流及在电磁铁与钢轨间的气隙均为标称值的情况下,悬浮拉力和车厢重量平衡。

研究车厢沿铅垂轴 y 作直线平动,在 y 轴上取平衡点 O 作为坐标原点,当电磁铁与钢轨间的气隙为标称值时,车厢的质心 C 和 O 点重合。坐标 y 表示车厢的运动位移,电流 i 表示在电磁铁绕组中的电流。系统选 y 和 i 为广义

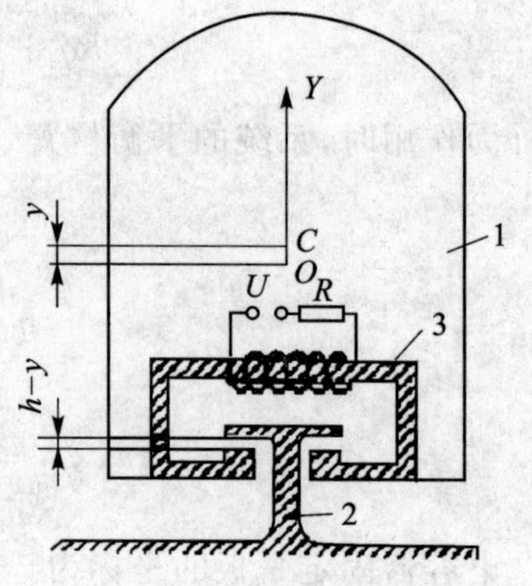

1—车厢;2—钢轨;3—电磁铁

图 13.3 磁悬浮列车原理

坐标。

设车厢质量为 m，平动状态的系统动能为

$$T = \frac{1}{2}m\dot{y}^2 \tag{13.2.1}$$

系统重力势能为

$$V = mgy \tag{13.2.2}$$

系统无弹簧，因此无弹性势能。

若 B 为磁感应强度，μ 为磁导率，则系统磁场能为

$$W_{\mathrm{m}} = \frac{1}{2}\int_V \frac{1}{\mu}B^2\,\mathrm{d}V \tag{13.2.3}$$

系统无电容器，因此无电场能。

因此，系统的拉格朗日函数为

$$L = T - V + W_{\mathrm{m}} = \frac{1}{2}m\dot{y}^2 - mgy + \frac{1}{2}\int_V \frac{1}{\mu}B^2\,\mathrm{d}V \tag{13.2.4}$$

放大了的电磁铁与钢轨之间的气隙结构如图 13.4 所示。

设电磁铁与钢轨之间的气隙 $h-y$ 与尺寸 a 和 b 相比非常小，因此，可以认为电磁铁与钢轨之间的磁场是均匀的。不计钢轨、电磁铁和气隙内的磁泄漏，且可以忽略边界效应。假设钢轨与电磁铁中的磁导率非常大，可以忽略磁能表达式中沿电磁铁和钢轨的体积内的积分。因此，对式(13.2.3)进行积分，两个气隙间的磁感应强度 B 可以看作常量，由式(13.2.3)，得

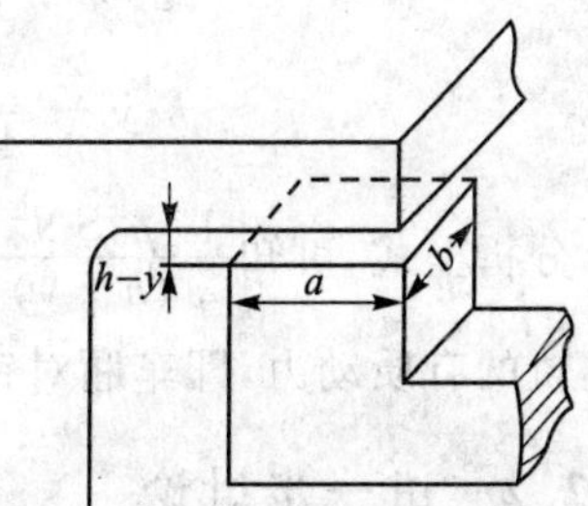

图 13.4　电磁铁与钢轨间气隙

$$W_{\mathrm{m}} = \frac{1}{\mu_0}S(h-y)B^2 \tag{13.2.5}$$

式中，S 是电磁铁的面积，μ_0 是气隙磁导率。

若 N 为绕组的匝数，则电磁铁绕组的磁通为

$$\phi = NBS \tag{13.2.6}$$

我们知道，磁通与电路中的电流成正比，若 L_{11} 为电磁铁绕组的自感系数，则

$$\phi = L_{11}i$$

比较上式和式(13.2.6)，有

$$B = \frac{L_{11}i}{NS}$$

代入磁能表达式(13.2.5)，得

$$W_{\mathrm{m}} = \frac{(h-y)L_{11}^2}{\mu_0 SN}i^2 \tag{13.2.7}$$

上式与磁能的原始定义 $W_{\mathrm{m}} = \frac{1}{2}L_{11}i^2$ 比较，有

$$L_{11} = \frac{\mu_0 SN^2}{2(h-y)} \tag{13.2.8}$$

回代到式(13.2.7),有

$$W_{\mathrm{m}} = \frac{\mu_0 SN^2}{4(h-y)} i^2 \tag{13.2.9}$$

最后,可得系统的拉格朗日函数为

$$L = \frac{1}{2} m \dot{y}^2 - mgy + \frac{\mu_0 SN^2}{4(h-y)} i^2 \tag{13.2.10}$$

耗散函数为

$$F = F_{\mathrm{m}} + F_{\mathrm{e}} = \frac{1}{2} b \dot{y}^2 + \frac{1}{2} R i^2 \tag{13.2.11}$$

式中,b 为车厢运动时的黏性摩擦系数。

假设系统不存在非保守的外力作用。

将 L 和 F 代入拉格朗日-麦克斯韦方程,有

$$\left.\begin{aligned} \frac{1}{2} \frac{\mu_0 SN^2}{h-y} \dot{i} + \frac{1}{2} \frac{\mu_0 SN^2}{(h-y)^2} \dot{y} i + R i &= U \\ m \ddot{y} - \frac{1}{4} \frac{\mu_0 SN^2}{(h-y)^2} i^2 + b \dot{y} &= -mg \end{aligned}\right\} \tag{13.2.12}$$

分析上式,可知$\frac{1}{2}\frac{\mu_0 SN^2}{(h-y)^2}\dot{y}i$ 为车厢运动产生的感应电势,$\frac{1}{4}\frac{\mu_0 SN^2}{(h-y)^2}i^2$ 为车厢对钢轨的有质动力,即车厢对钢轨的拉力。

13.2.2 进一步讨论

进一步来讨论系统的稳定性。

加在电磁铁绕组上的电动势为 U,为确保车厢的稳定性,该电动势应依赖于气隙 $(h-y)$的大小。气隙增大时,绕组回路电流就应该增大,以保持电磁铁与钢轨间的拉力,使车厢回到平衡状态;反之,气隙减小时,电流应相应变小。由于这种作用在电磁铁绕组上的电压和电磁铁与钢轨间的气隙大小成正向关系,因此可以假设

$$U = U_0 + k(h-y), \quad U_0 \text{ 为常数} \tag{13.2.13}$$

在车厢平衡位置上,有

$$y = 0, \qquad \dot{y} = 0, \qquad i = i_0 \tag{13.2.14}$$

代入式(13.2.12),得所需的外电动势和标称电流为

$$\left.\begin{aligned} U_0 &= R i_0 - kh \\ i_0^2 &= 2 \frac{mh}{g L_0} \end{aligned}\right\} \tag{13.2.15}$$

式中,$L_0 = \frac{\mu_0 SN^2}{2h}$ 为 $y=0$ 且车厢平衡时的电磁铁绕组自感系数。

如果车厢离开平衡位置很小的位移,即 $y \ll h$,则电磁铁绕组中的电流应接近于

标称电流的大小，设为 $i=i_0+x, x\ll i_0$。于是，泰勒展开，并略去小量 x、y 的二阶量，有

$$i^2\approx i_0^2+2i_0x$$

$$\frac{1}{(h-y)^2}=\frac{1}{h^2}\left(1-\frac{y}{h}\right)^{-2}\approx\frac{1}{h^2}+\frac{2y}{h^3}$$

$$\frac{i^2}{(h-y)^2}\approx(i_0^2+2i_0x)\left(\frac{1}{h^2}+\frac{2y}{h^3}\right)=\frac{i_0^2}{h^2}+\frac{2i_0x}{h^2}+\frac{2i_0^2y}{h^3} \tag{13.2.16}$$

将式(13.2.16)代入方程(13.2.12)，考虑到式(13.2.13)和式(13.2.15)，略去方程的非线性项，得线性化方程

$$\left.\begin{aligned}L_0\dot{x}+Rx+L_0r\dot{y}+ky=0\\-L_0rx+m\ddot{y}+b\dot{y}-L_0r^2y=0\end{aligned}\right\} \tag{13.2.17}$$

式中，$r=i_0/h$。

设方程的解为

$$x=C_1\mathrm{e}^{\lambda t},\qquad y=C_2\mathrm{e}^{\lambda t}$$

代入上式，得

$$\left.\begin{aligned}(L_0\lambda+R)C_1+(L_0r\lambda+k)C_2=0\\-L_0rC_1+(m\lambda^2+b\lambda-L_0r^2)C_2=0\end{aligned}\right\} \tag{13.2.18}$$

上式为线性齐次代数方程组，要使之有非零解，则系数行列式需为零，因此，得到特征方程为

$$\begin{vmatrix}L_0+R & L_0r\lambda+k\\-L_0r & m\lambda^2+b\lambda-L_0r^2\end{vmatrix}=0$$

即三次代数方程

$$mL_0\lambda^3+(bL_0+mR)\lambda^2+bR\lambda+L_0r(k-rR)=0 \tag{13.2.19}$$

如果方程(13.2.19)有复数根，且在复平面的左半平面，则方程(13.2.17)的解将随时间递减，趋于式(13.2.14)所表述的平衡位置。此时，平衡位置是稳定的。经上述分析，有车厢平衡位置稳定性条件

$$R_e(\lambda_i)<0\qquad(i=1,2,3)$$

在代数学里，对于一个三次方程

$$a_0\lambda^3+a_1\lambda^2+a_2\lambda+a_3=0\qquad(a_0>0)$$

的根在复平面的左半部的充分必要条件是

$$a_i>0\qquad(i=1,2,3)$$

$$a_1a_2>a_0a_3$$

因此，方程(13.2.18)稳定即车厢平衡位置稳定的条件为

$$\left.\begin{aligned}&k>rR\\&bR(bL_0+mR)>mL_0^2r(k-rR)\end{aligned}\right\} \tag{13.2.20}$$

综合上式，得磁悬浮车厢正常稳定工作的范围为

$$\frac{i_0 R}{h} < k < \frac{i_0 R}{h} + b\frac{bR(mR + bL_0)}{mL_0^2 i_0} \tag{13.2.21}$$

显然，如果系统无阻尼，即 $b=0$，则系统无法正常工作。

13.3 其他传感与测量仪器的应用

13.3.1 惯性式磁电传感器

由于位移信号直接放大较为困难，所以现在都广泛使用速度拾振器。图 13.5 是某型惯性式磁电速度拾振器结构简图。它由固定部分(包括磁钢组件和外壳组件)、可动部分(包括线圈组件和连杆组件)以及支承弹簧所组成。为了使该传感器工作在位移传感器状态，其可动部分的质量应该足够大，而支承(或悬挂)弹簧的刚度应该足够小，也就是让传感器具有足够低的固有频率。该型传感器的固有频率为 $f_n=(12\pm 2)$ Hz。

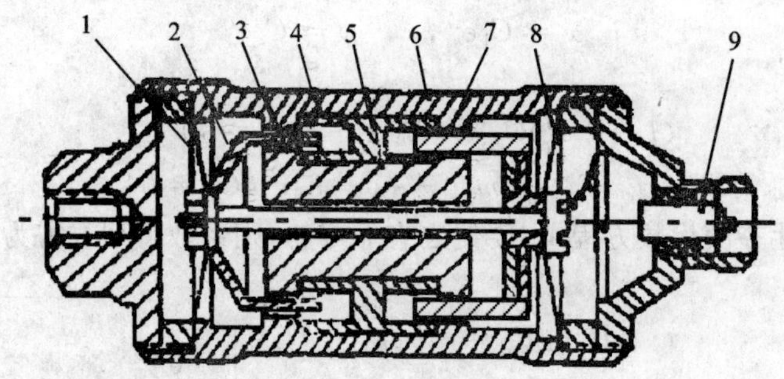

1、8—簧片；2—阻尼环；3—磁钢；4—铝隔磁套；
5—芯轴；6—壳体；7—线圈；9—接线座

图 13.5 惯性式磁电速度传感器结构原理图

从传感器的结构上来说，该传感器是一个位移传感器。然而其输出电信号是由电磁感应产生的。根据电磁感应定律，当线圈在磁场中做相对运动时，所感生的电动势与线圈切割磁力线的速度(也就是线圈与磁场的相对速度)成比例。因此，就传感器的输出电动势 e 来说，是同被测振动速度成比例的。所以，它实际上是一个速度拾振器。由法拉第感生电动势定律，有

$$e = -\boldsymbol{B}l\boldsymbol{v}_r \tag{13.3.1}$$

式中，$\boldsymbol{B}$ 为磁感应强度，l 为线圈工作长度，$\boldsymbol{v}_r$ 为线圈在磁场中的相对速度，也就是线圈切割磁力线的速度。

感生电动势的方向由右手螺旋法则确定。由于传感器结构上是位移传感器的形式，即有足够低的固有频率，因此由机械振动理论可知，当被测振动频率 $f \gg f_n$ 时，可动部分(线圈)对固定部分(磁场)的相对位移就等于被测振动的位移。如被测振

动为

$$x = - x_{\mathrm{m}} \sin \omega t$$

则传感器的相对位移为

$$x_{\mathrm{r}} = x_{\mathrm{m}} \sin(\omega t - \varphi)$$

因此

$$\dot{x}_{\mathrm{r}} = \dot{x}$$

所以

$$e = - \boldsymbol{B} l \boldsymbol{v}_{\mathrm{r}} = - \boldsymbol{B} l \dot{x} \tag{13.3.2}$$

这从原理上说明了该结构上为位移传感器的磁电式传感器实际上是一个速度传感器，即传感器输出的电动势与被测振动的速度成正比。

为使该传感器有比较宽的频率范围，在连杆组件工作线圈的对面安置一个用紫铜制成的阻尼环。通过适当的几何尺寸，可使其获得理想的临界阻尼比 $\xi=0.707$。原理上，该阻尼环就是一个在磁场里运动的导体环。工作时，该导体环产生感生电流，该电流又随同阻尼环在磁场里运动，从而受到磁场的有质动力。此力与可运动部件的运动方向相反，以阻尼力形式出现。显然，由电磁场中的电流回路的受力分析可知，此力与可运动部分的运动速度成正比，由此，导致传感器振动系统形成线性阻尼项。

13.3.2　非接触式传感器

有些情况下不允许传感器与被测物体接触，如高速旋转体振动的测量，此时，必须应用非接触的传感器。非接触式传感器的类型很多，这里结合机电耦合原理，介绍两个电感型传感器。

1. 变化磁路磁阻型传感器

图 13.6 给出了某型非接触式振动传感器结构原理。

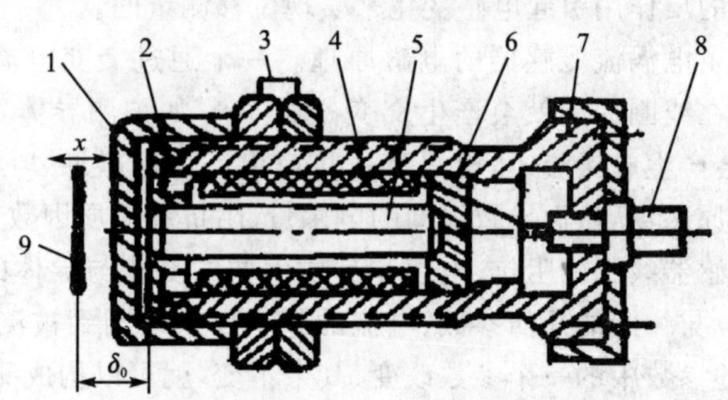

1—盖帽；2—端盖；3—安装螺帽；4—线圈；5—磁铁；

6—磁导体；7—壳体；8—引线；9—衔钢

图 13.6　变化磁路磁阻非接触式振动传感器结构

测量时将衔铁与被测对象固联(或被测对象直接作为衔铁)。当被测对象相对于

传感器的位移为 x 时，衔铁相对磁钢做相对运动，使磁阻发生相应变化，从而改变线圈的磁通量，在线圈中感生出相应的电动势。衔铁由良导体的高阻材料(如硅钢片、铁氧体等)制成，以减小其中产生涡流反磁场而降低灵敏度。线圈中感生电动势由电磁感应定律得

$$e=-N\frac{\mathrm{d}\Phi}{\mathrm{d}t}=-N\frac{\mathrm{d}\Phi}{\mathrm{d}x}\frac{\mathrm{d}x}{\mathrm{d}t}=-N\frac{\mathrm{d}\phi}{\mathrm{d}x}\dot{x} \tag{13.3.3}$$

式中，$\Phi=\dfrac{Hl_{\mathrm{m}}}{\dfrac{l_{\mathrm{m}}}{\mu_{\mathrm{m}}A_{\mathrm{m}}}+\sum\left(\dfrac{l_{\mathrm{s}}}{\mu_{\mathrm{s}}A_{\mathrm{s}}}\right)+\dfrac{l_{\mathrm{p}}}{\mu_0 A_{\mathrm{p}}}}$ 为穿过线圈的磁通量，H 为永磁磁铁的磁化强度，N 为线圈匝数，l_{m} 为永磁铁长度，A_{m} 为永磁磁铁截面积，μ_{m} 为永磁铁磁导率，l_{s} 为磁路中钢部分的长度，μ_{s} 为磁路中钢部分的磁导率，$l_{\mathrm{p}}=\delta_0\pm x$ 为空气隙长度，δ_0 为原始空气隙长度，μ_0 为空气磁导率，A_{p} 为空气隙截面积。

当 $x\ll_0$ 时，可以认为各部分的磁导率不变，因此，式(13.3.3)变为

$$e=N\frac{Hl_{\mathrm{m}}}{\dfrac{l_{\mathrm{m}}}{\mu_{\mathrm{m}}A_{\mathrm{m}}}+\sum\left(\dfrac{l_{\mathrm{s}}}{\mu_{\mathrm{s}}A_{\mathrm{s}}}\right)+\dfrac{l_{\mathrm{p}}}{\mu_{\mathrm{p}}A_{\mathrm{p}}}}\frac{1}{\mu_0 A_{\mathrm{p}}}\dot{x} \tag{13.3.4}$$

由此知，此类传感器的输出电动势与被测振动的速度成正比，因此，它也是速度传感器。

这类传感器有一个缺点就是，传感器与衔铁之间有静磁吸力作用，由磁场的有质动力可知，该吸力与空气气隙的长度的平方成正比。此作用力的影响必然会影响测量精度，因此这类传感器主要用于$\dfrac{x}{\delta_0}$比值很小和精度要求不高的场合。

2. 电涡流型传感器

电涡流型传感器是电感传感器的一种特殊形式。它不是应用磁路磁阻变化原理，而是通过涡流的反作用引起电感变化来实现位移测量的。

图 13.7 给出了电涡流传感器的电磁原理。一个通过交变电流 i_1 的传感线圈，由于电流的变化，在线圈周围就会产生交变磁通 Φ_1。如被测导体置于磁场范围内，被测导体内因此会产生电涡流 i_2，电涡流也将产生一个新磁通 Φ_2，Φ_2 与 Φ_1 方向相反，因而抵消部分原磁场，从而导致线圈的电感量、阻抗和品质因数发生变化。

一般来说，传感器线圈的阻抗、电感和品质因数的变化与导体的几何形状、电导率、磁导率有关，也与线圈的几何参数、电流的频率以及线圈到被测导体间的距离有关。如果控制上述参数中的一个参数改变、其余不变，就可以构成测位移、测温度、测硬度等的传感器。

首先把被测导体上形成的电涡流等效为一个导体环(短路环)，这样使得分析问题简便。其简化模型如图 13.8 所示。图中

$$r_1 = 0.525 r_{as}$$

$$r_a = 1.39 r_{as}$$

$$h = 5\ 000 \sqrt{\frac{\rho}{\mu_r f}}$$

式中，r_1 为导体环等效内半径，r_a 为导体环等效外半径，r_{as} 为传感器线圈外半径，h 为电涡流贯穿深度(cm)，ρ 为导体电阻率(Ω·cm)，f 为电流频率，μ_r 为相对磁导率。

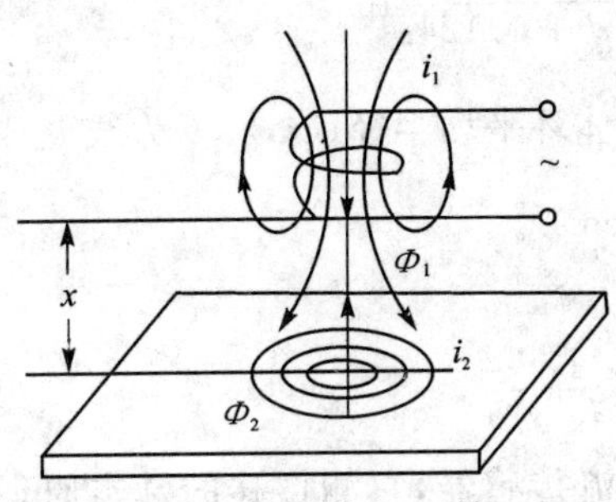

图 13.7　电涡流传感器原理图

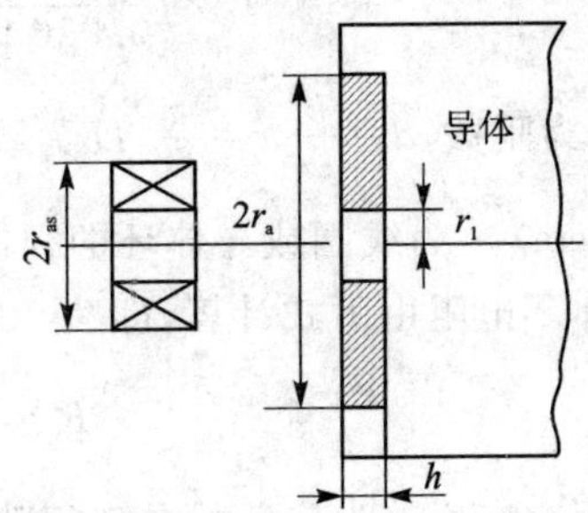

图 13.8　简化模型图

由此，可作出电涡流传感器工作时的等效电路，如图 13.9 所示。

当有被测导体靠近传感器时，形成耦合电磁场，形成一耦合电感，线圈与导体之间存在一互感系数为 M 的互感，互感系数随线圈与导体之间的距离减小而增大。导体环电路看作一匝线圈，电阻为 R_2，电感为 L_2。假定传感器原有电阻为 R_1，电感为 L_1。

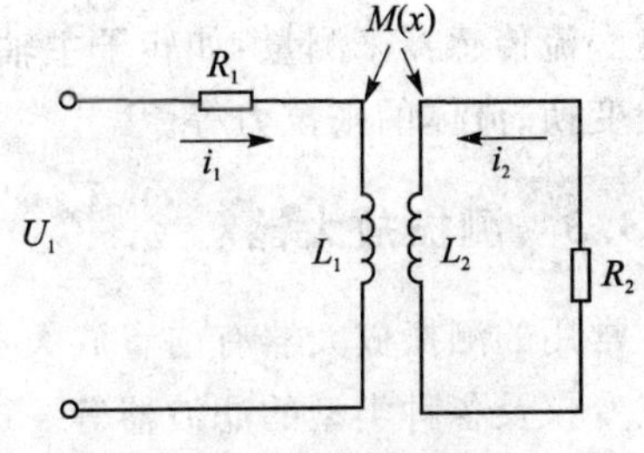

图 13.9　等效电路图

由图 13.9 所示的等效电路，系统的拉格朗日函数为

$$L = \frac{1}{2} L_1 i_1^2 + \frac{1}{2} L_2 i_2^2 + \frac{1}{2} M i_1 i_2$$

耗散函数为

$$F = \frac{1}{2} R_1 i_1^2 + \frac{1}{2} R_2 i_2^2$$

由拉格朗日-麦克斯韦方程，可方便地列出动力学方程为

$$L_1 \dot{i}_2 + M \dot{i}_2 + R_1 i_1 = U_1$$

$$L_2 \dot{i}_2 + M \dot{i}_1 + R_2 i_2 = 0$$

不妨设 $i_1 = I_1 e^{j\omega t}$，$i_2 = I_2 e^{j\omega t}$，代入上式，求解上述方程，得阻抗为

$$Z = \frac{U_1}{i_1} = \left[R_1 + \frac{\omega^2 M^2}{R_2^2 + (\omega L_2)^2} R_2 \right] + j\left[\omega L_1 - \frac{\omega^2 M^2}{R_2^2 + (\omega L_2)^2} \omega L_2 \right] \tag{13.3.5}$$

系统品质因数为

$$Q = \frac{\omega L_1}{R_1} \frac{1 - \frac{L_2}{L_1} \frac{\omega^2 M^2}{R_2^2 + (\omega L_2)^2}}{1 + \frac{R_2}{R_1} \frac{\omega^2 M^2}{R_2{}^2 + (\omega L_2)^2}} \tag{13.3.6}$$

系统的电感由下式计算，即

$$L = \frac{N^2 D}{0.036\,9 + 0.14d + 0.124t} 10^{-\rho} \tag{13.3.7}$$

式中，N 为匝数，$d=\frac{b}{D}$，$t=\frac{c}{D}$，D 为线圈或导体环平均半径(cm)，b 为线圈或导体环的宽度(cm)，c 为线圈或导体环的径向厚度(cm)。

导体环电阻由下式计算，即

$$R = \frac{2\pi\rho}{h} \frac{1}{\ln(r_a/r_1)} \tag{13.3.8}$$

工程上应用较为广泛的是变间隙式电涡流传感器，它测位移的基本原理是基于传感器线圈与导体平面之间的间隙变化引起涡流效应的变化，从而导致线圈电阻、阻抗和品质因数的变化。测量金属的动态微位移时，量程可以为 0～15 μm (分辨率为 0.05 μm)或 0～5 000 μm(分辨率为 0.01 μm)。凡是可变换为位移量的参数，均可用电涡流传感器来测量：如转子主轴的轴向、径向位移，以及金属材料的热膨胀系数、水位变换、流体的张拉力等。

13.3.3 测振放大器

常用的测振放大器有前置放大器(电压放大器、电荷放大器)、微积分放大器、动态应变仪及各种类型的滤波器等。这里主要分析前置放大器中较为常用的压电放大器的机电耦合原理。

从压电效应来看，压电式传感器可以看作是一个能产生电荷的高内阻发电元件。此传感器电荷量很小，不能用一般的仪器仪表直接度量，因为一般的测量仪表的输入阻抗总是有限的，因此，压电晶体片上的电荷量就要通过测量电路的输入电阻而被释放掉。若输入阻抗很高时，就有可能把变化的电荷量测出来。测量电路的输入阻抗越高，被测量参数的变化越快，所测结果就越接近电荷的实际变化。目前主要有两种方法可测量压电式传感器输出的电荷量，一是把电荷量转换为电压，然后测量电压值，称为电压放大器；二是直接测量电荷量的大小，称为电荷放大器。下面我们主要来分析电压放大器。电荷放大器原理基本相同，各有特点。

图 13.10 是压电晶体传感器到电压放大器的等效电路。电压放大器的功用是放大压电晶体传感器的微弱输出信号，并把压电式加速度传感器的高输出阻抗转换成较低值，再输送给主放大器。

图 13.10 中 q_a 是压电式加速度传感器产生的总电荷量，C_a 是传感器内部电容，

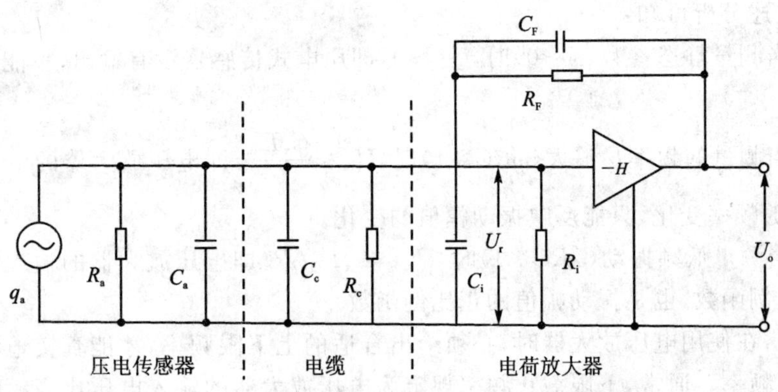

图 13.10　压电晶体传感器至放大器的等效电路

C_c 是连接电缆的分布电容，C_i 是电压放大器的输入电容，R_a 是传感器的内部电阻，R_i 是电压放大器的输入电阻。为讨论方便，将图 13.10 简化为图 13.11 的等效电路。

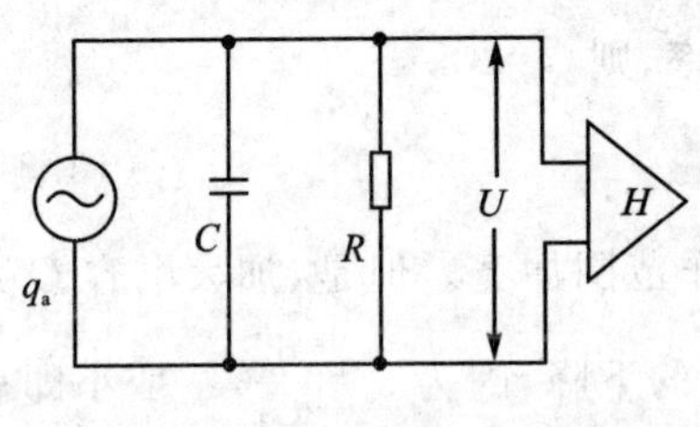

图 13.11　等效电路

图 13.11 中的等效电容为 $C=C_a+C_c+C_i$；等效电阻为 $R=\dfrac{R_aR_i}{R_a+R_i}$；压电式传感器产生的总电荷量，根据压电晶体的力学-电学效应，与作用在其上的作用力成正比，接入导线和前置放大电路后，它一部分给电容器充电，一部分经电阻泄漏掉，因此为

$$q_a = q_{a1} + q_{a2} = C_x F \tag{13.3.9}$$

式中，C_x 为压电系数；F 为作用于压电晶体上的交变力；q_{a1} 为使电容充电到电压 U 时的电荷，与电压和电容的关系为 $U=\dfrac{q_{a1}}{C}$；q_{a2} 为经电阻泄漏的电荷，并在电阻 R 上产生压降，其值也相当于电压 U。电压和电荷的关系为 $U=\dfrac{\mathrm{d}q_{a2}}{\mathrm{d}t}R$。

不妨设压电式传感器产生的作用力为 $F=F_m\sin\omega t$，代入式(13.3.9)有

$$RC\frac{\mathrm{d}U}{\mathrm{d}t}+U=C_xRF_m\sin\omega t \tag{13.3.10}$$

求解该方程，解由两部分组成：

一是齐次方程通解

$$U_1 = A\mathrm{e}^{-\frac{t}{RC}} \tag{13.3.11}$$

二是非齐次方程特解

$$U_2 = U_m\cos\omega t \tag{13.3.12}$$

代入式(13.3.10)，求得

$$U_m = \frac{C_xF_m\omega R}{\sqrt{1+(\omega RC)^2}} \tag{13.3.13}$$

由上述分析可知：

① 当测量静态参数($\omega\approx0$)时，$U_m\approx0$，即压电式传感器没有输出，不能测量静态参数。

② 当测量的频率足够大($\omega RC\gg1$)时，$U_m\approx\frac{C_x F_m}{C}$，即电压放大器的电压与频率无关，不随频率变化，只能反映振动幅值的变化。

③ 当测量低频振动($\omega RC\ll1$)时，$U_m\approx C_x F_m\omega R$，即电压放大器的输入电压是频率的正比例函数，也是振动幅值的正比例函数。

这样，在使用电压放大器时，必须给出合适的上下限频率，才能真实地测量振动的大小和频率。通常，下限截止频率规定为电压放大器的输入电压比高频时的输入电压下降到−3 dB（即 $0.707U_m$）处的频率，即

$$\frac{U_m}{\frac{C_x F_m}{C}}=\frac{\omega CR}{\sqrt{1+(\omega RC)^2}}=\frac{1}{\sqrt{2}}$$

此时 $\omega RC=1$，因此，如果用 $f_下$ 表示下限截止频率，则

$$f_下=\frac{1}{2\pi RC} \tag{13.3.14}$$

可以看出，增大 RC 的数值，可以使低频工作范围加宽。但是，加大电容 C 并不可取，因为总电容量的增加必导致传感器灵敏度的下降，因为 $e_a=\frac{q_a}{C_a}$，e_a 变小即表示开路输出的电动势变小。因此，只能设法增大电阻 R，即增大放大器的输入电阻 R_i 和绝缘电阻 R_a。输入电阻越大，绝缘电阻越大，低频测量效果就越好；反之，由于传感器的漏电和放大器输入电阻上的分流作用，就会产生很大的低频误差。

再来看看电缆电容对电压放大器测量系统的影响。由于压电晶体加速度计的电压灵敏度 S_v 与电荷灵敏度 S_q 有关系，$S_v=\frac{S_q}{C_a}$，而电压放大器输入电压 U_i 为

$$U_i=\frac{C_a}{C_a+C_c+C_i}e_a$$

由此可知电压放大器的输入电压 U_i 等于加速度计的开路电压 e_a 与系数 $\frac{C_a}{C_a+C_c+C_i}$ 的乘积。一般 C_a 和 C_i 均为定值，而电缆的电容 C_c 与导线的长度和种类密切相关，所以随导线的长度和种类变化，输入电压发生变化，其电压灵敏度变化，同时频率下限也发生变化。这在实际测量中是绝对不允许的，因此，必须采用专门的导线电缆，且电缆应尽可能短，电压放大器也应相对固定。这给实际使用带来诸多不便。

通过适当加大线路总电容量，同时又不受电缆的分布电容影响，可以设计出电荷放大器。类似地，我们可以对其进行机电耦合分析。

电压放大器和电荷放大器各有特点，电压放大器受连线电缆影响，低频特性受其输入电阻的影响，但它结构简单，元件少，价格低廉，可靠，适用于一般频率范围内的

振动测量。而电荷放大器的输入电压不受电缆长度的影响，低频特性也很少受其输入电阻的影响，下限截止频率几乎可以为零，但它结构复杂，价格贵，使用要求严格。

13.3.4 光线振子示波器

光线振子示波器是将被测信号经传感器转换成电信号后输送到振子内，使振子产生偏移运动，并利用光源发出的光线经振子上摆动的镜片反射到记录纸上，记录各种物理量的变化过程。光线振子示波器的工作原理如图 13.12 所示。

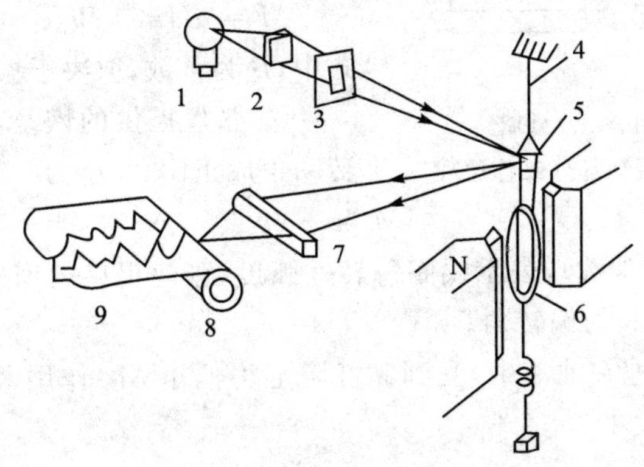

1—光源；2—棱镜；3—光栅；4—张丝；5—镜片；
6—线圈；7—棱镜；8—转动轴；9—记录纸

图 13.12 光线振子示波器工作原理

当被测信号的电流流过光线振子示波器的振子线圈 6 时，线圈在恒定磁场作用下，产生一对大小相等、方向相反的力，使线圈转动一个角度，形成一个力偶。由于线圈的旋转使振子张丝 4 因扭转变形而产生反力矩，线圈绕张丝轴旋转，置于张丝上的镜片 5 与线圈同步偏转一个大小相等的角度。当反力矩与力偶矩相等时，线圈静止在某一个位置上。从光源 1 来的光线通过棱镜 2、光栅 3 照射到镜片 5 上时，反射的光线发生变化。光线反射角的变化与输入电流的大小成正比，经光路的折转传递，将偏转的光线通过棱镜 7 照射到记录纸 9 上。当记录纸 9 在传动机构的转动轴 8 的带动下以一定的速度运动时，光点在记录纸上所走过的轨迹形成一条曲线，这条曲线就是所测物理量随时间变化的曲线，称时间历程曲线。

振子是光线示波器的核心部件。表明振子性能的主要参数有：① 振子的电流灵敏度 S_i，即单位电流使光点在记录纸上的偏移量(mm/mA)；② 振子的电流常数 C_i，即电流灵敏度的倒数，产生单位光点偏移所需的电流；③ 振子的固有频率 f_0；④ 振子的内阻 R_0；⑤ 最大允许电流。

振子光线示波器实际上就是一个磁电式电流计。它与一般电流计的主要区别在于振子的活动部分质量很小(即转动惯量很小)，因此它的固有频率较高。磁电式电流计按其可动部分的不同，可分为动圈式和动磁式两类。我们这里主要分析动圈式

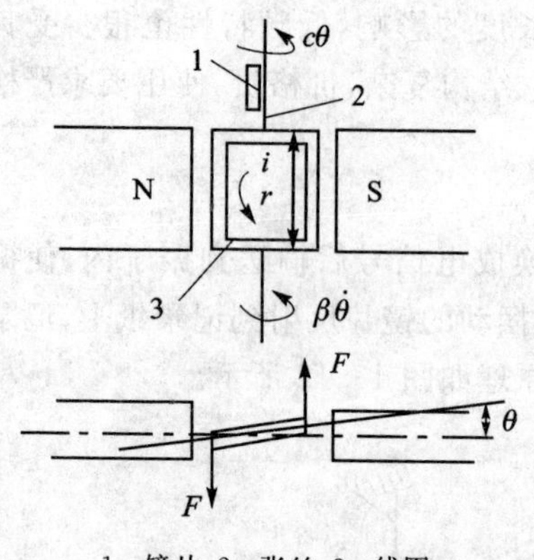

1—镜片；2—张丝；3—线圈

图 13.13　动圈活动部分工作原理

振子的原理与结构。

动圈式振子的活动部分工作原理如图 13.13所示。振子活动部分的受力主要包括：

① 电磁力偶矩 $M(t)$，由电磁场有质动力分析，可知它与磁场强度 H（恒定）和电流 $i(t)$ 成正比。若 $i=i_0\cos\omega t$，则

$$M = aHi = Bi_0\cos\omega t \tag{13.3.15}$$

式中，B 为常数，取决于振子的结构。

② 张丝提供的恢复力偶矩为 M_c，它与转动角成正比，大小为

$$M_c = -c\theta \tag{13.3.16}$$

式中，c 为弹性系数（常数），表示线圈每转一弧度，张丝提供的恢复力偶矩；θ 为线圈通电后，小镜片（线圈）的偏转角。

③ 整个线圈浸泡在油液中，受到黏性阻尼力偶矩 M_R 作用，它与转动速度大小成正比，方向相反，大小为

$$M_R = -\beta\dot{\theta} \tag{13.3.17}$$

式中，β 为黏性阻尼系数。

④ 线圈装置相对轴线的惯性力矩为 M_F，如果线圈相对轴线的转动惯量为 I，则惯性力矩大小为

$$M_F = -I\ddot{\theta} \tag{13.3.18}$$

由动静法列写系统的动力学方程为

$$I\ddot{\theta} + \beta\dot{\theta} + c\theta = Bi_0\cos\omega t \tag{13.3.19}$$

将式(13.3.19)无量纲化，两边同除以 I，并令 $2n=\dfrac{\beta}{I}$，$\omega_n^2=\dfrac{c}{I}$，$h=\dfrac{Bi_0}{I}$，式(13.3.19)变为

$$\ddot{\theta} + 2n\dot{\theta} + \omega_n^2\theta = h\cos\omega t \tag{13.3.20}$$

此为一典型的带阻尼的受迫振动微分方程，解为

$$\theta = A_0 e^{-nt}\sin\left(\sqrt{\omega_n^2 - n^2}\,t + a\right) + \frac{Bi_0}{I}\,\frac{1}{\sqrt{(\omega_n^2-\omega^2)^2 + (2n\omega)^2}}\cos(\omega t - \varphi) \tag{13.3.21}$$

显然，在过渡过程，小镜的偏转角 θ 不能与电流 i 成正比，因而不反映真实的物理过程。为了加速自由振动的消失，希望黏性阻尼系数 n 稍大一些，这就是振子为何要浸泡在硅油（其化学和热稳定性高、黏度大，黏度随温度变化非常小）中，使之产生较大阻尼效应的理由。

当振子的固有频率 $\omega_n \to \infty$ 时，有

$$\theta = \frac{Bi_0}{I\omega_n}\cos\omega t = \frac{B}{c}i(t) \tag{13.3.22}$$

因此，只要振子系统的固有频率无限高，镜片的转动角就与输入的电流大小成正比，比例系数仅取决于振子结构和张丝的弹性系数。这也说明，光线示波器不可能绝对准确地反映被测振动体的物理过程，因为振子系统的固有频率总是有限的。固有频率太高，其制造也较困难。另一方面，固有频率过高，由前面的固有频率公式 $\omega_n^2 = \frac{c}{I}$ 可知，势必增加张丝的弹性系数，即张丝做得非常硬，那么，由式(13.3.22)可知，通过很大的电流只能得到很小的偏转角，使系统的电流灵敏度降低。综合考虑这些因素，一般振子系统的固有频率选为被测过程角频率的 2～3 倍为宜。人们在选用振子时，往往对最大允许电流比较关注，而对振子的固有频率要求注意不够，这样往往使记录的信号出现波形失真。

思考题与习题

1. 证明两个稳恒电流圈之间的作用力满足牛顿第三定律。

2. 如图 13.14 所示的电容为 C 的电容器，其中一个质量为 m 的板极被悬挂在刚度系数为 k 的弹簧上，板极在重力、弹力和板极间的电场力作用下，沿铅垂方向作自由振动。弹簧处于平衡位置时，两板极之间的距离为 d，板极面积为 A，其他参数如图所示。求系统的运动微分方程。

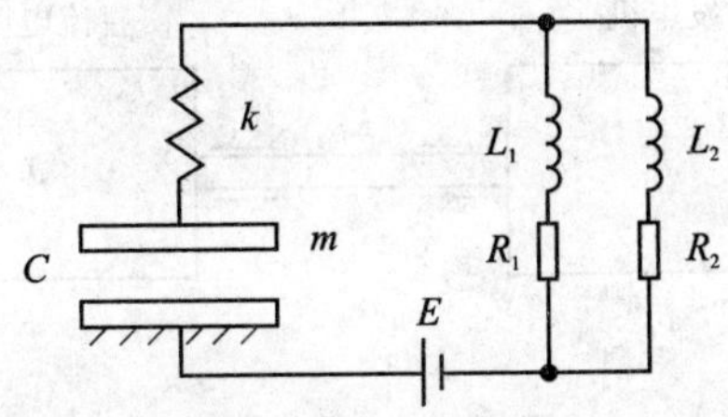

图 13.14　第 2 题图

3. 如图 13.15 所示系统，直流电源 E，两电阻 R 并联，两电感 L 并联。两弹簧并联，刚度系数为 k。两阻尼器 h 并联安装在可变电容内，电容 C 随两极板间距离变化。开关合上后，求平衡时系统板上的电荷量。

4. 研究准稳态情况下的电流回路问题。试利用机械系统中的力学变分原理观点，由电磁场变分原理出发，推导其动力学描述方程，并对其进行离散化描述，说明矢量 $\boldsymbol{\beta}$ 与 β_r、$\dot{\beta}_r$ 的关系。

5. 用机电耦联系统的格波罗瓦方程建立巴尔罗环的动力学模型，并求稳态时的状态。

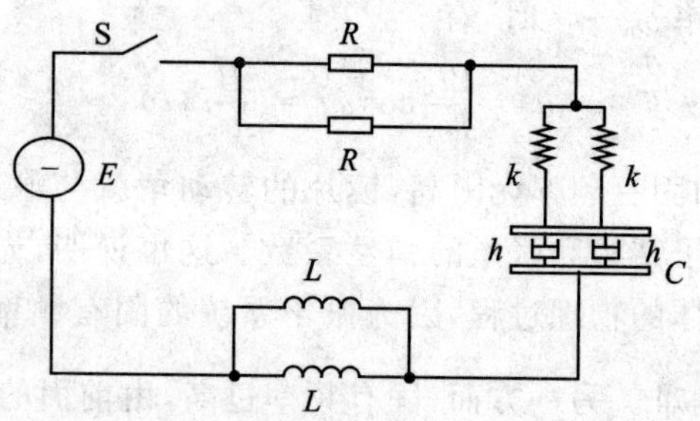

图 13.15　第 3 题图

6. 试研究电磁继电器的稳定问题。其拉格朗日函数为

$$V - W_{\mathrm{m}} = \frac{1}{2}K(l_0\varphi)^2 + PR_0\cos\varphi - \frac{\omega_0 h^2}{h^2 - l^2\varphi^2}$$

式中,V 为机械部分的势能,W_{m} 为磁能,K、l_0、P、h、ω_0 为与结构相关的常数。证明 $\varphi=0$为稳定的条件是 $Kl_0^2 - PR_0 - \frac{2\omega_0 l^2}{h^2} > 0$。

7. 试比较分析力学与电动力学中应用变分原理的异同点。

8. 试分析压电晶体传感器类的机电耦联原理和应用情况。

9. 试分析如图 13.16 所示的发电机与电动机相耦联情况下的扭振系统的运动微分方程。其中,电机气隙磁场为 W,ϕ_1、ϕ_2 为发动机与电动机的转角,J_1、J_2 为发动机与电动机的转动惯量,K_{12} 为连接两者的弹性刚度,μ_{12} 为机械阻尼系数,μ_{k} 为电磁阻尼系数。

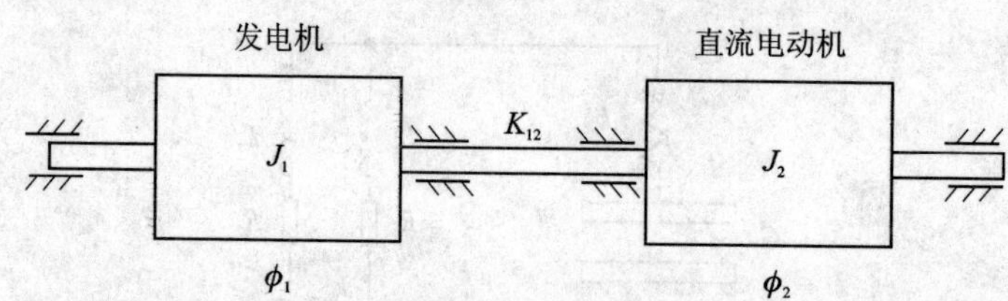

图 13.16　第 9 题图

10. 边长为 a 的立方导体空腔放在匀强静电场 $\boldsymbol{E}$ 中,电场方向垂直于立方体两个相对面。计算立方体各面受到的静电场的作用力。

11. 假设把半径为 a、带电总量为 Q 的导体球分成两半,试求两半球的斥力。

12. 半径为 a 的不接地导体球,球心放在坐标原点,球上总电荷为零,球外 x 轴上 $x=b$ 和 $x=c(c>b>a)$各放一个点电荷 Q。求 $x=c$ 处点电荷受到的电场力。

13. 设有两个偶极子,它们的偶极矩大小相等,并都指向 z 轴方向,其一位置在原点,另一位置在 $\theta=\frac{\pi}{2}$,距原点为 R 处,求这两个偶极子的相互作用能和相互作用力。

14. 有一电偶极矩为 $\boldsymbol{P}$ 的偶极子，位于无限大接地导体板上方距离板面为 a 处，求导体平面对偶极子的吸引力。

15. 一平行板电容器竖直浸入不可压缩、介电常数为 ε、密度为 ρ_m 的液体中，电容器间距为 d，电势差为 V，求电容器内液体上升的高度。

16. 磁矩为 m 的小磁体，位于磁导率很大的介质平板上方的真空中，它到界面的距离为 a。求作用在小磁体上的力。

第四部分

微机电系统动力学

第 14 章　微机电系统基础

14.1　微机电系统的基本概念与特点

14.1.1　微机电系统的基本概念

微机电系统(MEMS)一词来源于 1989 年美国国家自然科学基金会(NSF)主办的微机械加工技术讨论会的总结报告 *Micro-electron Technology Applied to Electrical Mechanical System*。本次会议中，微机械加工技术(micromachining technology)被 NSF 和美国国防部先进技术署(DARPA)确定为美国急需发展的新技术，从此 MEMS 作为 Micro-Electro-Mechanical System 的缩写词被广为流传和使用。

但是，目前国际上针对微机电系统尚无严格的统一定义。微机电系统是伴随着集成电路制造技术、微细加工技术和超精密机械加工技术发展起来的，一般认为它是以微电子、微机械与材料科学为基础，研究、设计、加工制造具有特定功能的微型机械，包括微结构元器件、微传感器、微执行器和微控制系统等。它可被分成几个独立的功能单元。物理、化学和生物等信号输入后通过微传感器转换成电信号，再经过信号处理(模拟信号或数字信号)后，由微执行器与外界作用。图 14.1 为一个理想的微机电系统模型结构图。

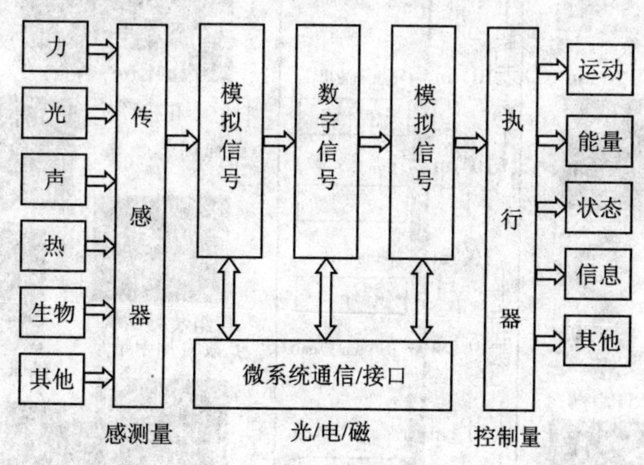

图 14.1　理想的微机电系统模型结构图

世界各国由于发展微机电系统的途径和技术基础不同，所以各自的定义也不相同，有的强调机械，有的强调系统，在一定程度上反映了其研究范围和侧重点。在美国，微机电系统通常被称为 MEMS，它是由微电子和微机械元件组成的集成微器件或微系统，侧重于采用集成电路(IC)可兼容技术加工元器件，可批量生产。在欧洲，微机电系统是指一种智能的微小系统，它具有传感、信号处理和(或)致动功能，通常组合了两个或多个电、磁、机、光、化学、生物或其他特性的微型元器件，集成为一个或多个混合芯片，它通常被称为微系统(microsystem，MST)。其定义是：微结构产品具有微米级结构并具有由微结构形状提供的技术功能，强调微系统技术的系统性和多学科性。在日本，一般微型机械(micromachine)指微机电系统，它是由大机器制造小机器而发展起来的。它定义微型机械是一种极其小的机械，它由非常小(数微米或更小)但是具有高度复杂功能的部件构成，能够完成灵巧和复杂的任务。微型机械侧重于在不大于 1 cm^3 的体积内制造复杂的机器。

本书所指的微机电系统(书中用 MEMS 表示)是一个广义的概念，指的是特征尺度介于微米和毫米之间，结合电子和机械部件，并用微机械和微电子工艺加工的装置，集成了当今科学技术的许多新成果。图 14.2 给出了 MEMS 的特征尺度范围。实际上，不同学者对 MEMS 的尺度范围看法也不尽一致。有些学者把大小在 1～10 mm 量级的机械称为超小型机械，把 1 mm 以下量级的机械称为微型机械。较为公认的是把大小范围在 0.01 μm～1 mm 量级的机械称为微型机械。

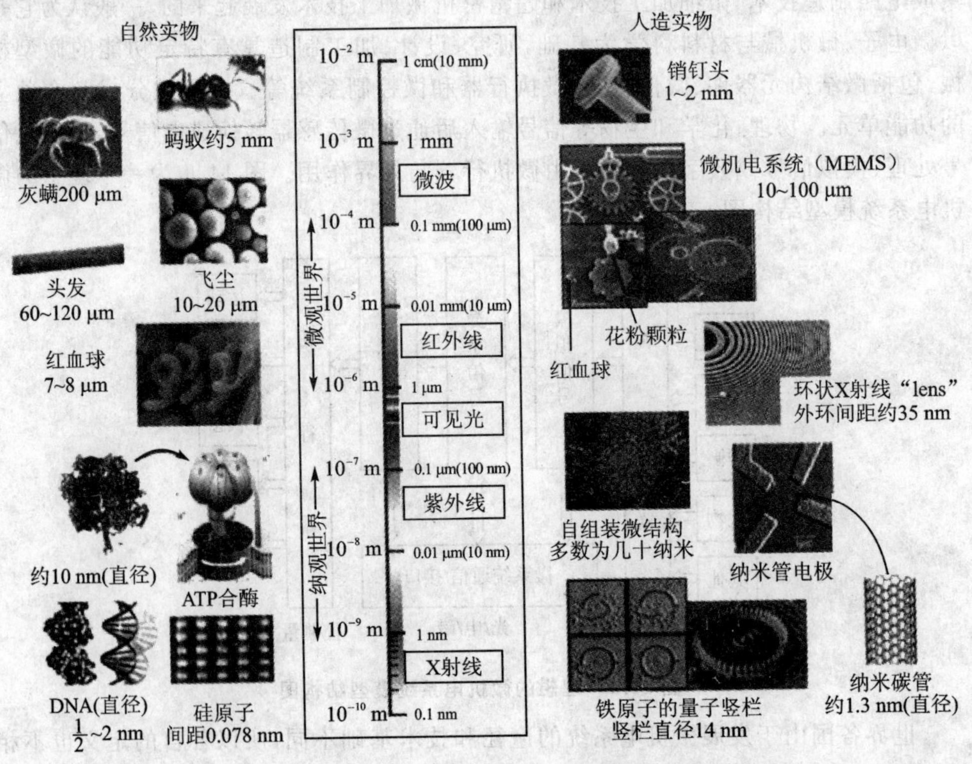

图 14.2　MEMS 的特征尺度范围

14.1.2　微机电系统的特点

微机电系统的基本特征是尺度微型化和系统集成化。微小尺度是 MEMS 的重要特征，但并不是定量的特征。当尺度缩小到微米乃至亚微米量级时，会产生微尺度效应，从而使许多物理现象与宏观世界有很大差别，它的影响将反映到诸如结构材料、设计理论、制造方法、在微小范围内各种能量的相关作用及测量技术等诸多方面。将微小型化的尺度效应归纳起来，大致有以下几个特征。

① 力的尺度效应。随着尺度的减小，与特征尺寸 3 次方成比例的力（如惯性力、体积力及电磁力等）的作用将明显减弱；而与特征尺寸 2 次方成比例的力（如黏性力、表面力、静电力及摩擦力等）的作用则明显增强，并成为影响 MEMS 性能的主要因素。

② 表面效应。随着尺度的缩小，表面积与体积之比相对增大，表面效应突出，表面效果（如静电力和表面凝聚力）将代替体积效果（质量）而占支配作用，因而热传导、化学反应等均会加速，表面摩擦阻力显著增大。传统机械作功往往与体积力有关，运动要克服的主要是重力和惯性力。而在 MEMS 领域内，常常是表面力起主导作用，机械作功与表面力有关。一般用特征尺寸 L 来表征物体的大小（即该物体正好可包含在边长为 L 的正方体内），当 $L>1$ mm 时，体积力起主导作用，这时需要的驱动力为 $F\propto L^3$；而当 $L\leqslant 1$ mm 时，表面力起主导作用，这时需要的驱动力为 $F\propto L^2$。

假设物体的尺寸按比例缩小到原来的 1/10，则物体承受与表面积有关的表面力（如黏性阻力）将缩小到原来的 1/100，与物体体积有关的重力或惯性力将缩小到原来的 1/1 000，从而使得与表面积相关的力变得更为突出，表面效应就十分明显，如图 14.3 所示。

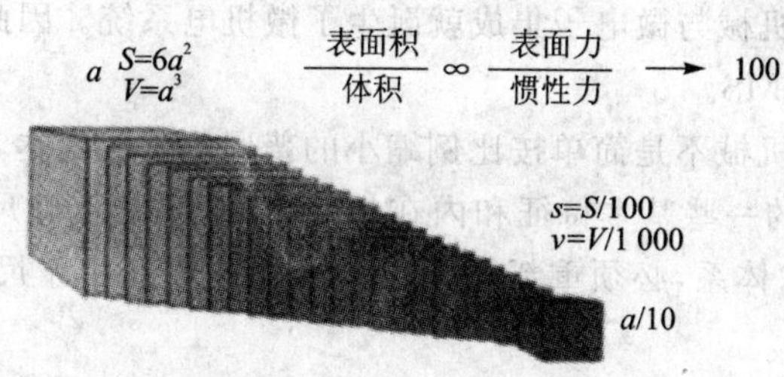

图 14.3　微尺度效应示意图

③ 误差效应。加工尺寸误差是由加工方法引起的，对于微结构，加工误差与结构尺寸之比相对增大，致使微结构的性能受误差影响较大。

④ 材料的尺度效应。材料晶粒间界的等凹痕效应会随着尺度减小而减轻。尺度越小，元器件材料内部缺陷出现的可能性越小，元器件材料的机械强度会大幅增加。MEMS 元器件的弹性模量、抗拉强度、疲劳强度及残余应力均与大零件有所不同，尺度微型化后材料性能和摩擦现象都将受到加工工艺的影响；当尺度减小到一定

程度时，有些宏观物理量甚至要重新定义。另外，由于尺度变小，材料的力学性质，如强度、刚度等也会发生变化。多晶硅制成的螺旋弹簧的弹性比普通硅片要好很多，甚至比金属弹簧还好，这是由于材料尺寸微型化后，晶界和微裂纹等缺陷的影响相应地减小。

⑤ 微型机械的设计思想、加工工艺、控制方法、工作方式和封装等都与传统机械不同，由于本身结构很小，所以输出功率也极小，而且强度也不够，一般需要避免与外界直接进行耦合，往往是通过电、磁、光、声、热等信号与外界联系，易受外界环境如温度、湿度、灰尘等的影响，但对外界空间要求极小。

⑥ MEMS尺度的缩小，集成化程度的提高，会导致工序增多，成本增加；所以应在试制前对整个MEMS的元器件、工艺及性能进行模拟分析，对各种参数进行优化，以保证MEMS的设计合理、正确，降低研制成本，缩短研制周期。显然，传统的设计方法已难以满足上述新要求，必须寻求新的设计方法。其中最流行的有MEMS的计算机辅助设计(MEMS CAD)。

⑦ 尺度微小化将使MEMS的性能发生变化，导致MEMS的惯性小、热容量低，易获得高灵敏度和快速响应，而这些变化是在建模、设计和制造时必须考虑的问题。一般来说，当研究对象的尺寸在1 μm以上时，仍然可以用宏观领域的物理学知识，通过尺度分析方法对MEMS进行研究，认识微尺度下的“超常”现象。

⑧ 微弱信号效应。由于微尺度效应，导致MEMS的前端装置如微传感器的输出信号十分微弱，传统的测量工具和仪器难以实现如此微弱信号的检测，必须研制新的测量设备。

MEMS的另一个基本特征是系统集成。在MEMS的发展过程中，微电子技术比微机械技术发展时间较早，因而也比较成熟。由于表面微制造技术与微电子技术之间高度兼容，将微机械与微电子集成就诞生了微机电系统。因此，单独的微机械元器件不是完整的MEMS。

总而言之，微型机械不是简单按比例缩小的普通机械的副本，这两者有本质上的区别。MEMS自身的一些基本特征和内在规律，几乎都是由微尺度效应引起的，从而形成了微工程技术体系，必须重新构思、探索微机电系统由于尺度效应形成的一些特殊现象和规律。

14.2 微机电系统的材料与微加工技术

微机电系统的材料与加工技术是微机电系统技术的主要组成部分。微机电系统技术发源于微电子技术，其材料仍以硅为主，主要加工技术则借用了半导体集成电路工艺。不过，由于微机电系统的应用涉及多个领域，其材料与加工手段要比集成电路丰富得多。

微机电系统所用的材料可以分为结构材料和功能材料两种。结构材料是指具有

一定机械强度，用于构造微机电系统器件结构基体的材料。功能材料是指压电材料、光敏材料等具有一定功能的材料。目前研制生产 MEMS 的衬底材料仍然主要是硅，但也有公司使用石英玻璃、陶瓷、聚合物。硅的抗拉强度为 7×10^{9} N/m²，比不锈钢高 3 倍多，是高强度钢的 1.7 倍。它的努普硬度为 8.3×10^{9} N/m²，比高硬度钢低一半，比不锈钢高 1/3，与石英（SiO_2）接近，比铬（9.1×10^{9} N/m²）略小一点，而几乎是镍（5.4×10^{9} N/m²）、铁、普通玻璃（5.2×10^{9} N/m²）的 2 倍。硅的弹性模量为 1.9×10^{11} N/m²，与钢、铁、不锈钢接近。

单晶硅的机械品质因数高，滞后和蠕变极小，因而机械稳定性极好。多晶硅是由许多排列和取向无序的单晶颗粒构成的，它一般通过薄膜工艺制作在衬底上，力学性能与单晶硅相近，但性能受工艺影响较大。硅的导热性较好，硅材料还有多种传感特性。因此，硅是一种十分优良的微机电系统结构材料。

功能材料是一类有能量变换能力的材料，可以实现敏感和致动（Actuation，也称为执行）功能的材料，可应用在执行器中。各种压电材料、光敏材料、形状记忆合金、磁致伸缩材料、电流变体、气敏和生物敏等多种材料也是目前微机电系统所使用的重要的功能材料。

微机械加工是制作微机电系统的工艺基础，如果没有相应的工艺手段，微机电系统的实现就只能是纸上谈兵。因此在微机电系统设计中，需要首先考虑微加工工艺的可行性。当加工工艺与微系统功能之间存在矛盾时，往往是牺牲微系统功能，修改结构设计来保证微系统能够用可获得的工艺条件制作出来。

微机械加工技术主要分为：以光刻、化学腐蚀为主要工艺手段的硅基结构体微加工和表面微加工；以 X 光深光刻、电铸制模和注模复制为主要工艺手段（LIGA 工艺）的非硅结构加工；以激光、超精密切削为主要工艺手段的精密机械加工。这里主要对体微加工、表面微加工和 LIGA 技术进行介绍，同时对精密机械加工等其他加工手段作简单介绍。

1. 体微加工技术

对硅材料的深腐蚀和对硅片整体的键合统称为体微加工。它是选择性去除硅衬底，形成微机械元件的一种工艺。体微加工技术是制造微机电系统的重要工艺技术，它是从硅衬底上有选择性地通过腐蚀的办法除去大量的材料，从而在衬底内部获得所需的悬空结构、膜片和沟、槽等。

图 14.4 是体微加工的工艺流程。体微加工技术的优点是获得的结构几何尺寸较大（相应的质量大），力学性能好；缺点是与集成电路工艺不易兼容。

2. 表面微加工技术

表面微加工技术现在仍然是制造微机电系统的重要工艺技术之一。它是一种将微机械器件完全制作在衬底晶片表面而不穿透晶片表面的制作技术。这种方法采用了大量与集成电路兼容的材料和工艺，便于集成和批量生产。利用表面微加工技术，可以制作出脱离基片表面而悬空固定的悬臂结构或薄膜。图 14.5 为利用表面加工工艺来加工一个悬臂梁的加工工艺流程示意图。

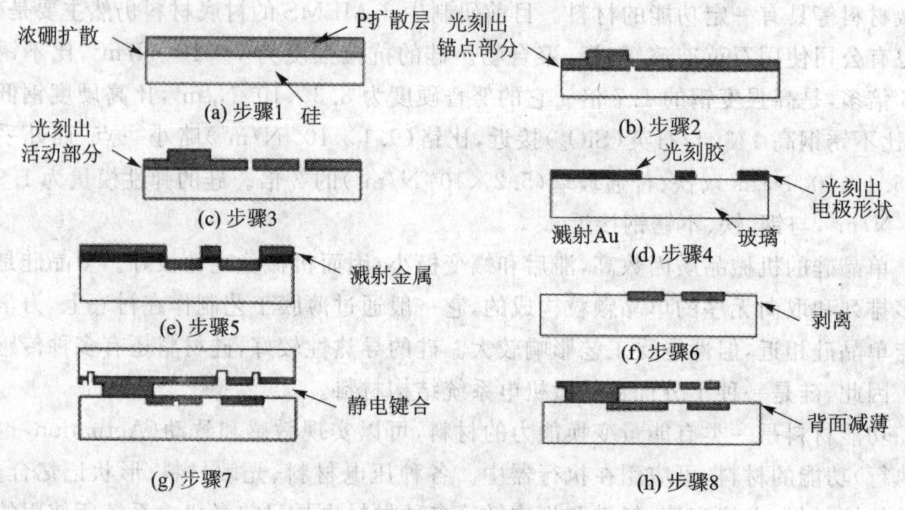

图 14.4　体微加工工艺流程图

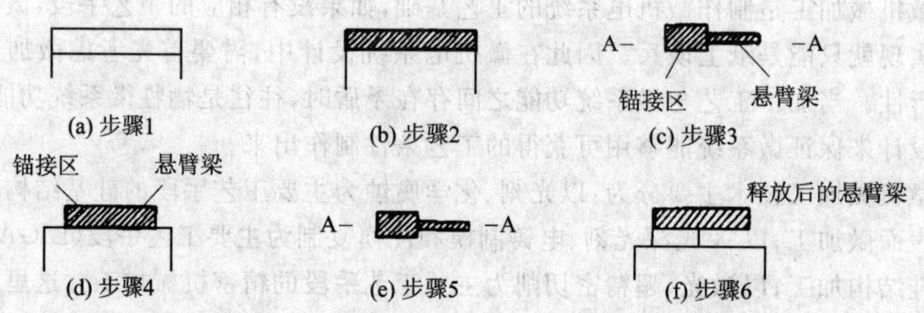

图 14.5　表面加工工艺流程示意图

利用表面微机械加工技术可以把器件做得很小，比体硅微机械加工实现的器件尺寸小很多，且不影响器件特性。表面微加工技术形成的层状结构特点为微器件设计提供了较大的灵活性。体微加工中，在中心轴上加工转子是不可能的，采用键合又会使工艺变得非常复杂；而表面微加工就可以实现微小可动部件的加工。表面微机械加工的缺点是这种技术本身属于二维平面工艺，它限制着设计的灵活性。

3. LIGA 技术

LIGA 一词来源于德语光刻（Lithographie）、电铸（Galanoformung）、注塑（Abformung）三个单词的缩写。LIGA 技术在 20 世纪 80 年代创立于德国的卡尔斯鲁厄的核研究中心，是为了制造微喷嘴而开发出来的加工技术。

LIGA 技术是一种基于 X 射线光刻技术的综合性加工技术（工艺流程如图 14.6 所示），主要包括 X 射线深度同步辐射光刻、电铸制模和注模复制三个工艺步骤。由于 X 射线有非常高的平行度、极强的辐射强度、连续的光谱，使 LIGA 技术能够制造

出高宽比达到 500、厚度大于 1 500 μm、结构侧壁光滑且平行度偏差在亚微米范围内的三维立体结构。这是其他微制造技术所无法实现的。

由于 LIGA 技术需要极其昂贵的 X 射线光源和制作复杂的掩模板，其工艺成本非常高，这也限制了该技术在工业上的推广应用。于是出现了一类应用低成本光刻光源和(或)掩模制造工艺而制造性能与 LIGA 技术相当的新的加工技术，通称为准 LIGA 技术或 LIGA - like 技术，如用紫外光源曝光的 UV - LIGA 技术，准分子激光光源的 Laser - LIGA 技术，用微细电火花加工技术制作掩模的 MicroEDM - LIGA 技术，用 DRIE 工艺制作掩模的 DEM 技术等。其中，以 SU - 8 光刻胶为光敏材料，紫外线为曝光源的 UV - LIGA 技术因有诸多优点而被广泛采用。图 14.7 为采用 LIGA 技术加工的产品。

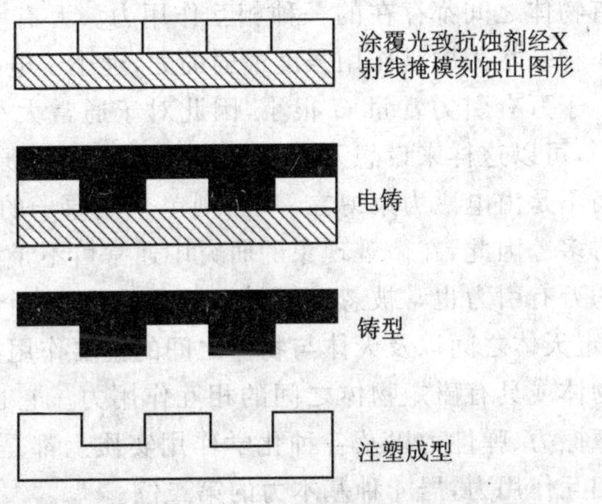

图 14.6　LIGA 技术流程示意图

图 14.7　采用 LIGA 技术加工的产品

4. 其他微加工技术

由于微机电系统器件和结构的复杂性，使得对加工工艺的要求千变万化，前面介绍的微加工技术还不能完全满足加工需求。因此，世界各国都在发展各种新的微加工技术，这也包括将传统的加工技术改造用于微加工，如电火花加工技术、超精密加工技术、激光精细加工等。

第 15 章　微机电系统中的力

15.1　物理基本力

目前物理学界公认的自然界存在万有引力、电磁力、强相互作用力、弱相互作用力这 4 种基本力。在宏观世界里能显示其作用的只有万有引力和电磁力 2 种。

万有引力是所有物体之间都存在的一种相互作用力。万有引力是一种长程力，力程为无穷。它在 4 种基本力中是作用强度最弱的力，远小于电磁力、强相互作用力和弱相互作用力。由于万有引力常量 G 很小，因此对于通常大小的物体，它们之间的万有引力非常微弱，可以这样来设想万有引力的微弱程度：若原子内的电子和原子核间是由万有引力而不是由电磁力束缚在一起，则单个氢原子的体积就会比迄今所估计的宇宙还要大得多。因此，在微观现象的研究中通常可不予考虑万有引力；在一般的物体之间存在的万有引力也常被忽略不计。但是，对于一个具有极大质量的天体，万有引力成为决定天体之间以及天体与物体之间的主要作用力。

电磁力是带电物体或具有磁矩物体之间的相互作用力。它也是一种长程力，力程为无穷。宏观的摩擦力、弹性力以及各种化学作用实质上都是电磁力的表现。其作用强度仅次于强相互作用力，居 4 种基本力的第二位。

弱相互作用力和强相互作用力都是短程力，短程力的相互作用范围在原子核尺度内。强相互作用力只在 10^{-15} m 范围内有显著作用，弱相互作用力的作用范围不超过 10^{-18} m。这两种力只有在原子核内部核基本粒子的相互作用中才显示出来，在宏观世界里察觉不到它们的存在。

如果对 4 种基本作用力按作用强度来排序，则它们的顺序是：强相互作用力、电磁力、弱相互作用力、万有引力。一对质子在相距 10^{-15} m 时，各种基本力的作用强度为（假定此时强相互作用力强度的数量级为 1）：强相互作用力为 1，电磁力为 10^{-2}，弱相互作用力为 10^{-12}，万有引力为 10^{-40}。综上所述，表 15.1 列出了 4 种基本力各自的作用特性。

表 15.1　4 种基本力各自的作用特性

类　型	相互作用的物体	媒介粒子	作用距离/m
万有引力	一切质点	引力子	无限远
电磁力	电荷	光子	无限远
弱相互作用力	大多数粒子	中间玻色子	10^{-18}
强相互作用力	核子、介子等	胶子	10^{-15}

从 4 种基本力的观点来看，对于我们所考虑的微机电系统，其尺寸量级在微米和纳米之间，在这种范围内起主要作用的是万有引力和电磁力。物体间作用的万有引力和电磁力的强度主要取决于 3 个因素，即作用力的密度、物体的尺度及物体间的作用距离。

万有引力和静电力表达式很相似。万有引力表示为 $F=\frac{Gm_1m_2}{r^2}$。式中，G 为引力常数，$G=6.672\,0\times10^{-11}\ \text{N}\cdot\text{m}^2/\text{kg}^2$。静电力表示为 $F=\frac{kq_1q_2}{r^2}$。式中，k 为库仑力常数，$k=8.987\times10^9\ \text{N}\cdot\text{m}^2/\text{c}^2$。

从作用距离来看，二者都与距离的平方成反比。从作用体的尺度来看，二者也都与物体尺度成正比。但从作用力的密度来看，二者有很大区别。首先，引力常数和库仑力常数相差就很大；其次，静电力和电荷成正比，万有引力和质量成正比，而单位尺度下的质量却比单位尺度下的电荷也要小很多，因此，静电力的密度要比万有引力的密度大很多个量级。除此之外，万有引力一定是吸引力；而静电力可以是吸引力，也可以是排斥力，取决于电荷的同号或异号。微机电系统结构的尺寸很小，质量也很小。由于万有引力的密度极小，因此对于微机电系统来说，万有引力是可以忽略的。与万有引力不同，电磁力的作用却是普遍的和多样的。电磁力中包括静电力、电场力、磁场力、洛仑兹力、多极电场力以及偶极电场力引发的范德瓦尔斯力等很多形式。

物体的尺度是由其长、宽、高三维尺度确定的，取其中最大的一维尺度作为特征尺度。在作用力密度不变的情况下，体积力与特征尺度的三次幂成正比，表面力则依赖于特征尺度的二次幂，而线力依赖于特征尺度的一次幂。当物体的特征尺度从 1 mm减小到 1 μm 时，面积将减少为原来的 10^{-6}，而体积将减少为原来的 10^{-9}。当物体的特征尺度大于 1 mm 时，体积力起主导作用。当物体的特征尺度小于 1 mm 时，表面力和线力起主导作用。微机电系统的结构尺寸大多数都在微米量级，有的作用尺寸甚至达到纳米量级。因此，对于微机电系统来说，表面力和线力相对体积力来说起到的作用更明显，如静电力、摩擦力、阻尼力、卡西米尔力等都属于表面力，它们在微机电系统中的重要作用都在不同程度上显现，而安培力属于线力，受尺度的影响最不显著，它在宏观和微观系统中都起着很重要的作用。在所有这些作用中，有些作用是我们期望的主动作用，而有些作用却是不期望的被动作用。在微机电系统中，静电力常常可作为一种驱动力来产生电容两极间的相对运动，但当两极板间的间距较小或电压较大时，两个极板间的静电力也会引起板间的吸合。对于谐振系统，若要使两极板间产生周期振动，则周期性的驱动力是期望的主动动作，而极板间的吸合趋势就是不期望的被动作用。对于静电开关，极板间的吸合是期望的主动作用，未吸合的振动就变为不期望的被动作用。除此之外，微摩擦力和空气阻尼力等也在微机电系统中起着主动或被动的作用。空气阻尼会影响系统的品质因子，但空气阻尼也常常被用来调节品质因子。摩擦力会使微构件很快磨损而导致失效，但摩擦力有时也可用来作为约束或固定。

上述在宏观尺度上被忽略的各种面力，在微观尺度下都显现出来。微机电系统实际上都是主动或被动受到许多这样的力的作用。相对于宏观状态，微机电系统的力学环境发生了很大的变化。当系统特征尺度达到微米或纳米量级时，许多物理现象与宏观状态的情况有很大差别，其材料与结构的力学行为和物理性质与宏观状态也有明显不同，当它受不同环境(湿、热、电、磁、力等)和不同加工过程的影响时，力学参数也会有明显变化。与特征尺度三次方成比例的惯性力、电磁力等的作用相对减小，而与特征尺度二次方成比例的摩擦力、黏性力、弹性力、表面张力、静电力的作用相对增大；原来在宏观条件下被忽略的毛细力、空气阻尼力、卡西米尔力和范德瓦尔斯力等，在微结构的相互作用中已不能再被忽略，因此微机电系统是一个多场力作用的系统。另外，虽然微机电系统的基本结构都是固体形态的，但从微尺度角度考虑，湿度引起的水滴液体形态和固有的空气气体形态等也都是同时存在的。因此，微机电系统又是一个多相共存的系统。总之，一般来说，从力学作用的角度看，微机电系统是一个多场共存并耦合和多相共存并耦合的系统。因此，微机电系统具有特殊的力学环境。微机电系统中的各种微观力除了与其尺度有关外，还与其作用距离有关，一般来说，微观力都与作用距离的幂次成反比。幂次越高，它随作用距离的衰减就越快，例如，毛细力和电磁力与其作用距离的一次方成反比；静电力与其作用距离的平方成反比；范德瓦尔斯力和气体阻尼力与其作用距离的三次方成反比；卡西米尔力与其作用距离的四次方成反比。可以看出，在微机电系统中，随作用距离变化最快的是卡西米尔力，随作用距离变化较慢的是毛细力和电磁力。因此，当细致分析微机电系统的力学环境时，这些微观力的作用都是不能忽略的。

在微尺度下，从物理基本力(如分子力、电荷力等)入手来探讨微机电系统中微观力的作用是很有益处的。有时考虑量子电动力学的作用也是必要的。探讨各种微观力的作用，给出各种微观力的作用效果，分析其本质、起源和特性都十分重要。迄今为止，宏观力学中普遍适用的物理规律不能完全解释和指导微机电系统的设计、制造工艺、封装和应用中提出的问题，尤其是对其中很多重要问题还缺少有效的研究方法，迫切需要我们开展这方面的研究工作。微机电系统力学研究的深入，必将为微机电系统提供新的设计理论，在提高其可靠性并改进其质量方面，提供有益的理论和方法。

15.2 静电力与电磁力

15.2.1 静电力

电荷是自然界中物质的一种属性，而不是存在于物质之外的。

电荷既不能创生，也不能消灭，只能从一个物体转移到另一个物体，或从物体的

这一部分转移到另一部分。在一个与外界无电荷交换的系统内，正负电荷的代数和在任何物理过程中始终保持不变，这就是电荷守恒定律。这个定律不仅在一切宏观过程中成立，也被一切微观过程所遵守。

库仑定律描述：在真空中两个点电荷之间的相互作用力的大小与它们之间所带的电荷量的乘积成正比，与它们之间的距离平方成反比；作用力的方向沿着它们之间的连线；同性电荷相斥，异性电荷相吸。用公式表示为

$$F = \frac{1}{4\pi\varepsilon_0} \times \frac{q_1 q_2}{r^2} \tag{15.2.1}$$

式中，$\varepsilon_0 = 8.854 \times 10^{-12}$ F/m（法/米），为真空介电常数；r 为两点电荷 q_1 和 q_2 之间的距离。

有多个点电荷存在时，任意两个点电荷之间的作用是独立的，不受其他电荷存在的影响，仍服从库仑定律，即作用在每一个点电荷上的总静电力等于其他各点电荷单独存在时作用于该点电荷的静电力的矢量和。这就是静电力的叠加原理。叠加原理为解决任何电荷系之间的静电作用问题，提供了根据和计算方法。

电荷是电场的源，电场具有力的属性和能的属性。电场力的属性是指电场对置于其中的电荷有施加力的作用。电场能的属性是指，在施力与受力电荷组成的系统里，电场有作功产生能量的特性。

电偶极子是指一对相距很近的等量异号电荷所组成的电荷系统。其电荷 q 与该对电荷的距离矢量 d 的乘积，即 $p = qd$ 为电偶极矩。这是一种重要的电荷分布。

任意电荷分布的电势可以用适当选取项数的电多极子电势来近似。

15.2.2　电磁力

电荷在磁场中运动时受到洛伦兹力的作用。洛伦兹力是由磁场传递而起作用的。

通电导线中有运动的电荷。外磁场对载流导线的作用力称为安培力。安培定律：放在磁场中某点处的电流元 $\boldsymbol{I}\mathrm{d}\boldsymbol{l}$ 所受到的磁场力 $\mathrm{d}\boldsymbol{F}$ 的大小与电流元 $\boldsymbol{I}\mathrm{d}\boldsymbol{l}$、电流元所在处磁场的磁感应强度 $\boldsymbol{B}$ 以及 $\mathrm{d}\boldsymbol{l}$ 与 $\boldsymbol{B}$ 之间夹角 θ 的正弦成正比；$\mathrm{d}\boldsymbol{F}$ 的方向垂直于 $\boldsymbol{I}\mathrm{d}\boldsymbol{l}$ 和 $\boldsymbol{B}$ 所决定的平面，指向遵从右手螺旋法则，用公式可表达为

$$\mathrm{d}\boldsymbol{F} = k\boldsymbol{I}\mathrm{d}\boldsymbol{l} \times \boldsymbol{B} \tag{15.2.2}$$

式中，k 是比例系数，其值取决于式中各量所采用的单位。

15.3　范德瓦尔斯力

范德瓦尔斯力是存在于分子间的一种弱的电性吸引力，也叫分子间力。在物质的聚集态中，一般来说，某物质的范德瓦尔斯力越大，则它的熔点、沸点就越高。对于组成和结构相似的物质，范德瓦尔斯力一般随着相对分子质量的增大而增强。范德

瓦尔斯力由三部分作用力组成，即色散力、诱导力和取向力。色散力是分子的瞬时偶极间的作用力，它的大小与分子的变形性等因素有关。一般相对分子质量愈大，分子内所含的电子数愈多，分子的变形性愈大，色散力亦愈大。诱导力是分子的固有偶极与诱导偶极间的作用力，它的大小与分子的极性和变形性等有关。取向力是分子的固有偶极间的作用力，它的大小与分子的极性和温度有关。极性分子的偶极矩愈大，取向力愈大；温度愈高，取向力愈小。在极性分子间有色散力、诱导力和取向力；在极性分子与非极性分子间有色散力和诱导力；在非极性分子间只有色散力。实验证明，对大多数分子来说，色散力是主要的；只有偶极矩很大的分子（如水分子），取向力才是主要的；而诱导力通常是很小的。色散力对总的范德瓦尔斯力贡献最大。这种力也称为伦敦(London)-范德瓦尔斯力，或者 London -色散力，这是因为 1873 年由范德瓦尔斯提出理论基础，1930 年由伦敦实际解释。

15.4 卡西米尔力

在微机电系统中，排除其他各种机械或电的力之后，两块间距极小的平行板间还会存在一种不同寻常的力。这种力在宏观条件下几乎不存在，但是在微观领域，间距在微纳米范围内，都会存在这种力。图 15.1 是微机电系统中典型的梳齿结构，梳齿之间构成微平行板结构，如图 15.2 所示。卡西米尔力的大小与间距的指数关系成反比，平行板间距越小，这种力的作用就越显著，这种力被称为卡西米尔力。若要透彻研究微机电系统动力学环境，这种微观世界里存在的特殊力——卡西米尔力，就不能再被忽视。

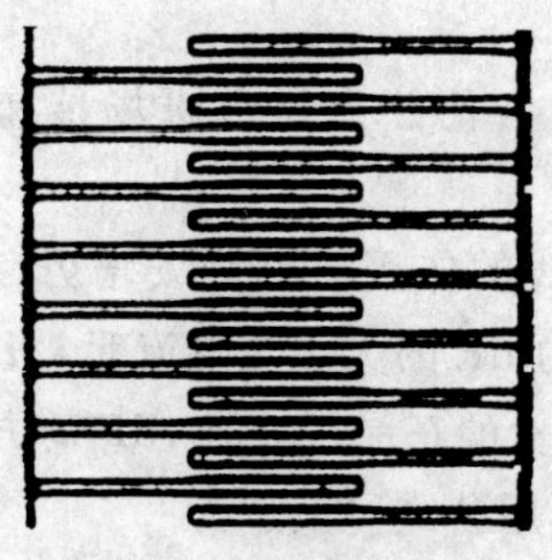

图 15.1 典型梳齿结构图

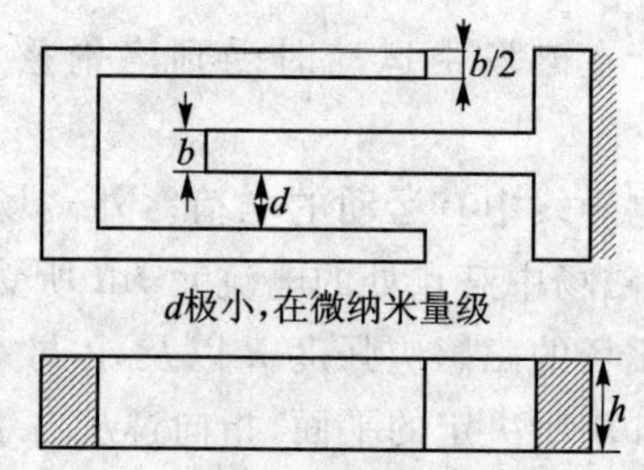

图 15.2 梳齿间的微平行板结构示意图

15.4.1 卡西米尔力概述

卡西米尔力是一种当两个物体之间距离在微米以下时才会体现出来的相互吸引力。它是 1948 年由卡西米尔首先发现并提出的力。直到 1997 年，物理学家首次对它成功地进行了测定。

卡西米尔力的简化计算公式是

$$F = -\frac{\pi^2 \cdot h \cdot c \cdot A}{240 \cdot d^4} \tag{15.4.1}$$

式中，π是圆周率，$h=6.6262\times10^{-34}$是普朗克常数，$c=3\times10^8$ m/s是光速，A是两块平板的面积，而d是两块平板间狭缝的距离。卡西米尔力是通过量子效应使物体产生相互吸引的。

15.4.2　卡西米尔效应

简单地说，卡西米尔效应就是在真空中两片平行的平坦金属板之间存在吸引力的效应。从理论上看，真空能量以粒子的形态出现，并不断以微小的规模形成和消失。在正常情况下，真空中几乎充满着各种波长的粒子，但卡西米尔认为，如果使两个不带电的金属薄盘紧紧靠在一起，较长的波长就会被排除出去。金属盘外的其他波就会产生一种使它们相互聚拢的力，金属盘越靠近，两者之间的吸引力就越强，这种现象就是所谓的卡西米尔效应。

卡西米尔效应非常微弱，但是对于微纳米甚至毫米尺度的电子系统或者微机械电子系统而言却是非常重要的。卡西米尔力有可能将各部件粘合在一起。

15.4.3　卡西米尔力的量子力学阐释

卡西米尔力看上去似乎与直觉完全相反，但现在人们对它却已有了深入的了解。在早期的经典力学中，真空的概念是简单的，如果一个容器倒空其内所有粒子并且将其温度降到绝对零度，则容器内部所剩余的空间即为真空。然而，量子力学的出现却完全改变了我们对真空的定义。“真空”中虽然没有了有形的粒子物质，却还存在着无形的场的物质，而且所有的场，尤其是电磁场，都存在涨落。换句话说，在任何给定时刻，它们的实测值都在一个常量即平均值附近变动。即使是处于绝对零度的理想真空，也具有被称为“真空涨落”的涨落场，其平均能量相当于一个光子能量的一半。

然而，真空涨落并不只是物理学家头脑中的抽象概念，而是具有可观测的性质，它可在微观尺度内通过实验直接探测出来。例如，处于激发态的原子不会在激发态上保留无限长的时间，而是将通过自发地辐射出一个光子而返回基态，这种现象就是真空涨落的结果。假设你试图把一支铅笔竖直向上放到你的手指尖上，如果你的手绝对稳定且没有扰动打破这一平衡，则铅笔将保持在这种状态；但是，即使最轻微的扰动都将使铅笔倒向更稳定的平衡位置上。同理，真空涨落将使处于激发态的原子返回到基态上。

卡西米尔力是反映真空涨落的最显著的力学效应。两个平面镜之间的间隙可以被看作是一个狭窄的腔。各种电磁场的谱包含许多不同的频率特征。在较大的自由空间中，所有频率都具有同等的重要性。但在狭窄的腔中，电场在两个镜面之间来回反射，情况将不同。如果一个场的半波长的整数倍恰好等于腔长，则该场将被放大，这时场的波长对应于“腔共振”。与此相反，其他波长的场将被抑制。真空涨落究竟

是被抑制还是被增强，取决于它们的频率是否与腔共振相对应。

在讨论卡西米尔力时会遇到一个重要的物理量是“场的辐射压力”。每种场，即使真空场，都带有能量。因为所有电磁场都可以在空间中传播，所以它们可以对物体表面施加压力，正如流动的河水推压水闸一样。这种辐射压力随电磁场的能量（因而随电磁场的频率）的增加而增加。在腔共振频率上，腔内的辐射压力大于腔外的辐射压力，因而两个镜面将相互排斥。相反，在腔共振以外的频率上，腔内的辐射压力小于腔外的辐射压力，因而两个镜面将相互吸引。

总的来说，研究表明镜面所受的吸引分量的影响略微大于排斥分量的影响，因而对于两个理想的、相互平行放置的平面镜，卡西米尔力表现为吸引力，所以两个镜面将被拉向一起。上述两镜面之间的卡西米尔力 F 正比于镜面的面积 A，并且每当两个镜面间的距离 d 减半时，该力将增至原来的 16 倍，即 $F \propto A/d^4$（F 正比于 A/d^4）。除了上述几何参量以外，两镜面之间的卡西米尔力只依赖于基本物理常量普朗克常数和光速。

然而，对于相距几米远的平面镜来说，卡西米尔力太弱，无法被探测到；如果两个镜面之间的距离在微米量级以内，则它们之间的卡西米尔力是可以被探测到的。例如，两个面积为 1 cm^2、相距 1 μm 的镜面之间具有的相互吸引的卡西米尔力的大小约为 10^{-7} N，大致等于一个直径为 0.5 mm 的水珠所受的重力。虽然这种力看起来很小，但在小于微米的距离之内，卡西米尔力却成为两个中性物体之间最强的力。实际上，在 10 nm——大约为典型的原子尺寸的 100 倍的距离上，卡西米尔力的作用相当于一个大气压。

15.4.4 卡西米尔力对微加速度计性能的影响

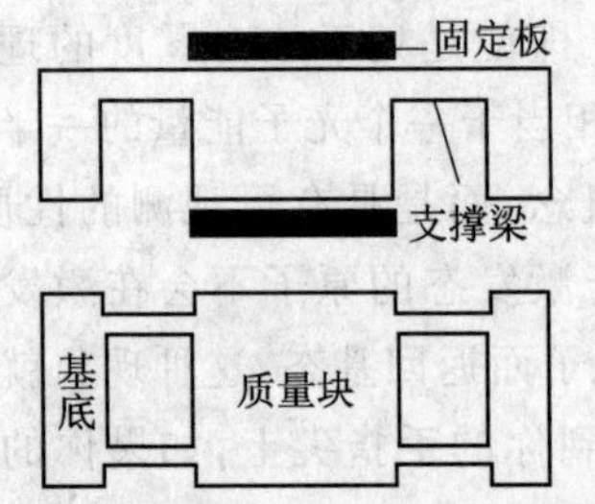

图 15.3 微加速度计的结构示意图

微加速度计是利用惯性原理，通过质量块在惯性力作用下发生位移，并引起某些物理量（比如电容）的变化来测量加速度的。图 15.3 为一种微加速度计的结构示意图，其工作部分由两块互相平行的正方形极板和一长方体质量块以及 4 根横截面为矩形的支撑梁组成，总体呈对称结构。质量块使用单晶硅制造，它的上下表面视作两个活动极板，分别与相邻的固定极板构成一对差分电容。假设极板的表面均淀积金属金来提高其电性能。下面对其进行具体的分析和计算。

图 15.3 所示的固支梁结构单轴加速度计，质量块受以下几种力作用：惯性力 F_i、静电力 F_e、弹性力 F_k 和卡西米尔力 F_{cas}。当检测电容所用的检测电压一定时，在以上各力作用下有力平衡方程为

$$F_e + A \cdot F_{cas} + F_i - F_k = 0 \tag{15.4.2}$$

式中，静电力、卡西米尔力均与两平行极板的距离有关。

当微加速度计承受外部加速度作用后，质量块将产生 Δd 向下的位移，此时惯性力 F_i、静电力 F_e、弹性力 F_k 和卡西米尔力 F_{cas} 的表达形式分别如下：

$$\left.\begin{aligned} F_e &= \frac{A\varepsilon_0 V_{eff}^2}{2}\left[\frac{1}{(\overline{d}-\Delta d)^2}-\frac{1}{(\overline{d}+\Delta d)^2}\right] \\ F_i &= ma \\ F_k &= \frac{24nEI}{L_d^3}\Delta d \\ F_{cas} &= \frac{\pi^2 hc}{240}\left[\frac{1}{(\overline{d}-\Delta d)^4}-\frac{1}{(\overline{d}+\Delta d)^4}\right]\eta_T\eta_b \end{aligned}\right\} \tag{15.4.3}$$

式中，A 为极板的面积，ε_0 为两极板真空中的介电常数，V_{eff} 为有效检测电压，$\overline{d}$ 为极板间的初始平均间距，Δd 为惯性质量沿 z 方向的位移，a 为外部加速度的大小，m 为质量块的质量，g 为重力加速度，k 为支撑梁刚度，n 为调整刚度大小的比例系数，I 为四根支撑梁总惯性矩，L_d 为支撑梁长度。

鉴于质量块相对间距较小，些许的不平衡或粗糙度都会对卡西米尔力有较大的影响，因此需考虑硅导电性和粗糙度等对卡西米尔力的影响。在室温条件下，温度对卡西米尔力的影响较小，可不考虑其对卡西米尔力的影响（$\eta_T=1$）。

考虑金的有限导电性的影响时，平板间单位面积上的卡西米尔力修正系数为

$$\eta_C = 1-\frac{16}{3}\frac{\delta_0}{b}-24\frac{\delta_0^2}{b^2}-\frac{640}{7}\left(1-\frac{\pi^2}{210}\right)\frac{\delta_0^3}{b^3}+\frac{2\,800}{9}\left(1-\frac{163\pi^2}{7\,350}\right)\frac{\delta_0^4}{b^4} \tag{15.4.4}$$

式中，δ_0 为电磁场零点振动下电磁波进入金属表面的深度。对金属金，$\delta_0=136/2\pi$ nm。考虑粗糙度时，可应用下式进行修正。

$$F_{cas}^{\overline{d}}(\overline{d}) = \frac{1}{L^2}\int_{-L/2}^{L/2}\int_{-L/2}^{L/2} F_{Tb}(\mathrm{d}(x,y))\mathrm{d}x\mathrm{d}y \tag{15.4.5}$$

取一块极板表面作为 $x-y$ 平面，可将两极板的粗糙度分别表示为 $A_1 f_1(x,y)$ 和 $A_2 f_2(x,y)$，其中 A_1、A_2 分别为两板的粗糙度的幅值；$f_1(x,y)$、$f_2(x,y)$ 分别为两板粗糙度的分布函数。假设两块平板的表面分布函数均为正弦分布，且分布周期 T 与幅值分别相同，并满足

$$f_1(x,y) = \frac{1}{2}\left[\sin\left(\frac{2\pi x}{T}+\pi\right)+\sin\left(\frac{2\pi y}{T}+\pi\right)\right] \tag{15.4.6}$$

$$f_2(x,y) = \frac{1}{2}\left[\sin\left(\frac{2\pi x}{T}\right)+\sin\left(\frac{2\pi y}{T}\right)\right] \tag{15.4.7}$$

则考虑表面粗糙度时极板间距离的分布函数 $d(x,y)$ 为

$$d(x,y) = \overline{d}+A_2\left[\sin\left(\frac{2\pi x}{T}\right)+\sin\left(\frac{2\pi y}{T}\right)\right] \tag{15.4.8}$$

将式(15.4.4)、式(15.4.8)代入式(15.4.5)中，则可以综合讨论有限导电性和粗糙度在室温情况下对卡西米尔力的影响。

质量块和悬臂梁的尺寸与极板间距离$\overline{d}$相关，一般常用的使用微加速度计测量的参数取 200 nm≤$\overline{d}$≤1 400 nm。

在受到惯性力作用后，质量块产生垂直于极板方向的位移，与不考虑卡西米尔力相比，考虑卡西米尔力时，质量块会偏离平衡位置更远一些。相对原来的加速度测量量程来说，其量程将变小，即可检测的最大加速度值将变小。图 15.4 给出了在支撑梁刚度不同的情况下，考虑与不考虑卡西米尔力时，微加速度计最大可检测加速度a_{max}与极板距离的关系。

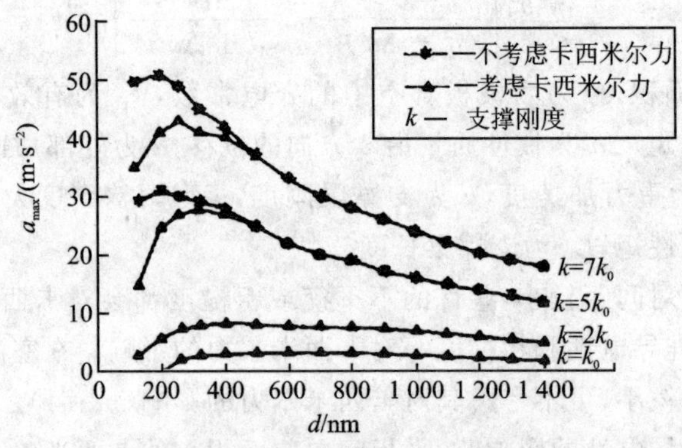

图 15.4　最大可检加速度的变化趋势

从图 15.4 中可以看出：

① 不论支撑梁刚度大小如何，考虑卡西米尔力下的a_{max}都比不考虑时小；

② 随着$\overline{d}$的减小，a_{max}先增加，后减小，存在一个极值，而考虑卡西米尔力比不考虑卡西米尔力时的极值小，且考虑卡西米尔力时在相对较大的距离出现极值；

③ 支撑梁刚度较小的加速度计，其最大可检测加速度也较小，即其加速度可检测范围很窄。

从以上的分析可以看出，对于微机电系统来说，卡西米尔力的影响是需要考虑的。微型化是当今科技发展的一个重要趋势。目前，微机电系统(MEMS)已在航空航天工程、机器人技术、地震预测、汽车安全系统等领域得到了广泛的应用。微器件的加工工艺已经能够达到深亚微米的量级，甚至几个纳米的尺度，纳机电系统(Nano electromechanical system)的概念已经形成，对它的设计及性能的研究日益重要。在亚微米范围内，静电力、卡西米尔力等长程作用力将对器件产生很大的影响。随着两个物体间距离的逐渐减小，物体原子群体整体表现为物体间可观测的相互作用，即卡西米尔力的作用。在微器件中，当两个分离表面的间隙达到亚微米量级时，这种效应将不可忽略。而在微加速度计、微陀螺仪、微惯性测量组合和谐振器等 MEMS 器件中，广泛使用平板、梁、薄膜等结构，卡西米尔力在平板结构中的影响经过研究及实验证明是很大的。

15.5　布朗力与噪声

15.5.1　布朗运动现象与噪声

在超倍显微镜下，观察悬浮于液体上的胶体粒子，可以看到，胶体粒子有不规则的运动。用光束反射方法观察悬挂在稀薄气体中的小镜，可以发现，镜子有不规则的摆动，这就是布朗运动的现象。英国植物学家布朗(Brown. R)最先用显微镜观察的是悬浮于水中的花粉颗粒。这种颗粒或小镜的不规则运动或不规则摆动是无休止的。众所周知，其后的研究表明，这种胶体粒子、花粉颗粒的随机运动和小镜的随机摆动都是分子热运动引起的。这种热运动导致了液体或气体分子对粒子或小镜产生碰撞。这种碰撞将产生一种推动力，这种碰撞同时又产生一种阻力。通过施加一个外力，可观察到这种阻力的作用。例如让粒子带电，然后通过施加一个外电场就可以施加这样的外力；同样，若施加一个适当的电磁场，也可给小镜施加一个外力矩。可以发现这种受迫运动总是受到摩擦力或阻力的作用，而这种阻力就是来自于周围液体或气体分子对粒子或小镜的碰撞。尽管这种碰撞是随机的，但大量的碰撞将产生一种系统性的结果，这种系统性的结果表明其阻力与粒子的运动速度或小镜的转速成正比。综上可以看出周围分子的随机碰撞将产生两种作用效应。一种是碰撞对粒子或镜子提供了随机驱动力，并促进其产生不规则的运动或摆动；另一种是它同时也提供了一种阻力。前一种具有随机性，后一种具有系统性。由于这两种效应来自同一个根源，因此二者必定有对应的关系。把这种随机碰撞产生的力叫布朗力。

在热力平衡系统中，这种布朗运动的现象是普遍存在的。在机械热平衡系统中，气体或液体会对微小固体颗粒产生随机碰撞，在导体热平衡系统中晶格原子会对载流子产生随机的散射冲击。有些场合，这种作用的宏观效果不是太显著，是可以忽略的；但在有些场合，这种作用的宏观效果不能被忽略。这种热平衡系统中的随机涨落的布朗运动现象在宏观上不仅干扰系统的机械运动，也会干扰系统中的电荷流动。从信息(信号)的角度说，其宏观表现就是噪声。因此，大多数噪声的根源来自于微观的布朗运动现象。

在热动力平衡系统中，这种热运动导致的噪声属热噪声。这种产生热噪声的系统都属耗散系统，所谓耗散系统就是指经一个周期干扰能吸收能量的系统。而能够描述这一系统规律特别是能描述驱动力与阻力关系的理论就是波动耗散理论(Fluctuation Dissipation Theorem，FDT)。驱动力就是所谓的布朗力，而阻力的宏观表现则为机械阻尼、导体电阻或广义阻抗。因此布朗力总是与阻抗有关。实际上也是因为阻抗的存在才使系统变成了耗散系统。

微机电系统，由于其结构尺寸非常微小，导体通道也比较狭窄，故在机械层面接近于微颗粒，在电子层面属微电路系统。在机械层面它极易受到周围气体或液体(如空气凝结的液体)分子的碰撞影响,即受布朗力的冲击。在电子层面,微电子电路本来承担的电压或电流就很微小,再受到散射的冲击,从而势必影响各种电信号的平稳流动。宏观机械实际上也同样受到布朗力的冲击,只是此时的冲击相对比较微小而经常被忽略。但对于微机械结构就不同了,布朗力对微机械结构的冲击是比较显著的。因此,对于微机电系统来说,微观布朗运动现象的影响是不能忽略的,布朗力的作用也是不能忽略的。

前已述及,布朗力作用的宏观表征就是机械的热噪声和电流的热噪声。而实际系统特别是电路系统噪声不只是热噪声一种,还存在许多其他类型的噪声,如 $g-r$ 噪声、$1/f$ 噪声、散粒噪声等。而这些噪声也都来源于系统某些特性的随机涨落。

15.5.2 噪声的一般性质

在广义范围内,可以认为噪声就是扰乱或是干扰有用信号的某种不期望扰动,包括系统外自然的或“人为的”干扰和系统内由材料、器件物理作用产生的自然扰动两个方面。原则上,前者可以采用适当的屏蔽、滤波或是电路元件的配置措施来解决。后者则是处于绝对零度以上的所有电导体中都呈现的热噪声,它既不能精确地预见,也不能完全消除。因此狭义的噪声就是系统内部产生的干扰。

在测量中,噪声很重要。微机电器件分辨率取决于噪声,系统的动态范围取决于噪声,最小可检测电平也取决于噪声。

噪声在控制系统中是一个不容忽视的问题。在控制系统中,如果触发电路输入信号混有幅度变化的噪声,噪声尖峰就会使电平检测器发生误触发。为了减少误触发的概率,就必须降低噪声。

噪声是存在于系统内部的一种固有的扰动信号,它是由组成该系统材料的物理性质及温度等原因引起物理粒子的不规则运动所产生的。噪声是一个随机信号,它由振幅随机和相位随机的频率组成,在某一瞬时并不能预知其精确大小。某些噪声遵循一定的统计分布规律,可以测定这类噪声长时间的均方根值。例如,热噪声和散粒噪声服从高斯分布规律。

对于微机电系统(如微加速度计、微陀螺等),其噪声主要有电流热噪声、散粒噪声、$g-r$ 噪声、$1/f$ 噪声、机械布朗噪声(机械热噪声)等。其中电流或机械热噪声对微机电系统影响很大,是主要的研究对象。虽然微机电系统敏感元件的机械热噪声要小于后续的电路噪声,它并不是系统的最主要噪声来源,但是,它决定了系统噪声的最低限,直接影响 MEMS 器件的灵敏度和分辨力,也是值得关注的研究对象。

对于微机电系统,其输出的信号也都特别微弱,这些信号不仅其绝对幅度很小,而且其相对的幅度也很小,会被噪声完全淹没。因此只有在有效的抑制噪声的条件下放大微弱信号的幅度,才能提取有用的信号。对于微机电系统,为了从噪声中提取有用的信号,就要研究噪声的来源和性质,分析噪声产生的原因、规律和传播途径,并有针对性地采取有效的措施抑制噪声,研究并分析出被检测的信号和噪声的统计特

性及差别，以寻找出能从背景噪声中检测有效信号的理论和方法。总之，研究噪声对于微机电系统具有十分重大的意义。

15.5.3　机械噪声(布朗力)

从前面的分析已经知道，机械热噪声的根源就是周围气体或液体分子对机械颗粒的随机碰撞。它表现为布朗力的作用，反映和体现的是布朗力与系统阻尼的关系。随着人们对微机电系统研究的深入，微机电系统中的机械热噪声逐渐被人们所认识。在研究微机电系统时，这一噪声影响微机电器件的灵敏度和分辨率，并会增加测量的随机误差。

考虑一个微机械系统中的质量块振动。由于微机械结构中存在阻尼，当不存在驱动力时，人们一般认为阻尼会使质量块(微颗粒质量块)的振幅不断衰减，如果不存在噪声，质量块作为一个粒子的能量也将衰减为 0，然而实际上并非如此。噪声也是一种驱动，它将驱动质量块，使质量块与环境保持热平衡。从这一点可以说明，机械热噪声具有驱动和阻尼的双重性质。阻尼越大，布朗噪声的驱动力也越大。

1. 布朗力

布朗力 $\boldsymbol{f}_{\mathrm{B}}(t)$是由于流体分子撞击颗粒而产生的快速涨落的随机力，也可视为周围流体分子对颗粒一段时间的综合作用，其时间尺度是分子运动的尺度。由于布朗力是随机力，起综合作用效果的是布朗力的统计特性。按照波动耗散理论，布朗力的统计特性可描述为

$$\langle \boldsymbol{f}_{\mathrm{B}}(t)\rangle = 0 \tag{15.5.1}$$

$$\langle \boldsymbol{f}_{\mathrm{B}}(t)\boldsymbol{f}_{\mathrm{B}}(t+\tau)\rangle = 2k_{\mathrm{B}}Tc\delta_{ij}\delta(\tau)\boldsymbol{I} \tag{15.5.2}$$

式中，<>代表统计平均值(即数学期望值)，k_{B} 是玻耳兹曼常数，T 是热力学温度，c 是阻尼力系数。$\delta(\tau)$是 Dirac delta 函数，满足当 $\tau\neq 0$ 时，$\delta(\tau)=0$，且 $\int_{-\infty}^{\infty}\delta(\tau)\mathrm{d}\tau = 1$ 的关系，δ_{ij} 是 Kroneeker delta 变量，当 $i=j$ 时为 1；当 $i\neq j$ 时为 0。$\boldsymbol{I}$ 是单位二阶张量。

式(15.5.1)代表布朗力 $\boldsymbol{f}_{\mathrm{B}}(t)$的统计均值，说明布朗力是完全随机的，其统计均值为零。式(15.5.2)代表布朗力 $\boldsymbol{f}_{\mathrm{B}}(t)$的相关函数，说明布朗力的相关函数是脉冲函数。按照随机过程的相关理论和傅里叶变换的性质，我们知道，相关函数和功率谱密度构成傅里叶变换对。对相关函数 $F=\langle \boldsymbol{f}_{\mathrm{B}}(t)\boldsymbol{f}_{\mathrm{B}}(t+\tau)\rangle$进行傅里叶变换，考虑到脉冲函数傅里叶变换的性质，可得

$$\int_{-\infty}^{\infty}\langle \boldsymbol{f}_{\mathrm{B}}(t)\boldsymbol{f}_{\mathrm{B}}(t+\tau)\rangle \mathrm{e}^{-\mathrm{j}\omega\tau}\mathrm{d}\tau = 2k_{\mathrm{B}}Tc \tag{15.5.3}$$

该式即为布朗力 $\boldsymbol{f}_{\mathrm{B}}(t)$的功率谱密度，因此，也常称 $2k_{\mathrm{B}}Tc$ 为 $\boldsymbol{f}_{\mathrm{B}}(t)$谱密度。功率谱密度可理解为单位频率内的功率值。由于 $\boldsymbol{f}_{\mathrm{B}}$ 是矢量，矢量的直积是张量，因此 $\boldsymbol{F}$ 是一个张量，δ 也是一个张量。布朗力分量的均方值为

$$\langle f_{\mathrm{B}x}^{2}(t)\rangle = \langle f_{\mathrm{B}y}^{2}(t)\rangle = \langle f_{\mathrm{B}z}^{2}(t)\rangle = 2k_{\mathrm{B}}Tc\delta(0) \tag{15.5.4}$$

$$\langle f_{Bx}(t)f_{By}(t)\rangle = \langle f_{By}(t)f_{Bz}(t)\rangle = \langle f_{Bz}(t)f_{Bx}(t)\rangle = 0 \tag{15.5.5}$$

布朗力分量的功率谱密度，即单位频率内的布朗力分量均方值，都为

$$P_F = 2k_B Tc \tag{15.5.6}$$

单位频率内的布朗力分量均值

$$\hat{f}^* = \sqrt{2k_B Tc} \tag{15.5.7}$$

从单边频率考虑

$$\hat{f}^* = \sqrt{4k_B Tc} \tag{15.5.8}$$

相应的布朗力分量均方值(功率 P_F)可描述为 $\frac{1}{2\pi}\int_{-\infty}^{\infty} 2k_B Tc\,\mathrm{d}\omega$，或$\frac{1}{2\pi}\int_{0}^{\infty} 4k_B Tc\,\mathrm{d}\omega$，或 $\int_{0}^{\infty} 4k_B Tc\,\mathrm{d}f$。称 $F_B = \sqrt{P_F}$ 为布朗力有效值，从而有

$$F_B = \sqrt{\int_0^{\infty} 4k_B Tc\,\mathrm{d}f} \tag{15.5.9}$$

当其在带宽 Δf 内分布时有

$$F_B = \sqrt{4k_B Tc\Delta f} \tag{15.5.10}$$

从以上的分析可以看出，布朗力是均值为零的随机力。在时域内其均方值是个脉冲函数，对应频域内的谱密度值为 $4k_B Tc$，其功率值为 $\int_0^{\infty} 4k_B Tc\,\mathrm{d}f$，其有效值为 $\sqrt{\int_0^{\infty} 4k_B Tc\,\mathrm{d}f}$。

2. 单自由度弹簧质量系统布朗力

对于单自由度弹簧质量系统：

$$m\ddot{x} + c\dot{x} + kx = F(t) \tag{15.5.11}$$

式中，m 为质量，c 为阻尼系数，k 为弹簧刚度，F 为外激励，x 为位移。要分析波动力即布朗力对该系统的作用，需在建立布朗力与阻尼力关系的基础上，利用能量均分理论来分析。

设布朗力为 $F_B(t)$，则对应该系统的阻尼力与布朗力关系的方程即朗之万(Langevin)方程为

$$m\ddot{x} + c\dot{x} = F_B(t) \tag{15.5.12}$$

考虑 $t=0$ 时，$x=0$，以及 $t=-\infty$ 时，$\dot{x}=0$ 的初始条件，该方程的解为

$$\dot{x} = \frac{1}{m}\mathrm{e}^{-\frac{c}{m}t}\int_{-\infty}^{t} \mathrm{e}^{\frac{c}{m}\Gamma}F_B(\tau)\mathrm{d}\tau \tag{15.5.13}$$

速度 $\dot{x}$ 的均方解为

$$\langle \dot{x}^2 \rangle = \frac{1}{m^2}\mathrm{e}^{-2\frac{c}{m}t}\int_{-\infty}^{t}\mathrm{d}\tau_1\int_{-\infty}^{t}\mathrm{e}^{\frac{c}{m}(\tau_1+\tau_2)}\langle F_B(\tau_1)F_B(\tau_2)\rangle\mathrm{d}\tau_2 \tag{15.5.14}$$

考虑$\langle F_B(\tau_1)F_B(\tau_2)\rangle = \langle F_B^2(\tau_1)\rangle\delta(\tau_1-\tau_2) = \langle F_B^2\rangle\delta(\tau_1-\tau_2)$，代入上式得

$$\langle \dot{x}^2 \rangle = \frac{1}{m^2} e^{-2\frac{c}{m}t} \int_{-\infty}^{t} e^{2\frac{c}{m}\tau_1} \langle F_B^2(\tau_1) \rangle d\tau_1 =$$

$$\frac{1}{m^2} e^{-2\frac{c}{m}t} \langle F_B^2 \rangle \frac{m}{2c} e^{2\frac{c}{m}t} \langle \dot{x}^2 \rangle = \frac{1}{2mc} \langle F_B^2 \rangle \tag{15.5.15}$$

根据能量均分理论，在热平衡状态，系统一个自由度上的势能统计均值$\left\langle \frac{1}{2} m\dot{x}^2 \right\rangle$，等于$\frac{1}{2}k_B T$，从而得

$$\frac{1}{2} m \langle \dot{x}^2 \rangle = \frac{1}{2} k_B T \delta \tag{15.5.16}$$

将式(15.5.15)代入上式，得

$$\langle F_B^2(t) \rangle = 2k_B T c \delta \tag{15.5.17}$$

对其进行傅里叶变换，得布朗力的谱密度为

$$\langle F_B^2(\omega) \rangle = \int_{-\infty}^{\infty} (F_B^2(t)) e^{-j\omega t} dt = 2k_B T c \tag{15.5.18}$$

考虑单边频率时的布朗力功率值为

$$P_F = \int_0^{\infty} \langle F_B^2(2\pi f) \rangle df = \int_0^{\infty} 4k_B T c \, df \tag{15.5.19}$$

布朗力的有效值为

$$F_B = \sqrt{\int_0^{\infty} 4k_B T c \, df} \tag{15.5.20}$$

当其只在带宽 Δf 内分布时有

$$F_B = \sqrt{4k_B T c \Delta f} \tag{15.5.21}$$

3. 硅微陀螺机械热噪声

硅微陀螺仪基本上都采用振动元件来检测转动角速率。最简单的振动式硅微陀螺结构示意图如图 15.5 所示，它是由弹簧和质量块组成的两自由度系统。采用静电力或电磁力驱动质量块沿着 x 方向振动，当 z 方向有转动时，则在 y 方向产生哥氏加速度。哥氏力激励质量块沿着 y 方向振动，因其振动幅值与转动速率成正比，所以通过检侧 y 方向的振动幅值，可以检测得 z 方向的转动角速率。

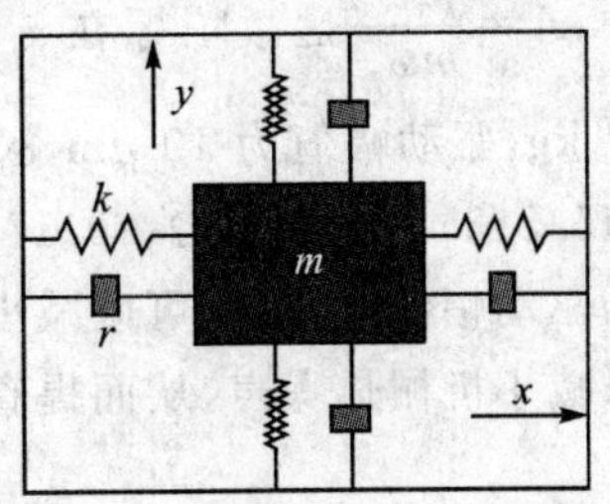

图 15.5　硅微陀螺仪示意图

硅微陀螺系统的机械热噪声源于分子热运动。在绝对零度以上，分子做随机热运动，即布朗运动。机械热噪声可建模为随机的、具有零平均值的布朗力。在热平衡状态，机械热噪声的功率谱密度为

$$S_v(\omega) = 4k_B T R \tag{15.5.22}$$

式中，k_B 为玻耳兹曼常数，T 为热力学温度，R 为作用在微陀螺仪上的阻尼力系数。

机械热噪声对硅微陀螺的影响相当于在微陀螺阻尼器的旁边加上力 $F_n=\sqrt{4k_B TR}$。由于驱动方向的谐振位移较大，一般在几微米左右，因此忽略机械热噪声对驱动方向的影响。考虑了驱动方向的硅微陀螺运动方程表达式如下：

$$\ddot{x}+\frac{\omega_x}{Q_x}\dot{x}+\omega_x^2 x=\frac{F_d}{m} \tag{15.5.23}$$

$$\ddot{y}+\frac{\omega_y}{Q_y}\dot{y}+\omega_y^2 y=\frac{F_s}{m}+\frac{F_n}{m}-2\Omega\dot{x} \tag{15.5.24}$$

式中，ω_x、ω_y 分别为硅微陀螺 x 方向和 y 方向的固有谐振频率；Q_x、Q_y 分别为硅微陀螺 x 方向和 y 方向的品质因数，$Q_x=\frac{m\omega_x}{R_x}$、$Q_y=\frac{m\omega_y}{R_y}$；$F_d$ 为 x 向的驱动力，F_s 为闭环检测时加在 y 向的反馈力。

假定 $F_d=f_d\sin\omega_x t$，将其代入上述方程，计算可得 $x=\frac{f_d Q_x\cos(\omega_x t)}{m\omega_x^2}$，$\dot{x}=\frac{f_d Q_x\sin(\omega_x t)}{m\omega_x}$，则机械热噪声等效输入幅值为 $|\dot{x}|=\frac{f_d Q_x}{m\omega_x}$。若将 F_n/m 写成如下形式：$\frac{F_n}{m}=2\bar{\Omega}\dot{x}$，$\bar{\Omega}$ 为噪声引起的等效输入角速度函数，$F_n=\sqrt{4k_B TR_y}=\sqrt{4k_B T\frac{m\omega_y}{Q_y}}$，则机械热噪声等效输入角速率为

$$\bar{\Omega}=\frac{F_n}{2m|\dot{x}|}=\frac{\sqrt{4k_B T\frac{m\omega_y}{Q_y}}}{2m\frac{f_d Q_x}{m\omega_x}},\qquad \text{即 } \bar{\Omega}=\frac{\sqrt{\frac{k_B T\omega_y}{mQ_y}}}{A\omega_x}$$

$$\bar{\Omega}=\frac{2.06\times10^5}{A\omega_x}\sqrt{\frac{k_B T\omega_y}{mQ_y}} \tag{15.5.25}$$

式中，$A=\frac{f_d Q_x}{m\omega_x^2}$是微陀螺在 x 方向的振动幅值。假定某一硅微陀螺的质量是 1×10^{-7} kg，驱动幅值为 10 μm，$\omega_x=\omega_y=2.5\times10^4$ rad/s，$T=300$ K，$Q_y=2\ 000$，代入式(15.5.25)，计算出 $\bar{\Omega}=0.17\ (°)\cdot h^{-1}\cdot Hz^{-1/2}$。由式(15.5.25)可知，增大硅微陀螺的驱动幅值或质量，可以减小机械热噪声；通过抽真空，提高微陀螺的品质因数，也可以减小机械热噪声，从而提高硅微陀螺的极限分辨率。

15.6 毛细力

15.6.1 毛细现象与毛细原理

毛细管插入液体中时，液体沿管径上升或下降一定的高度，这就是毛细现象。能够产生明显毛细现象的管叫毛细管。

毛细现象的产生是由液体浸润或不浸润固体及液体表面张力作用共同产生的。

它是由多种界面张力共同作用的结果。

15.6.2　表面张力

液体表面层内存在着一种力，它力图使表面积趋向最小；力所指的方向是沿着表面层的切线方向，因此称为表面张力。表面张力的微观起因是表面层内分子受到液体和第二介质分子的吸引力不同。

15.6.3　毛细力在平行板间的作用

虽然黏附在所有尺度中都存在，但是在微尺度下尤为重要，这是由微尺度中器件的小体积、大表面积和体积之比以及和相邻表面相离很近等因素所决定的。大的表面积和体积之比决定着表面力比体积力更为重要。可以看出随着尺度的减小，表面张力的影响越来越大。随着尺寸的微小化，重力的影响可以忽略，而接触与摩擦表面之间的表面力起很大作用。接触表面之间的黏着、构件间的黏附以及滑动表面之间的摩擦对微型机械以及纳米机械的性能和可靠性会产生很大影响。

1. 液桥毛细力理论

在微表面加工工艺中，当牺牲层被刻蚀完成以后，器件要用去离子水清洗刻蚀剂及刻蚀物。从去离子水中取出器件时，在其两个平行平面间形成一个“液桥”界面。即使加工中不存在液桥，由于湿度的作用在微结构的间隙间也容易形成液桥。液桥的形成也是毛细力作用的结果，而引起毛细现象的原因说到底都是来源于分子间相互作用的表面张力。表面张力 σ 是界面上每单位面积的自由能，即形成单位表面所需的功。

如图 15.6 所示，在两平行板之间形成一液桥。根据拉普拉斯公式，液桥会产生单位面积的拉普拉斯压力，大小为

$$p_v - p_1 = \sigma\left(\frac{1}{r_1} + \frac{1}{r_2}\right) \qquad (15.6.1)$$

式中，σ 为液面的表面张力，r_1、r_2 为表示液体表面的两个曲率半径（r_1 垂直于平行板的方向，r_2 平行于平行板的方向），θ 为接触角。

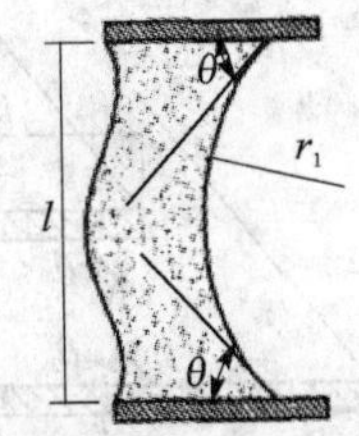

图 15.6　液桥界面示意图

然而，在微机械结构中，横向尺寸常常比纵向尺寸大得多，因此 $r_1 \gg r_2$；同时，若设两板间距为 l，则式(15.6.1)的表达式可以简化为

$$p_v - p_1 = \frac{\sigma}{r_1} = \frac{2\sigma\cos\theta}{l} \qquad (15.6.2)$$

式中，θ 为液体在固体表面上的接触角；l 是两平行板的距离，$l = 2r_1\cos\theta$。

当液桥的上下平板不是同一种材料时，其对应的接触角也可能不一样，此时的拉普拉斯方程可写为

$$p_v - p_1 = \frac{\sigma(\cos\theta_1 + \cos\theta_2)}{l} \qquad (15.6.3)$$

式(15.6.3)的液桥拉普拉斯压力表明,在气压界面处,气压大于液桥液体的压力,形成向内的合压力。设该向内的合压力为 p_{1a},则有 $p_{1a}=p_v-p_1$。

2. 两板间的黏附力模型

如图 15.7 所示,两板水平放置,之间有一液桥,上板与下板通过液桥作用,液桥所在上板面上的宽度为 b,板长为 L,液桥的曲率半径为 r;液桥产生单位面积上的拉普拉斯压力为 p_{1a},表面张力为 σ;液体与上板的接触角为 θ_1,与下板的接触角为 θ_2,板间距为 l,则 $l\approx r(\cos\theta_1+\cos\theta_2)$,根据式(15.6.3),图 15.7 液桥产生的板间的拉普拉斯压力,即向内的合压力为

$$p_{1a}=\frac{\sigma}{r}=\frac{\sigma(\cos\theta_1+\cos\theta_2)}{l} \tag{15.6.4}$$

式(15.6.4)描述的是气-液界面上的压力差。那么固液界面的压力又如何呢?液桥的形成表明上下板对液桥的液体有黏附吸引力。当然,也说明液体对平板有黏附吸引力 F。为了确定这一黏附引力的大小,可以采用能量守恒的虚功原理。根据界面张力的平衡关系,液桥气液界面的表面张力为 σ,则上平板固液界面的表面张力为 $\sigma\cos\theta_1$,下平板固液界面的表面张力为 $\sigma\cos\theta_2$,这两个固液界面的表面张力的方向都是向外,为铺展力,如图 15.8 所示。设两板之间有一虚位移 δl,则固液界面的黏附吸引力作虚功为 $W_1=F\delta l$,在等温等体体积的情况下,设固液界面有一虚面积 δA,则铺展表面张力作虚功为 $W_2=\sigma\cos\theta_1\delta A+\sigma\cos\theta_2\delta A$,根据能量守恒原理,这两个功的和为零,即 $W_1+W_2=0$,也即

$$F\delta l=-\sigma(\cos\theta_1+\cos\theta_2)\delta A \tag{15.6.5}$$

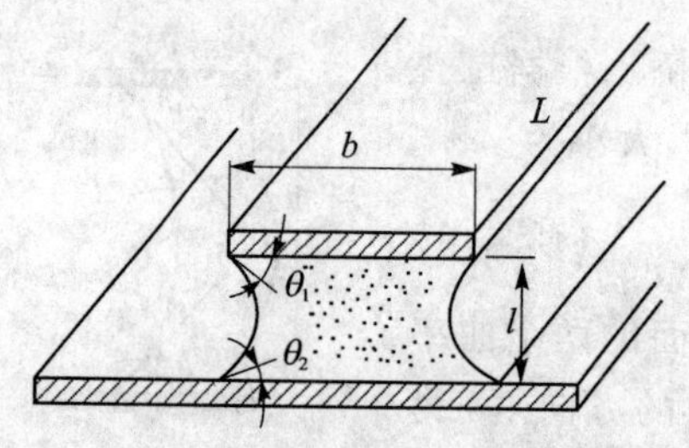

图 15.7 平行板间形成液桥

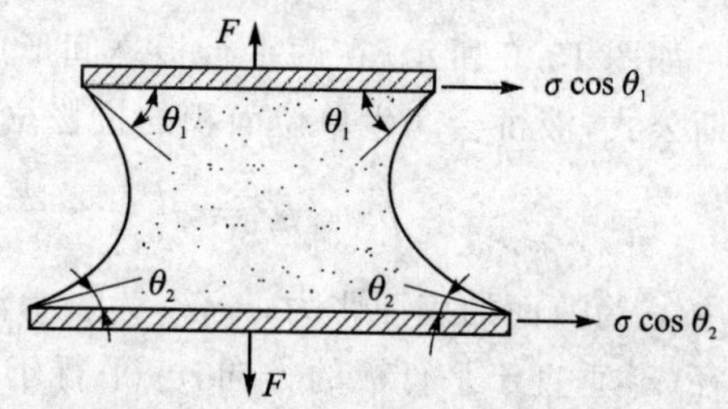

图 15.8 平行板与液桥间的作用力

设液桥上下平板的润湿面积为 A,液桥两平板的间距为 l,则液桥的体积近似为 $V=Al$,由于体积不变,则有 $\delta V=0$,即 $\delta Al+A\delta l=0$。解得

$$\delta A=-\frac{A}{l}\delta l \tag{15.6.6}$$

将式(15.6.6)代入到式(15.6.5)中解得

$$F\delta l=\sigma(\cos\theta_1+\cos\theta_2)\frac{A}{l}\delta l$$

进而得

$$F = \frac{\sigma(\cos\theta_1 + \cos\theta_2)}{l}A \tag{15.6.7}$$

单位面积的引力 f_a 为

$$f_a = \frac{F}{A} = \frac{\sigma(\cos\theta_1 + \cos\theta_2)}{l} \tag{15.6.8}$$

单位长度的吸引力为

$$f = f_a b = \frac{\sigma(\cos\theta_1 + \cos\theta_2)b}{l} \tag{15.6.9}$$

接触角一般和液体的润湿性(wetting)及固体表面的粗糙度有关。液体水和固体玻璃形成的接触角一般只有十几度。而对于不润湿(non - wetting)液体,其接触角可以是钝角。

在表面微型机械结构的制造过程中,较强的毛细相互作用常常使得组成这些结构的微桥、微梁与基底黏附而导致失效。而在微尺度实验中,微桥与微梁又是微尺度材料常数和性能检测时常用的试件样式,如果实验中加载端与被检测的微尺度试件发生毛细黏附,将直接影响检测数据的准确性。对于梳齿结构的谐振器等器件来说,若相对湿度大而形成液滴,则这种液滴就会在齿间产生液桥,进而对齿间的相对运动产生阻力或黏附力。

对于 MEMS 结构来说,如果封装得不好,在 65 %相对湿度下水就开始毛细凝聚。在毛细力的作用下,如果结构的恢复力不强,则微结构中的梁就会和底座间发生粘连。此外,当有水气凝聚时,除长程的毛细引力外,微结构中还有由氢键、化学键及金属键引起的短程作用,致使微结构发生粘连。为避免由于加工过程产生的水汽导致毛细力的作用进而引起微机电系统结构失效,了解毛细力的产生过程并加以适当干燥的方法是必要的。

15.7　阻尼力

在微机电系统中,流体(包括气体和液体)存在于非常狭小的空间中,因此其流动特性不同于宏观的流体流动,而属于微流动。由于其空间很小,所形成的气膜或液膜很薄,因此是窄膜流动。又因为空间很小,液体特别是气体的分子数相对有限,分子的自由程效应必须予以考虑。对于控制壁界面来说,流体在其壁面上将产生滑移现象,这些现象都将导致宏观阻尼模型的失效,而必须建立适合微纳米尺度的特有阻尼力模型。

15.7.1　压膜阻尼

在微机电系统中,当两个微结构面(如两个平行平板)做相对横向运动(如两个运动着的结构面相互靠近或一个运动着的结构面向固定面靠近)时,其间的气体受到挤压而表现出一种阻尼效应,这种阻尼称做压膜阻尼(squeeze damping)。在微尺度下,许多 MEMS 微结构中都不可避免地存在着压膜阻尼作用,如微谐振器、微加速计、微镜等。这种阻尼力来源于气膜的压力，因此，若想有效地分析出这种阻尼压力，须建立关于气膜压力的动力学方程。因它是属于窄膜空间的流体，这种关系将由描述窄膜流动特性的雷诺方程给出。压膜阻尼对 MEMS 微结构的动态特性影响很大，阻尼越大，则机械噪声越大；阻尼越大，其系统的品质因子就越小。当然，有时也可以主动地利用这种关系来调节微机械结构的品质因子。

15.7.2 滑膜阻尼

当两个微结构面（如两个平行平板）做相对平行运动时，其间的气体受到黏性剪切而表现出一种阻尼效应，这种阻尼称做滑膜阻尼。对于结构比较简单的系统（如微加速度计），一般只有压膜或滑膜一种阻尼；而对于结构比较复杂的系统（如微机械陀螺），往往压膜或滑膜两种阻尼都存在。当两无限大平板平行放置时，板间间距为 d，在板间充满密度为 ρ、黏度系数为 μ 的气体，一平板固定，另一平板在自身的平面内平行运动，由于空气具有黏性，运动平板将带动板间空气运动，同时受到空气阻尼力。此时，受到的空气阻尼就是滑膜阻尼。对于一维的滑动，假设缝隙间或微管道内的气体是稳态的、绝热的和层流的，则支配微气体流动的方程可由 $\dfrac{\mathrm{d}p}{\mathrm{d}x}=\mu\dfrac{\partial^2 u}{\partial y^2}$ 的 N-S 方程给出，该方程的形式是泊肃叶形式，即

$$\mu\frac{\partial^2 u}{\partial y^2}=\frac{\partial p}{\partial x}=\frac{\Delta p}{L} \tag{15.7.1}$$

式中，μ 为动力黏度，u 为气体流动方向的速度，y 为气膜厚度方向坐标，p 为压力，x 为气体流动方向的坐标，Δp 为微缝隙或微流道两端的压力差，即坐标 x 方向前端与后端之间的压力差，L 为微缝隙或微流道的长度，如图 15.9 所示。

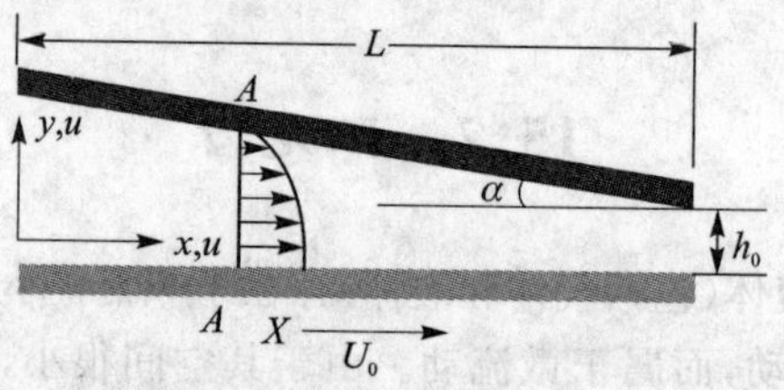

图 15.9 窄薄膜问题的示意图

第 16 章　作用力的尺度效应和行程效应

微机电系统是多场耦合作用的系统。从作用力的性质和机理方面看，它来源于机、电、热、磁、光、声、化学、生物等多个方面；从作用力的类型和形式方面看，它有体力、面力和线力之分；从作用力的强度方面看，它有分子级的力，也有宏观层面的力。一般来讲，这些力不仅随着自身结构尺度的减少而衰减，还要随着力的作用距离（即作用行程）的增大而衰减，但是不同力的衰减速度却不一样，即表现出不同的尺度效应和行程效应。

自然界中的许多力学现象在宏观世界和微观世界中的表现有很大不同。传统机械作功往往与体积力相关；动物的爬行、飞行等活动都需要克服重力、惯性力等体积力的作用。但是在微机电系统中，表面力是起主导作用的。常规机械润滑油在微机电系统中的黏性变得很大；微机械中运动副的摩擦力不再与正压力成正比，而主要与分子及原子间的相互作用有关；静电力在宏观系统中常被忽略，而在微机电系统中却常作为一种驱动的方式。原来宏观力学中被忽略的洛伦兹力、范德瓦尔斯力、黏性力等在微尺度下却发挥着主要作用，它们反而成为决定固体表面黏着和变形的关键因素。它们强烈依赖于表面之间的距离、表面参数甚至环境的温度和湿度等条件。落在垂直镜面上的灰尘颗粒与镜面之间的静电力显然比其重力大很多，而且对环境湿度等非常敏感。粉尘粘在过滤介质上、活性炭过滤器吸附化学污染物、壁虎在光滑镜面上自如爬行都是源于范德瓦尔斯力的作用。蒲公英的种子和裸眼看不到的尘埃在空气中浮游，原因就是作用在其表面的空气浮力大于其自身的重力。

16.1　作用力的尺度效应

在当前微机电系统所能达到的尺度下，宏观尺度的一些物理规律仍然起作用，但是由于尺度的缩小，许多物理现象与宏观尺度有很大区别。在支配物理现象的所有作用力中，长度尺度是表征作用力类型的基本特征量。当特征尺度 $L>1$ mm 时，体积力 $F\propto L^3$ 起主导作用；当特征尺度 $L\leqslant 1$ mm 时，面力 $F\propto L^2$ 起主导作用。这就可以解释为什么蚂蚁会举起比自身体积还大的重物。在微机电系统中，特征尺度在微米量级，表现出静电力＞表面张力＞弹性力＞重力、惯性力或电磁力。特别当微机电系统器件的表面积与体积之比很大时，表面力和其他表面效应的作用更加突出和强化。结构的特征尺度进入微尺度以后，在微观状态下，各种力的作用效果随着尺度的减少而发生显著变化，并呈现出特有的规律和尺度效应。例如，当结构的特征尺度从 1 mm 减小到 1 μm 时，面积减小为原来的 $1/10^6$，而体积减小为原来的 $1/10^9$。此时

正比于面积的力如摩擦力、黏性力、表面张力等与正比于体积的力如惯性力、重力等相比，增大了数千倍。由于对应幂次的不同，随着尺度的减小，表面力相对于体积力来说越来越重要。研究经验也显示出表面力在小于毫米的尺度起更主要作用。应当强调指出，微机电系统的实质并不是传统意义上宏观机械的简单几何缩小，而是构件材料的物理性质及受力类型的明显变化。实际上，在微机电系统中，无论环境的力学特性还是构件的力学行为或是受力类型都会发生很大变化。表 16.1 给出了各种物理量的尺度效应关系。

表 16.1　各种物理量的尺度效应

物理量	服从规律	尺度效应	物理量	服从规律	尺度效应
特征尺度	L	L	重力	mg	L^3
面积力	$\propto L^2$	L^2	压力	$\propto pS$	L^2
体积力	$\propto L^3$	L^3	应力	$\propto L$	L
质量	$\propto V$	L^3	摩擦力	$\propto L^2$	L^2

从表 16.1 中可以看出，凡与尺度高次方成比例的力，如重力、惯性力等对微机械结构的作用相对减弱，而与尺度低次方成比例的应力等对微机械结构的作用显著增加。可以做一个简单的实验来说明这个问题。将日常生活中的茶杯盛满水，将水倾倒在桌面上，水很容易就从杯子中流到桌面上，但是如果把杯子的三维尺度都降低为原来的千分之一，进行相同的实验，则水由于表面张力的作用而保留在杯子里不会流出来。在杯子的正常尺度下，由于水的表面张力远小于水的重力，水很容易就被倒出。但是杯子的三维尺度减小到原来的千分之一，杯中水的表面张力作用就大大超过了重力的作用而使水不能流出杯子。虽然两次实验的实验材料和方法相同，但由于尺度的不同就会出现不同的实验结果。这说明从宏观到微观的尺度变化中，各种作用力的相对重要性发生了变化，在微尺度条件下，一些表面力的作用明显增强。

16.2　作用力的行程效应

在日常生活中，人们往往把肉眼看不清的尺度称为微型，结构尺度处于亚微米到毫米量级的微机电系统就是典型的微型物体。在这种微尺度条件下，原来在宏观世界中作用效果非常弱、可以被忽略的一些微观力已经不能再被忽略，如静电力、电磁力、范德瓦尔斯力、毛细力、气体阻尼力、分子力等。这些微观力对微机电系统中构件的动作和工作性能都会产生不同程度的影响。尽管微机电系统的结构尺度相对物质单个分子力的作用行程和电荷力的作用行程都很大，但由于其分子的量很大，电荷的量也很大，在微米和纳米量级，这种分子力会表现为物体间的作用力，如物体间的范德瓦尔斯力、毛细力，物体间的电场力、电磁力等。

静电力在微结构中经常作为一种驱动力来驱动微制动器。当然静电感应产生的

静电力却也容易造成微构件的变形和失效。范德瓦尔斯力本质上是短程力，但在涉及大量分子或极大表面时，却可以产生长达 0.1 μm 以上的长程效应。在微机电系统中，范德瓦尔斯力在表面积体积比很大的系统中有显著的影响，如长而薄的多晶硅梁、大而薄的梳状驱动结构。目前研究已经表明，当微结构的上下极板的间距小到一定程度时，即便没有外加电压，在某些小角度扰动下，微结构也会由于范德瓦尔斯力的作用而失稳。因此，在研究微机电系统中的微观力时，弄清楚各个微观力的作用行程是很必要的。

1. 静电力

按本部分第 15 章的分析，静电力的基本规律是库仑定律，即

$$F = \frac{1}{4\pi\varepsilon_0} \times \frac{q_1 q_2}{l^2} \tag{16.2.1}$$

式中，真空介电常数 $\varepsilon_0 = 8.854 \times 10^{-12}$ F/m，l 为两点电荷 q_1 和 q_2 之间的距离。对于两个平行板构成的电容来说，其静电力为

$$F = \frac{\varepsilon ab}{2d^2} U^2 \tag{16.2.2}$$

式中，a 和 b 分别为平板的边长，d 为两平板间距，U 为两平板间电压。从静电力的表达式可以看出，两个平板之间的静电力是面力，大小与其作用距离的平方成反比，即 $F \propto \frac{\text{面积}}{l^2}$。

2. 安培力

在磁场中运动的电荷将受到洛伦兹力的作用，其表达式为

$$\boldsymbol{F} = q\boldsymbol{v} \times \boldsymbol{B} \tag{16.2.3}$$

式中，q 为电荷，$\boldsymbol{v}$ 为运动速度，$\boldsymbol{B}$ 为磁感应强度。

电流是载流导线中流动的电荷，外磁场对载流导线的作用力是安培力。安培力实质上是磁场作用在载流导体内部各自由电子的洛伦兹力的宏观表现。另外，载流导线在其周围也会产生磁场，该磁场也会对另一个载流导线产生安培力作用。按照第 15 章的分析，当两根导线平行时，二者单位长度的作用力为

$$F = \frac{\mu_0}{2\pi} \frac{I^2}{l} \tag{16.2.4}$$

式中，I 为电流，l 为两平行直导线的间距。从电磁力的表达式来看，电磁力与其作用距离成反比，即 $F \propto \frac{\text{导线长度}}{l}$。

3. 范德瓦尔斯力

范德瓦尔斯力是存在于分子或原子之间的一种弱的电性吸引力，是分子与分子、分子团与分子团表面间的一种引力。它的大小随作用距离的增加呈几何级数递减。和万有引力一样，它存在于任何不具有强极性的材料中。分子型物质能由气态转变为液态，由液态转变为固态，就说明分子间存在着这种相互作用力，即范德瓦尔斯力。

按照第15章的分析，两半无限空间体之间单位面积上的范德瓦尔斯力的基本表达式为

$$F(l)=-\frac{A}{6\pi l^3} \tag{16.2.5}$$

式中，$A=\pi^2 C_\omega \rho_1 \rho_2$ 为汉马克常数，ρ_1 和 ρ_2 为两个半无限空间体单位体积中的分子数量，l 为两半无限空间物体界面间的距离。范德瓦尔斯力从严格意义上来说不能归为表面力，因它是分子与分子、分子团与分子团之间的一种引力。从范德瓦尔斯力的表达式可以看出，范德瓦尔斯力与作用距离的三次方成反比，即 $F\propto\frac{\text{体积或面积}}{l^3}$。

4. 卡西米尔力

在微机电系统中，当两块平行板的间距极小，达到微纳米范围时，平行板间就会存在卡西米尔力。平行板间距越小，这种力的作用就越显著。按照第15章的分析，单位面积的卡西米尔力可描述为

$$F(l)=-\frac{\pi^2 hc}{240 l^4} \tag{16.2.6}$$

式中，c 为光速，h 为普朗克常数，l 为两平板间的距离。从卡西米尔力的表达式可以看出，它的大小与间距的四次方成反比，即 $F\propto\frac{\text{面积}}{l^4}$。

5. 毛细黏附力

毛细力主要源于液体的表面张力。在微机电系统中，当间距较小的两固体平板之间存有液滴时，两板之间就存在毛细黏附力，按照第15章的分析，单位面积毛细黏附力的大小可描述为

$$F(l)=-\frac{\sigma(\cos\theta_1+\cos\theta_2)b}{l} \tag{16.2.7}$$

式中，σ 为液体的表面张力(室温条件下水的张力为 $\sigma=73\ \mathrm{mN/m}$)，θ_1 和 θ_2 为液体表面的两个接触角，b 是板的宽度，l 是两块板之间的间距。从毛细力的表达式可以看出，毛细力的大小与其作用距离的一次方成反比，即 $F\propto\frac{\text{面积}}{l}$。

6. 气体阻尼力

在微尺度条件下，由于空气气体的存在，许多微机电系统微结构中都有气体阻尼的作用。即使在所谓的真空封装条件下，由于并不是绝对的真空，且真空度随着储存时间的增长也会下降，因此，其气体阻尼的存在是不可避免的。按照第15章的分析，微机电系统中长条板所受的气体阻尼力可表示为

$$F_{\text{strip}}=-\frac{\mu W^3 L}{l^3}\dot{l} \tag{16.2.8}$$

式中，L 为板长，W 为板宽，l 为板间距离。从表达式可以看出，微机电系统中长条板所受的气体阻尼力与板间距离的三次方成反比，即 $F\propto\frac{\text{面积}}{l^3}$。

表 16.2 给出了各种微观作用力的作用行程效应。

表 16.2　各种微观力的行程效应

微观力	服从规律	行程效应	微观力	服从规律	行程效应
静电力	$\propto l^{-2}$	$1/l^2$	卡西米尔力	$\propto l^{-4}$	$1/l^4$
电磁安培力	$\propto l^{-1}$	$1/l$	毛细黏附力	$\propto l^{-1}$	$1/l$
范德瓦尔斯力	$\propto l^{-3}$	$1/l^3$	阻尼力	$\propto l^{-3}$	$1/l^3$

为了更加清楚地说明各种微观力的作用行程关系，依据上述静电力、电磁安培力、范德瓦尔斯力、毛细黏附力、阻尼力等的基本表达式，给出了几种典型参数下各种作用力行程的关系曲线，如图 16.1 所示。作用行程的范围从 0.01～10 μm。其坐标选用的是常用对数坐标。图中各种面力的值都是指 1 μm² 上的面积力。各种线力的值都是指 1 μm 长度上的力。

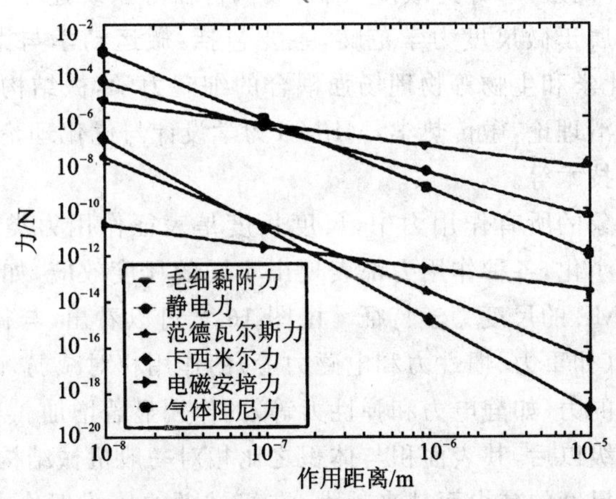

图 16.1　各作用力的作用行程关系曲线

从图 16.1 中可以看出，在各个作用力中，毛细黏附力和电磁安培力随作用距离(即作用行程)的变化最为缓慢，它们在微米和纳米作用距离下都表现得很明显；实际上，在更大的作用距离范围也会很明显。因此，宏观尺度下，电磁安培力也常作为一种驱动力。在微机电系统中，虽然也可用电磁安培力来驱动，由于纳米尺度下的电流密度受到尺度的限制，电磁安培力也不可能通过施加大的电流来增大太多，这也是在纳米尺度下相对静电力一般较少使用电磁安培力的原因。随行程变化最快的是卡西米尔力，该力在纳米尺度下量级很显著，但在微米以上尺度下(如 10 μm 以下)又变得较小，一般可被忽略。范德瓦尔斯力在纳米行程下作用明显，可与静电力相比，但随着作用行程的增大，其值衰减比较快。在微米尺度下要视具体情况来考虑。气体阻尼力的变化也相对较快，但因其力值量级较其他力总体偏大，且纳米尺度下更为可观，故在微米纳米尺度下均应予以考虑。

16.3 微机电系统动力学及其非线性特征

微尺度下,MEMS 具有两个显著的特点:一是尺度效应带来的微科学问题(如微材料学、微力学、微摩擦学、微制造学、微电子学、微光学和微化学等);二是多物理场耦合引起的多学科交叉问题(如机、电、磁、热、光、声、化学和生物等功能的集成与信息的多重耦合)。这就迫使人们不得不致力于研究各个相关学科中的细观乃至微观的科学问题以及在这种尺度下的相互作用,这也是 MEMS 分析、设计、制造及应用的基础。

16.3.1 MEMS 的尺度力学特征

MEMS 所涉及的微尺度力学主要研究微米、亚微米级机械运动规律和微结构的变形、损伤直至破坏的规律,并对微传感器、微执行器等系统建立设计的力学理论和优化计算方法。它属于微尺度力学范畴,主要包括:微运动学与微动力学理论,力、电、热、光、磁、声、化学和生物等物理场强耦合的细观力学,微结构的稳定性理论,微接触、微摩擦、微润滑理论,微传热学,MEMS 力学设计与优化理论,微尺度下的材料力学理论及微测量技术等。

在支配物理现象的所有作用力中,尺度长度是表征作用力类型的基本特征量。由于特征长度的微小化,各种作用力都表现出不同的尺度效应,如图 16.2 所示为双对数坐标系下 MEMS 的尺度力学特征。由图 16.2 可以看出,与微结构的特征尺寸高次方成正比的力(如重力、惯性力和电磁力等)的作用相对减弱,而与微结构的特征尺寸低次方成正比的力(如静电力和弹性力等)的作用显著增加。当微结构的几何特征长度到达微米量级以后,其表面积与体积之比相对一般机械结构大得多,表面力与体积力之比也随着尺度的减少而越来越大,在机械学的传统理论中常常被忽略的表面力(如摩擦力、静电力、卡西米尔力和范德瓦尔斯力等)在小于毫米级的尺度范围内将成为主导作用力。许多力学现象在宏观和微观世界中往往有很大不同。在 MEMS 中,与体积力相比,表面力起主要作用,表面力是 MEMS 中摩擦力的主要来源,尺度越小,相对摩擦力越大,因而摩擦力和黏性力成为 MEMS 研究的主要问题。静电力在宏观系统中常被忽略,而在 MEMS 中静电驱动成为最常见的驱动方式之一,这也是静电驱动 MEMS 成为在 MEMS 中研制与应用最为广泛的缘由。

总之,力的尺度效应主要表现在两个方面。第一,由于从宏观到微观的变化,各种作用力的相对重要性发生变化;第二,当物体的特征尺寸不断减小时,介质连续性等宏观假设不再成立,相关力学理论需要修正。微尺度下微结构材料的力学性能参数的不确定性,在一定程度上制约了 MEMS 的进一步发展,需要深入研究介观物理学和微观尺度力学,解决尺度效应问题。

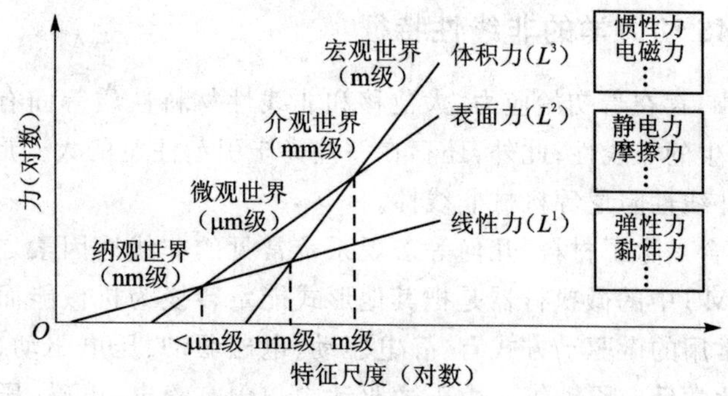

图 16.2　MEMS 的尺度力学特征

16.3.2　MEMS 的动力学特征

MEMS 动力学主要研究微系统在各种力作用下运动状态的定性和定量的变化规律。由于 MEMS 涵盖面很广，以至于远远超出了 MEMS 力学所能涉及的领域，如化学微系统、生物微系统等，因此，MEMS 动力学的概念不只是限于 MEMS 力学的框架内，而是一个广义的概念。

实际上，目前关于 MEMS 的精密动力学分析还较缺乏，没有基本的设计原则，甚至几乎没有辅助设计 MEMS 的支持系统。MEMS 的动力学行为与特征长度有关，当描述 MEMS 的动力学时，不同量级特征长度的微结构分别遵守如下规律。

① 对于宏观微机械(≥1 μm)，可以采用经典牛顿力学理论来描述其动力学行为，即

$$m\frac{\mathrm{d}V}{\mathrm{d}t} = -\beta V + K(t) \tag{16.3.1}$$

式中，β 为黏性系数；$K(t)$ 为外力。

② 对于介观微机械(或称为细观微机械)(10 nm～1 μm)，必须使用 Langevin 方程(含扩展的 Langevin 方程 ELE)来考虑布朗分子运动的影响，且不能进行尺度分析，即

$$m\frac{\mathrm{d}V}{\mathrm{d}t} = -\beta V + F(t) + K(t) \tag{16.3.2}$$

式中，$F(t)$ 为反映因布朗粒子碰撞而产生的随机力。

③ 对于原子和分子机械(<10 nm)，则需要应用量子统计动力学来描述。

一般来说，当结构变小时，其共振频率升高，如梳状微静电振子在空气中的质量因子是真空中的 1/1 300，说明空气阻力对微结构的动力学行为有着重要影响，这直接关系到微机械的动力学特性。微加速度计一般在空气中使用，由于结构尺寸微小，比表面积显著增大，因此开展这方面的研究，对于提高微结构的动力学性能意义十分明显，但如何对现有动力学理论进行修正，还是一个有待深入研究的科学问题。

16.3.3 MEMS动力学的非线性特征

在MEMS中,存在着初始应力、大位移和非线性材料性质等固有非线性及由于多物理场耦合产生的非线性;此外,还存在一些尚未引起注意的大变形、表面接触、蠕变、时变质量和非线性阻尼等机械非线性。

多物理场耦合是除了材料、几何等宏观系统常见的非线性因素之外的一种非线性特性。在MEMS中的微执行器是把其他形式能量转换为机械能而产生微运动的微器件。目前,常用的微驱动方式有:静电驱动、电磁驱动、压电驱动、形状记忆合金驱动、热驱动和化学反应驱动等。由于微驱动中包含有静电、电磁、压电和热力等问题,因此,MEMS微动力学系统是一个力、电、磁、热等物理场耦合的非线性系统,而且多属于强耦合非线性,多物理场耦合问题是不同MEMS装置系统水平模拟的核心。开创MEMS新纪元的静电微电机及随后开发的电磁微电机、压电微电机、超声波微电机和电感应微电机,在高速运转过程中,静电、电磁、电感应、超声、压电等驱动动力学和微摩擦动力学、空气动力学、微传热学等相互耦合形成强非线性作用。例如,电容传感准静态加速度计,是由弹性力学、惯性力学、静电力学和流体力学几个学科交叉组成的系统,存在固有非线性;模仿昆虫飞行的微扑翼飞行器系统包含扑翼弹性动力学、空气动力学和压电驱动机电动力学交叉的非线性耦合作用。

第 17 章 微机电系统动力学建模与仿真

17.1 微机电系统建模与仿真概论

MEMS 作为一个包含力、电、光、热、流体等诸多能量场的完整系统，是器件功能与系统行为的统一，它使得 MEMS 动力学建模与仿真技术具有高度的复杂性和跨学科性。在 MEMS 动力学的研究中首先涉及的问题是动力学建模与分析方法，至今，大量的研究主要是针对不同微机械结构的建模，同时提出相应的分析和模拟方法进行动力学特性分析。本章主要介绍目前开展的 MEMS 动力学建模与仿真的相关技术。

如图 17.1 所示，MEMS 建模与仿真通常包含系统级(system level)、器件行为级(device behavioral level)、器件物理级(device physical level)和工艺级(process level)四个级别，不同层次的设计人员面对不同的建模与仿真环境，完成既独立又相互衔接的设计任务。系统级主要关注系统的整体性能，即系统的输入-输出行为，并研究组成系统的各子系统之间的相互协调关系，以此来确定各子系统需要达到的功能和要求。器件行为级的主要任务在于为系统级建模与仿真建立子系统的解析表达或黑箱模型，以便于快速地实现系统级的设计概念。器件物理级更加侧重于从物理场的角度研究器件的行为特性，如分析微结构在外界载荷下的动力学响应等。工艺级包括版图设计、工艺的几何和物理仿真，如在加工前模拟加工过程中结构的刻蚀情况，以保证最终制造出合格的 MEMS 器件。MEMS 集成设计环境分别面向系统级、器件级和工艺级设计人员，实现 MEMS 的快速并行设计。

MEMS 技术的迅速发展迫切需要专门面向 MEMS 的建模方法来指导整个设计过程，以及专门的仿真软件模拟系统特性。在当前 MEMS 领域中，基于 Top - down 的闭环式计算机辅助设计已成为主流的设计方法。图 17.1 是基于 Top - down 设计和 Bottom - up 验证的 MEMS 建模与仿真体系结构，整个 MEMS 建模与仿真体系特别强调多层次的抽象设计和多物理场耦合仿真。由于 MEMS 中的机械结构、部件等传感器和(或)执行器最终要同信号检测电路、控制电路等集成在一起，因此最顶层的系统级设计需要根据系统的总体设计要求，以系统需求驱动整个设计过程，建立包括微电子和微机械器件在内的系统模型，以便于分析系统总体的功能特性。系统级建模一般不多考虑技术细节和子系统模块的具体方案，而着重确定系统的临界参数。可以用模块化的方框图(block diagram)或集中参数单元(lumped - parameter element)的形式来描述系统的模型。在系统级模型中由于涉及离散信号(数字信号)和

连续信号(模拟信号)等混合信号,因而需要按照一定的规范将这些信号联系在一起用于进行系统级的行为仿真。目前常用的方法有等效电路法、节点分析法和集总参数法等。

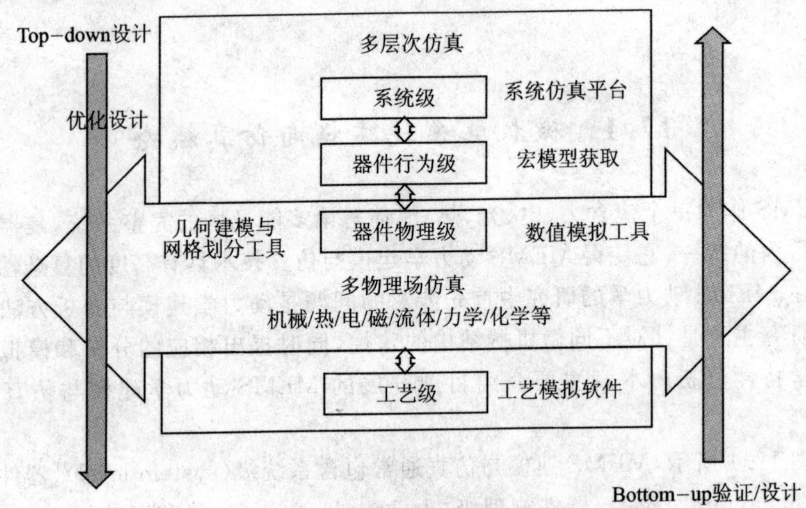

图 17.1　基于 Top－down 设计和 Bottom－up 验证的 MEMS 建模与仿真体系结构图

器件物理级的建模主要用来描述三维连续介质中真实器件的工作情况,特别是对于微尺度下 MEMS 器件而言,在力场、电磁场、流场、热场等共同作用下,结构往往处于非线性和多物理场耦合的状态,此时描述器件行为的控制方程通常为耦合的非线性偏微分方程,解析求解几乎不可能,必须采用有限差分法、有限元法、边界元法等数值技术来分析结构在不同物理场之间的耦合效应。

若将器件物理级模型直接与电子电路等部分一起在系统级进行仿真,必然消耗大量的计算资源,因此有必要建立能准确反映子系统或部件物理特性又较为简单的解析模型——宏模型(macro model)。器件行为级的任务就是抽象提取并建立适用于系统级快速仿真的宏模型。对于简单的器件(电阻、电容、质量块、弹性元件),可以通过等效电路法方便地建立相应的宏模型,但是对于结构复杂及包含多物理场耦合的子系统,很难进行有效的等效模拟,此时需要在器件物理级模拟的基础之上,在精度允许的范围内,通过适当的降阶或模型简化,建立能够充分反映子系统输入-输出特性的降阶宏模型,用一组简单的方程表示子系统的静态或动态行为,并封装于子系统的端口行为中。因此,可以说器件行为级是器件物理级向系统级过渡的关键环节,直接关系到系统级建模与仿真的效率。

在工艺级环境下,设计人员根据实际加工工艺的要求制定器件的工艺流程,绘制掩模版图,利用微电子领域中已有的工艺 CAD 软件模拟表面加工工艺,在工艺流程和掩模版图相互配合下模拟出器件的几何形状,也可以通过专门的物理模拟软件(ACES)对体硅工艺刻蚀进行仿真。

17.2 微机电系统宏建模与分析方法

MEMS 包含了机械、电磁、热、流体等领域系统不同性质的物理量，不同能量场间又相互耦合，因此其建模与仿真非常困难。为了快速准确地研究系统行为特性及其多能量场耦合问题，建立包含所有部件在内的系统级模型是实现系统仿真的基础。然而，由于多个能量场之间的紧密耦合，MEMS 器件的建模与仿真通常涉及非线性偏微分方程(PDE)的求解。尽管采用传统的基于完全网格化模型的有限元法或有限差分法可显式地求解主要偏微分方程，但是采用这些方法进行求解往往计算量非常大且耗时。在这种情况下，有必要通过模型降阶(Model Order Reduction，MOR)的方法对原有模型实行简化，利用降阶的模型加速仿真效率，并达到与完全网格化模拟几乎同等精度的要求，这些经过简化的低阶模型经常表现为少量的耦合常微分方程或解析表达式，称为宏模型或缩聚模型(compact model)。因此，宏模型是为了对系统进行精确而快速的模拟所建立的一种能包含原系统信息的降阶动力学模型。图 17.2 是建立 MEMS 宏模型的几种建模方法。

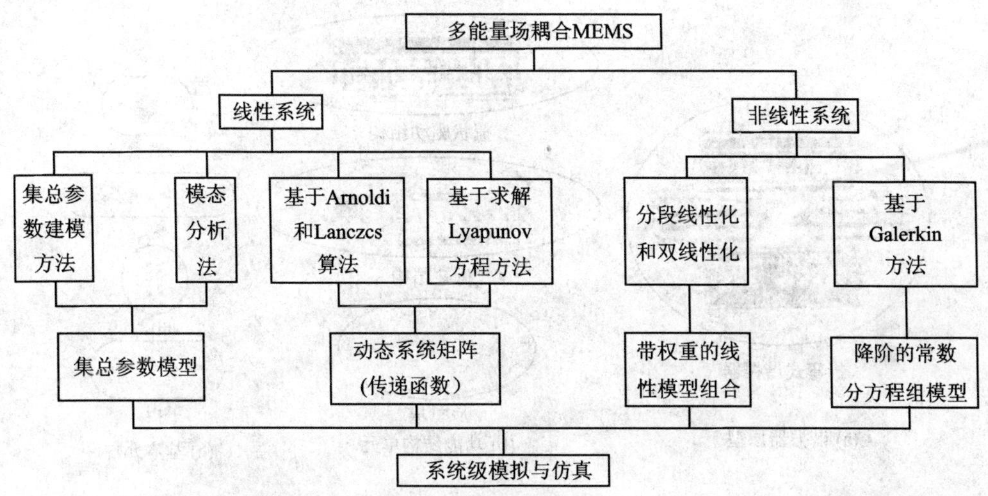

图 17.2　建立 MEMS 宏模型的几种建模方法

MEMS 宏建模与仿真的基本过程是：首先将复杂的 MEMS 划分为多个子系统和组件，然后建立子系统和组件的宏模型，最后将各个宏模型连接成系统模型。其中，宏模型的建立是最为关键的技术。下面将介绍几种常用的宏模型的建模与分析方法。

17.2.1 节点分析法

节点分析法(Nodal Design of Actuators and Sensors，NODAS)是受到电路分析

技术的启发而产生的。其基本思想是:将系统看成是由多个同一能量场或不同能量场的基本单元组成的,每个单元为一个节点(相当于电路中基本元件,如电阻、电容等),运用模拟硬件描述语言(Analog Hardware Description Language,A - HDL),将上述节点与真实电路连接在一起形成网络,建立系统的微分方程,用 SABER 或 SPICE 进行系统级仿真。

1. 节点分析法基本原理

应用节点分析法对 MEMS 建模时,应先把整个微系统分解为几个子系统或几个组件,再进一步按各个物理场性质的不同进行细分,将整个 MEMS 分解成许多相对简单的基本单元。对于微执行器、微传感器等微系统,可将其划分为梁(beam)、平板质量块(plate mass)、静电间隙(gap)和叉指(comb - finger)、联结点(joint)及固定基础(anchor)等基本元件。以折弯式谐振器为例,其结构可以分解成功能结构单元和基本元件,如图 17.3 所示。与电路分析中的基尔霍夫定律相类似,在 MEMS 器件中,每个节点都遵循静态平衡准则,即在每个节点处,力和力矩之和为零,力与位移之间的关系可以通过结构模型关联起来。将力或力矩、位移分别同电路中的电流、电压对应起来,从而构成基本电路。

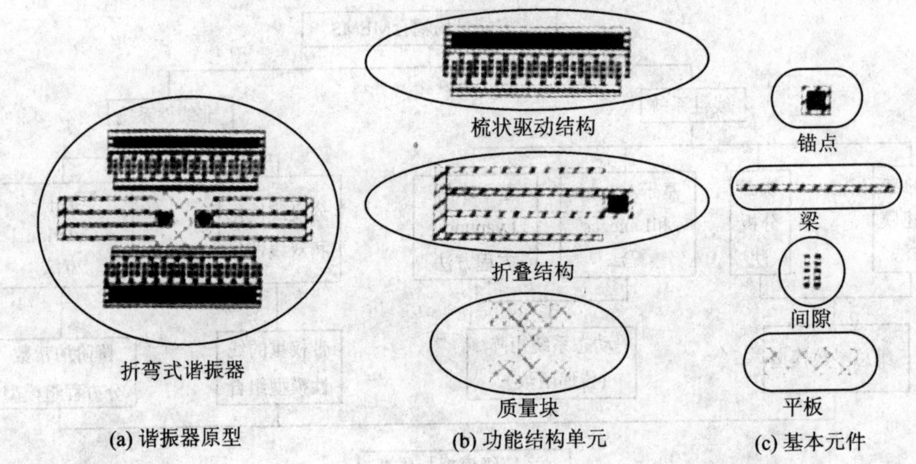

图 17.3 折弯式谐振器结构分解

如图 17.4 所示,微结构包含一个梁元件、一个间隙元件和三个锚点元件。锚点元件固定在基板上,没有自由度,因此只需分析梁元件和间隙元件。

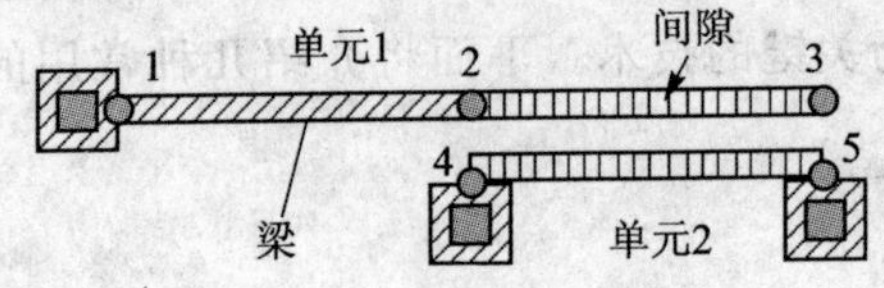

图 17.4 微结构的节点分析

对于节点 1 和 2 的梁元件来说，有如下方程：

$$f_n^1 = f_n^1(q_1, q_2) \qquad n = 1,2 \tag{17.2.1}$$

对于节点 2、3、4、5 的间隙元件来说，有如下方程：

$$f_n^2 = f_n^2(q_2, q_3, q_4, q_5) \qquad n = 2,3,4,5 \tag{17.2.2}$$

式中，f_n 表示施加在第 n 个节点的力 $\{F_{x,n}, F_{y,n}, M_n\}$，$q_n$ 表示第 n 个节点的位移 $\{x_n, y_n, \theta_n\}$，物理量符号的上标表示元件序号。

由于 f_n 是内力，因此，当两组方程合成方程组时，每个节点处的内力之和应等于外加载荷，节点位移在方程组前后并没有变化，则整个系统的方程组为

$$\left.\begin{aligned} P_1 &= f_1^1(q_1, q_2) \\ P_2 &= f_2^1(q_1, q_2) + f_2^2(q_2, q_3, q_4, q_5) \\ P_3 &= f_3^2(q_2, q_3, q_4, q_5) \\ P_4 &= f_4^2(q_2, q_3, q_4, q_5) \\ P_5 &= f_5^2(q_2, q_3, q_4, q_5) \end{aligned}\right\} \tag{17.2.3}$$

在本方程组中，因为节点 1、4、5 为锚点，其节点位移为零，所以可以从方程中移除。

2. 激励结构的节点分析

模拟电路时，不采用电学方程，换用一种简单的形式，如果电路中包括 n 个非数据节点和 n_v 个电压定义的分支，则这样 n 个非数据节点电压和 n_v 个电压定义的分支就成了未知的电流变量。

以图 17.5 所示的激励结构为例，在这个结构中，电场的地线为电学数据单元，支撑点是机械数据单元，并且有 4 个非数据单元(v_1, b_1, g_1, b_2)和 5 个非数据节点(1,2,3,4,5)。每个单元模型可表示如下。

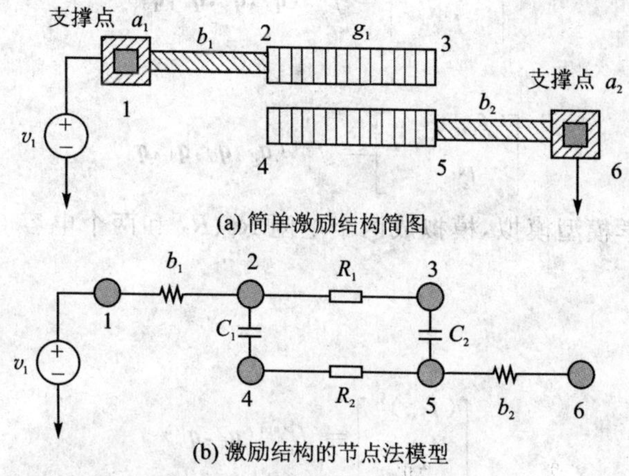

图 17.5　激励结构的节点分析

对于电源 v_1，有

$$e_1 = V_0 \tag{17.2.4}$$

式中，e_1 为节点上的电压。

对于梁 b_1，有

节点 1：

$$\begin{bmatrix}(\boldsymbol{f}_{\text{ext}})_1^{b_1}\\ \boldsymbol{I}_1^{b_1}\end{bmatrix}=f_1^{\text{beam}}(\boldsymbol{q}_1,\boldsymbol{q}_2)\tag{17.2.5}$$

节点 2：

$$\begin{bmatrix}(\boldsymbol{f}_{\text{ext}})_2^{b_1}\\ \boldsymbol{I}_2^{b_1}\end{bmatrix}=f_2^{\text{beam}}(\boldsymbol{q}_1,\boldsymbol{q}_2)\tag{17.2.6}$$

式中，$\boldsymbol{q}_i$ 为节点 i 处的节点变量向量，且 $\boldsymbol{q}_i=\begin{bmatrix}q_{mi}\\ e_i\end{bmatrix}$，$(\boldsymbol{f}_{\text{ext}})_i^j$ 为施加在 i 到 j 节点上的力向量，这个力等于施加在节点 j 上的外力，并且符号相反。

对于间隙 g_1，有

节点 2：

$$\begin{bmatrix}(\boldsymbol{f}_{\text{ext}})_2^{g_1}\\ \boldsymbol{I}_2^{g_1}\end{bmatrix}=f_1^{\text{gap}}(\boldsymbol{q}_2,\boldsymbol{q}_3,\boldsymbol{q}_4,\boldsymbol{q}_5)\tag{17.2.7}$$

节点 3：

$$\begin{bmatrix}(\boldsymbol{f}_{\text{ext}})_3^{g_1}\\ \boldsymbol{I}_3^{g_1}\end{bmatrix}=f_2^{\text{gap}}(\boldsymbol{q}_2,\boldsymbol{q}_3,\boldsymbol{q}_4,\boldsymbol{q}_5)\tag{17.2.8}$$

节点 4：

$$\begin{bmatrix}(\boldsymbol{f}_{\text{ext}})_4^{g_1}\\ \boldsymbol{I}_4^{g_1}\end{bmatrix}=f_3^{\text{gap}}(\boldsymbol{q}_2,\boldsymbol{q}_3,\boldsymbol{q}_4,\boldsymbol{q}_5)\tag{17.2.9}$$

节点 5：

$$\begin{bmatrix}(\boldsymbol{f}_{\text{ext}})_5^{g_1}\\ \boldsymbol{I}_5^{g_1}\end{bmatrix}=f_4^{\text{gap}}(\boldsymbol{q}_2,\boldsymbol{q}_3,\boldsymbol{q}_4,\boldsymbol{q}_5)\tag{17.2.10}$$

间隙可用电学模型模拟，模拟成两个电阻 R_1、R_2 和两个电容 C_1、C_2，如图 17.5(b)所示。

对于梁 b_2，有

节点 5：

$$\begin{bmatrix}(\boldsymbol{f}_{\text{ext}})_5^{b_2}\\ \boldsymbol{I}_5^{b_2}\end{bmatrix}=f_1^{\text{beam}}(\boldsymbol{q}_5,\boldsymbol{q}_6)\tag{17.2.11}$$

节点 6：

$$\begin{bmatrix}(\boldsymbol{f}_{\text{ext}})_6^{b_2}\\ \boldsymbol{I}_6^{b_2}\end{bmatrix}=f_2^{\text{beam}}(\boldsymbol{q}_5,\boldsymbol{q}_6)\tag{17.2.12}$$

式中，$I_5^{b_2}=-I_6^{b_2}$。

组合这些节点方程，可得

$$\begin{bmatrix} 1 & 1 & 0 & 0 & 0 & 0 & 0 & 0 & 0 & 0 & 0 & 0 & 0 & 0 \\ 0 & 0 & 1 & 0 & 1 & 0 & 0 & 0 & 0 & 0 & 0 & 0 & 0 & 0 \\ 0 & 0 & 0 & 1 & 0 & 1 & 0 & 0 & 0 & 0 & 0 & 0 & 0 & 0 \\ 0 & 0 & 0 & 0 & 0 & 0 & 1 & 0 & 0 & 0 & 0 & 0 & 0 & 0 \\ 0 & 0 & 0 & 0 & 0 & 0 & 0 & 1 & 0 & 0 & 0 & 0 & 0 & 0 \\ 0 & 0 & 0 & 0 & 0 & 0 & 0 & 0 & 1 & 0 & 0 & 0 & 0 & 0 \\ 0 & 0 & 0 & 0 & 0 & 0 & 0 & 0 & 0 & 1 & 0 & 0 & 0 & 0 \\ 0 & 0 & 0 & 0 & 0 & 0 & 0 & 0 & 0 & 0 & 1 & 0 & 1 & 0 \\ 0 & 0 & 0 & 0 & 0 & 0 & 0 & 0 & 0 & 0 & 0 & 1 & 0 & 1 \end{bmatrix} \begin{bmatrix} I_1^{v_1} \\ I_1^{b_1} \\ (f_{\text{ext}})_2^{b_1} \\ I_2^{b_1} \\ (f_{\text{ext}})_2^{g_1} \\ I_2^{g_1} \\ (f_{\text{ext}})_3^{g_1} \\ I_3^{g_1} \\ (f_{\text{ext}})_4^{g_1} \\ I_4^{g_1} \\ (f_{\text{ext}})_5^{g_1} \\ I_5^{g_1} \\ (f_{\text{ext}})_5^{b_2} \\ I_5^{b_2} \end{bmatrix} = \boldsymbol{T}\boldsymbol{q}_t = \boldsymbol{0} \quad (17.2.13)$$

式中，$\boldsymbol{T}$ 为 9×14 阶矩阵，$I_1^{v_1}$ 是从电源 v_1 流向节点 1 的电流。

将方程(17.2.5)～方程(17.2.12)代入方程(17.2.13)，可得系统的 17 个方程。通过求解这些方程即可得出 MEMS 器件的静态和动态特性。

NODAS 的关键技术是如何将系统划分为不同的基本单元，如何表达各基本单元，从而利用已有的电路分析软件。NODAS 方法不仅考虑了系统局部的结构，更重要的是强调了系统的整体行为，这对于微执行器、微传感器的分析与设计来说不失为一种好的方法。

17.2.2　等效电路法

等效电路法是指基于电路和机械系统的相似性，通过寻找一个等效电路，使此电路方程与表征器件特性的一组常微分方程相同的方法。根据对 MEMS 器件的物理运动分析，并结合 SPICE 电路设计软件中相应的电路器件单元模型，可快速地得到结构简单的等效电路宏模型。

1. 机电类比

许多物理本质完全不同的系统可用形式完全相同的数学模型来描述它们的动态特性，这种具有相同形式数学模型的系统称为相似系统。针对机械系统和电系统，也存在着这种类似的情况。而机电类比正是建立在机械系统的微分方程和等效电路的微分方程相似基础之上的，其目的在于运用电学领域的“语言”来更好地理解机械学领域的研究，从而说明共同的特性。

考虑一个简单的单自由度二阶机械系统，如图 17.6 所示，作用在质量块 m 上有 4 个作用力，分别为惯性力、阻尼力、弹性力和外载荷。

该系统的动力学方程表达式为

$$m\frac{\mathrm{d}u}{\mathrm{d}t}+cu+k\int u\mathrm{d}t=f \tag{17.2.14}$$

式中，m 为质量块质量，c 为系统阻尼系数，k 为弹性刚度系数，u 为质量块运动速度，f 为外载荷。

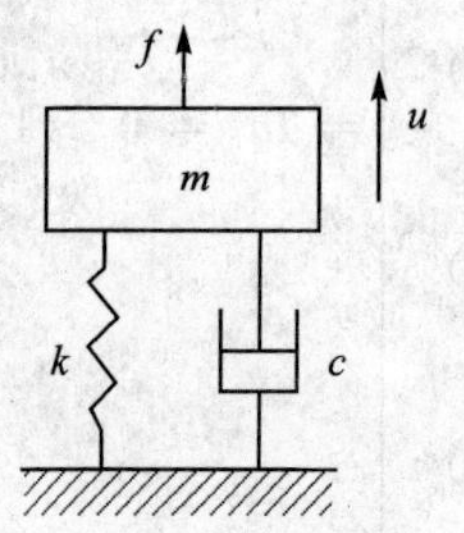

图 17.6 弹簧-质量阻尼机械系统

同样，在电能域中，也很容易找到一个对应的二阶电系统，如 RLC 串联电路。根据各相似项的一一对应，就可以将机械系统中的问题用电路系统的求解方法来解决。通过机电类比，在既包含机械系统又包含电路的 MEMS 中，将机械系统部分转换为等效电路的形式，可在电路模拟软件中进行一致性模拟，使分析系统性能更为方便而实用。

2. *F*-*V* 类比

$F-V$ 类比是指将力与电压、速度与电流一一对应的类比。在电路网络的基本单元中，由电阻、电容和电感进行并联或串联组成的电路可以得到许多不同的常微分方程。图 17.7 给出的是一个由电阻、电容和电感串联的简单电路结构。

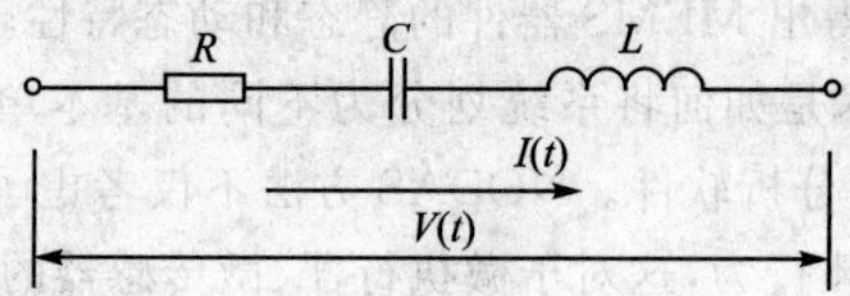

图 17.7 RLC 串联电路

根据电压的基尔霍夫定律，可得串联电路的电压-电流方程为

$$L\frac{\mathrm{d}I(t)}{\mathrm{d}t}+RI(t)+\frac{1}{C}\int I(t)\mathrm{d}t=V(t) \tag{17.2.15}$$

式中，L、R、C、I、V 分别为回路中的电感、电阻、电容、电流和电压。

将式(17.2.15)与式(17.2.14)对比，可知两者的形式具有可比拟性，将力 f 类比为电压 $V(t)$，而将速度 u 类比为电流 $I(t)$，并将两式中的各项参数进行对应，可得到用电路单元来实现机械系统运动方程的 $F-V$ 类比等效电路结构，如图 17.8 所示。

$F-V$ 类比有时也称直接类比，其优点是在机电耦合部分可用现有的电路元件直接类比；其缺点是机械网络与电网络的拓扑结构不同，不够直观，这正是由于上面

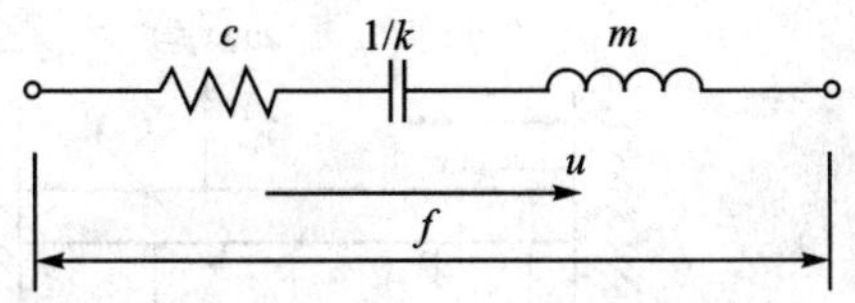

图 17.8　二阶机械系统的 *F*-*V* 类比等效电路

类比过程中用电学系统的串联结构代替机械系统的并联结构，从而破坏了结构的一致性所造成的。

3. *F*-*I* 类比

$F-I$ 类比是指将力与电流、速度与电压一一对应的类比。这里给出了由电阻、电容和电感组成的并联结构，如图 17.9 所示。

根据电流的基尔霍夫定律，可得并联电路对应的电压-电流关系式为

$$C\frac{\mathrm{d}V(t)}{\mathrm{d}t}+\frac{1}{R}V(t)+\frac{1}{L}\int V(t)\mathrm{d}t=I(t) \tag{17.2.16}$$

同理，将式(17.2.16)与式(17.2.14)中的各项一一对应，将力 f 类比为电流 $I(t)$，而将速度 u 类比为电压 $V(t)$，就可得到如图 17.10 所示的 $F-I$ 类比的机械系统的等效电路结构，具体各电路元件的参量用图 17.6 中对应的机械量来表示。

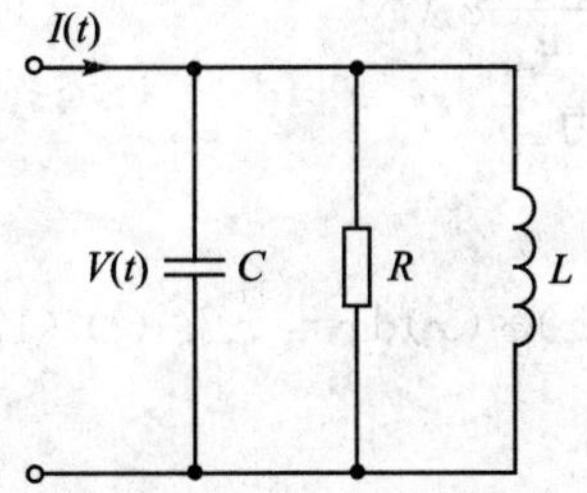

图 17.9　RLC 并联电路

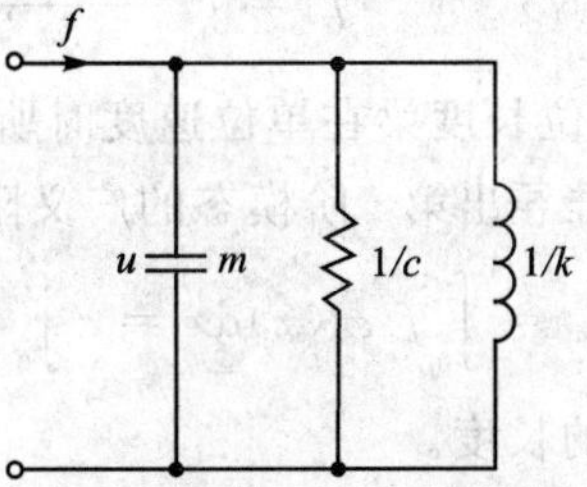

图 17.10　二阶机械系统的 *F*-*I* 类比等效电路

在 $F-I$ 类比中，它们的结构形式即机械网络与电网络的拓扑结构是一致的，但其缺点是对 MEMS 器件机电耦合部分没有现有的电路元件可以直接类比，需要另外根据耦合方程建立等效电路，增加了建模的复杂性。

4. 等效电路建模实例

图 17.11 所示为一个静电传感器，包含一个两端固定的梁。梁的下表面充当可变电容的极板，另一个固定面为可变电容的另一个极板。f 为需要测量的外载荷；C_d 为耦合电容，电容值很大，对于交流，相当于短路；R_L 为负载电阻，用于测量传感器的输出；R_s 用于防止交流信号被直流电源 v_0 短路，直流电源 v_0 为定义的工作点。f 随时间而变化，则两板之间的电容也随之变化，负载电阻 R_L 的电流随外载荷变化而变化。当外载荷为交流小信号时，系统可以作为线性系统来处理。

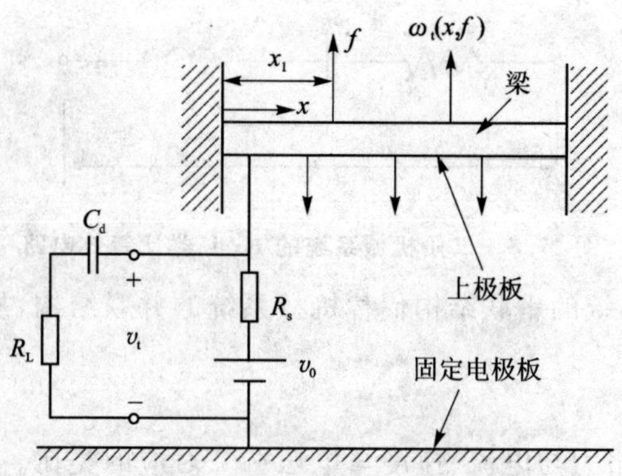

图 17.11　静电传感器结构示意图

应用模态分析方法可导出系统的基本形态，弹性梁的变形可表示为

$$\omega_{\mathrm{t}}(x,t)=\omega_0(x)+\omega(x,t)=\omega_0(x)+\sum_{i=1}^{m}\xi_i(t)\varphi_i(x) \tag{17.2.17}$$

由外加载荷 $f(t)$ 引起的第 i 阶模态的广义力和阻尼力分别为

$$F_{\mathrm{m}i}=f(t)\varphi_i(x_1) \tag{17.2.18}$$

$$f_{\mathrm{d}}=c_{\mathrm{s}}\frac{\partial\omega_{\mathrm{t}}(x,t)}{\partial t}=c_{\mathrm{s}}\sum_i\frac{\mathrm{d}\xi_i(t)}{\mathrm{d}t}\varphi_i(x) \tag{17.2.19}$$

式中，c_{s} 为单位长度梁在单位速度时所受到的阻尼力。

由此可推导出第 i 阶模态的广义阻尼力为

$$F_{\mathrm{d}i}=\int_0^l f_{\mathrm{d}}\varphi_i(x)\mathrm{d}x=c_{\mathrm{s}}\int_0^l\sum_i\frac{\mathrm{d}\xi_i(t)}{\mathrm{d}t}\varphi_i(x)\varphi_i(x)\mathrm{d}x=c_{\mathrm{s}}l\dot{\xi}_i(t) \tag{17.2.20}$$

式中，l 为梁的长度。

系统的运动符合拉格朗日方程，由此可得系统第 i 阶运动方程为

$$m_i\ddot{\xi}_i+c_{\mathrm{s}}l\dot{\xi}_i+m_i\omega^2\xi_i=F_{\mathrm{m}i}+F_{\mathrm{e}i} \tag{17.2.21}$$

式中，模态质量 $m_i=\int_0^l\rho bh\varphi_i(x)\mathrm{d}x=\rho bhl=m$ 为梁的质量。其中，ρ 为梁的密度，b 和 h 分别为梁的宽度和厚度；$F_{\mathrm{e}i}$ 为静电场产生的对第 i 阶模态的广义力，且 $F_{\mathrm{e}i}=-\frac{\partial U_{\mathrm{e}}^*}{\partial\xi_i}=-\frac{1}{2}v_{\mathrm{t}}^2(t)\frac{\partial C}{\partial\xi_i}$，其中 $U_{\mathrm{e}}^*=\frac{1}{2}V^2C$ 为等效电场能，C 为电容，V 为电压。

(1) $F-I$ 类比

$F-I$ 类比等效电路法把广义速度 $\dot{\xi}_i$ 类比成电压，广义力 $F_{\mathrm{m}i}$ 和 $F_{\mathrm{e}i}$ 类比成电流。由方程(17.2.21)可以看出，$m_i\ddot{\xi}_i$、$c_{\mathrm{s}}l\dot{\xi}_i$ 和 $m_i\omega^2\xi_i$ 也应当是电流的形式。同时，$m_i\ddot{\xi}_i$ 可以表示为 $m_i\frac{\partial\dot{\xi}_i}{\partial t}$，$m_i\omega^2\xi_i$ 可以表示为 $m_i\omega^2\int\dot{\xi}_i\,\mathrm{d}t$。

将方程(17.2.21)中的 m_i 类比为电容 C，$1/(c_{\mathrm{s}}l)$ 类比成电阻 R，$1/(m_i\omega_i^2)$ 类比成

电感 L。由电感电流、电容电流和电阻电流之和等于总电流可知，电感、电阻和电容应是并联的。外载荷 f 作用于梁的 x_1 点处，在类比成电压时也以同一点的广义速度 $\dot{\omega}(x_1,t)$ 来表示，则梁在某一点的速度等于该点各阶模态振动引起的速度之和，即

$$\begin{bmatrix} F_{mi} \\ \dot{\xi}_i(t) \end{bmatrix} = \begin{bmatrix} \varphi_2(x_1) & 0 \\ 0 & 1/\varphi_2(x_1) \end{bmatrix} \begin{bmatrix} f(t) \\ \dot{\omega}_i(x_1,t) \end{bmatrix} \tag{17.2.22}$$

因为是小信号处理，$v(t)$ 相对于 v_0 很小，所以可略去 $v(t)$ 的高次项，可得广义静电力为

$$F_{ei} = -\frac{1}{2}v_t^2(t)\frac{\partial C}{\partial \xi_i} = -\frac{1}{2}[v_0+v(t)]^2\frac{\partial C}{\partial \xi_i} \approx -\frac{1}{2}[v_0^2+2v_0v(t)]\frac{\partial C}{\partial \xi_i} \tag{17.2.23}$$

式中，ε_0 和 ε_r 分别为空气中的介电常数和相对介电常数；电容

$$C = \int_0^l \frac{\varepsilon_0\varepsilon_r b}{d+\omega_t(x,t)}dx = \int_0^l \frac{\varepsilon_0\varepsilon_r b}{d+\omega_0(x)+\sum\varphi_i(x)\xi_i(t)}dx$$

则

$$\frac{\partial C}{\partial \xi_i} = -\int_0^l \frac{\varepsilon_0\varepsilon_r b\varphi_i(x)}{d+\omega_0(x)+\sum\varphi_i(x)\xi_i(t)}dx$$

由于是交流小信号，$d+\omega_0(x) \gg \omega(x,t)$，则

$$F_{ei} = \frac{1}{2}v_0^2\int_0^l \frac{\varepsilon_0\varepsilon_r b\varphi_i(x)}{[d+\omega_0(x)]^2}dx + v_0v(t)\int_0^l \frac{\varepsilon_0\varepsilon_r b\varphi_i(x)}{[d+\omega_0(x)]^2}dx \tag{17.2.24}$$

式(17.2.24)中，右边第一项为直流分量对第 i 阶模态的广义力，右边第二项为交流分量所产生的广义力 $f_{ei}(t)$，且 $f_{ei}(t)=\Gamma_i v(t)$，其中 $\Gamma_i = \int_0^l \frac{\varepsilon_0\varepsilon_r b\varphi_i(x)}{[d+\omega_0(x)]^2}dx$。

这样，可得到第 i 阶模态运动的等效电路，如图 17.12 所示。

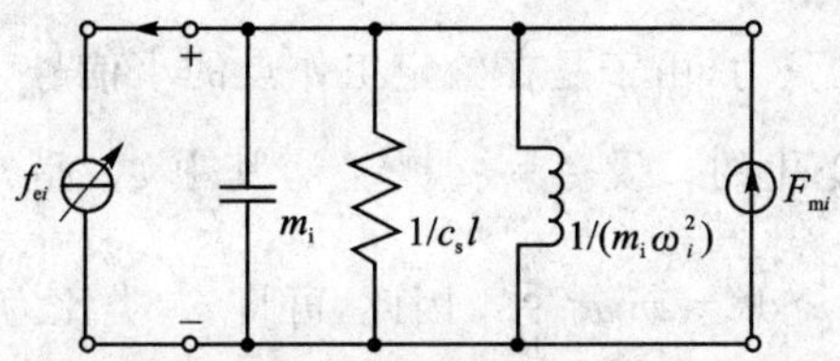

图 17.12　第 i 阶模态运动 $F-I$ 的等效电路

同时，可得可动极板与固定极板间的电容的总电量和电流分别为

$$q_t(t) = Cv_t(t) = C[v_0+v(t)] \tag{17.2.25}$$

$$i(t) = \frac{dq_t(t)}{dt} = \dot{v}(t)\int_0^l \frac{\varepsilon_0\varepsilon_r b}{d+\omega_0(x)}dx - \sum_i \dot{\xi}_i(t)\int_0^l \frac{\varepsilon_0\varepsilon_r b[v_0+v(t)]\varphi_i(x)}{[d+\omega_0(x)]^2}dx \tag{17.2.26}$$

同理，由于是交流小信号，所以式(17.2.26)可简化为

$$i(t) = \dot{v}(t)C_0 - \sum_i \dot{\xi}_i(t)\Gamma_i \tag{17.2.27}$$

此时，可得系统的等效电路宏模型，如图 17.13 所示。

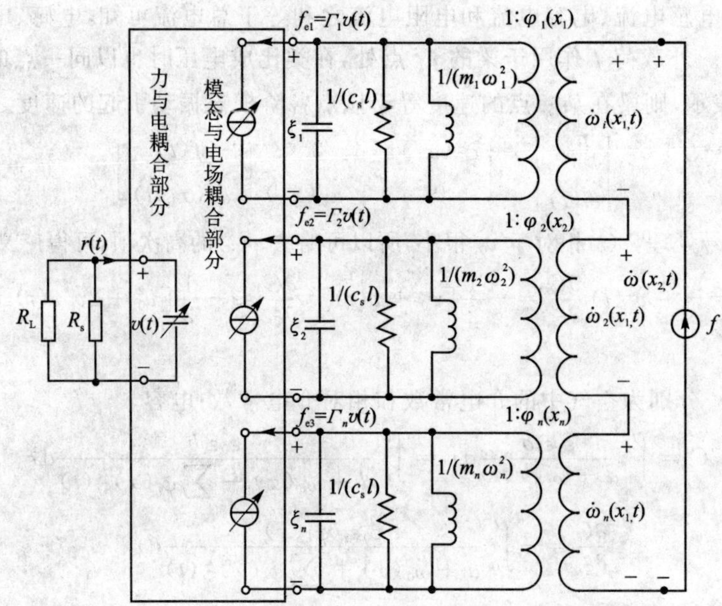

图 17.13 F-I 类比静电微传感器机电耦合等效电路图

(2) F-V 类比

F-V 类比等效电路法把广义速度 $\dot{\xi}_i$ 类比成电流，广义力 F_{mi} 和 F_{ei} 类比成电压。由方程(17.2.21)可以看出，$m_i\ddot{\xi}_i$、$c_s l\dot{\xi}_i$ 和 $m_i\omega^2\xi_i$ 也应当是电压的形式。同时，$m_i\ddot{\xi}_i$ 可以表示为 $m_i\dfrac{\partial\dot{\xi}_i}{\partial t}$，$m_i\omega^2\xi_i$ 可以表示为 $m_i\omega_i^2\int\dot{\xi}_i\,\mathrm{d}t$。

如果外载荷 f 为正弦力，由于是在给定工作点的小信号，可以看做线性系统，所以广义速度也是正弦变化的。设 $\dot{\xi}=\dot{\xi}_m e^{i(\omega t+\theta)}$，其中 $\dot{\xi}_m$ 是常数，θ 为相位角，则有 $m_i\dfrac{\partial\dot{\xi}_i}{\partial t}=m_i\mathrm{j}\omega\dot{\xi}$，$m_i\omega_i^2\int\dot{\xi}_i\,\mathrm{d}t=m_i\omega_i^2\dfrac{\dot{\xi}}{\mathrm{j}\omega}$。因此，可将 m_i 类比为电感 L，$c_s l$ 类比成电阻 R，$\dfrac{1}{m_i\omega_i^2}$类比成电容 C。由于力类比成电压，$m_i\ddot{\xi}_i$、$c_s l\dot{\xi}_i$ 和 $m_i\omega^2\xi_i$ 三者之和等于式(17.2.23)的左边，可以看出三者是串联的，即由并联结构变成了串联结构，这也是 F-V 类比的特点。第 i 阶模态运动 F-V 的等效电路如图 17.14 所示。

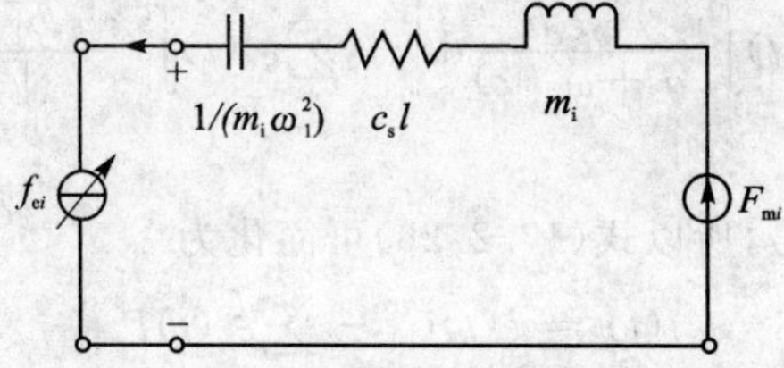

图 17.14 第 i 阶模态运动 F-V 的等效电路

同理，由方程(17.2.21)和方程(17.2.24)中力与电压、速度与电流的关系可得系统的 $F-V$ 等效电路如图 17.15 所示。

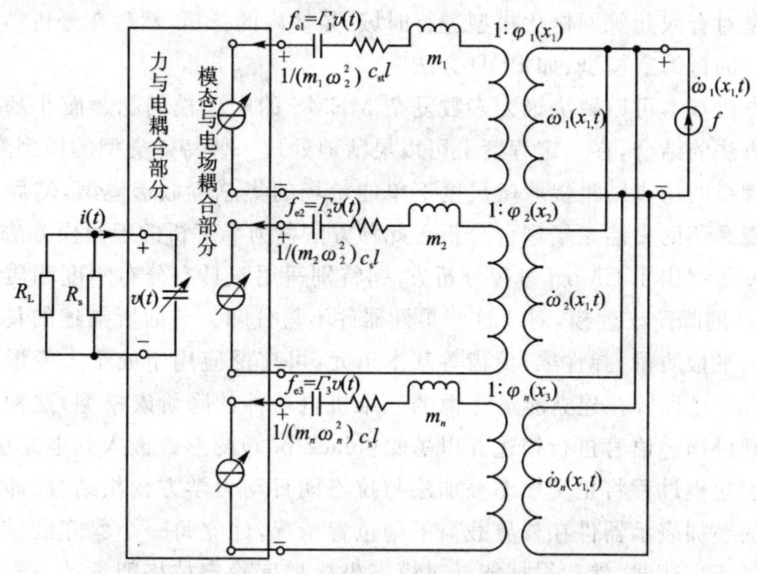

图 17.15　$F-V$ 类比静电微传感器机电耦合等效电路图

17.3　微机电系统多能量场耦合降阶建模

建立宏模型的过程既为 MEMS 器件的多能量场耦合问题的求解提供了有效途径，也为 MEMS 的系统级模拟与仿真提供了准确、丰富的行为宏模型库，为 MEMS 系统动力学特性的评估与优化提供了参考。

对于简单的结构，可以通过机电类比原理将非电器件等效为电路模型，然而，对于包含复杂耦合机理的 MEMS 器件来说，通常难以得到对应的等效模型，此时需要采用降阶宏建模的方法进行建模与仿真。近年来，模型降阶技术在 MEMS 中有着广泛的应用。

若根据建模对象几何结构的难易程度看，降阶宏建模的方法可分为解析宏建模方法和数值宏建模方法。例如，节点分析宏建模方法属于解析宏建模方法，适用于集中质量和刚度易分解的结构，多应用于小位移、小信号的情形。数值宏建模方法是针对复杂的几何结构而提出来的，对于这些 MEMS 器件来说，从几何上难以进行有效分解，不便于解析描述，因此需要在网格化模型的基础上建立相应的数值宏模型。根据是否基于空间投影的概念，数值宏建模方法又可分为基函数法和非基函数法。

基函数法包括基于模态叠加法的 Churn 过程、基于 Krylov 子空间的 Arnoldi 和 Lanczos 方法以及基于快照(snap-shot)的合适正交分解法(Proper Orthogonal Decomposition，POD)或 KL 分解法(Karhunen-Loeve Decomposition，KLD)。基函数宏建模方法的实现途径主要包括以下两种：一种是直接对数值技术得到的网格化模

型进行降阶处理，也就是采用合适的降阶算法对离散后的大量常微分方程进行降阶处理，最终得到能反映器件行为特性的阶次较低的系统矩阵，如 Arnoldi 方法；另一种途径就是对有限元等网格化模型进行时域、频域内的分析，然后在分析结果的基础上建立器件的行为宏模型，如 POD 方法。

以上方法基本可以解决绝大多数复杂 MEMS 的宏建模问题。而非基函数法是上述某些方法的结合，在一定程度上可以灵活地处理一些特殊类型的模型降阶问题，如根据物理级的仿真结果提取微尺度下单能量场的集总参数宏模型，然后在系统级仿真中实现系统的多能量场耦合分析。此种方法称为半解析的宏建模方法。

Gabby 等提出了 Churn 过程分析方法，特别适用于具有分布刚度和质量的柔性 MEMS 器件的降阶宏建模，对于这些柔性器件不易分解为前面所描述的具有集中质量和刚度的平板质量、弹性梁、梳齿等基本单元，可广泛应用于处于大变形非线性的情况。Churn 过程旨在建立能量守恒的三维机电器件的降阶宏模型，这种模型非常容易使用硬件描述语言进行描述并以黑箱(black-box)的形式嵌入到电路仿真器中。整个降阶宏建模过程将正交模态叠加法与拉格朗日动力学方程相结合，即通过一组正交模态的叠加表示器件在外界载荷下的位置情况，建立每一个保守能量场关于模态坐标的解析表达式，然后根据能量对模态坐标梯度确定拉格朗日动力学方程中的力(如静电力)，最终建立表示宏模型的状态方程。根据不同物理场的能量流动所建立的宏模型，可以反映器件中不同能量场之间的耦合关系。

1. 基函数

MEMS 器件系统状态方程的一般形式如下：

$$\frac{\mathrm{d}\boldsymbol{y}(t)}{\mathrm{d}t} = f(\boldsymbol{y}(t),\boldsymbol{u}(t)) \tag{17.3.1}$$

式中，$\boldsymbol{y}(t)$为 N 维状态矢量；$f(\boldsymbol{y}(t),\boldsymbol{u}(t))$为非线性函数；$\boldsymbol{u}(t)$为 p 维输入矢量。尽管系统处于一个很复杂的状态中，在不影响精度的情况下，对系统状态进行缩减可以很容易获得系统的动态方程，令

$$\boldsymbol{y}(t) = \sum_{i=1}^{m} q_i(t)\boldsymbol{V}_i = \boldsymbol{V}\boldsymbol{q}(t) \tag{17.3.2}$$

式中，$q_i(t)$是第 i 个状态变量；$\boldsymbol{q}(t)$是缩减后的 m 维状态向量($m=N$)，$\boldsymbol{V}_i$ 是基本向量，$\boldsymbol{V}$ 为正交的基本向量矩阵。

将式(17.3.2)代入式(17.3.1)，可得到 m 维状态方程，即

$$\boldsymbol{V}^{\mathrm{T}}\frac{\mathrm{d}\boldsymbol{y}(t)}{\mathrm{d}t} = \frac{\mathrm{d}\boldsymbol{q}(t)}{\mathrm{d}t} = \boldsymbol{V}^{\mathrm{T}}f(\boldsymbol{y}(t),\boldsymbol{u}(t)) \tag{17.3.3}$$

如果 $\boldsymbol{V}_i$ 已知，那么通过上述方程可求出 $\boldsymbol{q}(t)$。

2. 模态坐标

Churn 过程由器件的离散化网格描述创建基于模态基函数宏模型，正交模态是线性力学运动方程的特征矢量。线性系统的特征向量方程为

$$[-\omega^2 \boldsymbol{M}_{(N\times N)} + \boldsymbol{K}_{(N\times N)}]\boldsymbol{y} = \boldsymbol{0} \tag{17.3.4}$$

式中，ω 为系统固有频率，$\boldsymbol{M}_{(N\times N)}$ 为质量矩阵，$\boldsymbol{K}_{(N\times N)}$）为刚度矩阵。

用 $\boldsymbol{\varphi}_i$ 表示对应于频率 ω_i 的模态振型，每一个模态都包括一个模态质量 m_i 和模态刚度 k_i。实际上，在有限元模型的基础上进行分析的过程中，还会附加产生一个形状向量 $\boldsymbol{y}_{\text{eqm}}$，这是由于内应力存在而使网格模型松弛的缘故。

根据模态分析理论，正交模态与质量和刚度矩阵是正交的，即

$$\left.\begin{aligned}\boldsymbol{\varphi}_j^{\mathrm{T}}\boldsymbol{M}_{(N\times N)}\boldsymbol{\varphi}_i = \delta_{ij}m_i\\ \boldsymbol{\varphi}_j^{\mathrm{T}}\boldsymbol{K}_{(N\times N)}\boldsymbol{\varphi}_i = \delta_{ij}k_i\end{aligned}\right\} \tag{17.3.5}$$

式中，δ_{ij} 为 Kronecker delta 函数，且当 $i=j$ 时，$\delta_{ij}=1$；当 $i\neq j$ 时，$\delta_{ij}=0$。

定义主振型矩阵 $\boldsymbol{P}_{(N\times N)}$ 由振型向量组成，即

$$\boldsymbol{P}_{(N\times N)} = [\varphi_1, \varphi_2, \cdots, \varphi_N] \tag{17.3.6}$$

同样，定义广义质量矩阵 $\boldsymbol{M}_{G(N\times N)}$ 和广义刚度矩阵 $\boldsymbol{K}_{G(N\times N)}$ 为

$$\boldsymbol{M}_{G(N\times N)} = \boldsymbol{P}_{(N\times N)}^{\mathrm{T}}\boldsymbol{M}_{(N\times N)}\boldsymbol{P}_{(N\times N)} \tag{17.3.7}$$

$$\boldsymbol{K}_{G(N\times N)} = \boldsymbol{P}_{(N\times N)}^{\mathrm{T}}\boldsymbol{K}_{(N\times N)}\boldsymbol{P}_{(N\times N)} \tag{17.3.8}$$

由于标准模态的质量矩阵 $\boldsymbol{M}_{(N\times N)}$ 和刚度矩阵 $\boldsymbol{K}_{(N\times N)}$ 都是正交矩阵，故可知 $\boldsymbol{M}_{G(N\times N)}$ 和 $\boldsymbol{K}_{G(N\times N)}$ 都是对角矩阵，并且对角线上的元素都是模态质量和模态刚度。因此，在模态坐标下可以采用线性正交模态的叠加法来确定非线性系统的网格位置，即

$$\boldsymbol{y}(t) = \boldsymbol{y}_{\text{eqm}} + \sum_{i=1}^{N} q_i\boldsymbol{\varphi}_i = \boldsymbol{y}_{\text{eqm}} + \boldsymbol{P}_{(N\times N)}\boldsymbol{q}_{(N\times 1)} \tag{17.3.9}$$

式中，$\boldsymbol{y}_{\text{eqm}}$为平衡位置；$q_i$ 为模态幅值；$\boldsymbol{\varphi}_i$ 为模态振型；$\boldsymbol{P}_{(N\times N)}$ 为以振型为列的模态矩阵；$\boldsymbol{q}_{(N\times 1)}$ 为所有模态幅值构成的 N 维矢量。结构网格的位置 $\boldsymbol{y}$ 由给定的 $\boldsymbol{q}_{(N\times 1)}$ 确定，因此可以以 $\boldsymbol{q}_{(N\times 1)}$ 作为模态坐标来确定网格的位置。

3. 模态降阶

实际上，通过模态坐标仅需少量的低阶模态（模态阶数 $m<5$）就可使得方程(17.3.9)在不必包含所有 N 个节点的情况下能准确地近似网格的位置状态，即

$$\boldsymbol{y}(t) \approx \boldsymbol{y}_{\text{eqm}} + \sum_{i=1}^{m} q_i\boldsymbol{\varphi}_i = \boldsymbol{y}_{\text{eqm}} + \boldsymbol{P}_{(N\times m)}\boldsymbol{q}_{(m\times 1)} \tag{17.3.10}$$

式中，$\boldsymbol{P}_{(N\times m)}$ 为截断模态矩阵；$\boldsymbol{q}_{(m\times 1)}$ 为截断模态幅值矢量，这样就大大降低了系统的自由度，从而能快速地分析系统动态特性。

高阶模态对 MEMS 响应的影响是可以忽略不计的，可以用降阶后的振型进行建模，以静电 MEMS 系统为例，静电 MEMS 系统的动力学方程可表示为

$$\boldsymbol{M}_{(N\times N)}\ddot{\boldsymbol{y}} = \boldsymbol{F}_{\mathrm{e}(N\times 1)}(\boldsymbol{y},\boldsymbol{u}) + \boldsymbol{F}_{\mathrm{m}(N\times 1)}(\boldsymbol{y},\boldsymbol{u}) \tag{17.3.11}$$

式中，$\boldsymbol{F}_{\mathrm{e}(N\times 1)}(y,u)$ 和 $\boldsymbol{F}_{\mathrm{m}(N\times 1)}(y,u)$ 分别为网格节点上的静电力和弹性力。

利用简化模态坐标对动力学方程进行降阶处理，可得

$$\boldsymbol{P}_{(N\times m)}^{\mathrm{T}}\boldsymbol{M}_{(N\times N)}\boldsymbol{P}_{(N\times N)}\ddot{\boldsymbol{q}} = \boldsymbol{P}_{(N\times m)}^{\mathrm{T}}\boldsymbol{F}_{\mathrm{e}(N\times 1)}(\boldsymbol{y},\boldsymbol{u}) + \boldsymbol{P}_{(N\times m)}^{\mathrm{T}}\boldsymbol{F}_{m(N\times 1)}(\boldsymbol{y}) \tag{17.3.12}$$

方程(17.3.12)左边的惯性项可降阶为对角的广义模态质量矩阵 $\boldsymbol{M}_G\ddot{\boldsymbol{q}}$，其中 $\boldsymbol{M}_G$ 为 $m\times m$ 阶矩阵。因此，惯性项中的模态相互解耦。同样，若弹性力为线性时，方程(17.3.12)右边第二项也可解耦，即

$$\boldsymbol{P}_{(N\times m)}^{\mathrm{T}}\boldsymbol{F}_{m(N\times 1)}(\boldsymbol{y})=-\boldsymbol{P}_{(N\times m)}^{\mathrm{T}}\boldsymbol{K}_{(N\times N)}\boldsymbol{P}_{(N\times m)}\boldsymbol{q}=-\boldsymbol{K}_G\boldsymbol{q} \tag{17.3.13}$$

式中，$\boldsymbol{K}_G$ 为对角的广义模态刚度矩阵($m\times m$ 阶)。

通过上述方法可以将运动方程投影于模态空间坐标，不仅大大降低了运动方程的阶数，而且通过解耦简化了惯性项和刚度项，从而加速了模型的求解速度。方程(17.3.12)无法直接用模态坐标表示静电力等非线性力，然而通过拉格朗日动力学方程可以很好地推导与非线性力有关的能量的解析表达式。

4. 系统动能、势能和力

拉格朗日动力学方程是建立保守能量场耦合模型的基础，它可以反映系统中的不同能量场(动能、弹性能、静电、磁场能量)之间的能量流动，并且不依赖于任何特定的坐标系统。因此拉格朗日动力学方程是获得非线性力解析表达的有效途径。利用拉格朗日动力学方程能够很方便地获得系统的动力学方程，即

$$L(\boldsymbol{q},\dot{\boldsymbol{q}},t)=T(\boldsymbol{q},\dot{\boldsymbol{q}},t)-U(\boldsymbol{q},\dot{\boldsymbol{q}},t) \tag{17.3.14}$$

式中，$T(\boldsymbol{q},\dot{\boldsymbol{q}},t)$和 $U(\boldsymbol{q},\dot{\boldsymbol{q}},t)$分别代表系统的动能和势能。

拉格朗日函数是广义坐标 $\boldsymbol{q}$、广义速度 $\dot{\boldsymbol{q}}$ 和时间 t 的标量函数，降阶系统中 m 个运动方程可以从拉格朗日方程中推导而来，即

$$\frac{\mathrm{d}}{\mathrm{d}t}\left(\frac{\partial L}{\partial \dot{q}_i}\right)-\frac{\partial L}{\partial q_i}=0 \tag{17.3.15}$$

此方程无需将力映射到广义坐标中，但需要用广义坐标表示系统的动能和势能。采用模态坐标 $\boldsymbol{q}$ 表示拉格朗日方程，结合模态叠加法实现模型降阶，能够得到一些有用的简化。

系统的动能在广义坐标下的解析表达式为

$$T(\boldsymbol{q},\dot{\boldsymbol{q}},t)=\sum_{i=1}^{m}\frac{1}{2}m_i\dot{q}_i^2 \tag{17.3.16}$$

式中，模态质量 m_i 是模态质量矩阵 $\boldsymbol{M}_G$ 对角线上第 i 个元素。

一般来说，系统势能 $U(\boldsymbol{q},\dot{\boldsymbol{q}},t)$是各能量场之和，即

$$U(\boldsymbol{q},\dot{\boldsymbol{q}},t)=\sum_{\text{各场}d}U_d(\boldsymbol{q},\dot{\boldsymbol{q}},t) \tag{17.3.17}$$

对于 MEMS 而言，系统势能由弹性能和静电能两项组成。这样，拉格朗日动力学方程(17.3.15)可简化为

$$\frac{\mathrm{d}}{\mathrm{d}t}\left(\frac{\partial L}{\partial \dot{q}_i}\right)=-\frac{\partial U_{\text{弹性}}}{\partial q_i}-\frac{\partial U_{\text{静电}}}{\partial q_i} \tag{17.3.18}$$

式中，$U_{\text{弹性}}$ 和 $U_{\text{静电}}$ 独立于模态速度和时间。方程左边是惯性力，右边是弹性力和静电力。惯性力项可以表示为

$$\frac{\mathrm{d}}{\mathrm{d}t}\left(\frac{\partial L}{\partial \dot{q}_i}\right)=m_i\ddot{q}_i \tag{17.3.19}$$

在线性力学系统中，弹性势能在广义坐标中的解析表达式为

$$U_{线弹性}(\boldsymbol{q},\dot{\boldsymbol{q}},t)=\sum_{i=1}^{m}\frac{1}{2}k_iq_i^2 \tag{17.3.20}$$

式中，k_i 为模态刚度；模态刚度矩阵 $\boldsymbol{K}_G$ 的第 i 阶输入等于 $m_i\omega_i^2$。

联立方程(17.3.19)和方程(17.3.20)，则运动方程可转化为

$$m_i\ddot{q}_i=-k_iq_i-\frac{\partial U_{静电}}{\partial q_i} \tag{17.3.21}$$

因此，接下来的问题就是如何求得静电势能的解析表达。此外，若机械弹性力也为非线性时，就需要寻找相应的弹性势能的解析表达。Churn 过程建立势能微分解析表达的过程如图 17.16 所示。

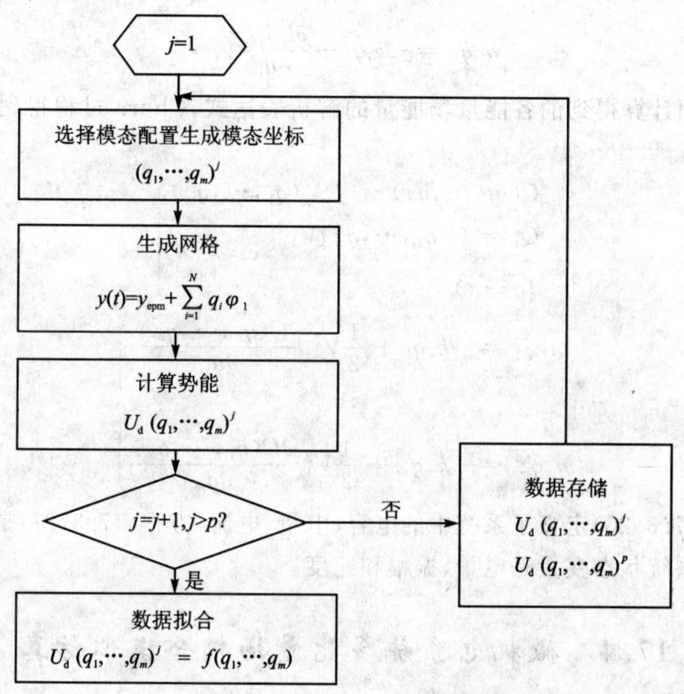

图 17.16　Churn 过程中建立势能解析表达的流程图

5. 能量解析表达式

Churn 过程的关键问题在于如何将静电力表示为模态幅值的函数，Churn 过程是通过拟合有限元或边界元的仿真结果实现这一目标的。通过前期大量的网格化模拟一次性生成降阶模型，这样在以后的分析中就可直接通过抽象的解析表达式计算相应的力。由模态空间的边界域定义系统的工作范围，通过一系列网格化的数值模拟得到势能的采样数据点，然后用多项式拟合采样点获得工作范围内的微分解析表

达式，即

$$U_d(q_1,\cdots,q_m)=\sum_{i_1=0}^{R_1}\cdots\sum_{i_m=0}^{R_m}a_{i_{1,\cdots,i_m}}q_1^{i_1}\cdots q_m^{i_m} \tag{17.3.22}$$

式中，R_i 是第 i 个模态（振型）的阶数；$a_{i_{1,\cdots,i_m}}$ 为多项式的拟合系数。

对于静电势能来说，通常建立电容的解析表达式，然后由电容表达式推导出联合静电能(electrostatic co - energy)及其偏微分，即

$$U_{静电}^{*}=\frac{1}{2}V^2C(q_1,\cdots,q_m) \tag{17.3.23}$$

$$\left.\frac{\partial U_{静电}^{*}}{\partial q_i}\right|_{Q,q}=\frac{1}{2}V^2\left.\frac{\partial C(q_1,\cdots,q_m)}{\partial q_i}\right|_{q}=\left.\frac{\partial U_{静电}}{\partial q_i}\right|_{Q,q} \tag{17.3.24}$$

将式(17.3.24)中的联合静电能的偏微分代替拉格朗日动力学方程中静电能的偏微分，可得

$$m_i\ddot{q}_i=-k_iq_i+\left.\frac{\partial U_{静电}^{*}}{\partial q_i}\right|_{V,q} \tag{17.3.25}$$

利用前面计算得到的各能量场能量的解析表达式，Churn 过程得到的宏模型方程为

$$\left.\begin{aligned}&C(q_1,\cdots,q_m)=f_{\text{poly}}(q_1,\cdots,q_m)\\&Q_1=C(q_1,\cdots,q_m)V_1\\&I_1=\dot{Q}_1\end{aligned}\right\} \tag{17.3.26}$$

$$\left.\begin{aligned}&m_1\ddot{q}_1=-k_1q_1+\frac{1}{2}V_1^2\frac{\partial C(q_1,\cdots,q_m)}{\partial q_1}\\&\qquad\vdots\\&m_m\ddot{q}_m=-k_mq_m+\frac{1}{2}V_1^2\frac{\partial C(q_1,\cdots,q_m)}{\partial q_m}\end{aligned}\right\} \tag{17.3.27}$$

式中，方程(17.3.26)定义了系统中的电容、电量、电流，方程(17.3.27)是拉格朗日动力学方程。系统状态变量是电量、振幅和速度。

17.4 微机电系统多能量场耦合模拟仿真

为准确地预测 MEMS 微器件在实际工作中的响应特性，需要对微结构进行静态、模态、瞬态、谐响应等分析，以及结构、热、流体、电磁等多能量场耦合分析及模拟仿真，使得 MEMS 的分析变得十分复杂，可以说多能量场耦合分析是 MEMS 建模与仿真面临的核心问题，已成为 MEMS 动力学研究中的最大挑战之一。表 17.1 给出了存在于 MEMS 中的结构动力学、热传输学、流体力学和电磁学之间的耦合机理，以及根据这些机理产生的功能 MEMS 器件或系统。

表 17.1　MEMS 多学科交叉与耦合机理及应用

耦合类型	结构动力学	热力学	流体动力学	电磁学
结构动力学	应用 机理	热激励响应热制动器	几乎所有的微结构、微陀螺、泵、阀	电容驱动或检测的转换器,静电、压电、电阻等制动器
热力学	热弹性,热控制变形 W→S 结构阻尼生热 S→W		微制冷器,流量和热传感器	热电堆(集成电阻加热),热制动器
流体动力学	表面力 F→S 流体激励 S→F	流体摩擦生热 F→W 耦合能量方程 W→F		基于电/流体动力学原理的传感器和泵
电磁学	表面力/体积力 E→S 电场中结构几何变形及运动 S→E	电磁能量损耗 E→W 与温度相关的材料参数 W→E	表面力/体积力 E→F 电场中导体几何变形及运动 F→E	

注:S 表示结构动力学,W 表示热力学,F 表示流体动力学,E 表示电磁学。

17.4.1　MEMS 多能量场耦合特性

MEMS 器件或系统功能的实现,都是通过力、电、磁、热、流体等能量之间的转换来完成的,如图 17.17 所示,其中必然涉及多种物理性质的相互耦合,因此 MEMS 是多物理场(能量场)耦合作用的一个极其复杂的系统。对于耦合作用较弱的情形,可以忽略其耦合效应。但是,大多数 MEMS 器件几何结构复杂且存在非线性的耦合情况。因此有必要研究有效的多能量场耦合分析方法,来深入地了解 MEMS 器件或系统在不同能量场耦合作用下的反应及效果,正确地模拟和预测系统的动力学行为特性。

多能量场耦合特性分析是指在分析过程中考虑两种或多种工程学科(物理场)的交叉作用或相互影响(耦合)。MEMS 中常见的耦合有力-电耦合、热-结构耦合、流体-结构耦合、磁-热耦合、磁-结构耦合等,其中部分耦合效应和分析方法也可以沿用宏观理论知识,但微尺度效应和表面效应使得 MEMS 中大多数耦合问题具有其自身的特点,因此需要重新研究其耦合分析理论与方法。在进行分析与模拟仿真时,不仅要针对各个能量场的特点,寻求快速的求解算法,还要解决不同场之间的耦合问题。

按照数值计算的观点,存在两种基本的耦合情况:场耦合和边界耦合。场耦合是不同物理变量区域相互重叠,如力-电耦合、热-结构耦合等,这类耦合问题的分析基本可以沿用宏观的分析理论与方法;而边界耦合是指在不同区域有不同的物理性质,如静电-结构、流体-结构等耦合，这类耦合在微尺度下有其特有的耦合效应。

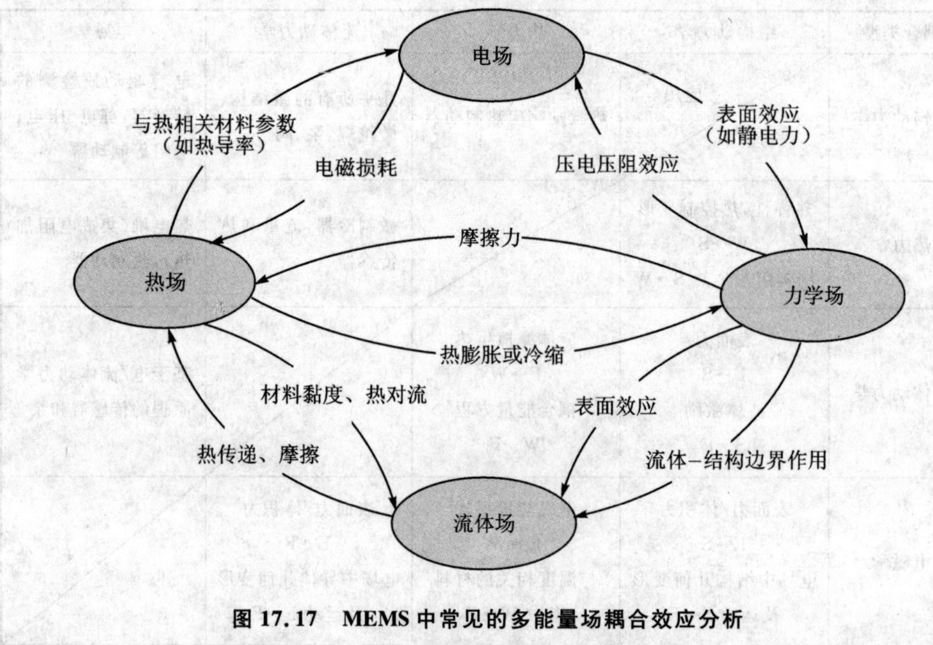

图 17.17　MEMS 中常见的多能量场耦合效应分析

17.4.2　MEMS 多能量场耦合分析

按照 Senturia 等的观点，MEMS 中的能量场可分为保守能量场和耗散能量场两大类。动能、弹性势能、静电场、静磁场等属于保守能量场；电阻、流体黏性效应、接触摩擦、热物理效应、热流动和熵增及介电损耗等属于耗散（非保守）能量场。此外，还可以根据系统中动能、势能、速度之间的相互依赖关系，将多能量场耦合问题分为准静态耦合能量场和动态耦合能量场。若弹性能仅依赖于弹性刚度和位移，则称为准静态耦合能量场；若系统动能和质量分布与速度有关，则称为动态耦合能量场。对于简单的耦合问题，可以采用解析方法进行求解，但对于结构复杂且涉及能量场较多的情况，需要采用数值模拟技术求解多能量场耦合问题。

1. 准静态耦合场分析

考虑包含 m 个准静态耦合场的问题，描述其状态行为可以通过含有 m 个变矢量的 m 个非线性方程组成的方程组来实现。它的一般表达形式为

$$\left.\begin{aligned} f_1(\boldsymbol{x}_1,\boldsymbol{x}_2,\cdots,\boldsymbol{x}_i,\cdots,\boldsymbol{x}_m) &= \boldsymbol{0} \\ f_2(\boldsymbol{x}_1,\boldsymbol{x}_2,\cdots,\boldsymbol{x}_i,\cdots,\boldsymbol{x}_m) &= \boldsymbol{0} \\ &\vdots \\ f_m(\boldsymbol{x}_1,\boldsymbol{x}_2,\cdots,\boldsymbol{x}_i,\cdots,\boldsymbol{x}_m) &= \boldsymbol{0} \end{aligned}\right\} \tag{17.4.1}$$

式中，$\boldsymbol{x}_i$ 表示第 i 个能量场的状态向量（通常由网格形式确定），而 $\boldsymbol{x}_j\,(j\neq i)$ 是与第 j 个能量场有关的状态向量（通常也是由网格形式确定）。假定 $\boldsymbol{x}_j\,(j\neq i)$ 为已知量，单

一能量场求解器，如求解弹性变形的有限单元法（FEM）求解器，或求解电容的边界单元法（BEM）求解器，能求解关于 $\boldsymbol{x}_i$ 的每一个方程，并求出相应的 $\boldsymbol{x}_i$。但是一个单一能量场求解器不能单独求解多个能量场耦合的问题，必须找到足够多的（如 m 个）单一能量场求解器才能求解含有 m 个变矢量、m 个非线性方程的方程组，并求出相应的 $\boldsymbol{x}_1,\boldsymbol{x}_2,\cdots,\boldsymbol{x}_i,\cdots,\boldsymbol{x}_m$。

通常，求解上述准静态耦合场问题有两种方法：松弛法和牛顿法。如图 17.18 (a)所示，松弛法依次调用单能量场求解器，并在求解过程中实时更新相关变量，直至系统收敛。这种方法可以方便地利用已有的求解软件计算单能量场问题，然后采用松弛法将这些单能量场求解器耦合在一起。但是松弛法在处理结构大变形、非线性情况时不易收敛，从而限制了它的应用范围。如图 17.18 (b)所示，牛顿法可同时求解多个耦合场方程，具有良好的收敛特性。由于牛顿法需要求解整个系统方程的雅可比（Jacobian）行列式，其中的交叉项依赖能量场间的耦合程度，一般只能得到雅可比行列式的左对角矩阵。可以利用牛顿法的强收敛特性，采用“黑箱”式结构的反复叠加方案求解多能量场的耦合问题，即每一黑箱仅包括单能量场求解器，从而拓展为表面牛顿法和多级牛顿法，更加保证了多能量场耦合问题的求解，并且其收敛性也很好。

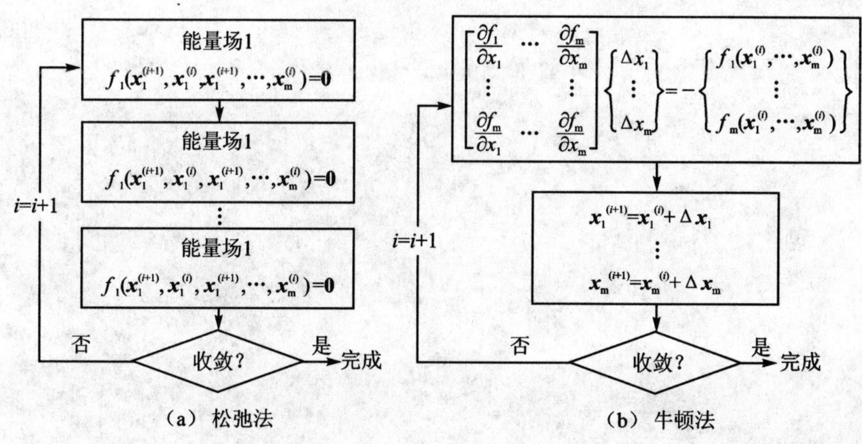

图 17.18　两种多场耦合分析方法的基本流程

2. 动态耦合场分析

动力学的多能量场耦合问题分析需要计算时间场内耦合的偏微分方程。动态耦合场仿真问题通常可采用松弛法和牛顿法，可以把动力学形式的方程化成准静态形式，如对力能量场中的结构动力学使用 Newmark 法，然后再利用上述的松弛法进行求解计算。

因为 MEMS 的特殊性质，其用于仿真 MEMS 的动力学响应的计算过程是不同于通常的静态结构分析的。MEMS 装置一般含有多场耦合，这些装置的函数特性通常只能用非线性偏微分方程描述，建立考虑多场耦合、电路等为一体的系统级模型相当困难。直接基于场分析方法对系统进行大规模数值计算，虽然精度较高，但计算费用相当大，同时也不利于 MEMS 设计。另外，MEMS 仿真的物理复杂性起因于多个物理能域及由此引发的相互之间的耦合，MEMS 器件或系统即使在变形很小的情况下也呈现非线性特性。因此，研究 MEMS 的动力学行为对于发展一种新的 MEMS 装置和控制其动力学行为具有十分重要的意义。

思考题与习题

1. 由于尺度效应引起的表面效应，MEMS 中的摩擦磨损和接触问题显得非常突出，试分析惯性开关在不同惯性载荷量值范围时摩擦和接触的影响。

2. 检索关于 MEMS 的振动特性研究、非线性动力学特性研究方面的文献，并总结概括它们所用的原理和方法。

3. 根据静电力、电磁力、压电力的尺度效应，试初步分析设计相应驱动器的最小结构尺寸范围。

第五部分

机电系统动力学模型的应用

第 18 章　机床传动系统机电分析动力学模型及应用

18.1　传动系统机电动力学建模

18.1.1　能量、功率、转矩、电势平衡的关系

参照第三部分的机电能量关系，可将机电系统能量关系和功率平衡用图 18.1 来表示。进一步地，传动系统的直流电机功率平衡关系及能流方向可用图 18.2 来表征，其平衡关系可依此列写。

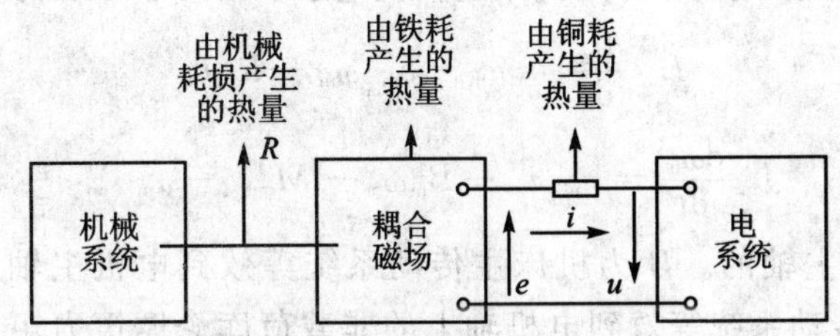

图 18.1　机电系统能量平衡图

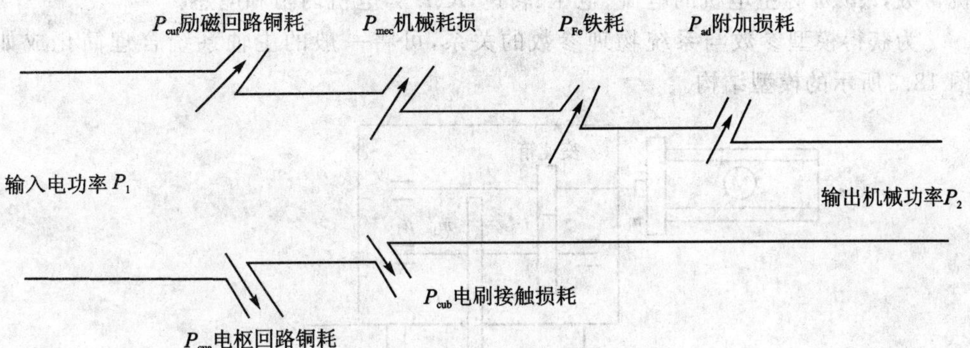

图 18.2　传动系统的直流电机功率图

传动系统直流电机功率平衡关系为

$$P_1 = P_{cua} + P_{cub} + P_{cuf} + P_{em} =$$

$$P_{cua} + P_{cub} + P_{cuf} + P_{mec} + P_{Fe} + P_{ad} + P_2 = P_2 + \sum P \qquad (18.1.1)$$

式中，$\sum P = P_{cua} + P_{cub} + P_{cuf} + P_{mec} + P_{Fe} + P_{ad}$，为电机的总耗损。

为研究方便，将功率平衡关系转化为转矩平衡关系。当电磁转矩 M_{em} 与负载的制动转矩 M_2 及空载制动转矩 M_0 相平衡时，电机以恒定转速旋转而处于稳定运行状态。电机的转子本身和它拖动的机械系统都具有转动惯量，在电机转速有变化时，电磁转矩还需克服其惯性转矩 M_j，因此电机转矩平衡关系为

$$M_{em} = M_2 + M_0 + J\frac{d\Omega}{dt} = M_c + M_j \tag{18.1.2}$$

式中，M_c 称为总负载制动转矩。

考虑稳态运行和电机瞬时状态变化，电机电势平衡方程为

$$u = e + i_a R_a + L_a \frac{di_a}{dt} \tag{18.1.3}$$

式中，L_a 为电枢回路自感，R_a 为电机回路电阻。

18.1.2 主轴驱动及传动系统动力学模型

利用上述原理及关系，可得到机床主轴机电系统动力学方程为

$$L_m \frac{di_m}{dt} = u_m - c_{m_m}\omega_m - R_m i_m \tag{18.1.4}$$

$$J_m \frac{d\omega_m}{dt} = c_{m_m} i_m - B_m\omega_m - M_{om_m} - \alpha_m T_m \tag{18.1.5}$$

式中，下标 m 表示主轴的。B 为机床主传动系统等效到电机主轴上的黏性阻尼系数，M_{om} 为机床主传动系统等效到电机轴上的非载荷库仑摩擦力矩，α 为系统载荷损耗系数，J 为机床主传动系统等效到电机轴上的转动惯量，T 为输出载荷，c_m 为电动机常数，i、u、ω 为主电机的电流、电压、转速，R、L 为电机内阻和电感。

为获得模型参数与系统物理参数的关系，可将一般的主轴系统合理简化成如图 18.3所示的模型结构。

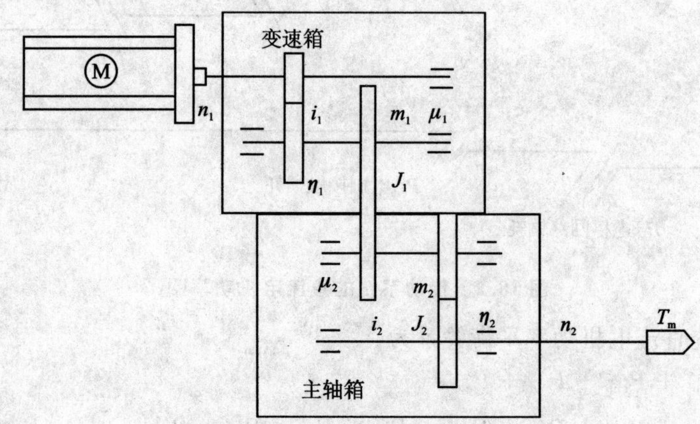

图 18.3 主轴与传动系统物理结构模型

系统等效到电机轴上的总体转动惯量为

$$J_{m}=J_{M}+\frac{1}{i_{1}^{2}}J_{1}+\frac{1}{i_{1}^{2}i_{2}^{2}}J_{2} \tag{18.1.6}$$

系统等效到电机轴上的黏性阻尼系数为

$$B_{m}=\frac{\mu_{\omega1}}{\eta_{1}}+\frac{\mu_{\omega2}}{\eta_{2}} \tag{18.1.7}$$

系统等效到电机轴上的非载荷库仑摩擦力矩为

$$M_{om_{m}}=\frac{m_{1}gd_{1}}{i_{1}\eta_{1}}+\frac{m_{2}gd_{2}}{i_{1}i_{2}\eta_{1}\eta_{2}} \tag{18.1.8}$$

系统等效到电机轴上的载荷耗损系数为

$$\alpha_{m}=\frac{1}{i_{1}i_{2}\eta_{1}\eta_{2}} \tag{18.1.9}$$

以上图和公式中，i_1 为电机输入-变速箱输出的传动比；i_2 为变速箱输入-主轴箱输出的传动比；η_1 为变速箱效率系数；η_2 为主轴箱效率系数；μ_1 为变速箱支承轴承滑动摩擦系数；μ_2 为主轴箱支承轴承滑动摩擦系数；$\mu_{\omega1}$ 为变速箱支承轴承黏性阻尼系数；$\mu_{\omega2}$ 为主轴箱支承轴承黏性阻尼系数；J_1 为变速箱转动惯量；J_2 为主轴箱转动惯量；J_M 为电机轴系转动惯量；m_1 为变速箱齿轮及轴系质量；m_2 为主轴箱齿轮及轴系质量；d_1 为变速箱等效质心到电机轴的距离；d_2 为主轴箱等效质心到电机轴的距离。

具体变速箱、主轴箱的效率系数、滑动摩擦系数、黏性阻尼系数、传动比、转动惯量可依不同的传动系统结构计算。对于某一给定的加工系统来说，这些参数不变。

18.1.3　进给轴驱动及传动系统动力学模型

由式(18.1.2)我们能获得各种方式的进给传动系统的动力学模型。这里

$$M_{c}=M_{v}+\sum M_{R} \tag{18.1.10}$$

式中，$\sum M_R$ 为用于克服摩擦和耗损的转矩的总和；M_v 为机械加工的转矩。

我们以带齿轮传动装置及进给丝杠的进给驱动系统为例来分析获得系统的转矩表达式。其系统可合理简化描述成如图 18.4 所示的模型。图中，m_W 为工件质量；m_T 为进给导板质量；μ_F 为进给传动装置滑动件摩擦系数；$(m_W+m_T)g$ 为导轨的重力；F^V 为切削力；F^{VT} 为垂直于滑动件的切削力分量；F^{VL} 为平行于导板方向的切削力分量；h_{SP} 为进给丝杠的导程；d_{SP} 为进给丝杠轴承的平均直径；J_{SP} 为进给丝杠的转动惯量；μ_{SL} 为进给丝杠轴承的摩擦系数；η_{SM} 为进给丝杠螺母的效率；F_a^{VL} 为除进给丝杠的负载之外而加于进给丝杠轴承上的轴向预加负荷(或由于机械加工力 F^{VL} 而产生的轴向负荷；对轴向-径向轴承，没有预加负荷)；M_M 为电机转矩；M_L 为负载转矩；n_M、n_1 为电机转速；n_2 为齿轮转速；J_M 为电机转动惯量；J_{Getr} 为齿轮转动惯量(作用于轴 1 上)；J_{Gt1} 为齿轮 1 的转动惯置；J_{Gt2} 为齿轮 2 的转动惯量；J_1 为联轴器转动惯量；J_{ext} 为外部转动惯量(作用于电机轴上)；η_G 为齿轮传动装置效率，没有齿轮传动

时，$\eta_G=1$。d_{mL} 为轴承的平均直径；如果传动系统为齿条-小齿轮结构，则 r_{Ri} 为小齿轮的半径。J_{Ri} 为小齿轮的转动惯量。i 为齿轮传动比，在没有齿轮传动装置的情况下，$i=1$。

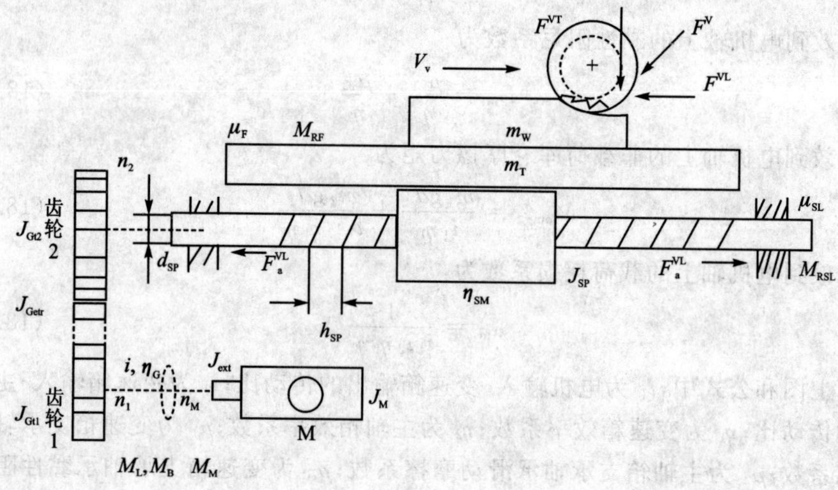

图 18.4　带齿轮和进给丝杠的进给传动系统物理结构模型

1. 摩擦与耗损

滑动导轨的摩擦

$$M_{RF}=u_F\times\frac{h_{SP}}{2\pi}[(m_W+m_T)g+F^{VT}] \tag{18.1.11}$$

进给丝杠轴承组件中的摩擦耗损

$$M_{RSL}=u_{SL}\times\frac{1}{2}d_{mL}F_a^{VT} \tag{18.1.12}$$

对常用的轴向-径向组合轴承，由于径向轴承作用在进给丝杠上的摩擦力与进给力负载的总摩擦力比较起来非常小，故常常可忽略不计。

进给丝杠螺母的磨损耗损，用效率系数(η_{SM})表示，一般可由经验公式获得，即

$$\eta_{SM}=\frac{1}{1+0.02\dfrac{d_{SP}}{h_{SP}}} \tag{18.1.13}$$

齿轮传动装置的耗损用效率系数 η_G 来表示。

因此，进给丝杠驱动装置折算到电机轴上的磨损与耗损的转矩为

$$\sum M_R=\frac{\dfrac{M_{RF}}{\eta_{SM}}+M_{RSL}}{\eta_G^{i}} \tag{18.1.14}$$

同样，可推得另一类典型传动系统齿条-小齿轮传动装置的耗损转矩为

$$\sum M_R=\frac{M_{RF}}{\eta_G^{i}} \tag{18.1.15}$$

式中

$$M_{RF} = u_F r_{Ri}[(m_W + m_T)g + F^{VT}] \tag{18.1.16}$$

2. 机械力矩

对于进给丝杠传动装置，有

$$M_v = \frac{F^{VL} h_{SP}}{2\pi i \eta_G \eta_{SM}} \tag{18.1.17}$$

对于齿条-小齿轮传动装置，有

$$M_v = \frac{F^{VL} r_{Ri}}{\eta_G^i} \tag{18.1.18}$$

3. 转动惯量

J 包含平面运动物体折算到电机轴上的转动惯量、转动丝杠折算到电机轴上的转动惯量和电机的转动惯量。对于进给丝杠传动装置，平面运动物体折算到轴 2 的转动惯量为

$$J_{T+W} = (m_W + m_T)\left(\frac{h_{SP}}{2\pi}\right)^2 \tag{18.1.19}$$

考虑丝杠后，折算到轴 2(进给丝杠)上的转动惯量总和为

$$J_2 = J_{T+W} + J_{SP} \tag{18.1.20}$$

对于齿条-小齿轮传动装置，平面运动物体折算到轴 2 的转动惯量为

$$J_{T+W} = (m_W + m_T) r_{Ri}^2 \tag{18.1.21}$$

考虑小齿轮后，折算到轴 2(小齿轮)上的转动惯量总和为

$$J_2 = J_{T+W} + J_{Ri} \tag{18.1.22}$$

所有折算到电机轴上的外部转动惯量为

$$J_{ext} = \frac{1}{i^2} J_2 + J_{Getr} \tag{18.1.23}$$

如果不带齿轮传动装置，则 $J_{Getr}=0, i=1$，这时联轴器转动惯量 J_1 必然会加到 J_2 上，则 J_2 变为 J_2+J_1。

对单级齿轮传动而言，其齿轮转动惯量为

$$J_{Getr} = J_{Gt1} + \frac{J_{Gt2}}{i^2} \tag{18.1.24}$$

因此总的转动惯量为

$$J_{Ges} = J_M + J_{ext} \tag{18.1.25}$$

综上，类似主轴系统，进给驱动与传动系统的动力学方程可写为

$$L_{fi}\frac{di_{fi}}{dt} = u_{fi} - c_{m_{fi}}\omega_{fi} - R_{fi} i_{fi} \tag{18.1.26}$$

$$J_{fi}\frac{d\omega_{fi}}{dt} + \xi_{fi} + \zeta_{fi} F_{fi}^{VL} + \rho_{fi} F_{fi}^{VT} = c_{m_{fi}} i_{fi} \tag{18.1.27}$$

式中，下标 fi 表示进给轴，且其中的 i 取 1,2,3,4,…，代表不同的进给轴。

式中，对于进给丝杠传动装置，有

$$\xi = \frac{\mu_F h_{SP}(m_W + m_T)g}{2\pi\eta_{SM}\eta_G i} + \frac{\mu_{SL} d_{mL} F_a^{VL}}{2\eta_G i} \tag{18.1.28}$$

$$\zeta = \frac{h_{SP}}{2\pi\eta_G\eta_{SM} i} \tag{18.1.29}$$

$$\rho = \frac{\mu_F h_{SP}}{2\pi\eta_{SM}\eta_G i} \tag{18.1.30}$$

$$J = \frac{(m_W + m_T)gh_{SP}^2 + 4\pi^2 J_1 + 4\pi^2 J_{SP}}{4\pi^2 i^2} + J_{Gt1} + \frac{J_{Gt2}}{i^2} + J_M \tag{18.1.31}$$

对于小齿轮-齿条传动装置，有

$$\xi = \frac{r_{Ri}}{\eta_G i} \cdot u_F(m_W + m_T)g \tag{18.1.32}$$

$$\zeta = \frac{r_{Ri}}{\eta_G i} \tag{18.1.33}$$

$$\rho = \frac{u_F r_{Ri}}{\eta_G i} \tag{18.1.34}$$

$$J = \frac{[(m_W + m_T)r_{Ri}^2 + J_1 + J_{Ri}]}{i^2} + J_{Gt1} + \frac{J_{Gt2}}{i^2} + J_M \tag{18.1.35}$$

18.2 基于模型的机床传动系统状态监测与诊断

18.2.1 总体思路

加工机床传动系统的被控和被测过程的故障大多可以看作是过程系数的变动，如电阻、刚度、摩擦系数等。这些过程系数显示或隐含在过程模型的参数中。过程系数在过程模型中可以是定常的，也可以是时变的。因此，基于过程参数的状态监测与诊断，一旦模型及状态给出，通过对加工过程状态与参数的辨识、分析与监测，可以从本质上排除多变加工工况及随机干扰因素对监测与诊断结果的影响，其鲁棒性、适应性极广。同时，它也非常便于进一步的故障隔离与定位。基于模型的状态监测与诊断总体思路可由图 18.5 来表征。

该思路能成功运作的关键是：① 过程模型能精确地描述过程和被控被测对象的行为；② 存在有效而快速的参数估计方法，能得到参数的较为精确的估计；③ 通过适当的输入信号，被测过程可以充分激励；④ 过程系数可由模型参数唯一得到；⑤ 模型参数与物理对象及过程的故障映射明晰；⑥ 可测性、可观性状态量充分，否则故障分离定位不充分。

因此，如何建立系统的动态模型，运用合适的实时辨识算法得到系统的过程与状态参数，以及如何建立过程参数与对象间的精确物理映射是本方法能不能用于状态监测与故障诊断的关键。前面的机电系统动力学模型的建立已解决了第一个关键，下面要解决的是状态信息和传感器获取的信号，如何通过动力学模型辨识系统的各种物理参数，对其运行状态进行监测与诊断。

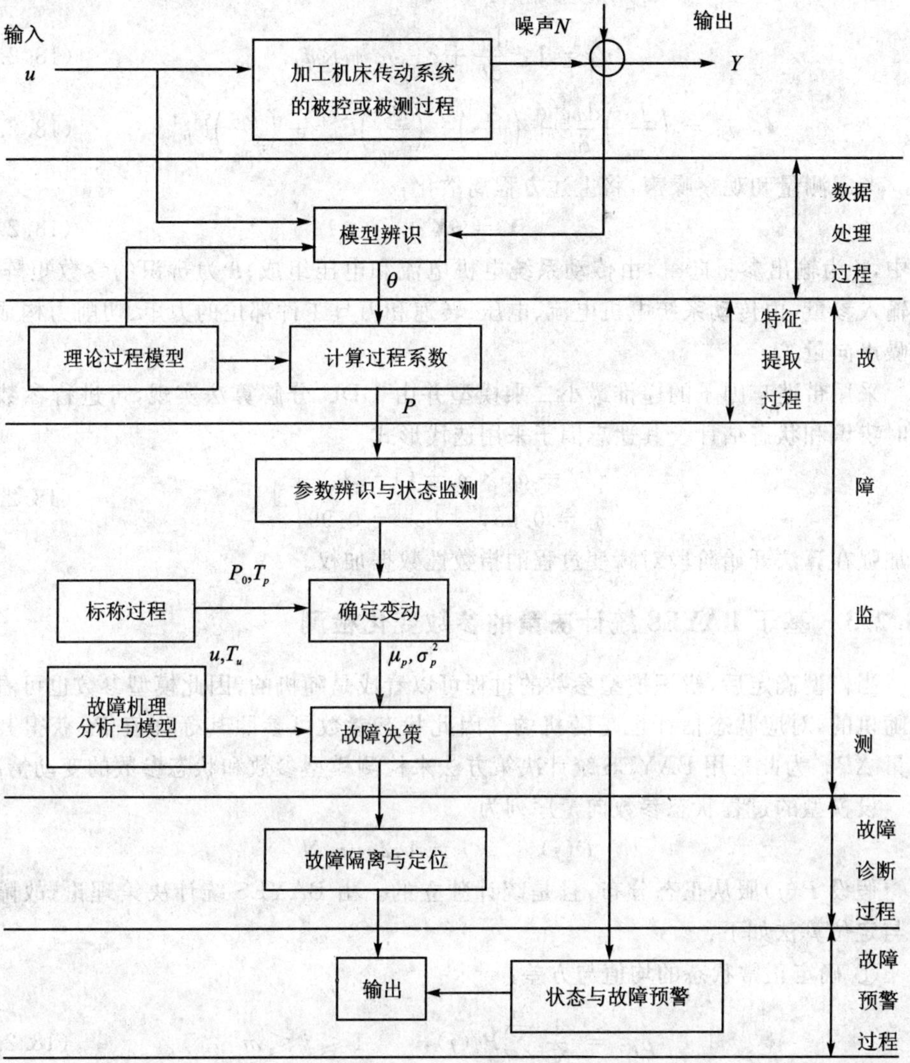

输入
u
加工机床传动系统的被控或被测过程
噪声N
输出
Y
数据处理过程
模型辨识
θ
理论过程模型
计算过程系数
特征提取过程
P
参数辨识与状态监测
故障监测
标称过程
P_0, T_p
确定变动
u, T_u
μ_p, σ_p^2
故障机理分析与模型
故障决策
故障隔离与定位
故障诊断过程
输出
状态与故障预警
故障预警过程

图 18.5　基于过程模型的状态监测与故障诊断总体思路

18.2.2　模型参数识别

对加工机床传动系统来说，建立了上述各子系统的机电动力学方程后，可进行系统的参数辨识和状态估计。出于监测与诊断的需要，将方程(18.1.4)、方程(18.1.5)、方程(18.1.26)、方程(18.1.27)改写成如下形式：

$$u_{\mathrm{m}} = L_{\mathrm{m}} \frac{\mathrm{d}i_{\mathrm{m}}}{\mathrm{d}t} + c_{\mathrm{m_m}} \omega_{\mathrm{m}} + R_{\mathrm{m}} i_{\mathrm{m}} \tag{18.2.1}$$

$$i_{\mathrm{m}}=\left(\frac{J_{\mathrm{m}}}{c_{\mathrm{m_m}}}\right)\frac{\mathrm{d}\omega_{\mathrm{m}}}{\mathrm{d}t}+\left(\frac{B_{\mathrm{m}}}{c_{\mathrm{m_m}}}\right)\omega_{\mathrm{m}}+\left(\frac{M_{\mathrm{om_m}}}{c_{\mathrm{m_m}}}\right)+\left(\frac{\alpha_{\mathrm{m}}}{c_{\mathrm{m_m}}}\right)T_{\mathrm{m}} \tag{18.2.2}$$

$$u_{\mathrm{f}i}=L_{\mathrm{f}i}\frac{\mathrm{d}i_{\mathrm{f}i}}{\mathrm{d}t}+c_{\mathrm{m_{f}}i}\omega_{\mathrm{f}i}+R_{\mathrm{f}i}i_{\mathrm{f}i} \tag{18.2.3}$$

$$i_{\mathrm{f}i}=\left(\frac{J_{\mathrm{f}i}}{c_{\mathrm{m_{f}}i}}\right)\frac{\mathrm{d}\omega_{\mathrm{f}i}}{\mathrm{d}t}+\left(\frac{\xi_{\mathrm{f}i}}{c_{\mathrm{m_{f}}i}}\right)+\left(\frac{\zeta_{\mathrm{f}i}}{c_{\mathrm{m_{f}}i}}\right)F_{\mathrm{f}i}^{\mathrm{VL}}+\left(\frac{\rho_{\mathrm{f}i}}{c_{\mathrm{m_{f}}i}}\right)F_{\mathrm{f}i}^{\mathrm{VT}} \tag{18.2.4}$$

考虑测量和观察噪声，将上述方程离散化：

$$\boldsymbol{Y}=\boldsymbol{\theta X}+\boldsymbol{e} \tag{18.2.5}$$

式中，$\boldsymbol{Y}$ 为输出参量向量，由传动系统电机电流和电压组成；$\boldsymbol{\theta}$ 为辨识的参数矩阵；$\boldsymbol{X}$ 为输入参量，由传动系统电机电流、电压、转速和刀具工件部位的力矩、切削力构成；$\boldsymbol{e}$ 为噪声向量。

采用带遗忘因子的递推最小二乘模型并由 UDU 分解算法实现，可进行参数的实时辨识和状态估计。其遗忘因子采用迭代形式

$$\left.\begin{aligned}&\eta_{i+1}=a_0\times\eta_i+(1-\alpha_0)\\&\eta_0=0.95,\qquad \alpha_0=0.99\end{aligned}\right\} \tag{18.2.6}$$

以加强在算法开始阶段对瞬变过程的指数性数据加权。

18.2.3 基于 BAYES 统计决策的参数变化检测

当模型确定后，辨识模型参数的过程可以看成是随机的，因此模型参数也可看成是随机的，对应状态估计也是随机的。因此状态参数可参照其标称值 P_0 获得其变化量 ΔP。为此采用 BAYES 统计决策方法来检测模型参数和状态参数的变动情况。

设模型的过程状态参数向量序列为

$$P(j),\qquad j=1,2,\cdots,N$$

假设 $P(j)$服从正态分布，且是统计独立的。由 BAYES 统计决策理论，故障检测与定位算法如下：

① 确定正常状态的均值与方差：

$$\hat{\mu}_{pi0}=\frac{1}{N_1}\sum_{j}^{N_1}P_i(j),\qquad 1\leqslant i\leqslant m \tag{18.2.7}$$

$$\hat{\sigma}_{pi0}^2=\frac{1}{N_1}\sum_{j=1}^{N_1}[P(j)-\hat{u}_{pi0}^2]^2 \tag{18.2.8}$$

② 过程参数变动检测：

$$\hat{\mu}_{pi}(k)-\frac{1}{N}\sum_{j=1}^{N}P_i(k-j) \tag{18.2.9}$$

$$\hat{\mu}_{pi\mathrm{I}}^2=\frac{1}{N}\sum_{j=1}^{N}[P_i(k-j)-\hat{\mu}_{pi0}(k)]^2 \tag{18.2.10}$$

$$\hat{\mu}_{pi\mathrm{II}}^2=\frac{1}{N}\sum_{j=1}^{N}[P_i(k-j)-\hat{\mu}_{pi}(k)]^2 \tag{18.2.11}$$

$$d_i(k)=\frac{\hat{\mu}_{pi\mathrm{I}}^2(k)}{\hat{\mu}_{pi0}^2}-\ln\frac{\hat{\mu}_{pi\mathrm{II}}^2(k)}{\hat{\mu}_{pi0}^2}-1 \tag{18.2.12}$$

③ 决策律：

$$\left.\begin{aligned} H_0:\quad & d_i(k)\leqslant\lambda=2\ln\frac{N_jP_0}{1-P_0}\\ H_1:\quad & d_i(k)>\lambda=\ln\frac{N_jP_0}{1-P_0}\end{aligned}\right\} \tag{18.2.13}$$

满足 H_0，则表示 P_i 无变化；反之满足 H_1，则表示 P_i 有变化。N_j 为小于 N 的一个正整数，P_0 为系统无故障的先验概率，λ 为阈值。

对各个模型参数与状态量，建立上述 BYAES 统计决策率，能实现其监测。由于它们直接对应着加工机床的各物理对象的各个环节，因此，对其的检测也就是对加工机床设备的状态监测与诊断，从而达到状态监测与故障诊断的目的。机床运行过程中，由于任何时刻动力学方程的平衡关系不可能被破坏，因此不存在工况变化识别的要求，从而该监测与诊断模型的适应性、通用性、鲁棒性和柔性非常好。

第 19 章　微机械谐振陀螺的动力学特性

19.1　陀螺哥氏效应

微机械振动式陀螺是利用微机械加工技术制作的敏感角速度的器件，其工作原理基于哥氏加速度。哥氏加速度源于非惯性参考系的转动。它的作用和效应分析如下。

如图 19.1 所示，$Oxyz$ 为定参考系，$O'x'y'z'$ 为动参考系，动参考系坐标原点在定参考系中的矢径为 $\boldsymbol{r}_{o'}$，动参考系的三个单位矢量分别为 $\boldsymbol{i}'$、$\boldsymbol{j}'$、$\boldsymbol{k}'$。动点 M 在定参考系中的矢径为 $\boldsymbol{r}_{\mathrm{m}}$，在动参考系中的矢径为 $\boldsymbol{r}'$，对应的坐标为 x'、y'、z'。动参考系上与动点重合的点（即牵连点）记为 M'，它在定参考系中的矢径为 $\boldsymbol{r}'_{\mathrm{m}}$，则有如下矢量关系：

$$\boldsymbol{r}_{\mathrm{m}} = \boldsymbol{r}'_{\mathrm{o}} + \boldsymbol{r}' \tag{19.1.1}$$

$$\boldsymbol{r}' = x'\boldsymbol{i}' + y'\boldsymbol{j}' + z'\boldsymbol{k}' \tag{19.1.2}$$

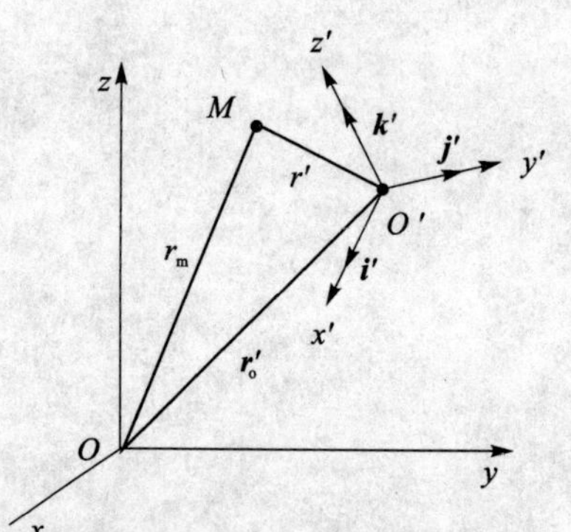

图 19.1　动坐标系和静坐标系示意图

动点 M 的相对速度为

$$\boldsymbol{v}_{\mathrm{r}} = \frac{\mathrm{d}\boldsymbol{r}'}{\mathrm{d}t} = \dot{x}'\boldsymbol{i}' + \dot{y}'\boldsymbol{j}' + \dot{z}'\boldsymbol{k}' \tag{19.1.3}$$

动点 M 牵连点 M' 的牵连速度为

$$\boldsymbol{v}_{\mathrm{e}} = \frac{\mathrm{d}\boldsymbol{r}'_{\mathrm{m}}}{\mathrm{d}t} = \dot{\boldsymbol{r}}'_{\mathrm{o}} + x'\dot{\boldsymbol{i}}' + y'\dot{\boldsymbol{j}}' + z'\dot{\boldsymbol{k}}' \tag{19.1.4}$$

动点绝对速度为

$$\boldsymbol{v}_{\mathrm{a}}=\frac{\mathrm{d}\boldsymbol{r}_{\mathrm{m}}}{\mathrm{d}t}=\dot{\boldsymbol{r}}'_{\mathrm{o}}+\dot{x}'\boldsymbol{i}'+\dot{y}'\boldsymbol{j}'+\dot{z}'\boldsymbol{k}'+x'\dot{\boldsymbol{i}}'+y'\dot{\boldsymbol{j}}'+z'\dot{\boldsymbol{k}}' \tag{19.1.5}$$

从而可以看出

$$\boldsymbol{v}_{\mathrm{a}}=\boldsymbol{v}_{\mathrm{e}}+\boldsymbol{v}_{\mathrm{r}} \tag{19.1.6}$$

上述描述的是在动参考系中的动点 M 的速度合成，即动点 M 的绝对速度（相对定参考系的速度）等于相对速度（相对动参考系的速度）与牵连速度（与 M 点重合的动参考系中 M' 点的速度）的矢量和。动点 M 的相对加速度为

$$\boldsymbol{a}_{\mathrm{r}}=\frac{\mathrm{d}\boldsymbol{v}_{\mathrm{r}}}{\mathrm{d}t}=\frac{\mathrm{d}^2\boldsymbol{r}'}{\mathrm{d}t^2}=\ddot{x}'\boldsymbol{i}'+\ddot{y}'\boldsymbol{j}'+\ddot{z}'\boldsymbol{k}' \tag{19.1.7}$$

动点 M 的牵连点 M' 的牵连加速度为

$$\boldsymbol{a}_{\mathrm{e}}=\frac{\mathrm{d}\boldsymbol{v}_{\mathrm{e}}}{\mathrm{d}t}=\frac{\mathrm{d}^2\boldsymbol{r}'_{\mathrm{m}}}{\mathrm{d}t^2}=\ddot{\boldsymbol{r}}'_{\mathrm{o}}+x'\ddot{\boldsymbol{i}}'+y'\ddot{\boldsymbol{j}}'+z'\ddot{\boldsymbol{k}}' \tag{19.1.8}$$

而动点 M 的绝对加速度为

$$\begin{aligned}\boldsymbol{a}_{\mathrm{a}}=\frac{\mathrm{d}\boldsymbol{v}_{\mathrm{a}}}{\mathrm{d}t}=\frac{\mathrm{d}^2\boldsymbol{r}_{\mathrm{m}}}{\mathrm{d}t^2}=&\\ \ddot{\boldsymbol{r}}'_{\mathrm{o}}+\dot{x}'\dot{\boldsymbol{i}}'+\dot{y}'\dot{\boldsymbol{j}}'+\dot{z}'\dot{\boldsymbol{k}}'+\ddot{x}'\boldsymbol{i}'+\ddot{y}'\boldsymbol{j}'+\ddot{z}'\boldsymbol{k}'+\dot{x}'\dot{\boldsymbol{i}}'+&\\ \dot{y}'\dot{\boldsymbol{j}}'+\dot{z}'\dot{\boldsymbol{k}}'+x'\ddot{\boldsymbol{i}}'+y'\ddot{\boldsymbol{j}}'+z'\ddot{\boldsymbol{k}}'=&\\ (\ddot{\boldsymbol{r}}'_{\mathrm{o}}+x'\ddot{\boldsymbol{i}}'+y'\ddot{\boldsymbol{j}}'+z'\ddot{\boldsymbol{k}}')+2(\dot{x}'\dot{\boldsymbol{i}}'+\dot{y}'\dot{\boldsymbol{j}}'+\dot{z}'\dot{\boldsymbol{k}}')+(\ddot{x}'\boldsymbol{i}'+\ddot{y}'\boldsymbol{j}'+\ddot{z}'\boldsymbol{k}')&\end{aligned} \tag{19.1.9}$$

上式中的第一部分为牵连加速度 $\boldsymbol{a}_{\mathrm{e}}$；第三部分为相对加速度 $\boldsymbol{a}_{\mathrm{r}}$；第二部分是另一种加速度，它是和相对加速度及动坐标系三个单位矢量的变化率有关的加速度项，令它为 $\boldsymbol{a}_{\mathrm{c}}$。可以证明，当动参考系相对定参考系有转动 $\boldsymbol{\omega}$ 时，有

$$\dot{\boldsymbol{i}}'=\boldsymbol{\omega}\times\boldsymbol{i}',\qquad \dot{\boldsymbol{j}}'=\boldsymbol{\omega}\times\boldsymbol{j}',\qquad \dot{\boldsymbol{k}}'=\boldsymbol{\omega}\times\boldsymbol{k}' \tag{19.1.10}$$

则第二部分的加速度项可以化为

$$\begin{aligned}\boldsymbol{a}_{\mathrm{c}}=2(\dot{x}'\dot{\boldsymbol{i}}'+\dot{y}'\dot{\boldsymbol{j}}'+\dot{z}'\dot{\boldsymbol{k}}')=2[\dot{x}'(\boldsymbol{\omega}\times\boldsymbol{i}')+\dot{y}'(\boldsymbol{\omega}\times\boldsymbol{j}')+\dot{z}'(\boldsymbol{\omega}\times\boldsymbol{k}')]=&\\ 2\boldsymbol{\omega}\times(\dot{x}'\boldsymbol{i}'+\dot{y}'\boldsymbol{j}'+\dot{z}'\boldsymbol{k}')=2\boldsymbol{\omega}\times\boldsymbol{v}_{\mathrm{r}}&\end{aligned} \tag{19.1.11}$$

可见，该加速度项是由于动坐标系旋转引起的。当没有旋转时（即动坐标系只有平动时），该加速度项为零。由于这一加速度项最早由哥里奥（Coriolis）发现，因此称其为哥氏加速度（Coriolis Acceleration）。

可以看出，动坐标系上 M 点相对于定坐标系的绝对加速度 $\boldsymbol{a}_{\mathrm{a}}$ 由相对加速度 $\boldsymbol{a}_{\mathrm{r}}$、牵连加速度 $\boldsymbol{a}_{\mathrm{e}}$ 及哥氏加速度 $\boldsymbol{a}_{\mathrm{c}}$ 组成，绝对加速度 $\boldsymbol{a}_{\mathrm{a}}$ 是上述三个加速度的矢量和，即

$$\boldsymbol{a}_{\mathrm{a}}=\boldsymbol{a}_{\mathrm{r}}+\boldsymbol{a}_{\mathrm{e}}+\boldsymbol{a}_{\mathrm{c}} \tag{19.1.12}$$

从哥氏加速度的构成可以看出，从一个方面讲，它是和动坐标系的旋转相关联的。只要动坐标系有转动，该系上的有相对速度的点就受哥氏加速度的作用。因此，工程上也常通过测量哥氏加速度的大小来测量动坐标系的旋转角速度。从另一个方

面讲，哥氏加速度的大小和方向只取决于动参考系的角速度和质点在动参考系中的相对速度。从方向上看，哥氏加速度垂直于 $\boldsymbol{\omega}$ 和 $\boldsymbol{v}_r$ 构成的平面，因而它一定与 $\boldsymbol{v}_r$ 垂直。从大小上看，哥氏加速度只与动参考系的角速度和质点在动参考系中的相对速度有关，而与质点在动参考系中的位置无关。

哥氏加速度是研究微机械陀螺的基础。当其中的驱动质量块受驱动做高频振动，且系统有旋转运动时，检测质量块将受到哥氏加速度的作用，进而产生检测系统的位移。通过一定的有效检测方法可确定出该位移的大小，反过来就可以确定出系统的旋转角速度。

19.2 动力学方程的建立

微机械振动陀螺是 MEMS 技术应用的一个重要方面，它的出现使惯性技术产生一次新的飞跃。与传统陀螺相比，它具有体积小、质量轻、成本低、可靠性高，以及数字化和智能化等一系列特点。

典型微陀螺结构原理如图 19.2 所示。图中，1 为锚点；2 为驱动系统固定梳齿；3 为振动外框；4 为振动内框；5 为外框支撑梁；6 为内框支撑梁；7 为检测系统敏感差分电容；8 为驱动系统位移检测梳齿电容。3 的外框梳齿与驱动系统固定梳齿构成驱动系统电容。惯性质量分为外框质量和内框质量，由不同的弹性梁支撑，形成活动结构。外框由弹性梁固定在锚点上，当在驱动梳齿电容上施加交变驱动电压时，整个结构沿着 x 方向发生简谐振动。内框和外框通过弹性梁 6 连接，内框构成检测质量块。当有 z 向的输入角速度时内框就会受到哥氏力的作用发生 y 方向位移，差分偏置电容可检测 y 方向位移的大小。由于电容变化值与输入角速度存在对应关系，因此通过检测电容变化可检测出角速度的大小。从工作原理的角度考量，图 19.2 可简化为图 19.3。

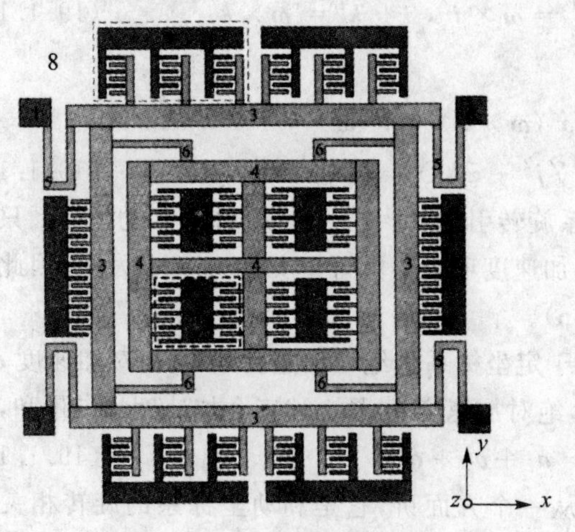

图 19.2　微陀螺结构原理图

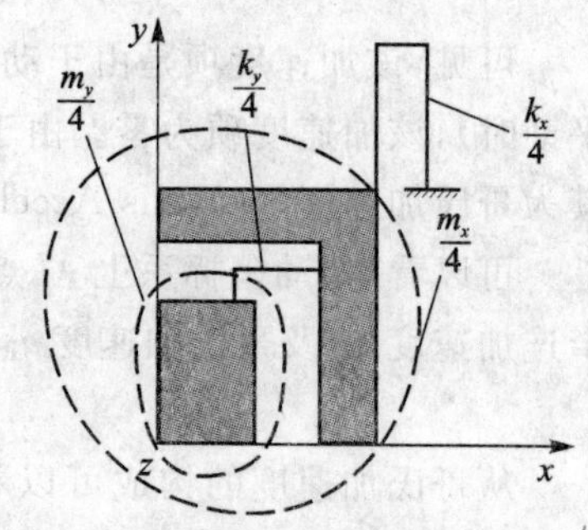

图 19.3　微陀螺仪工作简化示意图

根据陀螺仪的受力情况可建立它的动力学微分方程。为得到微分方程模型，先建立与陀螺仪基底固连的动坐标系 $Oxyz$。取动坐标系的原点为活动质量的平衡位置，x 轴为静电驱动力方向，z 轴为与基底垂直的方向，y 轴由右手法则确定。

若动坐标系相对定坐标系有相对转动，并设其绕动坐标系轴 Ox、Oy、Oz 的角速度分别为 Ω_x、Ω_y、Ω_z，用 $\boldsymbol{i}$、$\boldsymbol{j}$、$\boldsymbol{k}$ 表示任意时刻 t 时动坐标系的坐标轴方向的单位矢量，用 $\boldsymbol{r}_o$ 表示动坐标系坐标原点在定坐标系中的矢径(位置矢量)，用 x、y、z 表示质量块质心点在动坐标系下的坐标，则质心点在定坐标系中的位置矢量为

$$\boldsymbol{r}_m = \boldsymbol{r}_o + x\boldsymbol{i} + y\boldsymbol{j} + z\boldsymbol{k} \tag{19.2.1}$$

质心点在定坐标系中的速度(绝对速度)为

$$\boldsymbol{v}_m = \frac{d\boldsymbol{r}_m}{dt} = \dot{\boldsymbol{r}}_o + \dot{x}\boldsymbol{i} + \dot{y}\boldsymbol{j} + \dot{z}\boldsymbol{k} + x\dot{\boldsymbol{i}} + y\dot{\boldsymbol{j}} + z\dot{\boldsymbol{k}} \tag{19.2.2}$$

质心点在定坐标系中的加速度(绝对加速度)为

$$\boldsymbol{a}_m = \frac{d\boldsymbol{v}_m}{dt} = \ddot{\boldsymbol{r}}_m = \ddot{\boldsymbol{r}}_o + x\ddot{\boldsymbol{i}} + y\ddot{\boldsymbol{j}} + z\ddot{\boldsymbol{k}} + \ddot{x}\boldsymbol{i} + \ddot{y}\boldsymbol{j} + \ddot{z}\boldsymbol{k} + 2(\dot{x}\dot{\boldsymbol{i}} + \dot{y}\dot{\boldsymbol{j}} + \dot{z}\dot{\boldsymbol{k}}) \tag{19.2.3}$$

当动坐标系的原点相对于定坐标系为匀速直线运动时，有 $\ddot{\boldsymbol{r}}_o=0$，同时若将陀螺固定使其没有 $\boldsymbol{k}$ 方向的位移时，上式的加速度可以写为

$$\boldsymbol{a}_m = \ddot{\boldsymbol{r}}_m = x\ddot{\boldsymbol{i}} + y\ddot{\boldsymbol{j}} + \ddot{x}\boldsymbol{i} + \ddot{y}\boldsymbol{j} + 2(\dot{x}\dot{\boldsymbol{i}} + \dot{y}\dot{\boldsymbol{j}}) \tag{19.2.4}$$

按前文的分析，由于 $\dot{\boldsymbol{i}}=\boldsymbol{\Omega}\times\boldsymbol{i}$，则有

$$\dot{\boldsymbol{i}} = \begin{vmatrix} \boldsymbol{i} & \boldsymbol{j} & \boldsymbol{k} \\ \Omega_x & \Omega_y & \Omega_z \\ 1 & 0 & 0 \end{vmatrix} = \begin{vmatrix} \Omega_y & \Omega_z \\ 0 & 0 \end{vmatrix}\boldsymbol{i} + \begin{vmatrix} \Omega_z & \Omega_x \\ 0 & 1 \end{vmatrix}\boldsymbol{j} + \begin{vmatrix} \Omega_x & \Omega_y \\ 1 & 0 \end{vmatrix}\boldsymbol{k} = \Omega_z\boldsymbol{j} - \Omega_y\boldsymbol{k} \tag{19.2.5}$$

同理有

$$\dot{\boldsymbol{j}} = \Omega_x\boldsymbol{k} - \Omega_z\boldsymbol{i} \tag{19.2.6}$$

$$\dot{\boldsymbol{k}} = \Omega_y\boldsymbol{i} - \Omega_x\boldsymbol{j} \tag{19.2.7}$$

同时有

$$\ddot{\boldsymbol{i}} = \dot{\Omega}_z\boldsymbol{j} - \dot{\Omega}_y\boldsymbol{k} + \Omega_z\dot{\boldsymbol{j}} - \Omega_y\dot{\boldsymbol{k}}$$

若转动为匀速转动，则有 $\dot{\boldsymbol{\Omega}}_z=\dot{\boldsymbol{\Omega}}_y=\boldsymbol{0}$，从而有

$$\begin{aligned}\ddot{\boldsymbol{i}} &= \Omega_z\dot{\boldsymbol{j}} - \Omega_k\dot{\boldsymbol{k}} = \Omega_z(\Omega_x\boldsymbol{k} - \Omega_z\boldsymbol{i}) - \Omega_y(\Omega_y\boldsymbol{i} - \Omega_x\boldsymbol{j}) = \\ &-(\Omega_z^2 + \Omega_y^2)\boldsymbol{i} + \Omega_x\Omega_y\boldsymbol{j} + \Omega_z\Omega_x\boldsymbol{k}\end{aligned} \tag{19.2.8}$$

同理有

$$\ddot{\boldsymbol{j}} = -(\Omega_z^2 + \Omega_x^2)\boldsymbol{j} + \Omega_x\Omega_y\boldsymbol{i} + \Omega_z\Omega_y\boldsymbol{j} \tag{19.2.9}$$

$$\ddot{\boldsymbol{k}} = -(\Omega_y^2 + \Omega_x^2)\boldsymbol{k} + \Omega_x\Omega_z\boldsymbol{i} + \Omega_z\Omega_y\boldsymbol{j} \tag{19.2.10}$$

代入到加速度公式中有

$$\begin{aligned}\boldsymbol{a}_{\mathrm{m}}=&x[-(\Omega_z^2+\Omega_y^2)\boldsymbol{i}+\Omega_x\Omega_y\boldsymbol{j}+\Omega_z\Omega_x\boldsymbol{k}]+\\&y[-(\Omega_z^2+\Omega_x^2)\boldsymbol{j}+\Omega_x\Omega_y\boldsymbol{i}+\Omega_z\Omega_y\boldsymbol{k}]+\\&\ddot{x}\boldsymbol{i}+\ddot{y}\boldsymbol{j}+2[\dot{x}(\Omega_z\boldsymbol{j}-\Omega_y\boldsymbol{k})+\dot{y}(\Omega_x\boldsymbol{k}-\Omega_z\boldsymbol{i})]=\\&[\ddot{x}-(\Omega_y^2+\Omega_z^2)x-2\Omega_z\dot{y}+\Omega_x\Omega_y y]\cdot\boldsymbol{i}+\\&[\ddot{y}-(\Omega_x^2+\Omega_z^2)y+2\Omega_z\dot{x}+\Omega_x\Omega_y x]\cdot\boldsymbol{j}+\\&[-2\Omega_y\dot{x}+\Omega_x\Omega_z x+2\Omega_x\dot{y}+\Omega_y\Omega_z y]\cdot\boldsymbol{k}\end{aligned}\tag{19.2.11}$$

活动质量在动坐标系的 x 轴方向所受力的分量分别有：弹簧提供的弹性力 $-k_x x$，其中 k_x 为外框弹性梁（即 x 方向）的刚度；阻尼力 $-c_x\dot{x}$，c_x 为 x 方向的阻尼系数；静电驱动力 f_{d} 和干扰力 M_x。设驱动质量为 m_x，则由牛顿第二定律可得

$$m_x\ddot{x}+c_x\dot{x}+[k_x-m_x(\Omega_y^2+\Omega_z^2)]x-2m_x\Omega_z\dot{y}+m_x\Omega_x\Omega_y y=f_{\mathrm{d}}+M_x\tag{19.2.12}$$

由于 x 方向是驱动的方向，常称 x 方向运动对应的系统（外框以内的系统）为驱动系统。同理可求得 y 方向的微分方程为

$$m_y\ddot{y}+c_y\dot{y}+[k_y-m_y(\Omega_x^2+\Omega_z^2)]y+2m_y\Omega_z\dot{x}+m_y\Omega_x\Omega_y x=M_y\tag{19.2.13}$$

式中，m_y 为 y 方向的运动质量，c_y 为 y 方向的阻尼系数，k_y 为内框弹性梁（即 y 方向）的刚度，M_y 为 y 方向的干扰力。同样由于 y 方向是敏感或检测角速度的方向，因此常称 y 方向的运动系统（内框系统）为检测系统。

当陀螺仪所在的参考系只做 z 轴方向的转动，且不考虑干扰力时，即 $\Omega_x=\Omega_y=0$，$M_x=M_y=0$，则有

$$\left.\begin{aligned}m_x\ddot{x}+c_x\dot{x}+(k_x-m_x\Omega_z^2)x-2m_x\Omega_z\dot{y}&=f_{\mathrm{d}}\\m_y\ddot{y}+c_y\dot{y}+(k_y-m_y\Omega_z^2)y-2m_y\Omega_z\dot{x}&=0\end{aligned}\right\}\tag{19.2.14}$$

即

$$\left.\begin{aligned}\ddot{x}+2\xi_x\omega_x\dot{x}+(\omega_x^2-\Omega_z^2)x&=\frac{f_{\mathrm{d}}}{m_x}+2\Omega_z\dot{y}\\\ddot{y}+2\xi_y\omega_y\dot{y}+(\omega_y^2-\Omega_z^2)y&=-2\Omega_z\dot{x}\end{aligned}\right\}\tag{19.2.15}$$

式中，$\omega_x=\sqrt{\dfrac{k_x}{m_x}}$ 为驱动系统的固有频率，$\xi_x=\dfrac{c_x}{2\omega_x m_x}$ 为驱动系统的阻尼比。$\omega_y=\sqrt{\dfrac{k_y}{m_y}}$ 为检测系统的固有频率，$\xi_y=\dfrac{c_y}{2\omega_y m_y}$ 为检测系统的阻尼比。

通常设计的驱动和检测固有频率 ω_x、ω_y 都比较大，而需要测量的角速度 Ω_z 相对上述的固有频率小很多。因此可以将上述方程近似为

$$\left.\begin{aligned}\ddot{x}+2\xi_x\omega_x\dot{x}+\omega_x^2x&=\frac{f_{\mathrm{d}}}{m_x}+2\Omega_z\dot{y}\\\ddot{y}+2\xi_y\omega_y\dot{y}+\omega_y^2y&=-2\Omega_z\dot{x}\end{aligned}\right\}\tag{19.2.16}$$

从方程(19.2.16)可以看出，与传统动力学模型相比，检测方向模型一致，而驱动方向要计入检测方向振动而引起的哥氏力。一般来说，驱动端处于谐振状态时微陀螺仪可以达到更好的性能，因此在设计闭环驱动电路时，要考虑将检测振动引起的哥氏项消去。

消去检测系统引起的哥氏惯性力后，上述方程可化为

$$\left.\begin{aligned}\ddot{x}+2\xi_x\omega_x\dot{x}+\omega_x^2x&=\frac{f_{\mathrm{d}}}{m_x}\\ \ddot{y}+2\xi_y\omega_y\dot{y}+\omega_y^2y&=-2\Omega_z\dot{x}\end{aligned}\right\}\tag{19.2.17}$$

19.3　微机械梳齿式陀螺的静电驱动力

从图 19.2 可以看出，外框活动梳齿与基座固定梳齿间构成一个电容，局部如图 19.4 所示。当在这两极施加一个电压时，二者之间就产生静电力，质量块在静电力的驱动下克服弹性力和阻尼力而产生运动，当施加的电压是交变电压时，系统就产生简谐运动。

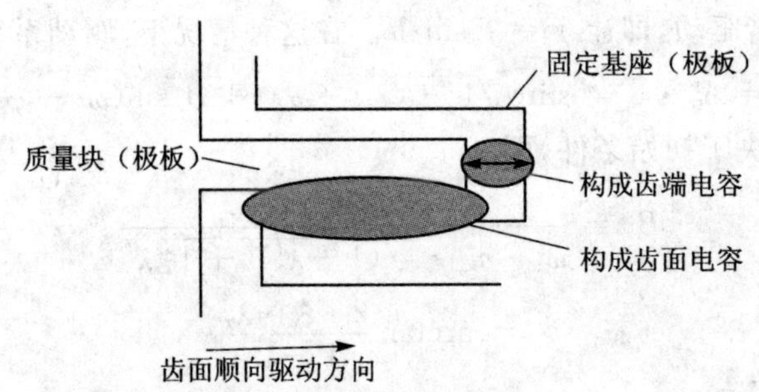

图 19.4　梳齿式结构电容示意图

静电力与电容和电压之间的关系是

$$f_{\mathrm{d}}=\frac{1}{2}\frac{\partial C}{\partial x}V^2\tag{19.3.1}$$

式中，C 为电容，V 为电压。对于平行板电容来说，如图 19.5 所示，其电容可写为

$$C=\frac{\varepsilon\cdot b\cdot a}{d}\tag{19.3.2}$$

式中，b 是两极板重叠部分的长度，a 是极板的深度，d 是两极板间的距离。可以看出，当沿 x 方向驱动时(也称为顺向驱动)，则

$$f_{\mathrm{d}}=\frac{1}{2}\frac{\partial C}{\partial x}V^2=\frac{1}{2}\frac{\varepsilon a}{d}V^2\tag{19.3.3}$$

当沿 y 方向驱动时(也可称为法向驱动)，则

$$f_{\mathrm{d}}=\frac{1}{2}\frac{\partial C}{\partial x}V^2=\frac{1}{2}\frac{\varepsilon ba}{d^2}V^2\tag{19.3.4}$$

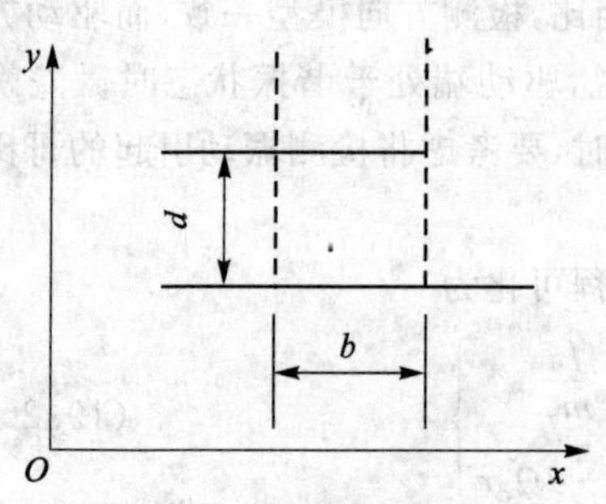

图 19.5　平行板电容示意图

从以上两个公式可以看出，顺向驱动与极板的顺向位移无关，法向驱动与法向的位移存在线性关系。鉴于此，常把驱动设计成顺向驱动。在实际结构中，一般很难有绝对顺向驱动的情形，而是顺向与法向同时存在。但是只要把主要部分设计成顺向的，就有利于驱动的设计和实施。对于梳齿式结构，由于齿面电容远大于齿端电容，故一般将驱动方向设计为齿面顺向驱动的模式，如图 19.4 所示。

当驱动力 f_d 为理想顺向静电驱动力，且属简谐变化时，其驱动力可写为

$$f_d = f_e \sin\omega t \tag{19.3.5}$$

19.4　动力学方程求解及讨论

当 f_d 为时间 t 的一般函数形式时，方程很难求解，但由于驱动是人为施加的，一般都可控制为简谐驱动，即让 $f_d = f_e \sin\omega t$。在这种情况下，驱动系统的位移解为

$$x = A_x \cdot e^{-\xi_x \omega t} \sin(\sqrt{1-\xi_x^2}\omega t + \alpha_x) + B_x \sin(\omega t - \varphi_x) \tag{19.4.1}$$

式中，A_x 和 α_x 取决于初始条件，而

$$B_x = \frac{f_e}{\omega_x^2 \cdot m_x \cdot \sqrt{(1-\lambda_x^2)^2 + 4\xi_x^2\lambda_x^2}} \tag{19.4.2}$$

$$\phi_x = \arctan\frac{2 \cdot \xi_x \cdot \lambda_x}{1-\lambda_x^2} \tag{19.4.3}$$

式中，$\lambda_x = \dfrac{\omega}{\omega_x}$。

从式(19.4.1)可以看出，驱动系统微分方程的解由两部分组成。第一部分为瞬态解，第二部分为稳态解。瞬态解的振动随时间指数衰减，工作一段时间后就可以忽略它的影响，此后，只剩下稳态解在起作用。所以，驱动的稳定振动位移为

$$x = B_x \sin(\omega t - \phi_x) \tag{19.4.4}$$

为了进一步考察驱动振幅与驱动频率之间的关系，可取各参数数值分别为 $m_x = 1.473$ mg，$f_e = 4.381 \times 10^{-5}$ N，$k_x = 12.369$ kg/s^2，$c_x = 2.893 \times 10^{-5}$ kg/s，所得幅频曲线如图 19.6 所示。从图中可以看出，当驱动频率 ω 等于驱动系统的固有频率 ω_x 时，其振幅最大，驱动系统处于谐振状态。

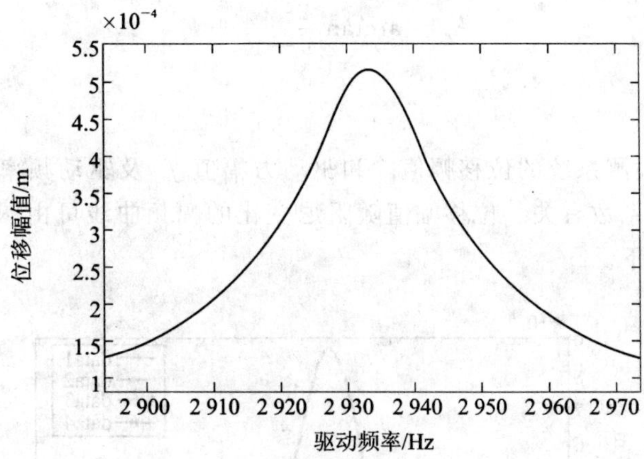

图 19.6　驱动方向位移幅频曲线

19.4.1　常值角速度下检测系统的位移解

把上述驱动系统的位移解代入检测系统的微分方程中，并设输入的角速度 $-\Omega_z=\Omega_0$ 为常值，可得到

$$\ddot{y}(t)+2\xi_y\omega_y\dot{y}(t)+\omega_y y(t)=2\Omega_0 B_x\omega\cos(\omega t-\phi_x) \tag{19.4.5}$$

该方程的解为

$$y=A_y\mathrm{e}^{-\xi_y\omega t}\sin(\sqrt{1-\xi_y^2}\omega t+\alpha_y)+B_y\cos(\omega t-\phi_y) \tag{19.4.6}$$

即

$$y(t)=B_y[\cos(\omega t-\phi_y)]+\mathrm{e}^{-\xi\omega t}[C_1\sin(\sqrt{1-\xi_y^2}\omega t)+C_2\cos(\sqrt{1-\xi_y^2}\omega t)] \tag{19.4.7}$$

从式(19.4.7)可以看出，检测系统位移解由两部分构成。第一部分为受迫振动的稳态解，第二部分为瞬态解，其中，C_1 和 C_2 是由初始条件所决定的常数。瞬态解是一种振幅按指数衰减的简谐振动，衰减振动的频率为阻尼固有频率 ω_t，其值为 $\sqrt{1-\xi_y^2}\omega$，衰减得快慢取决于衰减系数 ξ_y 和 ω。

为了能够有效检测到哥氏力所引起的振动，经常把检测系统的阻尼比 ξ_y 设计得很小，一般 $\xi_y<0.01$。因此，陀螺检测振动的瞬态项要经过很长时间才可以消除，这在一定程度上限制了陀螺检测的角速度的带宽。但在许多情况下需要测量的是转动角速度，虽然瞬态项需要较长时间才能达到稳定，但瞬态振荡对时间的长期积分趋近于零，这对于测量转动角速度来说是可以忽略的。

稳态项的振动幅值为

$$B_y=\frac{2m_y\Omega_0 f_e}{k_x k_y}\cdot\omega\cdot\frac{1}{\sqrt{(1-\lambda_x^2)^2+4\xi_x^2\lambda_x^2}}\cdot\frac{1}{\sqrt{(1-\lambda_y^2)^2+4\xi_y^2\lambda_y^2}} \tag{19.4.8}$$

相位差为

$$\phi_y = \arctan\frac{2\xi_y\lambda_y}{1-\lambda_y^2} + \phi_x \tag{19.4.9}$$

式中，$\lambda_y = \dfrac{\omega}{\omega_y}$。

可以看出，检测系统的位移幅值除和驱动力幅值 f_e 及驱动频率 ω 等有关外，更主要的还和阻尼系数有关。位移幅值随阻尼变化的幅频曲线可由图 19.7 描述。其曲线参数选择如下。

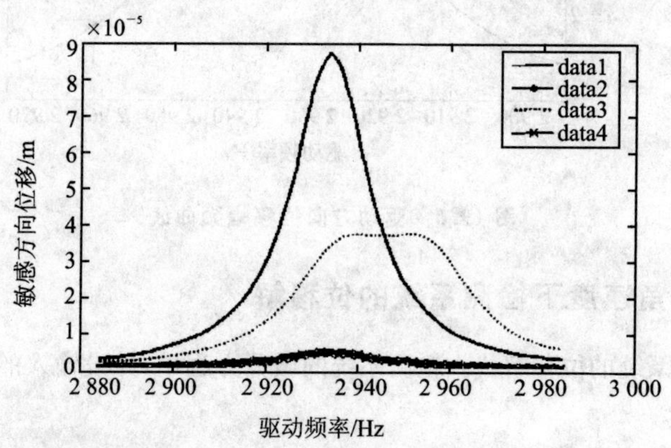

图 19.7 检测方向位移幅值和阻尼变化的频响曲线

取 $m_x = m_y = 1.437$ mg，$\Omega_0 = 0.017$ rad/s，$f_d = 4.381\times10^{-5}$ N。在 $k_x = k_y = 12.369$ kg/s^2 的情况下，保持 $c_x = 2.893\times10^{-5}$ kg/s 不变，当 c_y 分别为 2.893×10^{-5} kg/s 和 49.633×10^{-5} kg/s 时，检测振动幅值随驱动频率变化的曲线分别为 data1 和 data2；在 $k_x = 12.369$ kg/s^2，$k_y = 12.167$ kg/s^2 的情况下，保持 $c_x = 2.893\times10^{-5}$ kg/s不变，当 c_y 分别为 2.893×10^{-5} kg/s 和 49.633×10^{-5} kg/s 时，检测系统振动幅值随驱动频率变化的曲线为 data3 和 data4。

从图 19.7 中可以看出：驱动和检测系统的阻尼系数具有相同值时，检测系统振幅的峰值最大，而随着检测系统阻尼的增加，检测振动峰值却要下降。当检测系统阻尼系数大于 49.663×10^{-5} kg/s 时，驱动系统固有频率与检测系统固有频率的差别对检测系统振动幅值频率响应特性几乎不产生影响。

由上述的分析结果可知：当驱动系统阻尼和检测系统阻尼相差 10 倍以上时，检测系统的固有频率即使与驱动系统的固有频率一致，也不能提高检测振幅。只有当驱动系统阻尼和敏感检测系统阻尼相近时，才能通过采取让驱动固有频率和检测固有频率一致的手段来增加检测振幅值的峰值，提高陀螺的灵敏度。另外，与只让驱动系统阻尼较小而检测系统阻尼较大时相比，驱动系统和检测系统阻尼较小时，检测振动的幅值可得到大幅度提高，由此陀螺的灵敏度也得到提高，带宽相应增大 1 倍。因此，在微机械陀螺的设计中应尽量减小驱动系统和检测系统的阻尼，并使两者的阻尼相近，以获得更高的灵敏度和更大的带宽。

从前面位移解的公式可以看出，当驱动频率与驱动系统的固有频率相等，即 $\lambda_x=1$ 时，有

$$B_x=\frac{f_e}{k_x}\frac{1}{2\xi_x} \tag{19.4.10}$$

定义 $Q_x=\frac{1}{2\xi_x}$ 为品质因子，则有

$$B_x=\frac{f_e}{k_x}Q_x \tag{19.4.11}$$

$$\phi_x=\frac{\pi}{2} \tag{19.4.12}$$

可以看出，$\frac{f_e}{k_x}$ 相当于简谐力幅值作用下系统的静态位移，因此，品质因子相当于描述动态效应的因子。

当驱动系统固有频率 ω_x 和检测系统固有频率 ω_y 相等，且都等于驱动频率 ω，即 $\lambda_x=\lambda_y=1$ 时，则

$$B_m=\frac{f_e 2m_y\Omega_0\omega Q_x Q_y}{k_x k_y}=\frac{2f_e\Omega_0 Q_x Q_y\omega}{k_x\omega_y^2}=\frac{2f_e\Omega_0 Q_x Q_y}{k_x\omega} \tag{19.4.13}$$

式中，$Q_y=\frac{1}{2\xi_y}$ 为检测系统的品质因子。进而有

$$y=\frac{2f_e m_y\Omega_0\omega Q_x Q_y}{k_x k_y}\cos(\omega t-\pi) \tag{19.4.14}$$

从式(19.4.10)和式(19.4.13)可以看出，提高检测系统位移响应幅值的途径包括：提高驱动力幅值，提高驱动系统和检测系统的品质因子，提高检测系统质量，降低驱动系统和检测系统的刚度等。

19.4.2　谐变角速度下检测系统的位移解

当 $\Omega=\Omega_0\cdot\cos\omega_i t$ 时，可得微分方程的解

$$y=B_t(t)+B_l\cos[(\omega-\omega_i)t-\phi_l]+B_u\cos[(\omega+\omega_i)t-\phi_u] \tag{19.4.15}$$

式中

$$B_u=\frac{B_x\cdot\Omega_0\cdot\omega}{\sqrt{[\omega_y^2-(\omega+\omega_i)^2]^2+[2\cdot\xi_y\cdot(\omega+\omega_i)\cdot\omega_y]^2}} \tag{19.4.16}$$

$$\phi_u=\arctan\frac{2\cdot\omega\cdot(\omega+\omega_i)\cdot\xi_y}{\omega_y^2-(\omega+\omega_i)^2} \tag{19.4.17}$$

$$B_l=\frac{B_x\cdot\Omega_0\cdot\omega}{\sqrt{[\omega_y^2-(\omega-\omega_i)^2]^2+[2\cdot\xi_y\cdot(\omega-\omega_i)\cdot\omega_y]^2}} \tag{19.4.18}$$

$$\phi_l=\arctan\frac{2\cdot\omega\cdot(\omega-\omega_i)\cdot\xi_y}{\omega_y^2-(\omega-\omega_i)^2} \tag{19.4.19}$$

从微分方程的解来看，其第一项是振动的瞬态解，并随时间呈指数衰减；第二项

是频率为 $\omega-\omega_i$ 的低频调幅解；第三项是频率为 $\omega+\omega_i$ 的高频调幅解。检测系统的振动是由这三项合成的复杂振动。

若忽略瞬态项，则陀螺检测系统振动位移为

$$y=B_l\cos[(\omega-\omega_i)t-\phi_l]+B_u\cos[(\omega+\omega_i)t-\phi_u] \tag{19.4.20}$$

上式改写成下述形式

$$\begin{aligned}y(t)=&A_1(\omega_i)\cdot\cos[\omega_i t+\theta_1(\omega_i)]\cdot\cos\omega t-\\&A_2(\omega_i)\cdot\cos[\omega_i t-\theta_2(\omega_i)]\cdot\cos\omega t\end{aligned} \tag{19.4.21}$$

式中

$$A_1(\omega_i)=\sqrt{B_u^2+B_l^2+2\cdot B_u\cdot B_l\cdot\cos(\phi_u+\phi_l)} \tag{19.4.22}$$

$$\theta_1(\omega_i)=\arctan\left(\frac{B_u\cdot\sin\phi_u-B_l\cdot\sin\phi_l}{B_u\cdot\cos\phi_u+B_l\cdot\cos\phi_l}\right) \tag{19.4.23}$$

$$A_2(\omega_i)=\sqrt{B_u^2+B_l^2-2\cdot B_u\cdot B_l\cdot\cos(\phi_u-\phi_l)} \tag{19.4.24}$$

$$\theta_2(\omega_i)=\arctan\left(\frac{B_u\cdot\cos\phi_u+B_l\cdot\sin\phi_l}{B_u\cdot\sin\phi_u-B_l\cdot\cos\phi_l}\right) \tag{19.4.25}$$

19.4.3 一般变角速度下检测系统的位移解

当被测非惯性系的角速度 Ω 随时间变化时，检测系统控制方程可写成

$$\ddot{y}+2\xi_y\omega_y\dot{y}+\omega_y^2 y=2\Omega(t)\dot{x} \tag{19.4.26}$$

对两端进行傅里叶变换，得

$$\begin{aligned}[-\omega^2+2\mathrm{i}\xi_y\omega_y\omega+\omega_y^2]f_y(\omega)=&2f[\Omega(t)\cdot\dot{x}]=\\&2\omega_i B_x f[\Omega(t)\omega_i B_x\cos(\omega_i t-\phi_x)]=\\&2\omega_i B_x\int_{-\infty}^{+\infty}\Omega(t)\frac{\mathrm{e}^{-\mathrm{i}(\omega-\omega_i)t}\mathrm{e}^{-\mathrm{i}\phi_x}+\mathrm{e}^{-\mathrm{i}(\omega+\omega_i)t}\mathrm{e}^{\mathrm{i}\phi_x}}{2}\mathrm{d}t=\\&\omega_i B_x[f_\Omega(\omega-\omega_i)\mathrm{e}^{-\mathrm{i}\phi_x}+f_\Omega(\omega+\omega_i)\mathrm{e}^{\mathrm{i}\phi_x}]\end{aligned} \tag{19.4.27}$$

式中，ω_i 为驱动频率。

当 $f_\Omega(\omega+\omega_i)=f_\Omega(\omega-\omega_i)=f_\Omega(\omega\pm\omega_i)$ 时，有

$$[-\omega^2+2\mathrm{i}\xi_y\omega_y\omega+\omega_y^2]f_y(\omega)=2\omega_i B_x\cos\phi_x f_\Omega(\omega\pm\omega_i) \tag{19.4.28}$$

则得

$$f_\mathrm{f}(\omega)=\frac{2\omega_i B_x\cos\phi_x}{-\omega^2+2\mathrm{i}\xi_y\omega_y\omega+\omega_y^2}\cdot f_\Omega(\omega\pm\omega_i) \tag{19.4.29}$$

参考文献

[1] 温熙森,邱静,陶俊勇.机电系统分析动力学及其应用.北京:科学出版社,2003.
[2] 郭硕鸿.电动力学.北京:人民教育出版社,1979 .
[3] 陈滨. 分析动力学.2 版. 北京：北京大学出版社，2012.
[4] 高世桥,刘海鹏. 微机电系统力学.北京:国防工业出版社,2008.
[5] 孟光,张文明.微机电系统动力学.北京:科学出版社,2008.
[6] 徐泰然. MEMS和微系统——设计与制造. 王晓浩,等译. 北京：机械工业出版社，2004.